中文 AutoCAD 2006 标准教程

AutoCAD

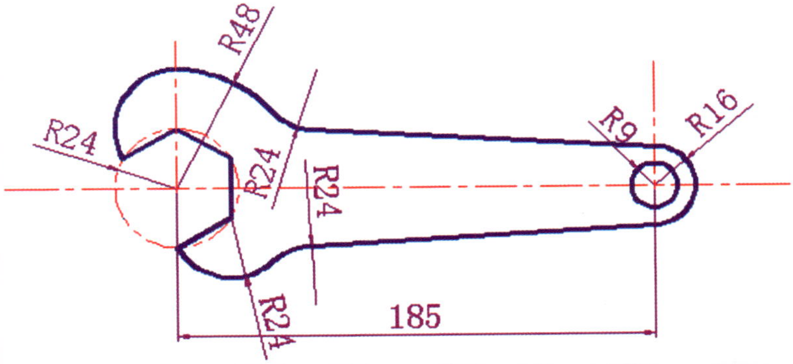

扳手

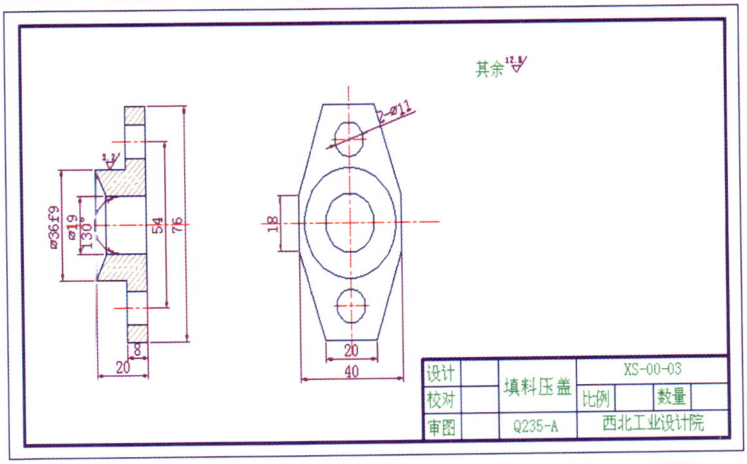

填料压盖

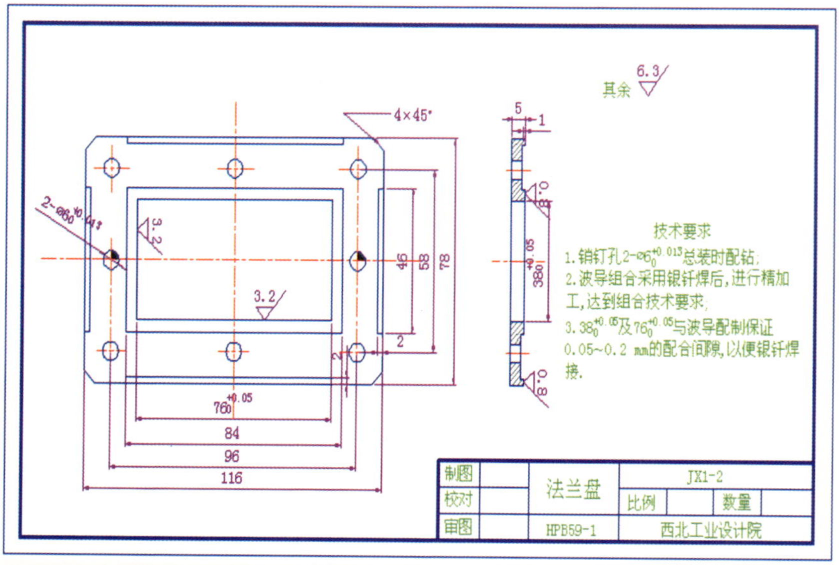

法兰盘

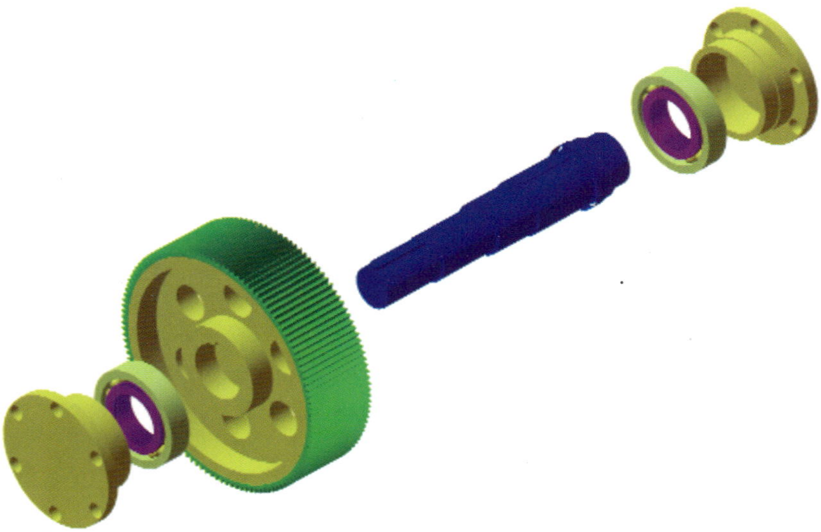

平键和齿轮安装图

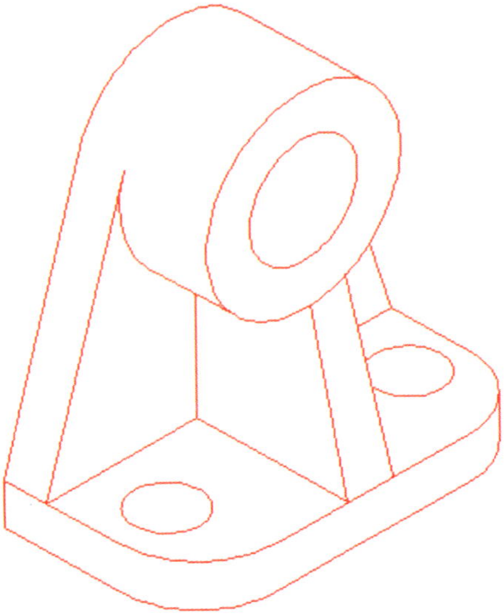

轴测图

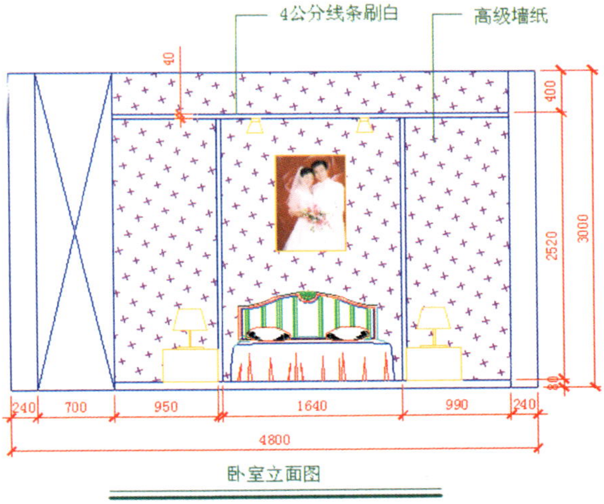

卧室立面图

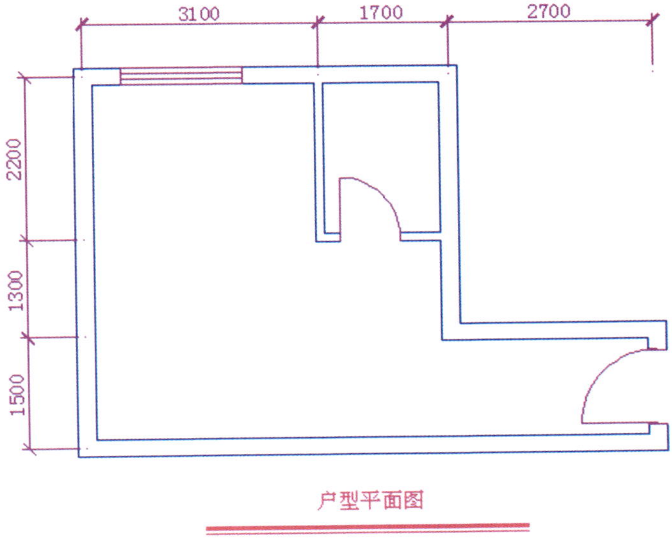

户型平面图

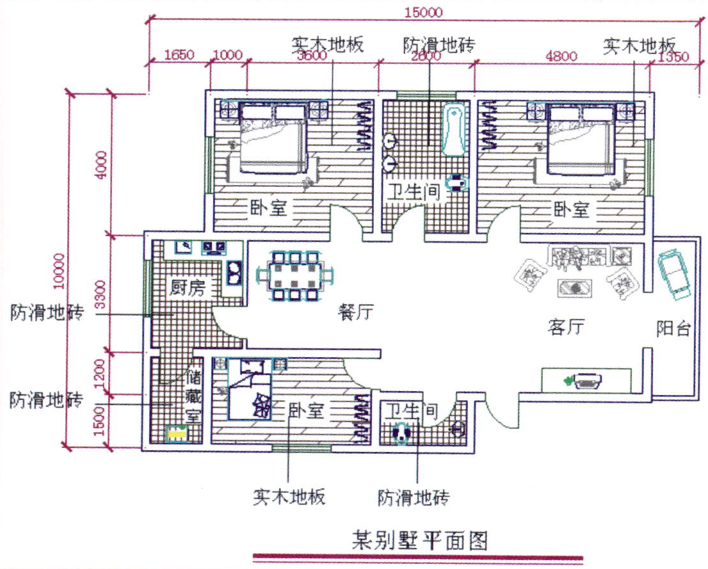
15000
1650
1000
3600
2600
4800
1350
实木地板
防滑地砖
实木地板
4000
10000
3300
1200
1500
卧室
卫生间
卧室
厨房
餐厅
客厅
阳台
防滑地砖
储藏室
防滑地砖
卧室
卫生间
实木地板
防滑地砖
某别墅平面图

某别墅平面图

小亭造型

光盘+手册

中文 AutoCAD 2006 标准教程

赵雪 编

西北工業大學音像电子出版社

【内容提要】本手册是光盘《中文 AutoCAD 2006 标准教程》的配套使用说明。AutoCAD 2006 是 Autodesk 公司推出的功能强大的计算机辅助设计软件的最新版本，被广泛应用于机械、建筑以及工业等领域。

本手册共分为 13 章，前 11 章采用理论与实践相结合的方法介绍了 AutoCAD 2006 的基础知识，章后都附有上机实战，并配合练习题来巩固各章所学的知识。最后两章为综合实例，通过几个典型的实例对 AutoCAD 2006 绘图软件的相关知识点进行巩固。

本手册突出基础知识与实例相结合，内容全面、结构清晰、图文并茂，可作为各大中专院校及培训中心的 AutoCAD 课程教材，也可作为电脑爱好者的自学教材。

光盘名称：中文 AutoCAD 2006 标准教程
文本著作：赵　雪
出版发行：西北工业大学音像电子出版社
通信地址：西安市友谊西路 127 号　邮编：710072
电　　话：（029）88493844　　88491757
网　　址：www.nwpup.com
电子邮箱：yxb@nwpup.com
光盘制作：西安新科教育科技有限公司
光盘生产：湖北东湖光盘技术有限责任公司
文本印刷：陕西天元印务有限公司
版　　次：2005 年 12 月第 1 版　　　2017 年 1 月第 7 次印刷
经　　销：各地新华书店、软件连锁店
版　　号：ISBN 978-7-900677-76-1/TP・58
定　　价：48.00 元（1CD+手册）

光盘使用说明

运行光盘

将光盘放入电脑光驱中，稍等片刻，系统将会自动运行光盘（如果自动运行失败，可以在“我的电脑”中找到西北工业大学音像电子出版社社标 NPUP，单击鼠标右键，在弹出的快捷菜单中选择“打开”命令，打开光盘文件夹，并双击图标运行应用程序，即可播放光盘），片头过后自动进入光盘界面，如图 1 所示。

图 1　主界面

功能键介绍

单击主界面上的任意一个内容模块按钮，进入内容界面（以实例欣赏为例），进入内容界面后，即可自动播放第一个实例的视频演示，如图 2 所示。

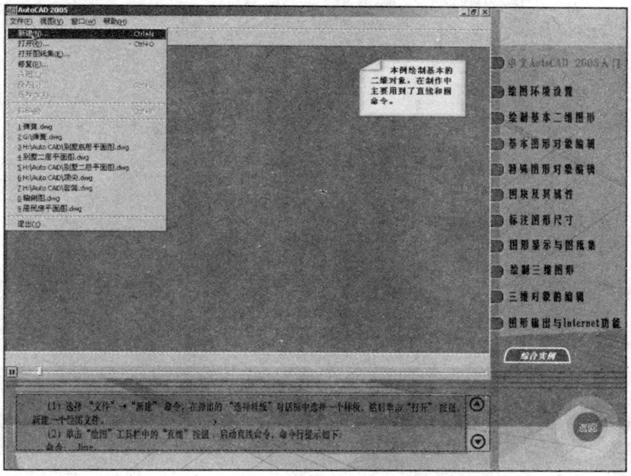

图 2　视频演示界面

如果想观看其他实例的视频演示，直接点击实例名即可进入。当演示某实例时，其按钮呈红色高亮显示。在播放视频演示时，可以用视频下部的滑杆控制其播放位置，也可用滑杆左侧的小按钮控制暂停或播放。视频下部为视频的制作过程，可以用右边的上下按钮控制观看。

现将界面中个别功能键的作用介绍如下：

音量控制：单击后出现系统音量控制窗口，可以根据需要调节音量大小。

返回：返回上一级目录。

退出：退出光盘运行程序。

目　录

第一章 AutoCAD 2006 入门知识

- ☑ 中文版 AutoCAD 2006 工作界面
- ☑ 图形文件操作
- ☑ 图形单位与界限
- ☑ 中文版 AutoCAD 2006 新增功能

AutoCAD 是美国 Autodesk 公司开发的用于计算机辅助绘图和设计的软件，自问世以来，已从简单的二维绘图软件发展成为一个庞大的计算机辅助设计系统，广泛应用于建筑、机械、电子等工程设计领域，极大地提高了设计人员的工作效率。

第一节　中文版 AutoCAD 2006 的安装与启动

在安装 AutoCAD 2006 之前，必须了解所用计算机的配置，是否能满足安装此版本软件的最低要求。用户可参考下面列出的硬件环境和软件需求进行 AutoCAD 2006 的安装。

一、硬件和软件需求

（1）硬盘空间不小于 300 MB；内存不小于 256 MB；处理器为 Pentium Ⅲ或更高版本。

（2）操作系统可使用 Windows 2000/XP Professional/XP Home/XP Table PC。在安装时推荐采用与 AutoCAD 2006 相同语言系统的操作系统。

（3）使用 TEMP 环境变量和由该环境变量制定的目录。为了验证系统中已经存在这些文件，可打开 DOS 命令提示并输入 Set 命令。如果这些文件不存在，必须重新启动计算机并重新安装 AutoCAD 2006。

另外，在安装中文版 AutoCAD 2006 之前，必须安装 Microsoft Internet Explorer 6.0 后续版本。

二、安装中文版 AutoCAD 2006

（1）将中文版 AutoCAD 2006 的安装光盘插入光盘驱动器，双击光盘驱动器，打开中文版 AutoCAD 2006 安装文件目录。

（2）双击“安装”图标，打开安装程序界面，如图 1.1.1 所示。

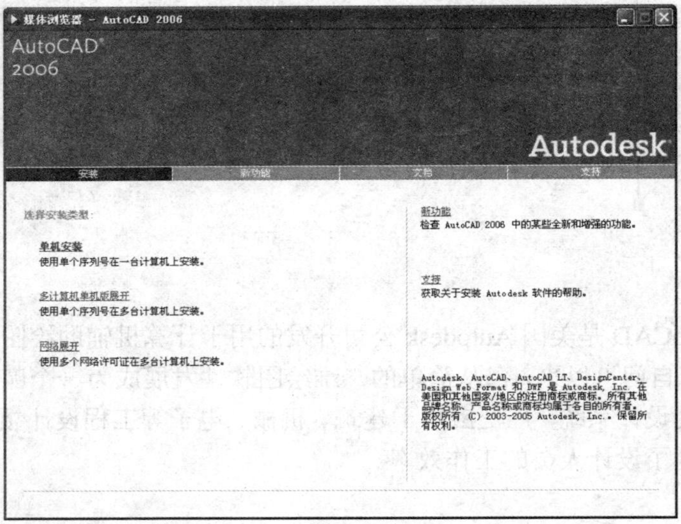

图 1.1.1　安装界面

（3）选择界面中的单机安装选项，系统弹出对话框，单击该对话框步骤 2　安装 AutoCAD 2006 中的安装选项，弹出“AutoCAD 2006 安装程序”对话框，如图 1.1.2 所示。

（4）单击下一步(N) >按钮，弹出“许可协议”对话框，在该对话框中选中我接受(A)单选按钮，如图 1.1.3 所示。

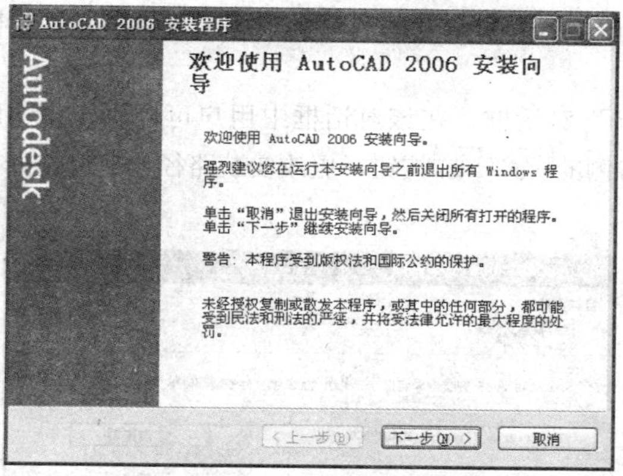

图 1.1.2 “AutoCAD 2006 安装程序”对话框

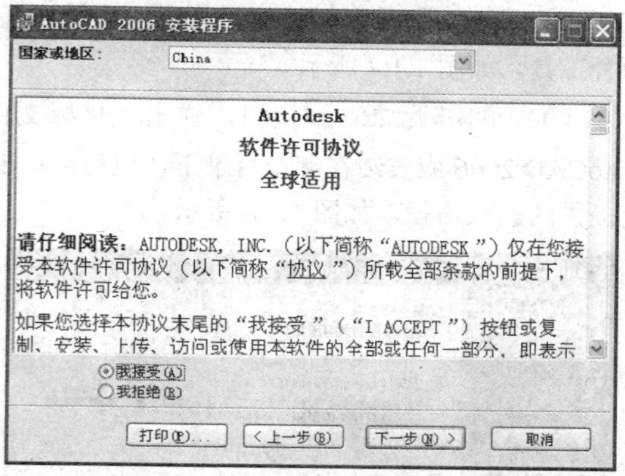

图 1.1.3 “软件许可协议”对话框

（5）单击 下一步(N) > 按钮，弹出“序列号”对话框，如图 1.1.4 所示。在该对话框中填写软件序列号。

（6）单击 下一步(N) > 按钮，弹出“用户信息”对话框，在该对话框中分别输入各种相关信息，如图 1.1.5 所示。

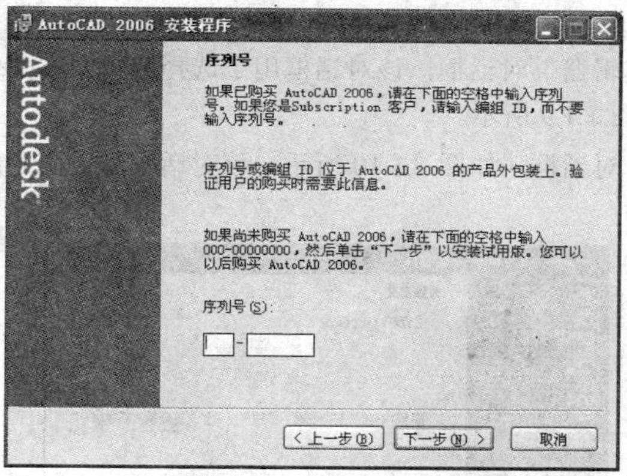

图 1.1.4 “序列号”对话框

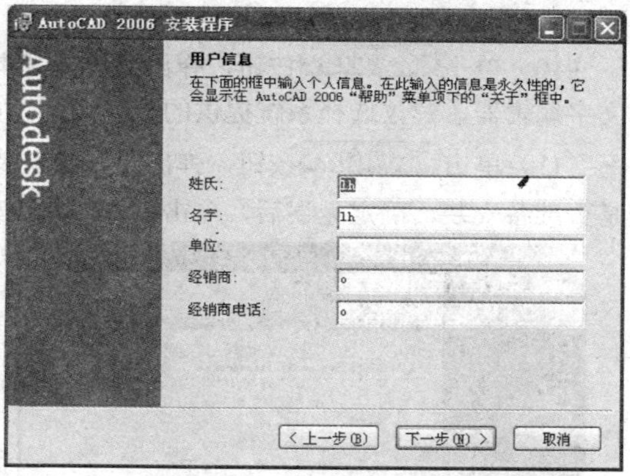

图 1.1.5 “用户信息”对话框

（7）单击 下一步(N) > 按钮，弹出“选择安装类型”对话框，在该对话框中用户可以选择合适的安装方式，默认情况下选择“典型”方式安装，如图 1.1.6 所示。

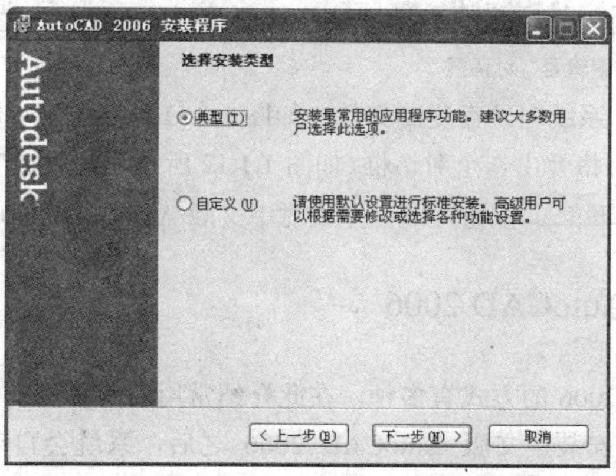

图 1.1.6 “选择安装类型”对话框

（8）单击 下一步(N) > 按钮，弹出“安装可选工具”对话框，在该对话框中用户可以选择提供的两种工具，如图 1.1.7 所示。

（9）单击 下一步(N) > 按钮，弹出“目标文件夹”对话框，在该对话框中用户可以确定中文版 AutoCAD 2006 应安装在哪个目录下，也可以单击右侧的 浏览(O)... 按钮，更改安装路径，建议选择系统提供的默认路径，如图 1.1.8 所示。

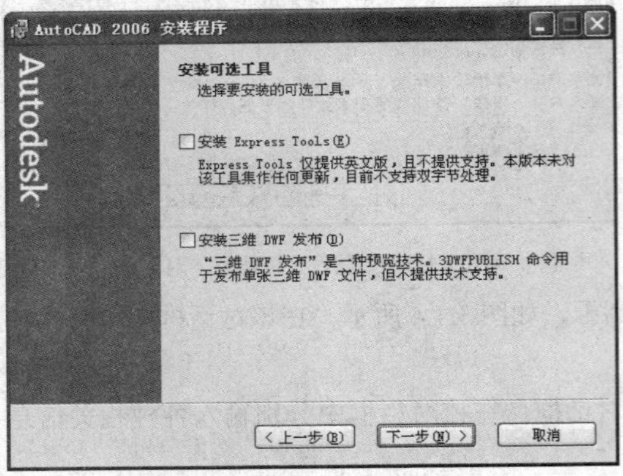

图 1.1.7 “安装可选工具”对话框

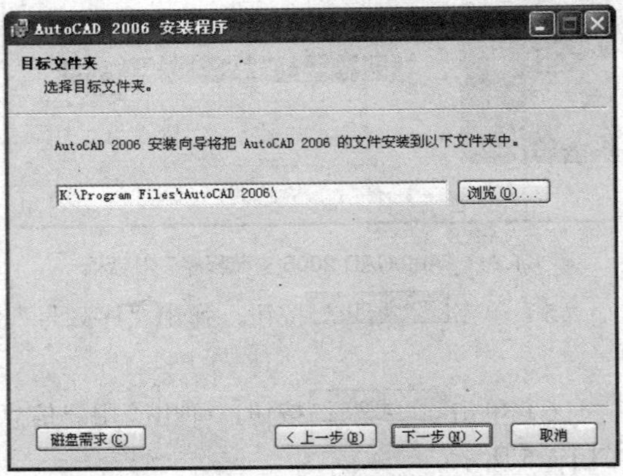

图 1.1.8 “目标文件夹”对话框

（10）单击 下一步(N) > 按钮，弹出“选择文本编辑器”对话框，该对话框用于选择编辑文本文件的文字编辑器，建议选择系统提供的默认设置，如图 1.1.9 所示。

（11）单击 下一步(N) > 按钮，弹出“开始安装”对话框，如图 1.1.10 所示。该对话框用于确定用户是否准备安装，确定无误后，单击 下一步(N) > 按钮。

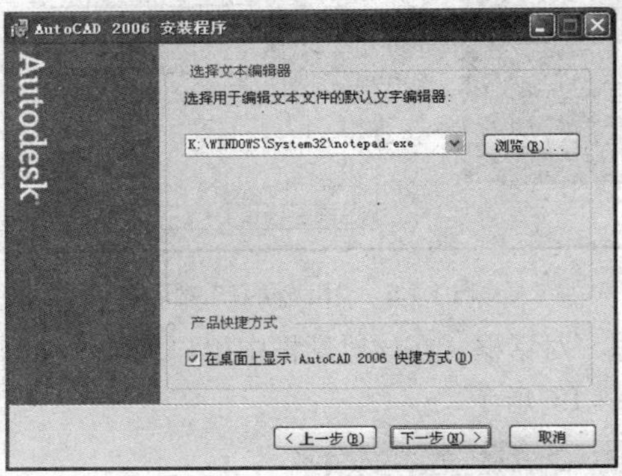

图 1.1.9 “选择文本编辑器”对话框

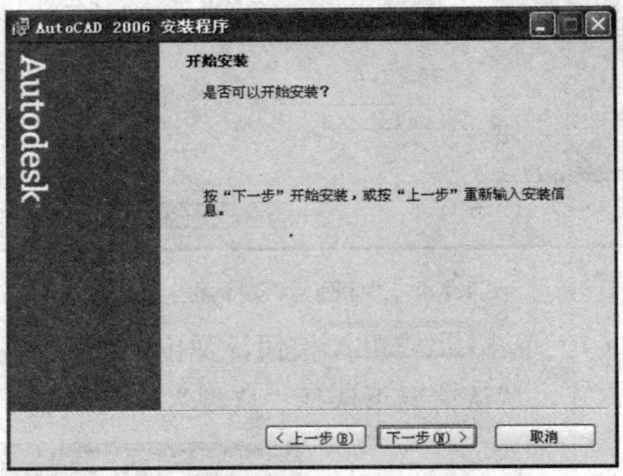

图 1.1.10 “开始安装”对话框

（12）开始进行安装，系统向硬盘复制文件，如图 1.1.11 所示。

（13）安装成功后，系统将弹出一个对话框，如图 1.1.12 所示，提示用户是否阅读中文版 AutoCAD 2006 的自述文件，单击 完成(F) 按钮，即可完成对中文版 AutoCAD 2006 的安装。

三、启动中文版 AutoCAD 2006

启动中文版 AutoCAD 2006 的方式有多种，在此介绍常用的两种启动方式。

（1）桌面快捷方式。安装中文版 AutoCAD 2006 之后，系统会自动在 Windows 桌面上添加 AutoCAD 2006 的快捷方式图标，双击桌面上的快捷图标，即可启动 AutoCAD 2006 程序。

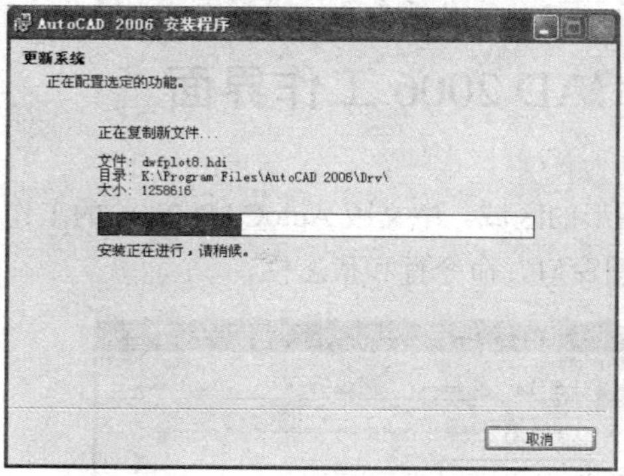

图 1.1.11　复制文件

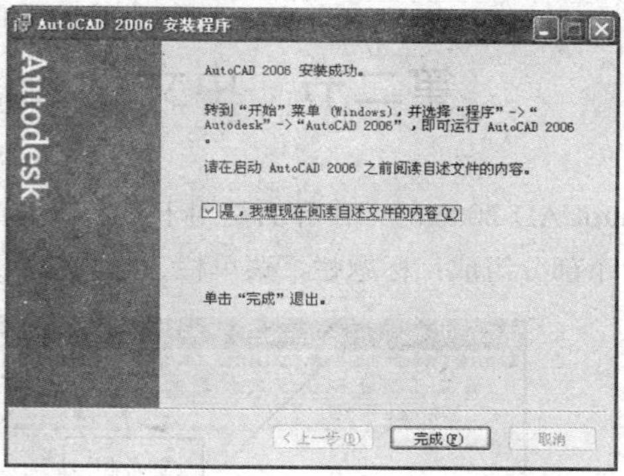

图 1.1.12　“安装成功”对话框

（2）开始菜单方式。在安装完成后，AutoCAD 还会在开始菜单中的程序(P)选项中创建一个名为Autodesk的程序组，选择AutoCAD 2006 - Simplified Chinese→AutoCAD 2006命令，即可启动 AutoCAD 2006。

首次打开中文版 AutoCAD 2006，会弹出如图 1.1.13 所示的“新功能专题研习”对话框，选中是单选按钮，则系统打开新功能专题研习窗口，如图 1.1.14 所示，在该窗口用户可以学习中文版 AutoCAD 2006 新增的各项功能。如果选中不，不再显示此消息单选按钮，系统将直接进入中文版 AutoCAD 2006 工作界面。

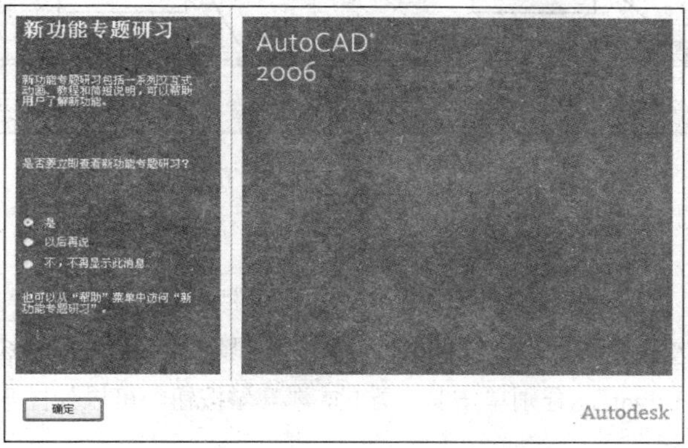

图 1.1.13　“新功能专题研习”对话框

图 1.1.14　“新功能专题研习”窗口

第二节　中文版 AutoCAD 2006 工作界面

AutoCAD 2006 的工作界面是用于显示和编辑图形的区域。中文版 AutoCAD 2006 的工作界面主要由 6 个部分组成：标题栏、菜单栏、工具栏、绘图窗口、命令行和状态栏。

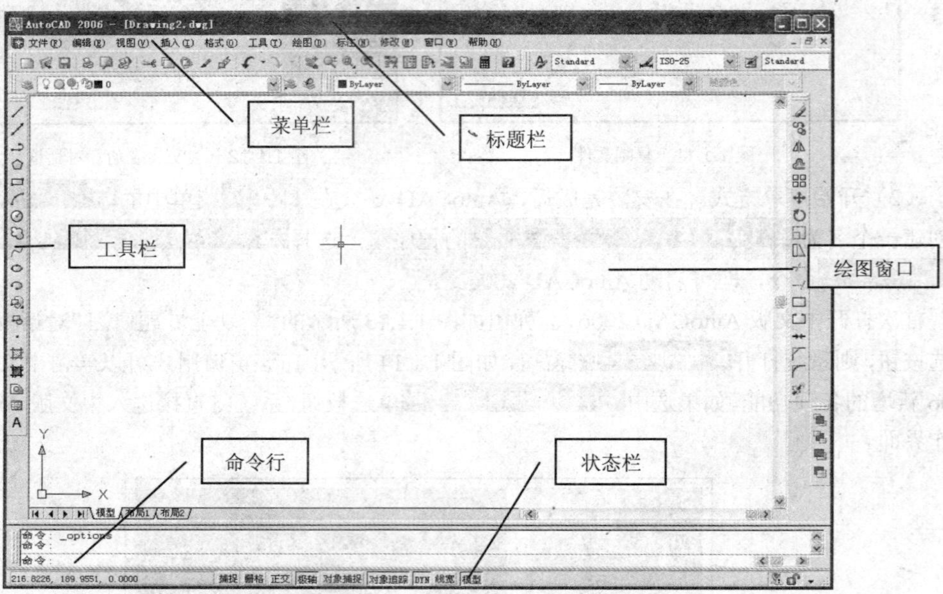

图 1.2.1　AutoCAD 2006 工作界面

1．标题栏

标题栏位于绘图窗口的顶端，在标题栏中，显示了软件的名称（AutoCAD 2006）和当前图形文件的名称。在用户第一次启动 AutoCAD 2006 时，系统将显示 AutoCAD 2006 在启动时打开的图形文件名，默认为“Drawing1.dwg”。分别单击其右端的按钮，可以使图形窗口最小化、最大化或关闭 AutoCAD 2006。

2．绘图窗口

绘图窗口是编辑、显示图形对象的区域。在绘图窗口中还有一个类似于光标的十字，其交点表现了光标在当前坐标系中的位置。

（1）改变十字光标的长度。在绘制图形时，用户可以根据自己的习惯调整十字光标的大小，选择工具(T)→选项(N)...命令，系统弹出选项对话框，选择显示选项卡，如图 1.2.2 所示。在该对话框中拖动十字光标大小(Z)选项区的滑动块，可调整光标长度。也可在其左侧的文本框中输入数值调整，取值范围为 1～100，100 表示全屏幕显示，数值越大，十字光标越长，设置完成后，单击确定按钮，即可完成操作。

（2）改变绘图窗口颜色。在绘制图形时，用户还可以根据自己的喜好设置绘图窗口的颜色。在如图 1.2.3 所示的对话框中单击窗口元素选项区的颜色(C)...按钮，弹出颜色选项对话框，如图 1.2.4 所示。单击颜色(C):下拉列表框中的“选择颜色”选项，系统弹出选择颜色对话框，在该对话框中用户可以根据需要选择背景颜色。

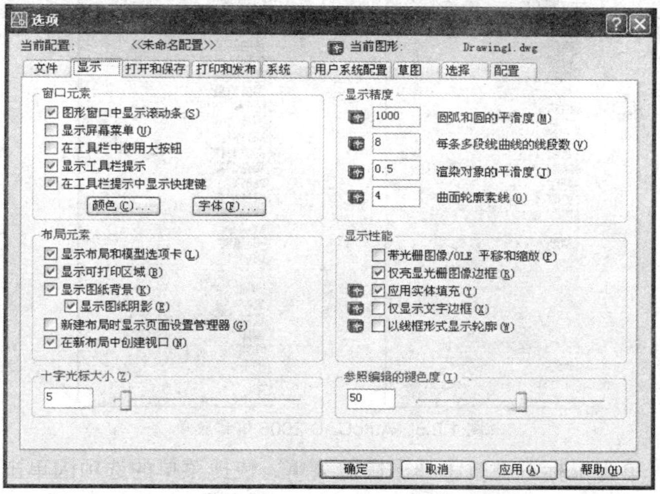

图 1.2.2 “显示”选项卡

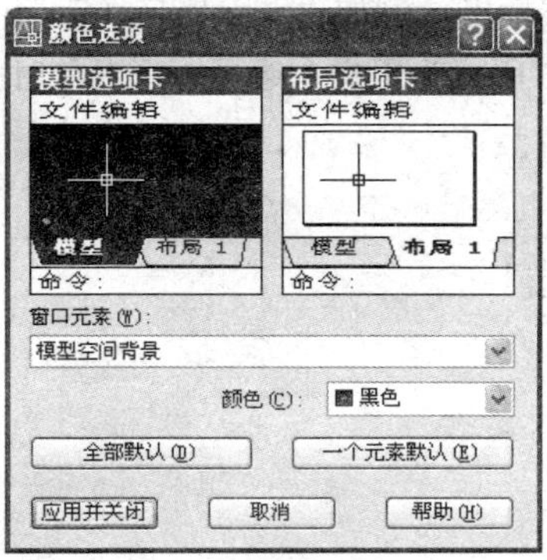

图 1.2.3 “颜色选项”对话框

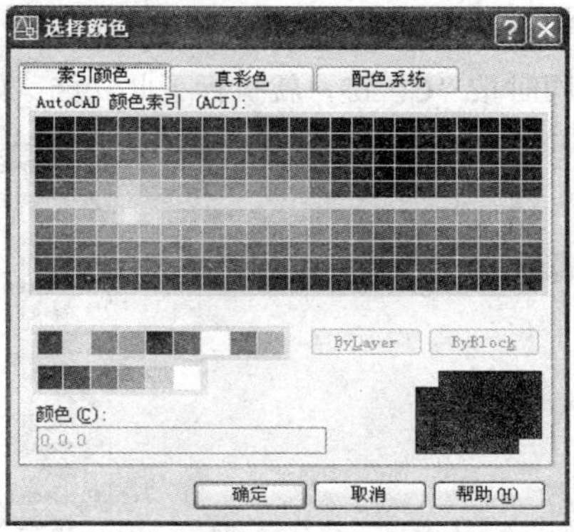

图 1.2.4 “选择颜色”对话框

3. 菜单栏

菜单栏位于标题栏下方。AutoCAD 2006 提供了 3 种菜单：下拉菜单、屏幕菜单和快捷菜单。

（1）下拉菜单。该菜单由若干个菜单项组成，每个菜单项都对应了一个命令，单击菜单项时将执行相应的命令。

从 AutoCAD 的下拉菜单中可以看到，某些菜单命令后面带有▶、…或组合键。

1）▶符号：单击该符号，系统弹出子菜单，用户可做进一步选择。

2）…符号：单击该符号，系统弹出一个对话框，通过此对话框用户可进行进一步的设置。

3）组合键：执行该组合键即可启动该命令。

（2）屏幕菜单。该菜单属于 AutoCAD 中比较特别的一个菜单功能选项，它包括和主菜单类似的文件、编辑等各种菜单。屏幕菜单的主要特点就是保持某一菜单处于长期打开状态，一般在默认情况下系统不显示屏幕菜单，如果要打开屏幕菜单，可以对其进行如下设置：

选择 工具(T) → 选项(N)... 命令，弹出 选项 对话框，并选择 显示 选项卡，在 窗口元素 选项区中选中 ☑显示屏幕菜单(U) 复选框，单击 确定 按钮退出设置。如图 1.2.5 所示为 AutoCAD 2006 屏幕菜单。

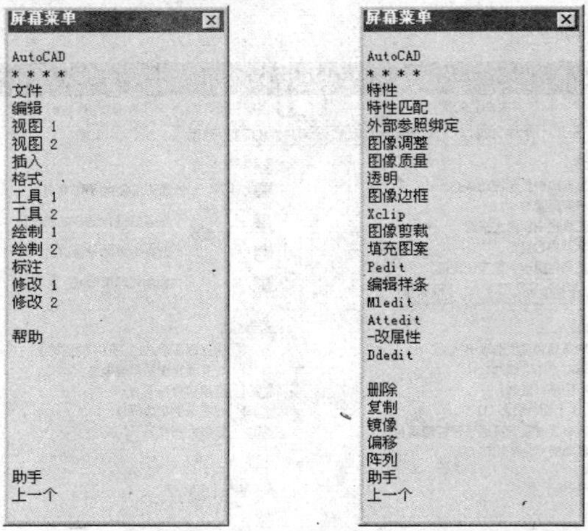

图 1.2.5　AutoCAD 2006 屏幕菜单

（3）快捷菜单。单击鼠标右键时将弹出快捷菜单。快捷菜单的选项因单击环境的不同而变化，它提供了快速执行命令的方法。

每个菜单和菜单项都定义有快捷键。快捷键用下画线标出，例如“清除屏幕（C）”，用户在按住“Alt”键的同时按“C”键，就执行了此功能。如图 1.2.6 所示为用户在选择矩形对象时的快捷菜单。

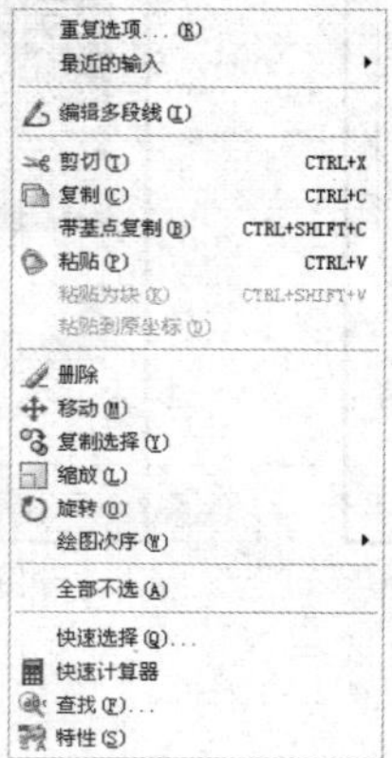

图 1.2.6　选择矩形对象时的快捷菜单

4．工具栏

工具栏是系统根据功能命令有机地集合成的一组按钮。AutoCAD 2006 提供了 30 个工具栏，在默认情况下，系统只显示某些常用的工具栏，如“标准”、“修改”、“绘图”等。用户也可以隐藏某些不常用的工具栏，将自己常用的工具栏显示出来。

标准工具栏中的工具按钮，主要用于进行文件编辑中的一般操作，如图 1.2.7 所示。

图 1.2.7　标准工具栏

实体工具栏中的工具按钮，主要用于对实体进行创建和编辑，如图 1.2.8 所示。

图 1.2.8　实体工具栏

5．命令行

命令行是输入命令名和显示命令提示的区域，默认情况下提示行在图形窗口的下方，由若干命令行组成。

（1）拖动命令行的窗口可以将命令行放置在屏幕的其他位置，进行浮动显示，如图 1.2.9 所示。

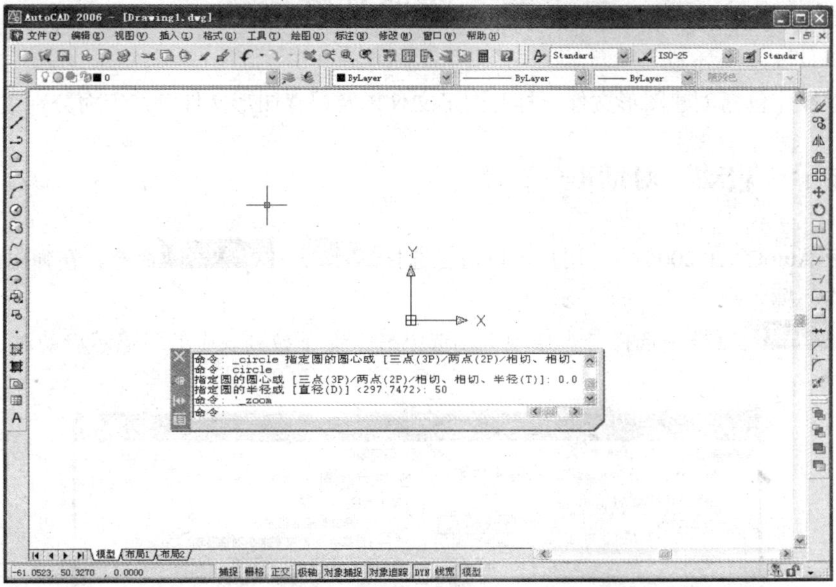

图 1.2.9　浮动显示命令行

（2）对于命令提示行中显示的文字，用户可以按“F2”键打开 AutoCAD 的文本窗口，如图 1.2.10 所示。

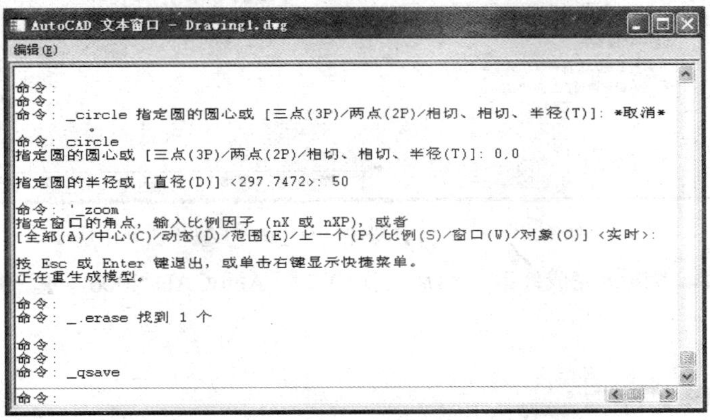

图 1.2.10　命令提示窗口

提示 AutoCAD 通过命令行可以反馈各种信息，包括出错信息，所以用户应时刻关注在命令提示行中出现的信息。

6．状态栏

状态栏位于 AutoCAD 窗口的底部，在这里显示当前十字光标的位置、菜单或工具栏命令的帮助提示，以及各种模式的开关状态等信息，如图 1.2.11 所示。

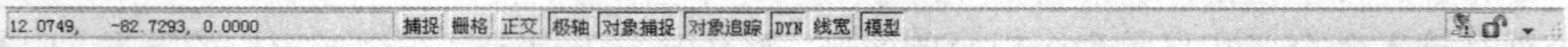

图 1.2.11　状态栏

第三节　图形文件操作

图形文件操作包括创建图形文件、打开图形文件以及保存图形文件等，下面分别进行介绍。

一、显示“启动”对话框

在中文版 AutoCAD 2006 中，用户可以通过选择 工具(T) → 选项(N)... 命令，在弹出的 选项 对话框中设置启动环境。

（1）在 选项 对话框中选择 系统 选项卡，选中 启动(U): 下拉列表中的“显示启动对话框”选项，如图 1.3.1 所示。

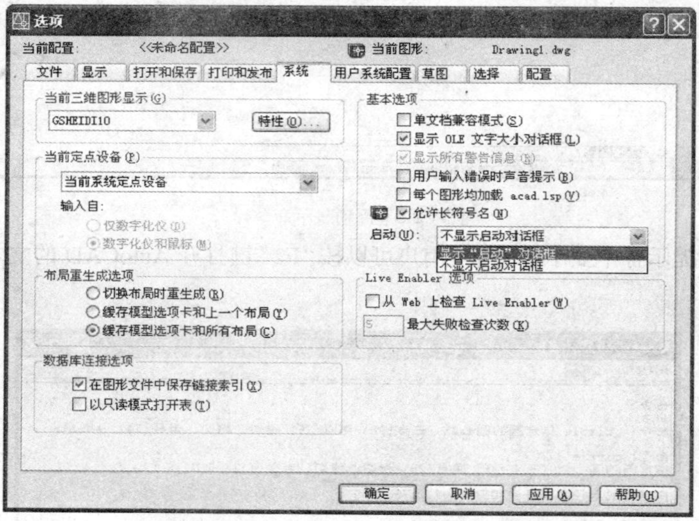

图 1.3.1　设置“选项”对话框中的“启动”选项

（2）单击 确定 按钮完成修改。然后关闭中文版 AutoCAD 2006，重新启动，系统就会显示 启动 对话框。

二、创建图形文件

在 启动 对话框中，用户可以使用 3 种方式创建新图形：从草图开始、使用样板以及使用向导。

1. 从草图开始

如果从草图开始创建图形，用户可以选择英制或者公制两种方式进行创建，如图 1.3.2 所示。其设置决定系统变量要使用的默认值，这些系统变量可控制文字、标注、栅格、捕捉以及线型和填充图案文件。

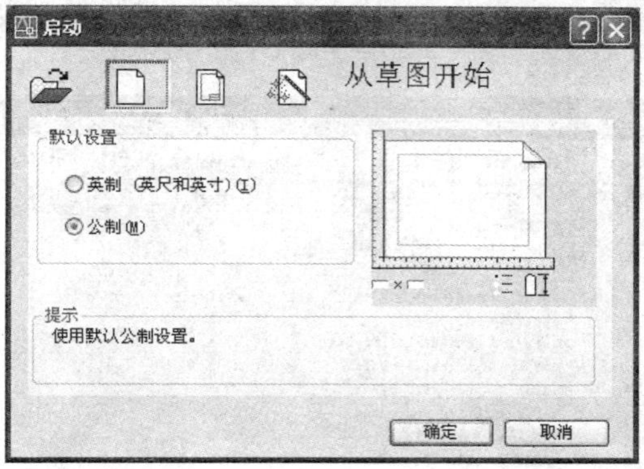

图 1.3.2 “启动”对话框

2．使用样板

使用样板创建新图形，图形样板文件的扩展名为 dwt，其中包含了标准设置。用户从选择样板:列表框中选择提供的样板文件，或者单击浏览...按钮都可以创建自定义样板文件，如图 1.3.3 所示。

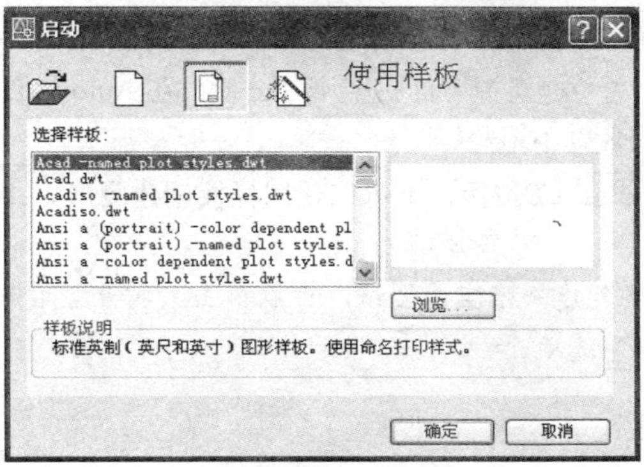

图 1.3.3 使用样板创建图形

3．使用向导

使用向导创建新图形，用户可以从选择向导:列表框中选择“高级设置”和“快速设置”中的一种向导来创建图形，如图 1.3.4 所示。

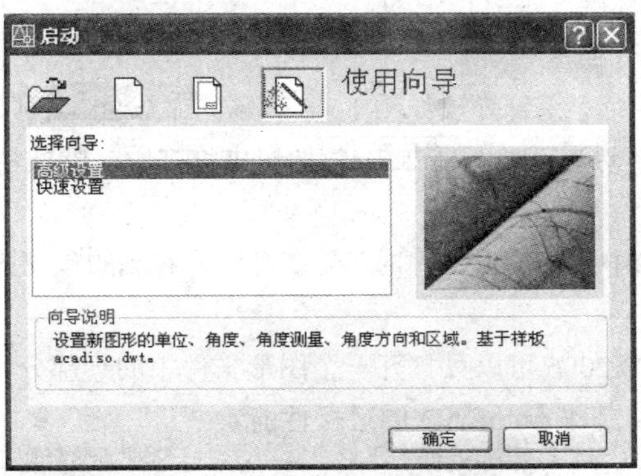

图 1.3.4 使用向导创建图形

如果在选项对话框中选择“不显示启动对话框”选项，启动中文版 AutoCAD 2006 时系统会自动创建一个绘图文件。

选择 文件(F) → 新建(N)... 命令或者在命令行输入 new，系统弹出 选择样板 对话框，如图 1.3.5 所示。

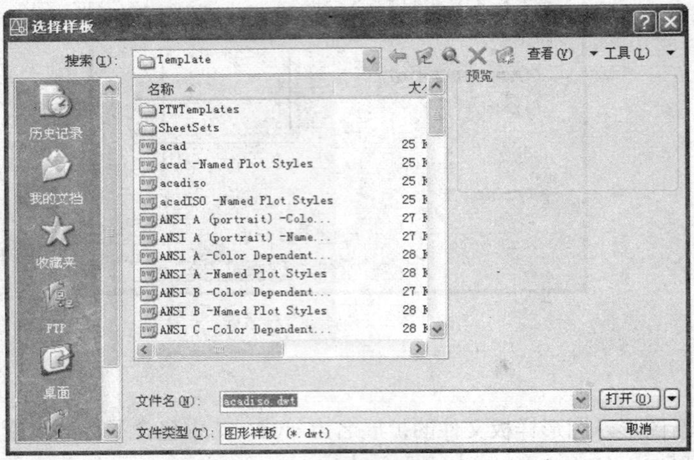

图 1.3.5 “选择样板”对话框

在该对话框中可以选择基于何种样板来创建新图形，常用的有 acad 样板和 acadISO 样板。这两种样板的区别在于一个默认单位是英制，而另一个是公制。在 AutoCAD 2006 中，图形文件的扩展名为 dwg，而图形样板的扩展名为 dwt。

选择一个样板，单击 打开(O) 按钮，就可以使用样板创建图形。

提示 如果用户想要创建一张空白图纸，可以单击“打开”右侧的下三角按钮，在弹出的下拉列表中选择“无样板打开”选项。

三、打开图形文件

用户往往不能一次完成图形的设计工作，因此图形绘制一部分时需要进行保存，在下一次绘制之前需要将其打开。启动打开图形文件命令有如下 3 种方法：

（1）菜单栏：选择 文件(F) → 打开(O)... 命令。

（2）工具栏：单击“标准”工具栏中的“打开”按钮。

（3）命令行：在命令行输入 open。

执行打开图形文件命令后，系统弹出如图 1.3.6 所示的 选择文件 对话框。用户可以在该对话框中选择需要打开的图形文件，然后再单击 打开(O) 按钮来打开它。默认情况下，打开图形文件的格式为“.dwg”格式。

同样，当在列表框中选中某一图形文件时，会在对话框右侧的预览图像栏中显示出该图形的预览图像。

此外，中文版 AutoCAD 2006 可以只打开一个图形文件中的一部分。如果绘制一个非常复杂的图形，仅打开图形的局部可以提高 AutoCAD 的运行性能。

选择 打开(O) 下拉菜单中 局部打开(P) 命令，系统弹出 局部打开 对话框，如图 1.3.7 所示。在 要加载几何图形的视图 选项区中选择要打开的视图；在 要加载几何图形的图层 选项区中选择要打开的图层，然后单击 打开(O) 按钮，即可在选定视图中打开选定图层上的对象。

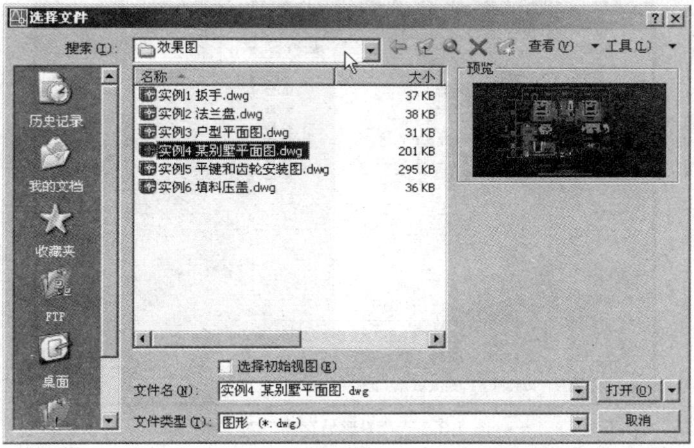

图 1.3.6 “选择文件”对话框

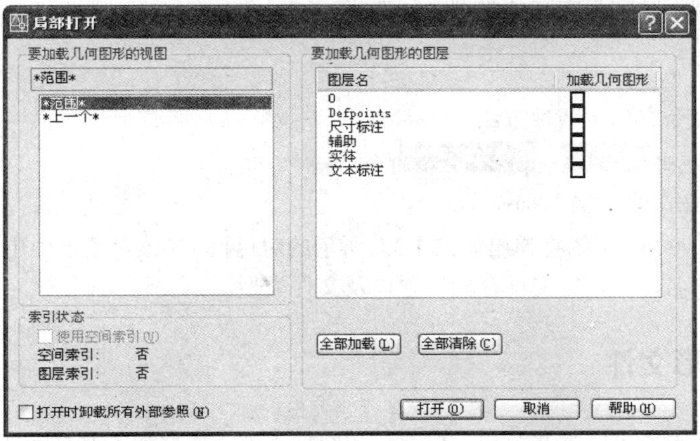

图 1.3.7 “局部打开”对话框

四、保存图形文件

AutoCAD 一般采用两种方式将绘制完成的图形进行保存：一种是以当前文件名保存，即快速保存；另一种是以指定的新文件名保存，即换名保存。

1. 快速保存

启动快速保存命令有如下 3 种方法：

（1）菜单栏：选择文件(F)→保存(S)命令。

（2）工具栏：单击“标准”工具栏中的“保存”按钮。

（3）命令行：在命令行输入 qsave。

执行快速保存命令后，AutoCAD 把已命名的图形直接以原文件名保存，不再提示输入文件名。如果当前所绘制图形没有命名，则会弹出如图 1.3.8 所示的图形另存为对话框。利用该对话框，用户可以确定图形文件的存放位置（通过保存于(I):下拉列表框）、文件名（通过文件名(N):文本框）以及存放类型（通过文件类型(T):下拉列表框）等并保存它。

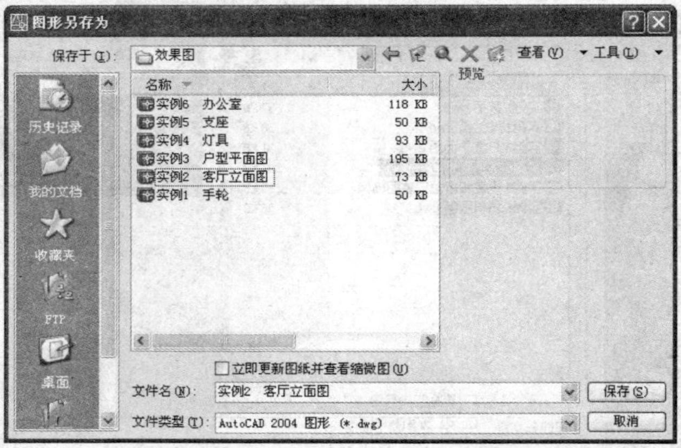

图 1.3.8 “图形另存为”对话框

除了可以将图形以“AutoCAD 2006 图形”类型（即与 AutoCAD 2006 对应的图形类型）保存外，还可以通过文件类型下拉列表在其他类型之间选择。

2．换名保存

启动换名保存命令有如下两种方法：

（1）菜单栏：选择 文件(F) → 另存为(A)... 命令。

（2）命令行：在命令行输入 save as。

执行换名保存命令后，系统将弹出如图 1.3.8 所示的对话框。在该对话框中用户可以在 文件名(N): 文本框中输入新的文件名，并指定文件存储位置以及文件类型。

五、关闭图形文件

绘制完图形后，用户可以将其关闭。启动关闭图形文件命令有如下两种方法：

（1）菜单栏：选择 文件(F) → 关闭(C) 命令。

（2）命令行：在命令行输入 close。

执行关闭命令后，如果当前图形没有存盘，AutoCAD 会弹出如图 1.3.9 所示的提示框。在该提示框中，单击 是(Y) 按钮或者按回车键，表示将当前的图形文件存盘后再关闭它；单击 否(N) 按钮或按“N”键，则表示关闭图形但不存盘；单击 取消 按钮，表示取消关闭当前图形文件的操作，但不保存也不关闭当前图形。

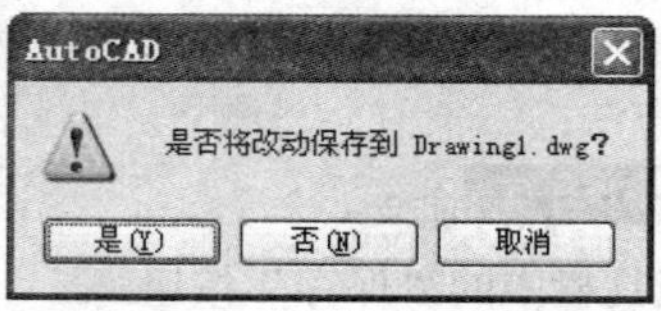

图 1.3.9 提示框

第四节 图形单位与界限

在绘制图形之前，需要设置它的绘图环境即图形单位与界限。

一、设置图形单位

对于任何图形而言，总要设置其大小、精度以及所采用的单位。在 AutoCAD 2006 中，用户通过选择格式(O)→单位(U)...命令，在弹出的如图 1.4.1 所示的图形单位对话框中设置绘图单位。

该对话框中各选项含义介绍如下：

（1）长度选项区：设置长度单位的类型和精度。

（2）角度选项区：设置角度单位的类型和精度。

（3）插入比例下拉列表框：设置设计中心向图形中插入图块时，如何对块及内容进行缩放。

（4）方向(D)...按钮：单击该按钮，弹出如图 1.4.2 所示的方向控制对话框，在该对话框中可以设定基准角度方向，默认 0° 为东的方向。

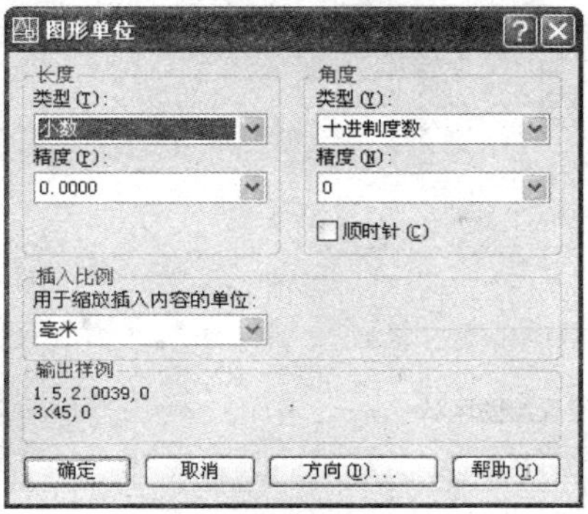

图 1.4.1 “图形单位”对话框

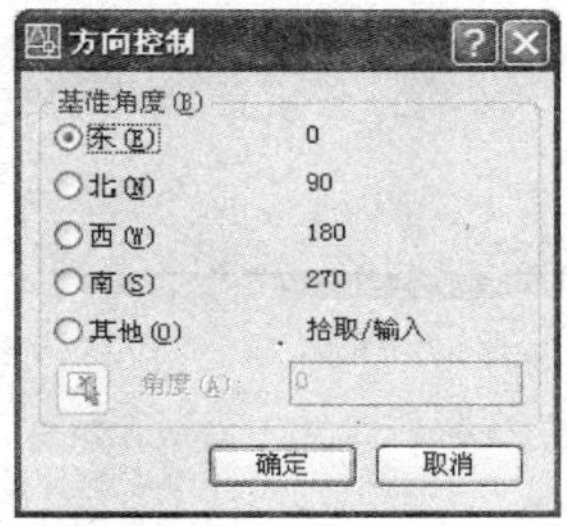

图 1.4.2 “方向控制”对话框

注意 基准角度(B)选项区中参数的设置将会影响角度、显示格式、极坐标、柱坐标和球坐标等选项。

二、设置图形界限

设置图形界限就是要标明用户的工作区域和图纸的边界，让用户在设置好的区域内绘图，以避免所绘制的图形超出该边界。默认情况下，图形文件的大小为 420 mm×297 mm。这个尺寸适合于绘制小的图形对象，如果需要绘制大的图形，就需要设置绘图区域。

启动图形界限命令有如下两种方法：

（1）菜单栏：选择格式(O)→图形界限(A)命令。

（2）命令行：在命令行输入 limits。

执行图形界限命令后，命令行将出现如下提示：

（1）命令：limits↙。

（2）指定左下角点或[开(ON)/关(OFF)]<0.0000,0.0000>：↙。在该提示下用户可以直接按回车键接受默认值，也可以输入新坐标值并按回车键。

（3）指定右上角点<420.0000,297.0000>：↙。同样，在该提示下用户可以直接按回车键接受默认值，也可以输入新坐标值以确定绘图界限的右上角位置。

设置图形界限的具体操作如下：

（1）命令：limits↙。

（2）指定左下角点或 [开(ON)/关(OFF)] <0.0000,0.0000>：-200,-200↙。

（3）指定右上角点 <420.0000,297.0000>：400,300↙。

（4）单击状态栏中的 栅格 按钮，显示栅格，该栅格的长宽尺寸为 600×500，如图 1.4.3 所示。

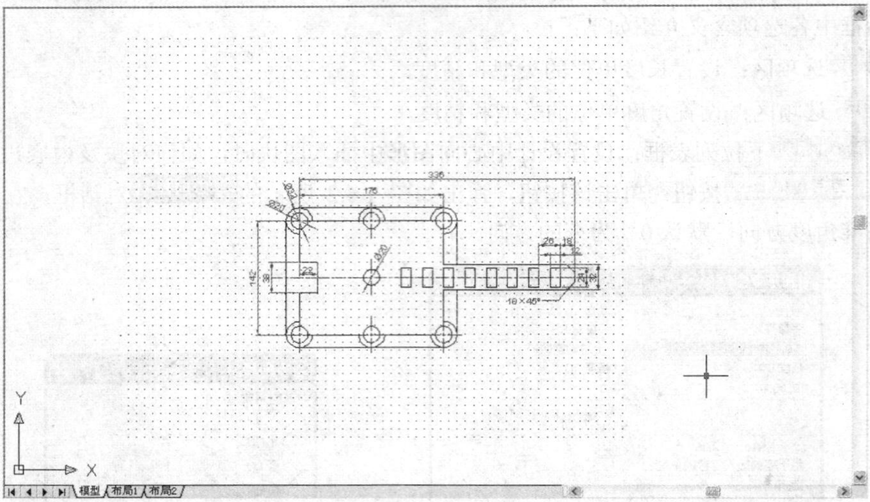

图 1.4.3　设置绘图区域

第五节　中文版 AutoCAD 2006 新增功能

与以前版本相比较，AutoCAD 2006 在性能和功能两方面都有较大的增强和改善，新增了动态输入、图案填充、计算机以及多行文字等功能。

一、动态输入

新的动态输入设置可使用户直接在鼠标单击处快速启动命令、读取提示和输入值，而不需要把注意力分散到图形编辑器外。用户可在创建和编辑几何图形时动态查看标注值，如长度和角度，通过“Tab”键可在这些值之间切换，如图 1.5.1 所示。

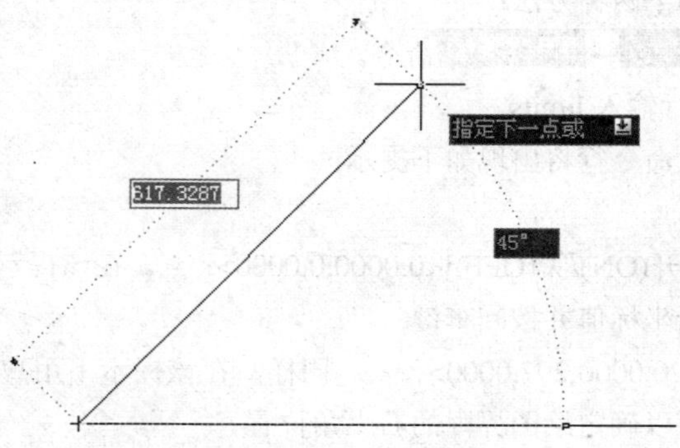

图 1.5.1　动态输入

二、增强的图案填充

在创建和编辑填充图案时可以指定填充原点。新的填充原点可以在图案填充和渐变色对话框中控制。用户可以使用当前的原点，通过单击一个点来设置新的原点，或利用边界的范围来确定，甚至可以指定选项中的一个来作为默认的行为以用于以后的填充操作，如图 1.5.2 所示。

图 1.5.2 “图案填充和渐变色”对话框

三、图形化的计算界面

在 AutoCAD 2006 中，新增的“快速计算器”功能提供了内嵌式图形化的三维计算功能。可以在命令行中输入 Quickcalc 命令调用，而在属性选项板中，当输入数字字段时，也可以随时调用它，如图 1.5.3 所示。该面板包含 4 个选项：“数字”、“科学计算”、“单位转换”和“变量”。

图 1.5.3 “快速计算器”面板

（1）“数字”选项：可以在和标准计算器一样的界面中输入值和执行基本的数学运算。

（2）“科学”选项：对一些高级的功能进行科学或工程计算。

（3）“单位转换”选项：可以在公制和英制间转换各种单位。

（4）“变量”选项：可以定义全局常数和变量，使其在整个 AutoCAD 过程中有效。

四、增强的文本功能

新增的文本功能对于单行文字和多行文字都适用。另外，对于编辑多行文字，会有一个新的选项工具栏和右键菜单选项，通过它们可以选择显示文字格式工具栏、选项和标尺，甚至可以使用不透明背景，如图 1.5.4 所示为“文字格式”工具栏及其快捷菜单。

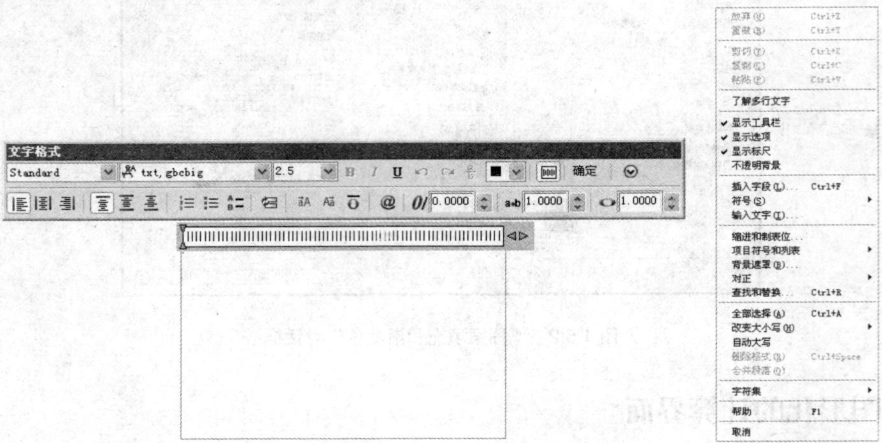

图 1.5.4 “文字格式”工具栏以及快捷菜单

五、动态图块

在 AutoCAD 2006 中，使用动态图块功能可以彻底减少图库的大小。用户可以将生成部分几何图形编辑成图块，消除了重新定义新块对应的每一形状和尺寸的变化。

新的图块定义编辑器使用户可创建新的图块定义或更新现有的图块。用户可通过多种途径访问图块定义编辑器，包括块定义对话框、选定图块时按右键菜单以及输入 BEDIT 命令。

六、增强的 DWF

传统的共享设计的方法费用太高而且耗时。DWF （Design Web Format）文件格式是设计协作过程的关键。然而，DWF 数据的局限性可能会阻止它成为共享 DWF 文件的可行方案。

通过扩充可包含在发布的 DWF 文件的数据类型，AutoCAD 2006 提供了少量可选择性的共享 DWG 文件。最新的发布对话框使用户可包含图块特性和属性以及图纸和图纸集属性。此外，API（应用程序接口）使开发者可发布包含在自定义对象中的属性。除了增强的二维 DWF 功能外，中文版 AutoCAD 2006 还提供了三维 DWF 性能。用户可使用新的 3DDWFPUBLISH 命令来发布三维 AutoCAD 模型到 DWF 中。

第六节　上机实战

本节通过典型实例来进一步加深用户对 AutoCAD 2006 基础知识的了解。

（1）选择文件(F)→新建(N)...命令，弹出选择样板对话框，然后再单击打开(O)按钮，在弹出的下拉菜单中选择“无样板打开－公制”命令，创建新图形，如图 1.6.1 所示。

（2）选择格式(O)→单位(U)...命令，弹出图形单位对话框，在该对话框中设置长度的类型为“小数”，精度为“0.00”；角度的测量单位是“十进制度数”，精度为“0.0”；拖放比例单位为“毫米”；角度正方向是顺时针方向，如图 1.6.2 所示，然后单击确定按钮退出。

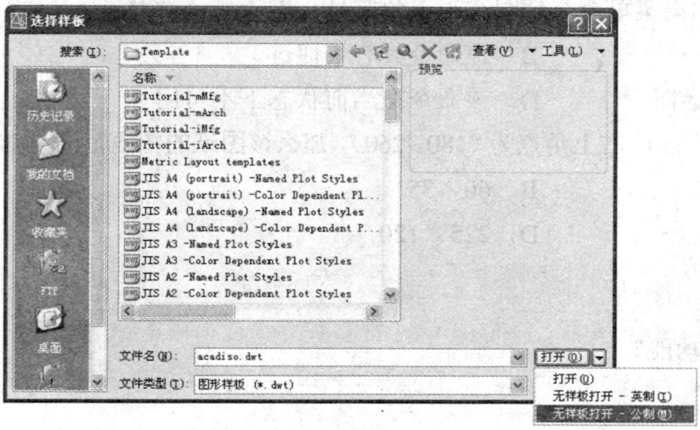

图 1.6.1　“选择样板”对话框

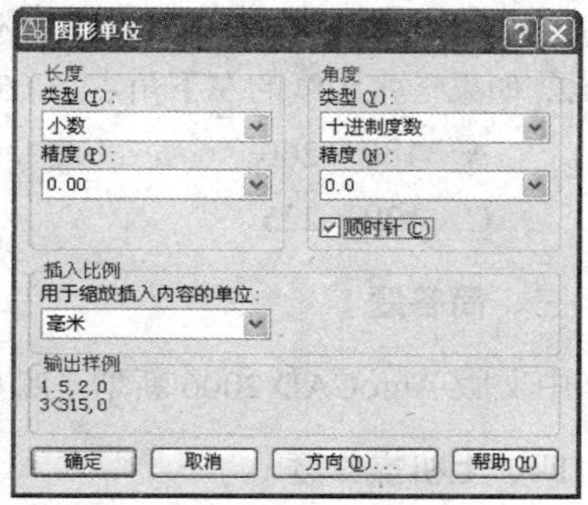

图 1.6.2　“图形单位”对话框

（3）选择格式(O)→图形界限(A)命令，或者在命令行输入 limits，系统提示信息如下：

1）命令：limits↙。

2）指定左下角点或[开(ON)/关(OFF)]<0.0,0.0>：100,100↙。

3）指定右上角点 <420.0,297.0>：550,400↙。

（4）单击状态栏上的栅格按钮，显示矩形栅格，该矩形的长和宽的尺寸为 450×300，如图 1.6.3 所示。

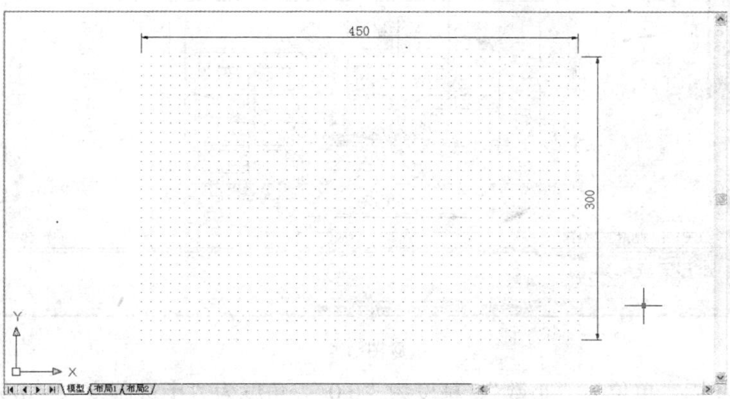

图 1.6.3　显示矩形栅格

习 题 一

一、填空题

1．中文版 AutoCAD 2006 的工作界面主要由_________、_________、_________、_________、_________和_________6 部分组成。

2．在中文版 AutoCAD 2006 中，提供了_________种工具栏。

二、选择题

1．在 AutoCAD 2006 的菜单中，如果菜单命令后跟有小三角符号，表示（　）。

A．该命令下还有子命令　　B．该命令具有快捷键

C．单击该命令可打开一个对话框　　D．该命令在当前状态下不可用

2．如果一张图纸的左下角点为（60，35），右上角点为（180，260），那么该图纸的图限范围为（　）。

A．180×260　　B．60×35

C．120×225　　D．225×120

三、简答题

中文版 AutoCAD 2006 新增了哪些功能？

四、上机操作题

1．文件的操作主要包括文件的新建、打开和保存。练习打开如题图 1.1 所示的文件，并将其另存为“客厅立面图.dwg”。

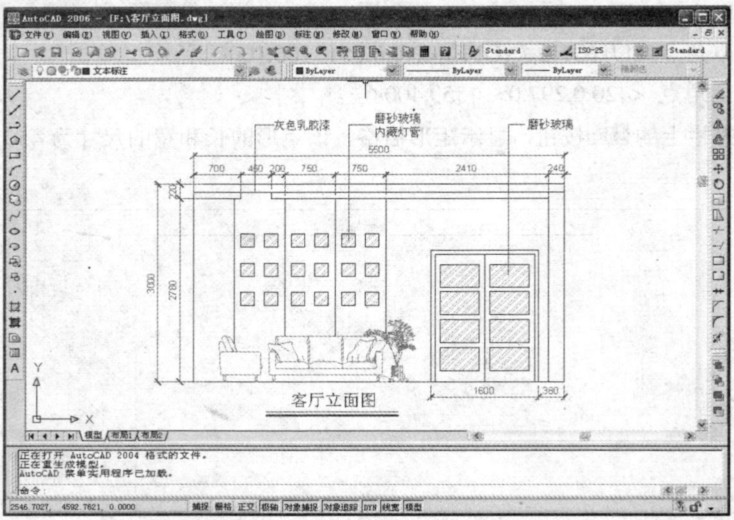

题图 1.1

2．设置绘图环境。单位为“小数”、精度为“0.0”；角度为“十进制度”、精度为“0.00”；拖放单位为“毫米”；角度方向为“顺时针”；绘图区域为“297×210”。

第二章 精确绘制图形

- ☑ 通过辅助工具定位
- ☑ 通过捕捉几何点定位
- ☑ 选择对象方式
- ☑ 控制图形显示

在用 AutoCAD 绘制图形时，对尺寸精度的要求比较高，用户可以通过系统提供的对象捕捉和对象追踪等功能，在不输入坐标的情况下快速、精确地绘制图形，提高绘图效率和质量。

此外，用户在绘制图形的同时，应该掌握控制图形显示的几种方法。

第一节　通过辅助工具定位

在绘制图形时，将通过系统提供的栅格、捕捉和正交捕捉等功能，使用光标对绘制的图形进行准确定位。

一、捕捉

启动捕捉命令有如下两种方法：

（1）菜单栏：选择 工具(T) → 草图设置(F)... 命令。

（2）命令行：在命令行输入 snap。

在命令行提示下输入 snap 命令后，系统提示如下：

指定捕捉间距或 [开(ON)/关(OFF)/纵横向间距(A)/旋转(R)/样式(S)/类型(T)] <10.0000>: 在该提示下输入捕捉间距值，也可以通过其他选项进行设置。各选项含义如下：

（1）开(ON)：打开捕捉模式。

（2）关(OFF)：关闭捕捉模式。

（3）纵横向间距(A)：在 X 和 Y 方向上指定不同的间距。

（4）旋转(R)：设置捕捉的原点和旋转角度，用户可以绕该点旋转捕捉方向。

（5）样式(S)：设置捕捉的样式为“标准”或“等轴测”模式。

（6）类型(T)：设置捕捉类型，即是栅格捕捉还是极轴捕捉。

练习：设置如图 2.1.1 所示的图形捕捉旋转角度，其结果如图 2.1.2 所示，操作步骤如下：

（1）命令：snap↙。

（2）指定捕捉间距或 [开(ON)/关(OFF)/纵横向间距(A)/旋转(R)/样式(S)/类型(T)] <10.0000>：r↙。

（3）指定基点 <0.0000,0.0000>：在屏幕上任意指定一点。

（4）指定旋转角度 <0>：30↙。

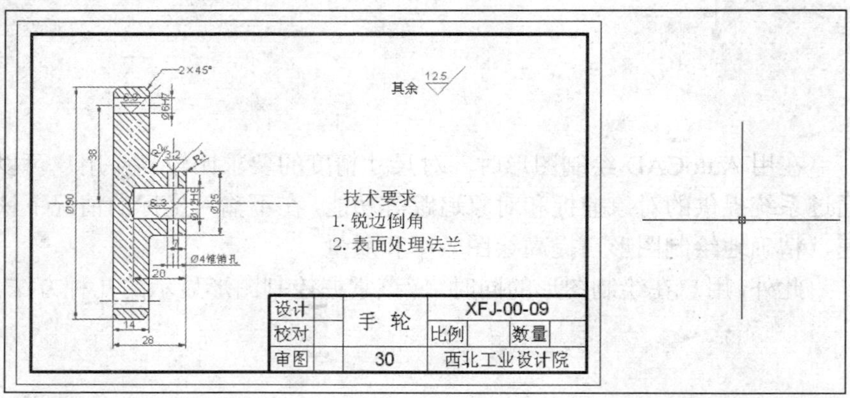

图 2.1.1　旋转捕捉前的图形

注意 单击屏幕下方状态栏上的 捕捉 按钮或者按“F9”键可以切换捕捉显示。

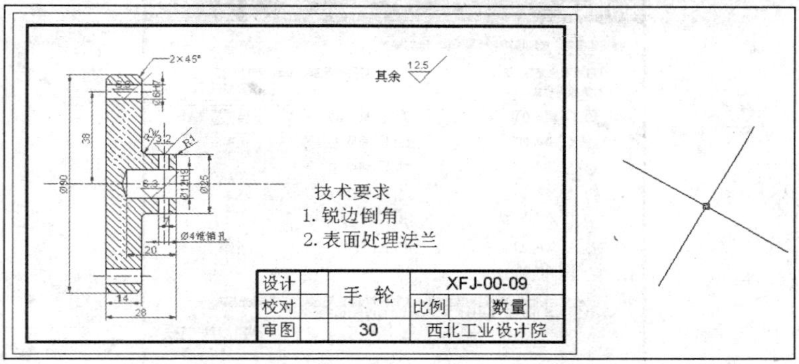

图 2.1.2　旋转捕捉后的图形

二、栅格

启动栅格命令有如下两种方法：

（1）菜单栏：选择 工具(T) → 草图设置(F)... 命令。

（2）命令行：在命令行输入 grid。

在命令行提示下输入 grid 命令后，系统提示如下：

指定栅格间距 (X) 或 [开(ON)/关(OFF)/捕捉(S)/纵横向间距(A)] <10.0000>：在该提示下输入栅格间距值，也可以通过其他选项进行设置。各选项含义如下：

（1）开(ON)：打开栅格显示。

（2）关(OFF)：关闭栅格显示。

（3）捕捉(S)：将栅格间距设置为捕捉间距。

（4）纵横向间距(A)：在 X，Y 方向上设置不同的栅格间距。

注意

（1）捕捉间距值不能设置太小，否则将无法显示栅格。

（2）单击屏幕下方状态栏上的 捕捉 按钮或者按“F7”键可以切换栅格显示。

第二节　通过捕捉几何点定位

在 AutoCAD 中，使用对象捕捉可以将指定点快速、精确地限制在对象的确切位置上，而不必知道坐标值。

一、设置对象捕捉模式

选择 工具(T) → 草图设置(F)... 命令，弹出 草图设置 对话框，选择 对象捕捉 选项卡，如图 2.2.1 所示，在该对话框中系统提供了 13 种目标捕捉类型用于设置捕捉模式。

但是在实际的绘图过程中，使用对象捕捉可以提高绘图效率，为此，AutoCAD 提供了一种自动捕捉模式。所谓自动捕捉，就是当用户将光标移动到一个对象上时，系统自动捕捉到该对象上所有符合条件的几何特征点，并显示出相应的标记。

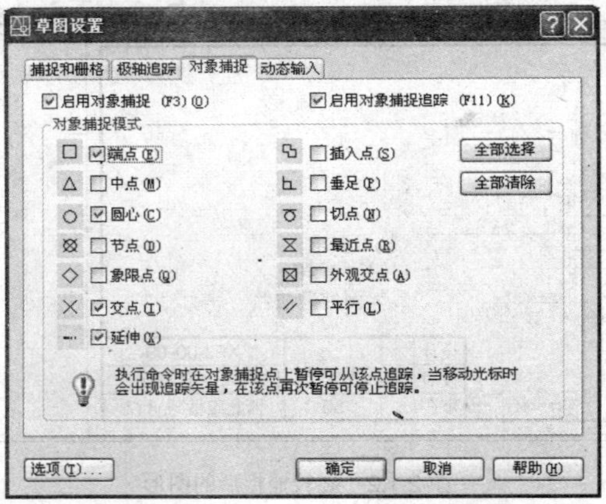

图 2.2.1 “对象捕捉”选项卡

在 AutoCAD 2006 中，用户还可以使用“对象捕捉”工具栏中的按钮打开捕捉，“对象捕捉”工具栏如图 2.2.2 所示。

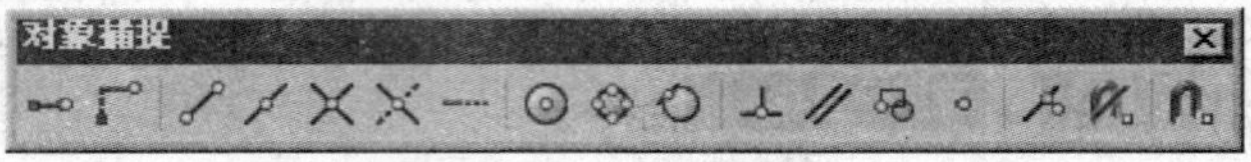

图 2.2.2 “对象捕捉”工具栏

该工具栏中的各个捕捉按钮含义如下：

（1）“临时追踪”按钮：命令提示为 TT。用于在不打开对象捕捉跟踪功能的情况下临时使用一次该功能。

（2）“捕捉自”按钮：命令提示为 FROM。用于在使用该命令时，可以指定一个临时点，然后根据该点来确定其他点的位置。

（3）“捕捉到端点”按钮：命令提示为 END。用于捕捉直线、多段线、圆弧、椭圆弧以及射线的最近端点。

（4）“捕捉到中点”按钮：命令提示为 MID。用于捕捉直线、多段线、多线、圆弧、样条曲线以及椭圆弧的中点。

（5）“捕捉到交点”按钮：命令提示为 INT。用于捕捉直线、多段线、圆、圆弧、椭圆弧、椭圆以及射线的交点。

（6）“捕捉到外观交点”按钮：命令提示为 APPINT。用于捕捉两个在三维空间实际并未相交，但是由于投影关系在二维视图中相交的对象的交点，其对象包括直线、圆、圆弧、椭圆弧、椭圆、多线以及样条曲线等。

（7）“捕捉到延长线”按钮：命令提示为 EXT。用于捕捉以选定实体为基准，捕捉其延伸线上任一点。

（8）“捕捉到圆心”按钮：命令提示为 CEN。用于捕捉圆、圆弧、椭圆以及椭圆弧的圆心。

（9）“捕捉到象限点”按钮：命令提示为 QUA。用于捕捉圆、圆弧、椭圆弧以及椭圆的四分之一象限点。

（10）“捕捉到切点”按钮：命令提示为 TAN。用于捕捉选取点与所选圆、圆弧、椭圆或样条曲线相切的点。

（11）“捕捉到垂足”按钮：命令提示为 PER。用于捕捉选取点与选取对象的垂直交点。

（12）“捕捉到平行线”按钮：命令提示为 PAR。用于捕捉当光标与所绘制的前一点的连线方向平行于基准方向时，系统将显示出一条临时的平行线，用户可捕捉到此线上的任一点。

（13）“捕捉到插入点”按钮：命令提示为 INS。用于捕捉块、外部引用、属性、属性定义以及文本对象的插入点。

（14）“捕捉到节点”按钮：命令提示为 NOD。用于捕捉点对象（POINT，DIVIDE，MEASURE 命令绘制的点）。

（15）“捕捉到最近点”按钮：命令提示为 NEA。用于捕捉靠近十字光标的点。该点可以位于直线、圆、多段线、圆弧、样条曲线以及射线等。

（16）“无捕捉”按钮：命令提示为 NON。用于关闭对象捕捉。

（17）“对象捕捉设置”按钮：命令提示为 DSETTINGS。单击该按钮，系统弹出草图设置对话框，利用该对话框，用户可以设置对象捕捉模式。

二、设置运行捕捉模式和覆盖捕捉模式

选择对象捕捉选项卡，设置对象捕捉模式始终为运行状态，直到关闭为止。用户将这种捕捉模式称为运行捕捉模式。如果要临时打开捕捉模式，可以在点的输入提示下输入关键点（CEN，MID 或 INS 等），这种捕捉模式称为覆盖捕捉模式。

设置覆盖捕捉模式时，可以通过单击鼠标右键，或按住“Shift”键的同时右击它，从弹出的快捷菜单中选择相应的捕捉模式，如图 2.2.3 所示。

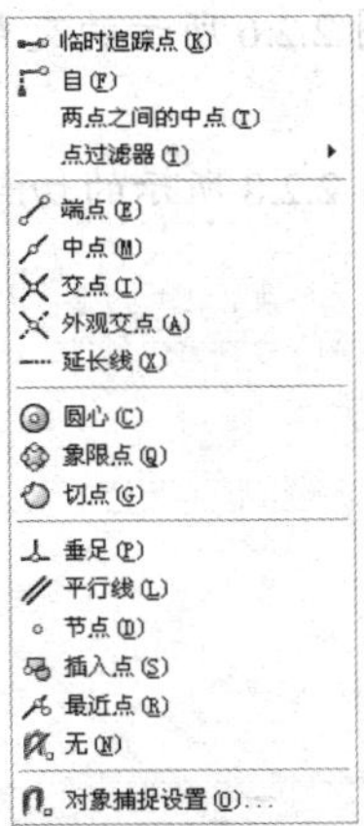

图 2.2.3 “覆盖捕捉模式”相应的快捷菜单

三、设置对象捕捉参数

在绘制图形时，为了绘图的方便，可设置相应捕捉标记的大小、颜色和捕捉靶框大小。靶框大小应根据选择的对象、图形的缩放对象、显示分辨率和图形的密度进行设置。

此外，还可以通过确定是否显示捕捉标记，自动捕捉标记靶框的大小和颜色，是否显示自动捕捉靶框等。

选择工具(T)→选项(N)...命令，在弹出的选项对话框中选择“草图”选项卡进行设置，如图 2.2.4 所示。

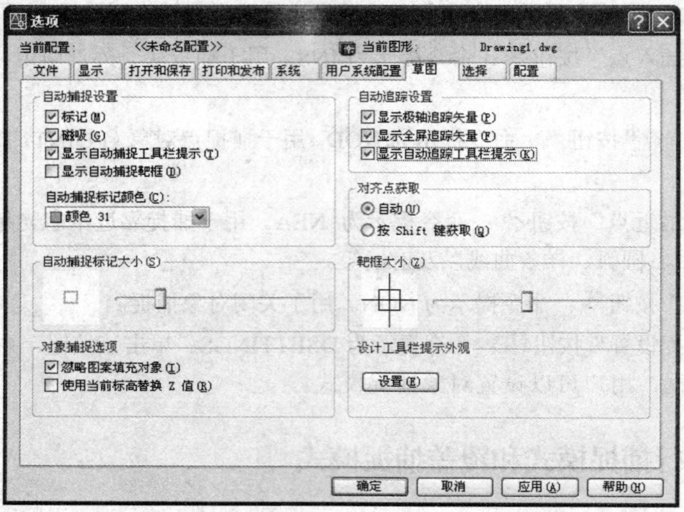

图 2.2.4　选择“选项”对话框中的“草图”选项卡

练习：利用对象捕捉功能绘制图形。

（1）选择 工具(T) → 草图设置(F)... 命令，弹出 草图设置 对话框，在“对象捕捉”选项卡的 对象捕捉模式 选项区中选中 交点(I) 和 切点(N) 两个复选框，然后单击 确定 按钮。

（2）利用直线命令在屏幕上绘制两条互相垂直的直线，如图 2.2.5 所示。

（3）利用圆命令，将指针移动到如图 2.2.6 所示的交点处，绘制半径分别为 30 和 10 的同心圆，如图 2.2.7 所示。

（4）重复圆命令，将指针移动到如图 2.2.8 所示的切点处，绘制一个半径为 20 的圆，如图 2.2.9 所示。

图 2.2.5

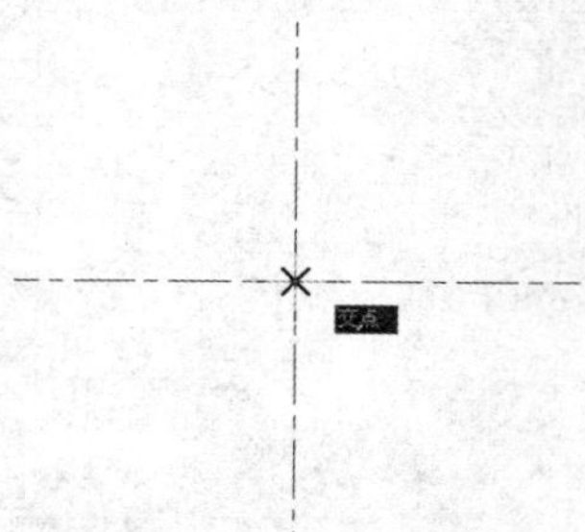

图 2.2.6

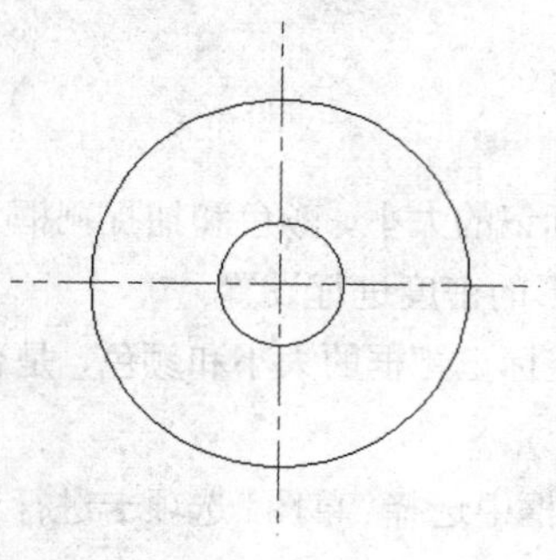

图 2.2.7

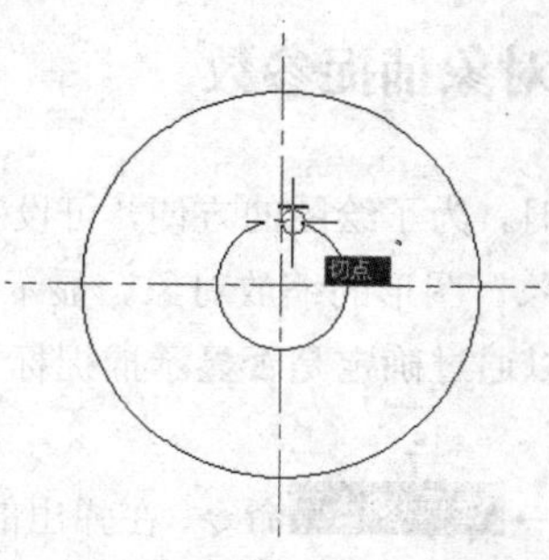

图 2.2.8

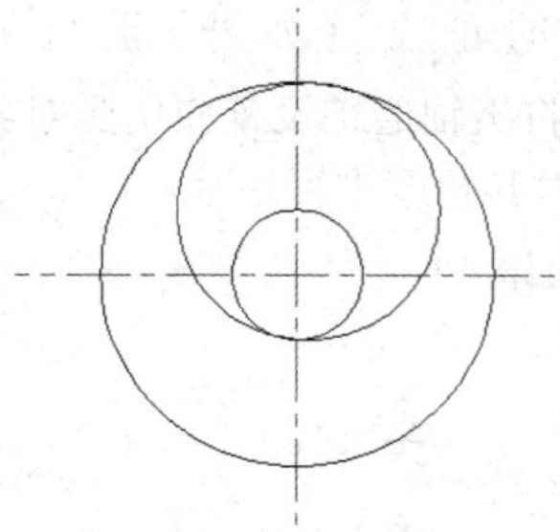

图 2.2.9

第三节　通过自动追踪定位

在 AutoCAD 中，通过图形中其他点精确定位点的方法称为追踪。使用自动追踪功能可以按指定角度绘制对象，或者绘制与其他对象有特定关系的对象。自动追踪包括对象追踪和极轴追踪两种。

一、极轴追踪

使用极轴追踪的功能可以用指定的角度来绘制对象。用户在极轴追踪模式下确定目标点时，系统会在光标接近指定的角度上显示临时的对齐路径，并自动在对齐路径上捕捉距离光标最近的点，同时可据此准确地确定目标点。设置极轴追踪的操作步骤如下：

（1）选择 工具(T) → 草图设置(F)... 命令，弹出 草图设置 对话框，单击 极轴追踪 标签，打开如图 2.3.1 所示的对话框。

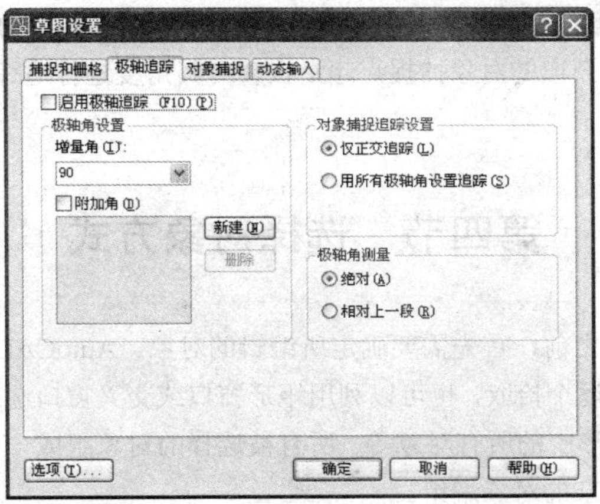

图 2.3.1　“极轴追踪”选项卡

（2）选中 ☑ 启用极轴追踪 (F10)(P) 复选框，打开极轴追踪功能。

（3）在 增量角(I): 下拉列表中选择需要追踪的角度，如果设置为“90”，表示以角度为 90° 或 90° 的倍数进行追踪。

（4）选中 ☑ 附加角(D) 复选框，单击数值框右边的 新建(N) 按钮，然后在文本框中输入一个角度值，即可新建一个附加角。

（5）在 对象捕捉追踪设置 选项组中，若选中 ⊙ 仅正交追踪(L) 单选按钮，启用对象捕捉追踪，此时只显示获取的对象捕捉点的正交（水平/垂直）对象捕捉追踪路径；若选中 用所有极轴角设置追踪(S) 单选按钮，将极轴追踪设置应用到对象捕捉追踪。使用对象捕捉追踪时，光标将从获取的对象捕捉点起沿极轴对其角度进行追踪。

（6）完成设置后，单击 确定 按钮。

如图 2.3.2 所示为极轴追踪示例图。

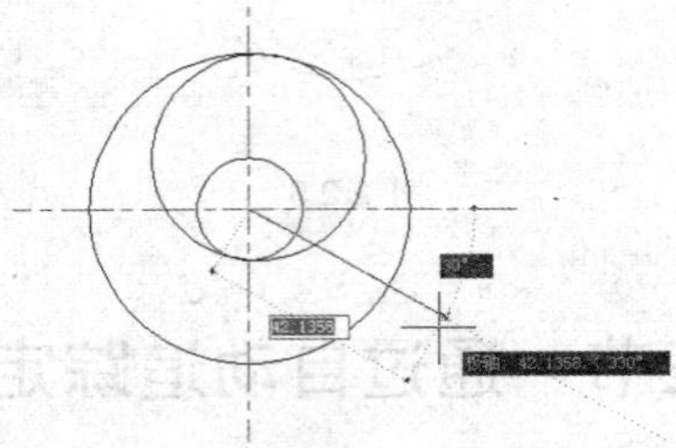

图 2.3.2　极轴追踪示例图

二、对象追踪

对象捕捉追踪功能可以看作是对象捕捉和极轴追踪功能的联合应用。即用户先根据对象捕捉功能确定对象的某一特征点（只需将光标在该点上停留片刻，当自动捕捉标记中出现黄色的标记即可），然后以该点为基准点进行追踪，以得到准确的目标点。

对象捕捉追踪功能有两种形式，在 草图设置 对话框的 极轴追踪 选项卡中的对象捕捉设置栏中提供了两种选择方式：

（1） 仅正交追踪(L)：选中此单选按钮，启用对象捕捉追踪，此时只显示获取的对象捕捉点的正交（水平/垂直）对象捕捉追踪路径。

（2） 用所有极轴角设置追踪(S)：选中此单选按钮，将极轴追踪设置应用到对象捕捉追踪。使用对象捕捉追踪时，光标将从获取的对象捕捉点起沿极轴对其角度进行追踪。

第四节　选择对象方式

在对图形进行编辑操作之前，首先需要确定所编辑的对象。AutoCAD 2006 提供了多种选择对象的方法，可以通过单击对象逐个拾取，也可以利用矩形窗口或交叉窗口选择；可以选择最近创建的对象、前面的选择集或选择图形中的所有对象等。所有被选择的对象组成一个选择集，选择集可以包含单个对象，也可以包含更复杂的对象编组。

一、选择对象

在选择对象时，若在“选择对象：”命令提示下输入“?”，命令行将显示如下提示信息：“需要点或窗口(W)/上一个(L)/窗交(C)/框(BOX)/全部(ALL)/栏选(F)/圈围(WP)/圈交(CP)/编组(G)/添加(A)/删除(R)/多个(M)/前一个(P)/放弃(U)/自动(AU)/单个(SI)”。

上面提示中各选项含义如下：

（1）点：该选项为默认选项，表示用户可通过逐个单击对象进行选择，这是较常用的一种对象选择方法。

（2）窗口(W)：该选项用于通过绘制一个矩形框来选择对象，当指定了矩形框的两个对角点时，所有位于这个矩形窗口内的对象将被选中，不在该窗口内或者只有部分在该窗口内的对象则不被选中，如图 2.4.1 所示。

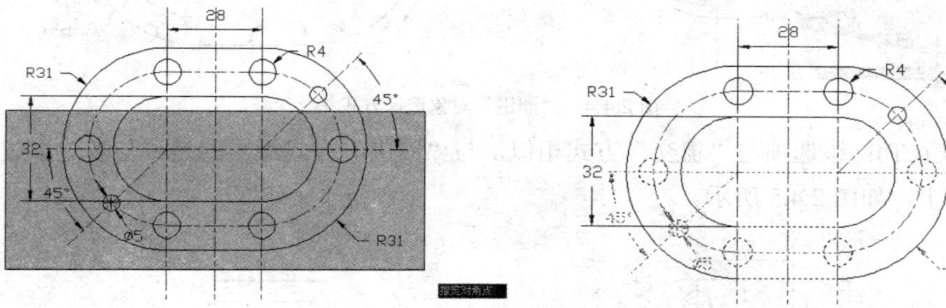

图 2.4.1 “窗口”对象选择方式

（3）上一个(L)：该选项用于自动选取最后绘制的一个对象。

（4）窗交(C)：该选项与上述“窗口”选项类似，不同的是在此窗口内或与此窗口四边相交的图形都将被选中，如图 2.4.2 所示。

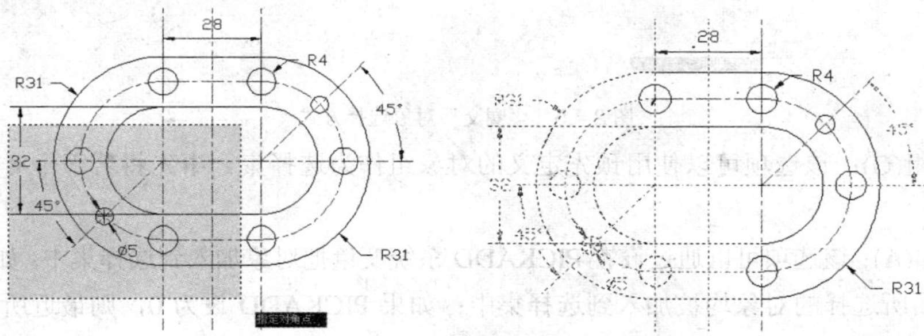

图 2.4.2 “窗交”对象选择方式

（5）框(BOX)：该选项是由“窗口”和“窗交”组合的一个单独选项。从左向右指定对角点，即为“窗口”方式；反之为“窗交”方式。

（6）全部(ALL)：该选项用于选取图形中没有锁定、关闭或冻结的层上的所有对象。

（7）栏选(F)：用户可以通过该选项绘制一条开放的多点栅栏，其中所有与栅栏线相接触的对象均会被选中，如图 2.4.3 所示。

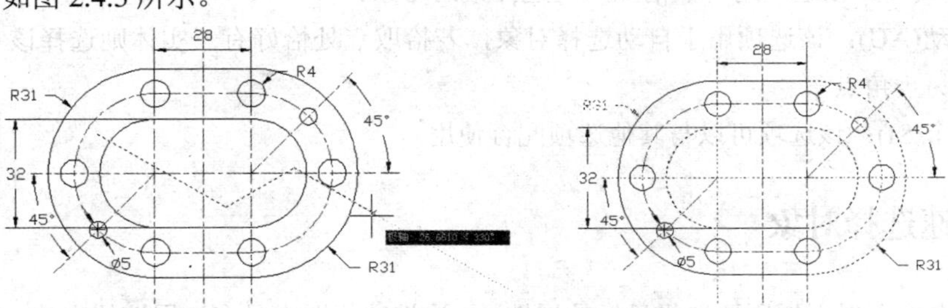

图 2.4.3 “栏选”对象选择方式

（8）圈围(WP)：该选项与“窗口”方式相似，它可以构造任意形状的多边形区域，包含在多边形区域内的图形将被选中，如图 2.4.4 所示。

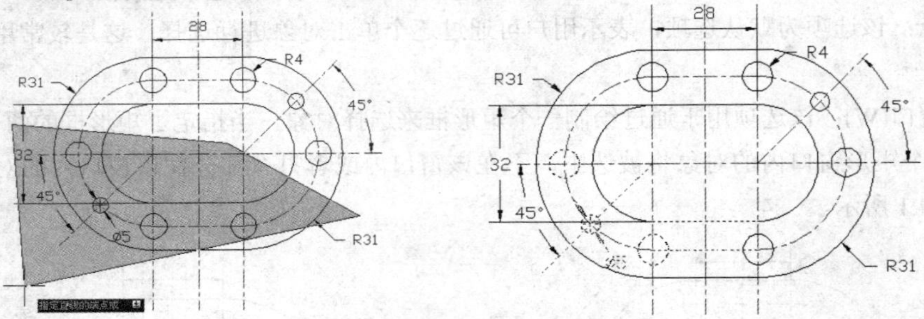

图 2.4.4 “圈围”对象选择方式

（9）圈交(CP)：该选项与“窗交”方式相似，与“圈围”方式不同的是：与多边形边界相交的对象也将被选中，如图 2.4.5 所示。

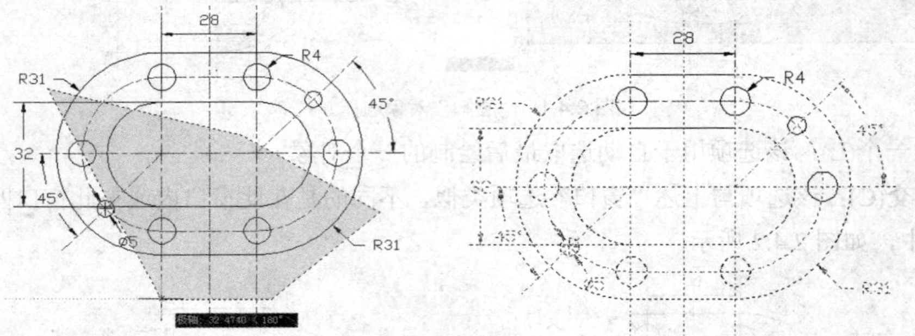

图 2.4.5 “圈交”对象选择方式

（10）编组(G)：该选项可以使用预先定义的对象组作为选择集。事先将若干个对象组成组，用组名引用。

（11）添加(A)：该选项可以通过设置 PICKADD 系统变量把对象加入到选择集中。如果 PICKADD 设为 1，则后面所选择的对象均被加入到选择集中；如果 PICKADD 设为 0，则最近所选择的对象均被加入到选择集中。

（12）删除(R)：该选项用于从已选中的目标中减选一个或多个目标。

（13）多个(M)：该选项用于指定多个点，但不高亮显示，从而加速对象选取。

（14）前一个(P)：该选项用于选择前一次操作时所选择的选择集，适用于对同一组目标进行的连续编辑操作。

（15）放弃(U)：该选项用于取消加入到选择集的对象。

（16）自动(AU)：该选项用于自动选择对象，若拾取点处恰好有一实体则选择该实体，否则，要求用户确定另一角点。

（17）单个(SI)：该选项可以与其他选项配合使用。

二、快速选择对象

快速选择命令可以根据所要选择目标的属性，一次性选择图中具有该属性的实体。启动快速选择命令有如下两种方式：

（1）菜单栏：选择 工具(T) → 快速选择(K)... 命令。

（2）命令行：在命令行输入 qselect。

执行快速选择命令后，系统弹出快速选择对话框，如图 2.4.6 所示。快速选择的操作步骤如下：

（1）在应用到(Y):列表中选择要应用到的图形，或者单击右侧的“选择对象”按钮，在绘图窗口中选择图形，如图 2.4.7 所示。

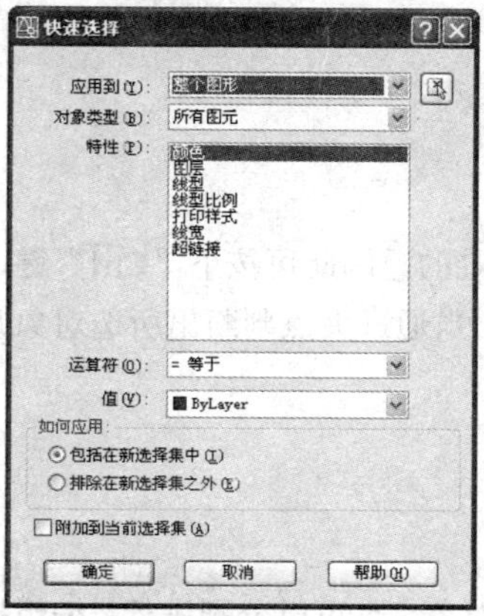

图 2.4.6 “快速选择”对话框

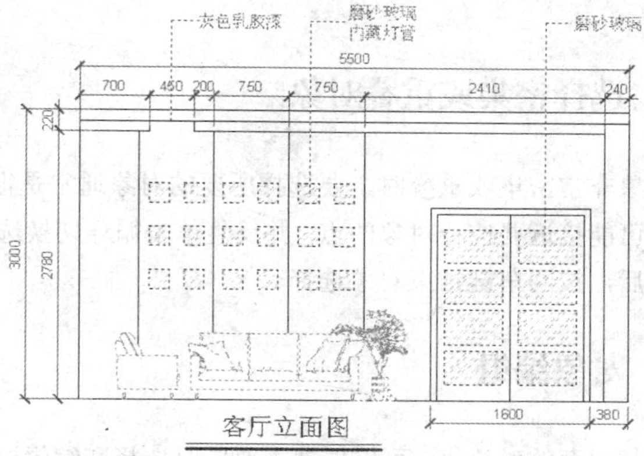

图 2.4.7 选择图形

（2）单击鼠标右键返回到快速选择对话框中，如图 2.4.8 所示。此时应用到(Y):下拉列表框中显示“当前选择”。

（3）在对象类型(B):下拉列表中选择用于过滤的目标类型，如“直线”。

（4）在特性(P):下拉列表中选择用于过滤目标的属性，如选择“颜色”。

（5）在运算符(O):下拉列表中选择控制过滤器中过滤值的范围，有等于、不等于、大小和小于 4 种类型可供选用。

（6）在值(V):文本框中设置用于过滤属性的值。

（7）在如何应用:选项区中选取符合过滤条件的目标或不符合过滤条件的目标，它包括两个单选按钮。

1）包括在新选择集中(I)单选按钮：选中该单选按钮选择绘图区中所有符合过滤条件的实体。

2）排除在新选择集之外(E)单选按钮：选中该单选按钮选择绘图区中所有不符合过滤条件的实体。

（8）若选中附加到当前选择集(A)复选框则将当前的选择设置保存在快速选择对话框中，作为该对话框的设置选项，否则不保存。

（9）设置完成后，单击确定按钮，此时图中所有符合设置的线都被选取，如图 2.4.9 所示。

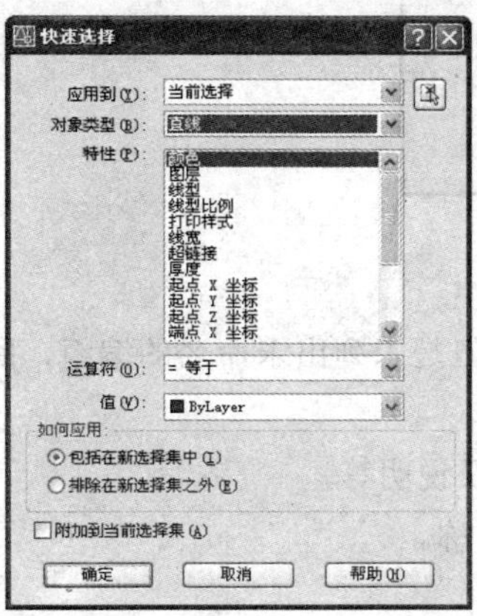

图 2.4.8 当前选择

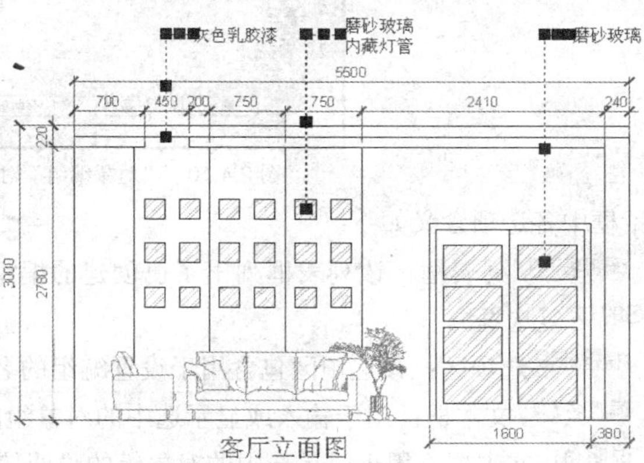

图 2.4.9 被选取的图形对象

提示 qselect 命令为透明命令。如果在调用 qselect 命令前没有选择目标，则在 对象类型(B): 下拉列表中将列出 AutoCAD 中目标的类型。如果已选择一个或多个目标则此下拉列表将仅显示选中目标的类型。

三、选择密集或重叠对象

当对象非常密集或重叠时，要选择所要的对象通常是很困难的。因此可按下“Ctrl”键，然后选择一个尽可能接近要选择对象的点，并反复单击循环切换选择。当通过夹点判断出所选对象是自己所要的对象后，按回车键结束对象选择。

四、对象编组

编组是保存的对象集，可以根据需要同时选择和编辑这些对象，也可以分别进行。编组提供了一种简便的方法来合并需要作为一个单元进行操纵的图形元素。可以使用默认名称快速创建编组，也可以使用编组管理器开始就指定一个名称。

编组在某些方面类似于块，它是另一种将对象编组成命名集的方法。例如，创建的编组是按任务保存的。然而，在编组中可以更容易地编辑单个对象，而在块中必须先分解才能编辑。与块不同的是，编组不能与其他图形共享。

1．创建编组

创建编组时，可以为编组指定名称和说明。在命令行提示下输入 Group，然后按回车键，系统弹出 对象编组 对话框，如图 2.4.10 所示。

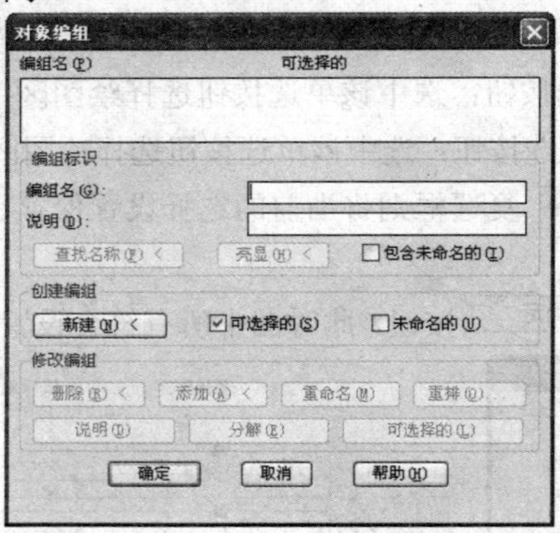

图 2.4.10 “对象编组”对话框

该对话框中各选项含义如下：

（1）编组名(G): 列表框：该列表框列出了已创建的编组，但是未列出未命名的编组，除非选中 ☑包含未命名的(I) 复选框。

（2）编组标识 选项区：该选项区包含用于设置编组的名称及说明等。

1）编组名(G): 文本框：用于输入或显示选中的对象组的名称。

2）说明(D): 文本框：用于显示选中的对象组的说明信息。

3）查找名称(F) < 按钮：单击该按钮，系统切换到绘图窗口，拾取要查找的对象后，该对象所

属的组名即显示在编组成员列表对话框中，如图 2.4.11 所示。

图 2.4.11 “编组成员列表”对话框

4）亮显(H) < 按钮：单击该按钮，可以在绘图窗口中亮显对象组的所有成员对象。

（3）创建编组选项区：该选项区用于创建一个有名或无名的新组。

（4）修改编组选项区：该选项区用于修改对象组中的单个成员或者对象组本身。

2. 编辑编组

通过如图 2.4.10 所示的对象编组对话框，用户可以添加或删除编组成员并重命名编组。也可以对编组执行编辑操作（例如复制、镜像和阵列）。

（1）删除编组成员将从编组定义中删除该对象。当编组成员包含在被删除的块中时，将从图形和编组中删除该对象。如果从编组中删除对象使编组为空，编组将仍保留定义状态。通过分解编组可以删除编组定义。分解组是从图形中删除该组，但是，该组包含的对象仍保留在图形中。

（2）可以改变编组成员的次序（对象被选定的次序）及其说明，还可以设置其是否可选。可以用两种方法重排编组成员的次序：修改各个成员或编组成员范围的编号位置，或者反转所有成员的次序。每个编组的第一个对象编号均为 0，而不是 1。

（3）可以使用编组管理器添加或删除编组成员。删除编组中的对象将从编组定义中删除该对象。还可以使用编组管理器修改编组的名称或说明。

（4）分解编组中的对象不会将结果部件自动添加到编组中。

第五节　控制图形显示

使用 AutoCAD 绘图时，经常需要对所绘制图形进行缩放、平移以及打开多个窗口等操作。AutoCAD 为所有需求都提供了快速有效的方法。

一、使用命名视图

使用命名视图，用户可以在一张复杂的工程图纸上创建多个视图。当要查看、修改某一视图时，只需将该视图设置为当前视图即可。

1. 创建命名视图

选择视图(V)→命名视图(N)...命令，或者单击“视图”工具栏中的“命名视图”按钮，弹出视图对话框，如图 2.5.1 所示。该对话框包括“命名视图”和“正交和等轴测视图”两个选项卡。

（1）“命名视图”选项卡：用于显示已经命名的视图列表，也可以创建新视图。

1）新建(N)...按钮：单击该按钮，弹出新建视图对话框，如图 2.5.2 所示。通过该对话框可以创建新的命名视图，此时需要设置视图名称、创建视图的区域（是当前视图还是重新定义）以及 UCS 设置。

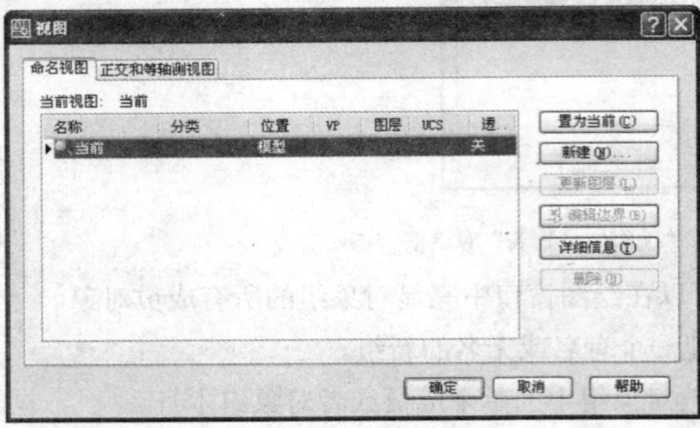

图 2.5.1 “视图”对话框

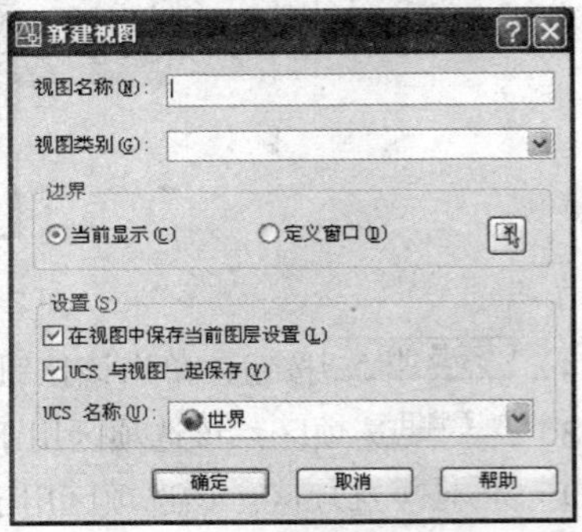

图 2.5.2 “新建视图”对话框

2）详细信息(T)按钮：单击该按钮，弹出视图详细信息对话框，如图 2.5.3 所示，该对话框显示用户指定的命名视图说明。

3）置为当前(C)按钮：单击该按钮，可以将创建的视图设置为当前图形。

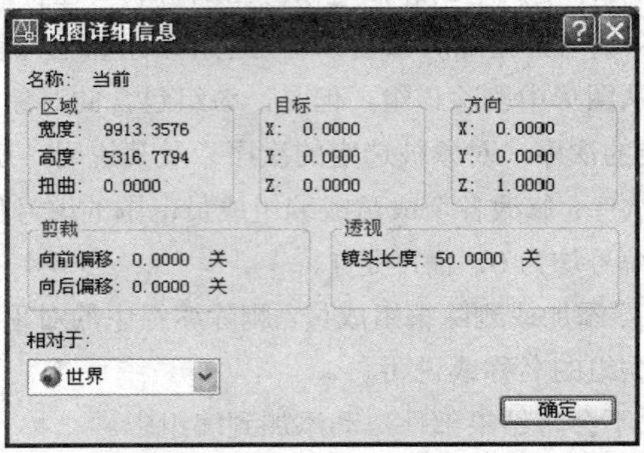

图 2.5.3 “视图详细信息”对话框

（2）“正交和等轴测视图”选项卡：用于恢复正交或等轴测视图，如图 2.5.4 所示。

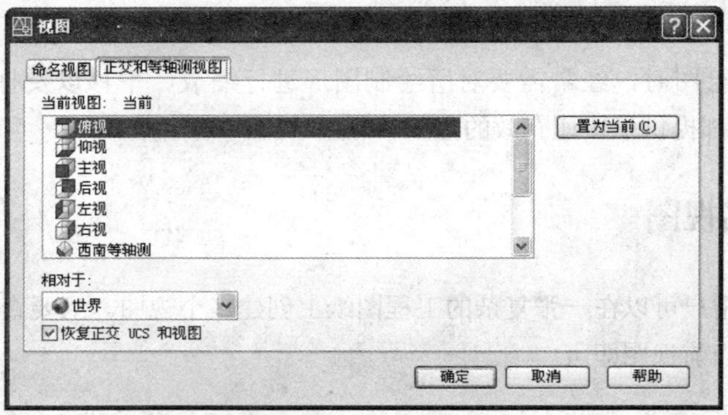

图 2.5.4 “正交和等轴测视图”选项卡

2. 应用命名视图

应用命名视图时，首先在视图对话框中单击新建(N)...按钮，弹出新建视图对话框，在视图名称(N)：文本框中输入视图名称，如“myst”，然后单击确定按钮，该视图名称将显示在“命名视图”选项卡的当前视图：列表框中，如图 2.5.5 所示。

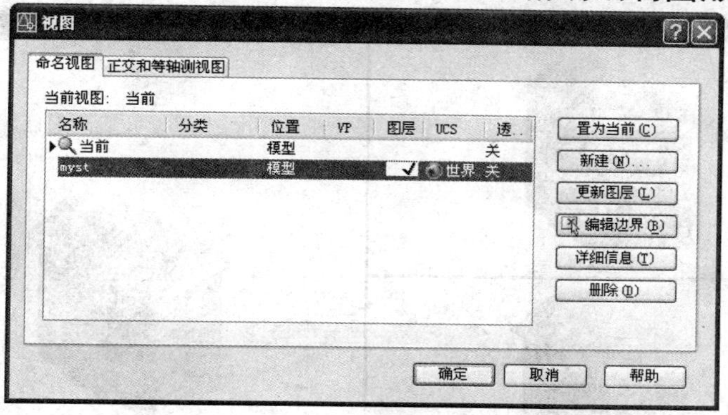

图 2.5.5　创建视图

二、使用多重视口

为了在屏幕上同时观察某些复杂图形的不同部分，用户可以在屏幕上同时打开多个窗口，这些窗口被称为视口。可以将这些视口独立地放大、缩小或平移。

根据所处空间的不同，视口分为两大类：一类是平铺视口（模型空间），另一类是浮动视口（图纸空间），这两类视口的创建和使用方法基本相同，下面就以平铺视口为例进行介绍。

启动平铺视口命令有如下两种方法：

（1）菜单栏：选择 视图(V) → 视口(V) → 新建视口(E)... 命令。

（2）命令行：在命令行输入 vports。

执行平铺视口命令后，系统弹出 视口 对话框，如图 2.5.6 所示。该对话框包含两个选项卡：“新建视口”和“命名视口”。

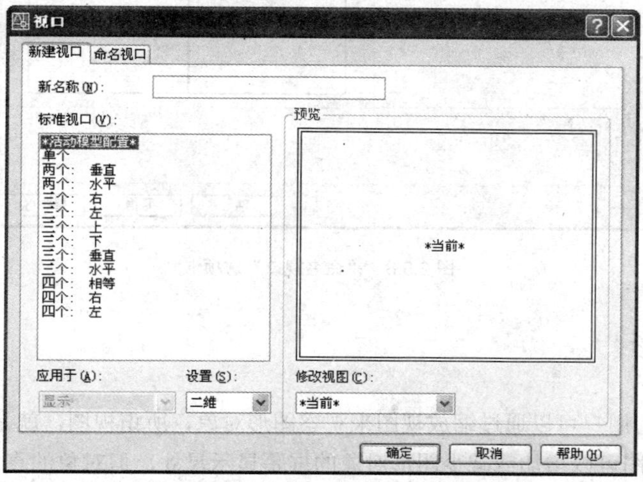

图 2.5.6　“视口”对话框

（1）“新建视口”选项卡：用于创建多重视口。从 标准视口(V): 列表框中选择所需的视口配置，AutoCAD 在预览窗口中显示相应的视口配置。并将配置的视口命名并保存在 新名称(N): 文本框中。如图 2.5.7 所示为具有 3 个平铺视口的视图。

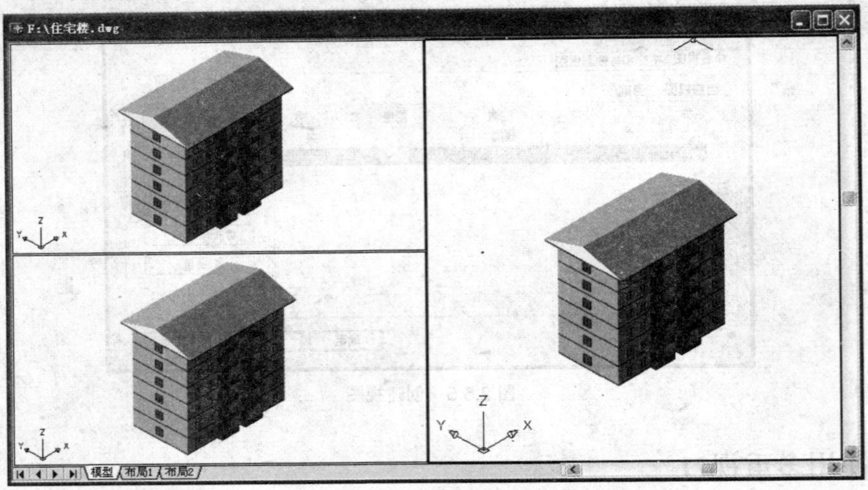

图 2.5.7　具有 3 个平铺视口的视图

（2）“命令视口”选项卡：列出了所有被保存的视口配置。可在任何时候恢复、重命名或删除一个被保存的视口配置，如图 2.5.8 所示。

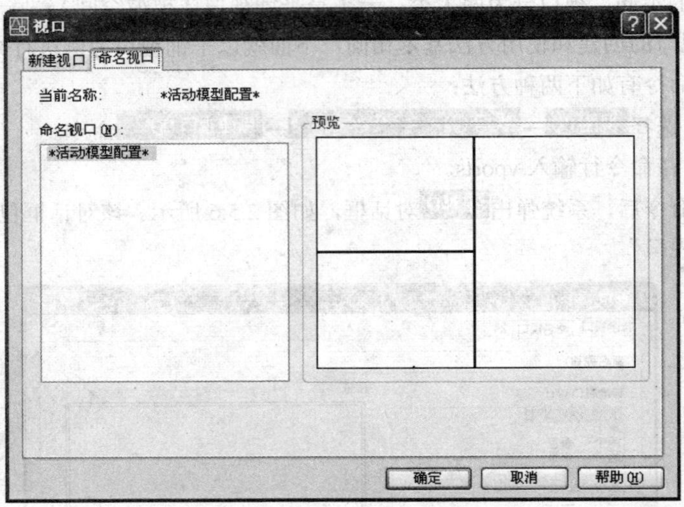

图 2.5.8　“命名视口”选项卡

三、缩放图形

在 AutoCAD 中，用户可以通过缩放视图来观察图形对象，所谓视图，就是有特定的放大倍数、位置和方向。缩放视图可以增加或减少图形对象的屏幕显示尺寸，但对象的真实尺寸保持不变。

启动缩放图形命令有如下两种方法：

（1）菜单栏：选择 视图(V) → 缩放(Z) 下的子命令。

（2）命令行：在命令行输入 zoom。

在命令行输入 zoom 后，系统提示如下：

指定窗口的角点，输入比例因子 (nX 或 nXP)，或者[全部(A)/中心(C)/动态(D)/范围(E)/上一个(P)/

比例(S)/窗口(W)/对象(O)] <实时>:

上面提示中各选项含义如下：

（1）全部(A)：该命令用于在当前视口中缩放显示全部图形，如果图形的范围超出了绘图极限，则显示最大范围内的对象。如果所有对象在绘图极限内，全部缩放就显示极限画面。

（2）中心(C)：用于在图形中指定一点，然后指定一个缩放比例因子，或者指定高度值来显示一个新视图，而选择的点将作为该新视图的中心点。

（3）动态(D)：用于显示整个图形，然后通过移动光标选择下一视图的位置及尺寸。执行动态缩放命令后，图形中出现一个“×”符号，如图 2.5.9 所示。拖动线框把它平移到另一区域。如果要将图形放大到不同的倍数，按下选择框，“×”符号就会变成一个箭头，如图 2.5.10 所示。这时按下回车键，其图形显示范围如图 2.5.11 所示。

（4）范围(E)：用于观察屏幕上的整个图形。与全部缩放模式不同的是，范围缩放使用的显示边界只是图形范围而不是图形界限。

（5）上一个(P)：用于显示上一次显示过的视图。该选项可保存前 10 个视图。

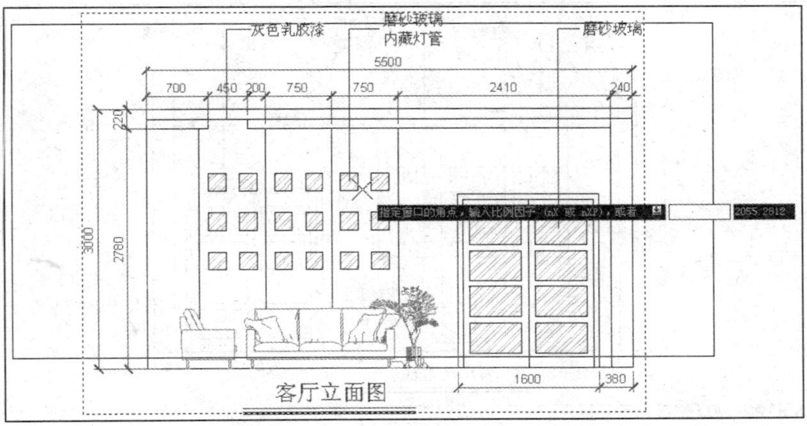

图 2.5.9　执行动态缩放命令

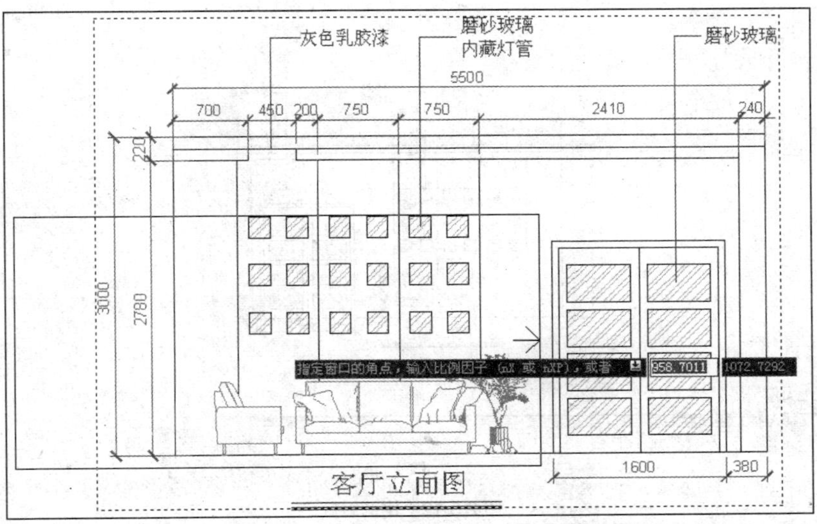

图 2.5.10　调整矩形窗口

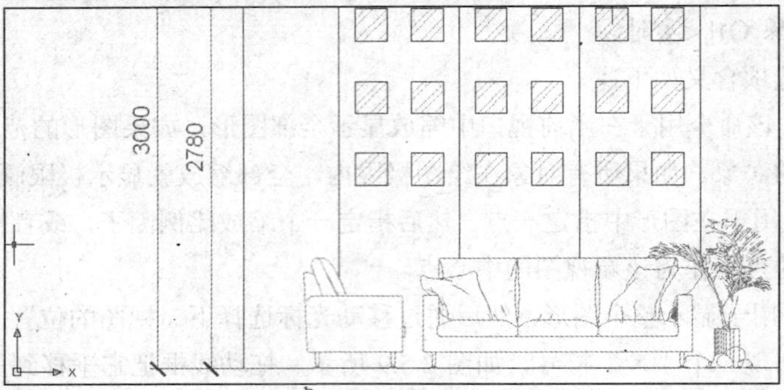

图 2.5.11　动态缩放后的显示效果

（6）比例(S)：用一定的比例来缩放视图。它要求用户输入一个数字作为缩放的比例因子，该比例因子适用于整个图形。输入的数字大于 1 时放大视图；等于 1 时显示整个视图；小于 1 时（必须大于 0）缩小视图。如果相对于当前视图应用比例缩放图形，则需在键入的比例因子后面加上 x，如图 2.5.12（b）所示为用 0.7x 的比例因子缩放视图。

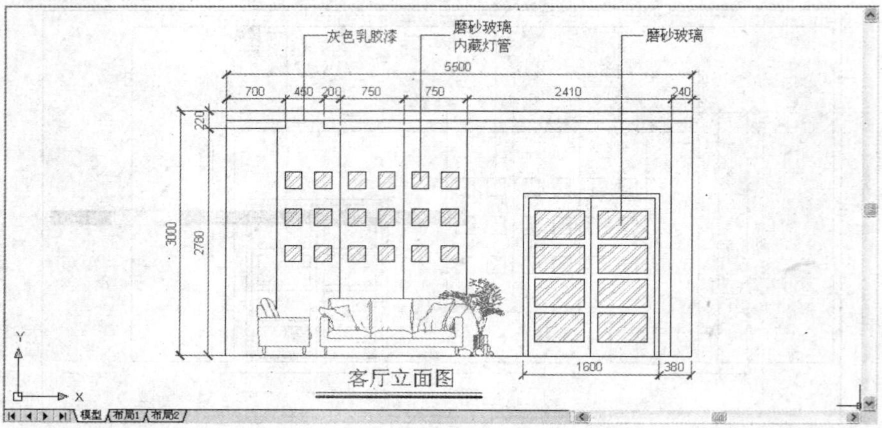

（a）

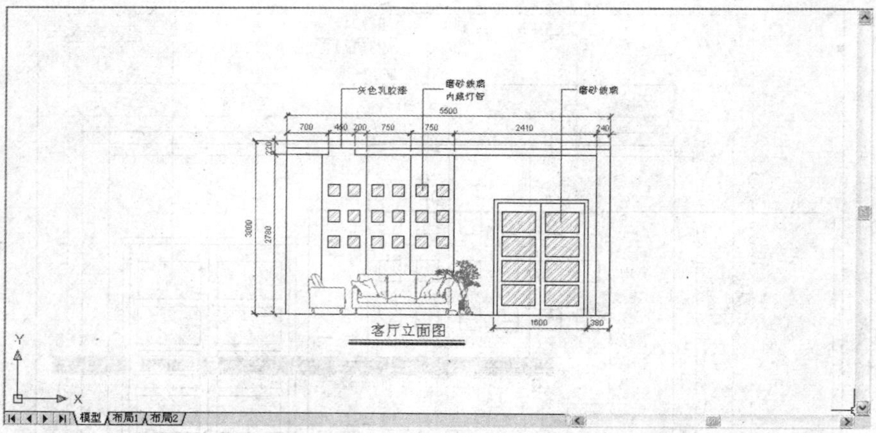

（b）

图 2.5.12　比例缩放

（a）缩放前的视图；（b）用 0.7x 比例缩放后的视图

（7）窗口(W)：用于指定当前正在显示的图形中一部分较小的区域，并将此区域充满到整个绘图区域。此操作是通过在屏幕上拾取两个对角点来实现的。

注意 当使用“窗口”缩放视图时，应尽量使所选矩形对角点与屏幕成一定比例，并非一定是正方形。

（8）对象(O)：用于通过在屏幕上选择图形对象来进行缩放。

（9）实时：执行该实时缩放命令，光标变为放大镜符号图。此时可按住鼠标左键垂直向上或向下移动，从图形的中点向顶端垂直移动光标可以将图形放大一倍，向底部垂直移动光标可以将图形缩小一倍。

四、平移视图

平移视图用于重新定位图形，以便清楚地观察图形的其他部分。启动平移视图命令有如下两种方法：

（1）菜单栏：选择 视图(V)→平移(P) 的子命令。

（2）命令行：在命令行输入 pan。

使用平移命令平移视图时，视图的显示比例不变。用户除了可以向左、右、上、下平移视图外，还可以使用“实时”和“定点”命令平移视图。

（1）实时平移：在该模式下，鼠标指针变成一只小手图，按下鼠标左键拖动，窗口内的图形就可按光标移动的方向移动；释放鼠标按键，则可返回到平移等待状态；按“Esc”键或回车键，可以退出实时平移模式。

（2）定点平移：通过指定基点和位移的值来移动视图。

注意 在 AutoCAD 中，“平移”功能通常又称为摇镜，它相当于将一个镜头对准视图，当镜头移动时，视口中的图形也跟着移动。

五、鸟瞰视图

鸟瞰视图能在一个独立的窗口中显示整个图形，用户只需单击几次，就可快速地平移及缩放指定的区域。启动鸟瞰视图命令有如下两种方法：

（1）菜单栏：选择 视图(V)→鸟瞰视图(W) 命令。

（2）命令行：在命令行输入 dsviewer。

执行鸟瞰视图命令后，系统打开 鸟瞰视图 窗口，如图 2.5.13 所示。

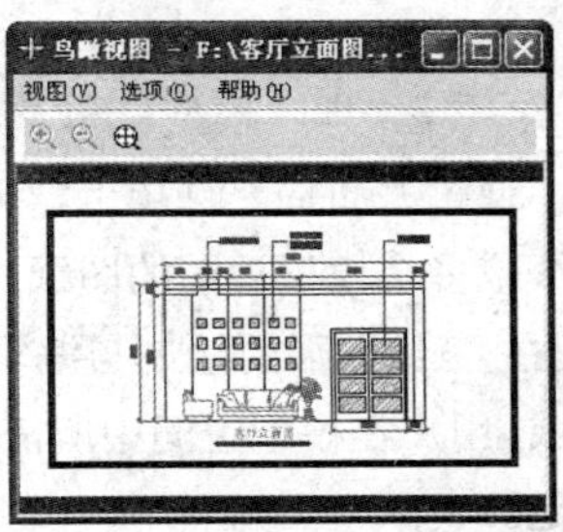

图 2.5.13 “鸟瞰视图”窗口

该窗口同其他任何窗口一样，包含若干菜单项、工具栏及最小化、最大化和关闭按钮等。在窗口的菜单栏中包括“视图”、“选项”和“帮助”3 个选项。

（1）“视图”菜单：利用该菜单中的命令可以显示整个图形或改变鸟瞰视图中图像的大小，但这些改变并不会影响到绘图区域中的视图。该菜单包含以下命令：

1）放大：拉近视图，将鸟瞰视图放大一倍，从而更清楚地观察对象的局部细节。

2）缩小：拉远视图，将鸟瞰视图缩小一倍，以观察到更大的视图区域。

3）全局：使整个图形在鸟瞰视图窗口中可见。

（2）“选项”菜单：利用该菜单中的命令可以改变鸟瞰视图的更新状态，该菜单中包括以下命令：

1）自动视口：自动地显示模型空间的当前有效视口。该命令不被选中时，鸟瞰视图就不随有效视口的变化而变化。

2）动态更新：控制在编辑图形时 AutoCAD 是否更新鸟瞰视图。

3）实时缩放：控制在使用鸟瞰视图缩放时 AutoCAD 窗口是否实时更新。

（3）“帮助”菜单：该菜单用于提供鸟瞰视图窗口的帮助信息。

使用鸟瞰视图观察图形的方法与使用动态视图缩放图形的方法相似，但使用鸟瞰视图观察图形时，是在一个独立的窗口中进行的，其结果显示在绘图窗口的当前视口中，如图 2.5.14 所示。

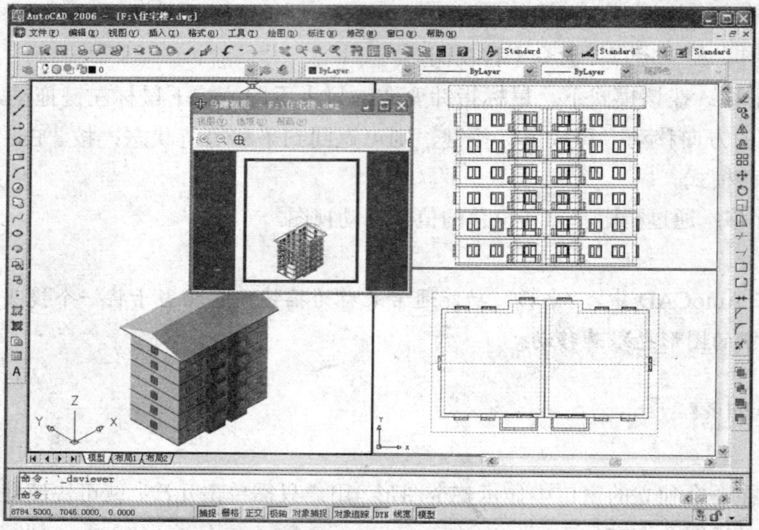

图 2.5.14　使用鸟瞰视图

第六节　模型空间与图纸空间

AutoCAD 绘图窗口提供了两个工作环境，即“模型”和“布局”。通过“模型”选项卡，可以绘制主题的模型，通常称其为模型空间。通过“布局”选项卡，可以布置模型的多个“快照”。一个布局代表一张可以使用各种比例显示一个或多个模型视图的图纸，通常称其为图纸空间。

通常在绘图工作中，无论是二维还是三维图形的绘制与编辑工作，都是在模型空间下进行的。该空间为用户提供了一个广阔的绘图区域。用户在模型空间中所需考虑的只是单个的图形是否被绘出或正确与否，而不用担心绘图空间是否足够大。

模型空间用二维和三维视图来显示物体，也可以创建多个视口来显示物体的不同部分，如图 2.6.1 所示。

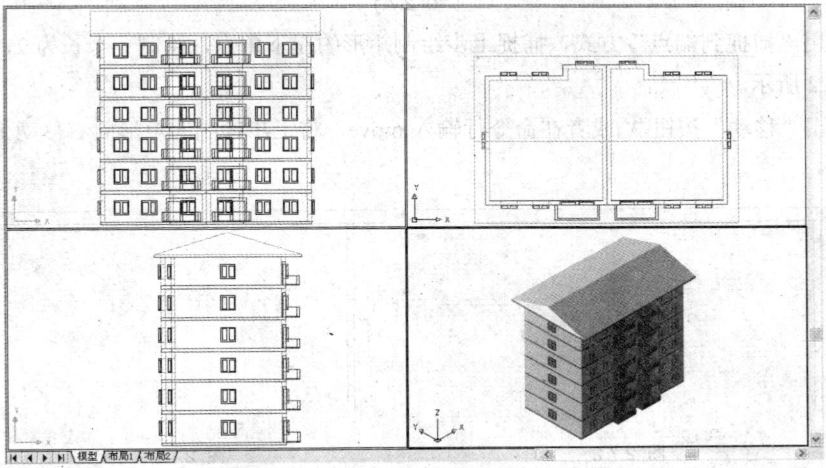

图 2.6.1 模型空间下的多视口显示

图纸空间是 AutoCAD 为用户提供的打印环境，同样可以用二维和三维视图显示物体。也可以在多视口情况下显示物体的不同部分，如图 2.6.2 所示。

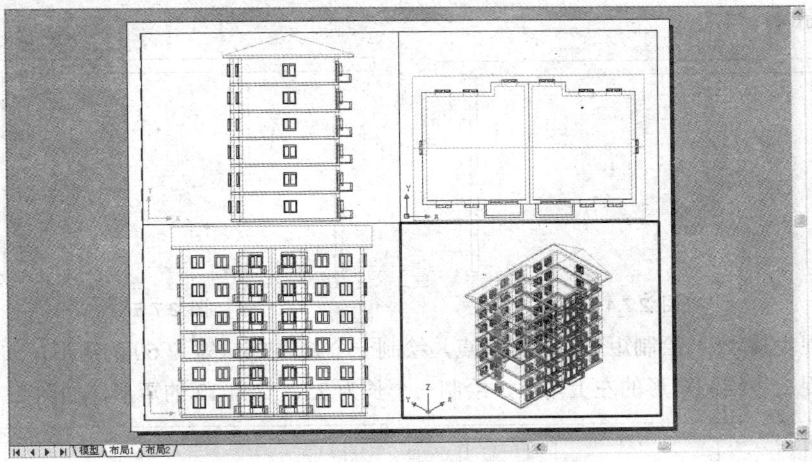

图 2.6.2 图纸空间下的多视口显示

在图纸空间中，多视口的主要目的是便于进行图纸的合理布局，用户可对其中任何一个视口本身进行复制和移动等基本编辑操作。

第七节 上机实战——电脑桌立面图

本节通过一个典型实例让用户进一步掌握捕捉和追踪等方面的知识。

（1）选择 工具(T) → 草图设置(F)... 命令，弹出 草图设置 对话框，选择 对象捕捉 选项卡，设置捕捉类型为“端点”、“中点”和“圆心”。

（2）单击“矩形”按钮 或者在命令行输入 rectang，以原点为角点，绘制一个长为 120，宽为

10 的矩形，如图 2.7.1 所示。

图 2.7.1

（3）利用“捕捉到端点”方式，捕捉上步绘制矩形的左下角点，绘制一个长为 2，宽为 60 的矩形，如图 2.7.2 所示。

（4）单击“移动”按钮或者在命令行输入 move，将上步绘制的矩形向右移动 10 的距离，如图 2.7.3 所示。

图 2.7.2

图 2.7.3

（5）利用“捕捉到中点”方式，然后单击“镜像”按钮或者在命令行输入 mirror，将上步移动后的矩形以步骤（2）绘制矩形的上下边线的中点进行镜像复制，如图 2.7.4 所示。

（6）重复矩形命令，捕捉步骤（4）绘制矩形的右上角点，绘制一个长为 25，宽为 36 的矩形，如图 2.7.5 所示。

图 2.7.4

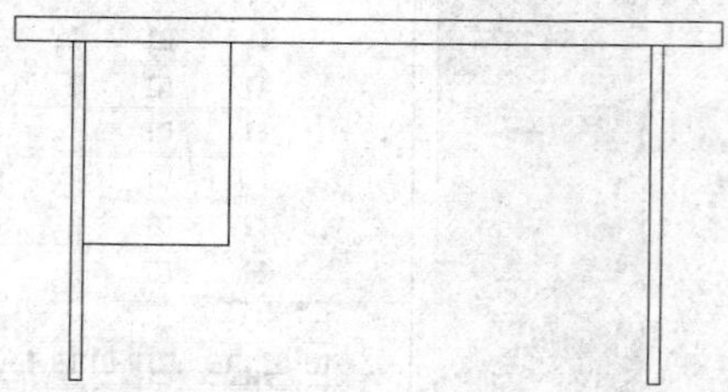

图 2.7.5

（7）捕捉步骤（5）绘制矩形的左上角点，绘制一个长为 25，宽为 60 的矩形，如图 2.7.6 所示。

（8）捕捉上步绘制矩形的左上角点，绘制一个长为 25，宽为 12 的矩形，如图 2.7.7 所示。

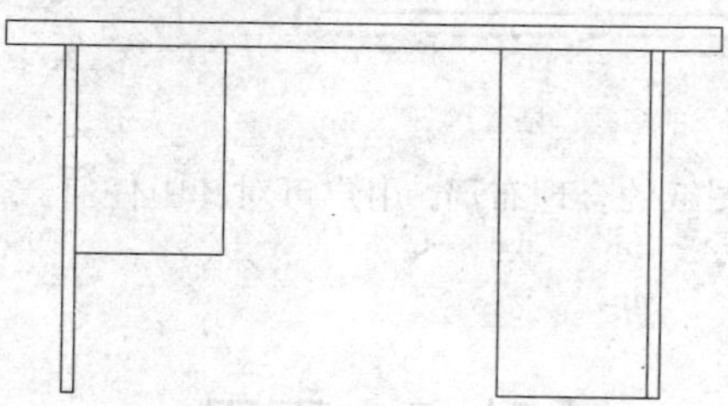

图 2.7.6

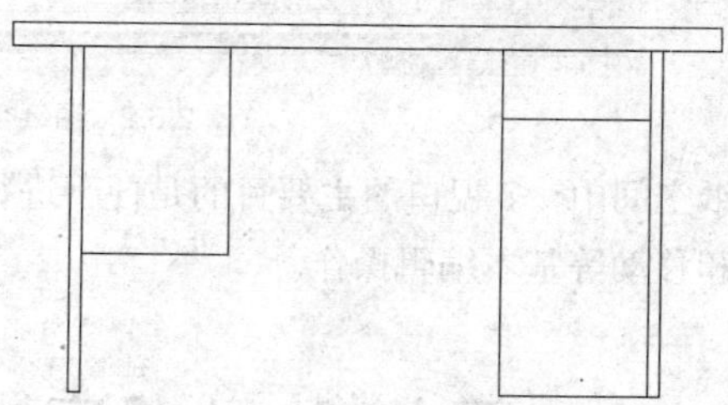

图 2.7.7

（9）单击“分解”按钮或者在命令行输入 explode，将上步绘制的矩形进行分解处理，然后再单击“偏移”按钮，将矩形的上边线向下偏移，偏移距离为 46，如图 2.7.8 所示。

（10）重复镜像命令，捕捉上步分解后矩形的上边线和下边线的中点，将步骤（5）绘制的矩形进行镜像处理，如图 2.7.9 所示。

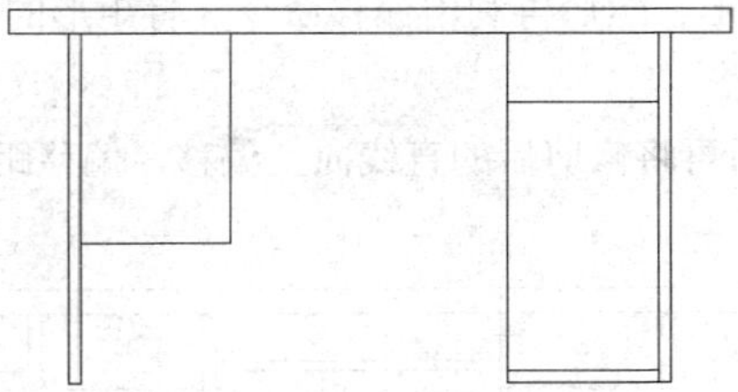

图 2.7.8

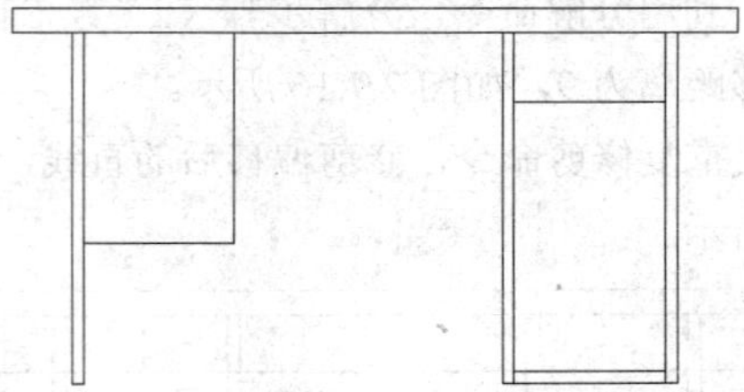

图 2.7.9

（11）单击“修剪”按钮或者在命令行输入 trim，修剪绘制的图形，如图 2.7.10 所示。

（12）单击“直线”按钮或者在命令行输入 line，捕捉步骤（6）绘制矩形的左边线和右边线的中点，绘制一条直线，如图 2.7.11 所示。

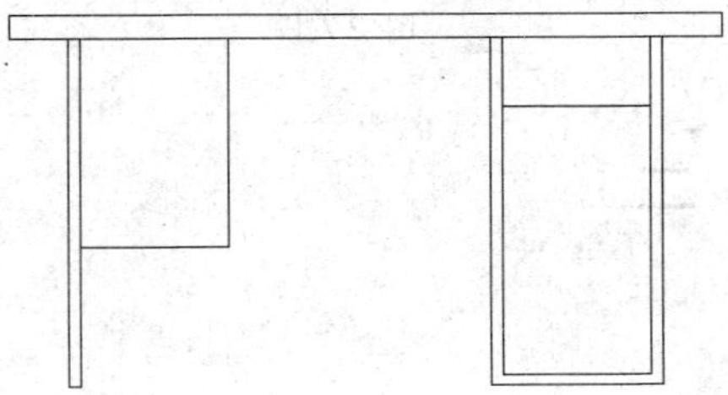

图 2.7.10

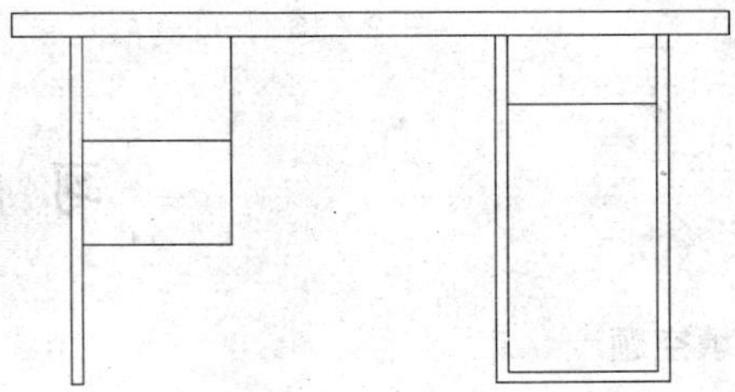

图 2.7.11

（13）利用偏移命令，将绘制的直线向上向下分别进行偏移，偏移距离为 6，然后删除上步绘制的直线，如图 2.7.12 所示。

（14）单击“圆”按钮或者在命令行输入 circle，捕捉如图 2.7.13 所示的中点，绘制一个半径为 1 的圆，如图 2.7.14 所示。

（15）启动“捕捉到圆心”命令，单击“复制”按钮，将上步绘制的圆复制到如图 2.7.15 所示的位置。

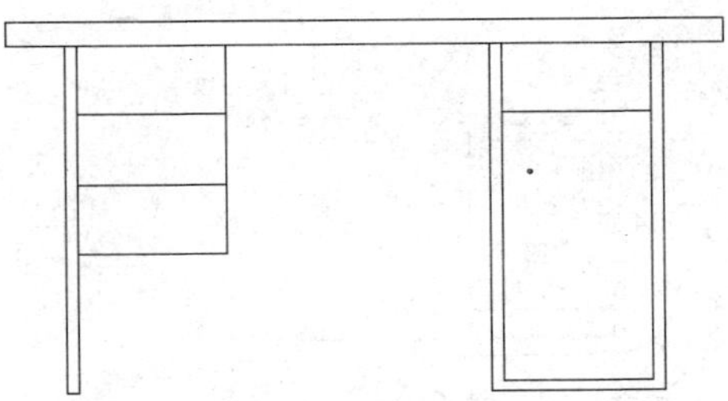

图 2.7.12

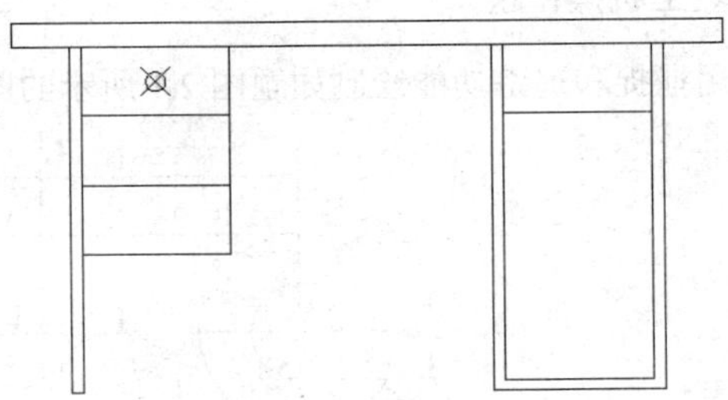

图 2.7.13

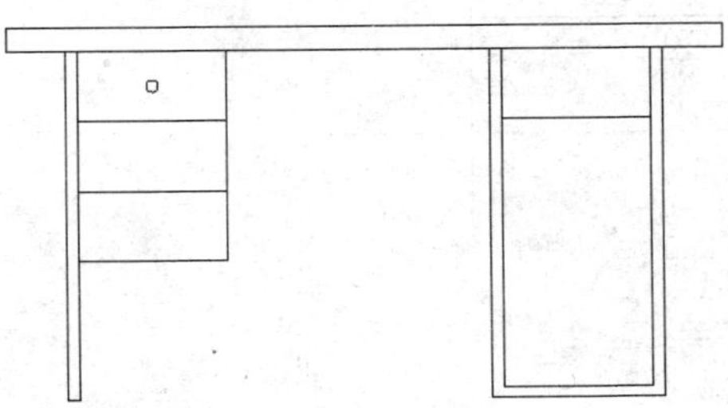

图 2.7.14

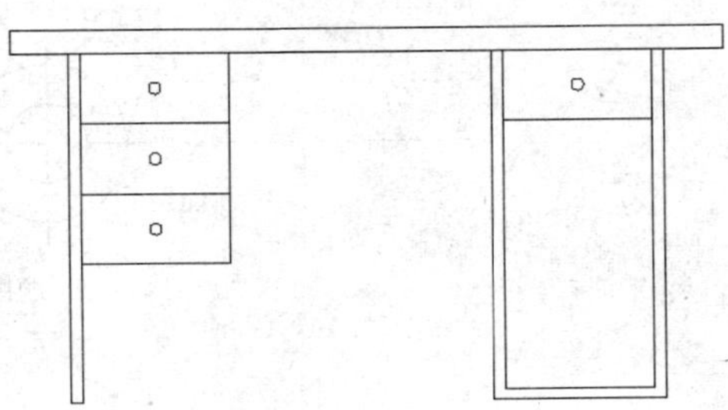

图 2.7.15

（16）利用分解命令，分解步骤（2）绘制的矩形，然后再利用偏移命令，将矩形的下边线向下偏移，偏移距离为 9，如图 2.7.16 所示。

（17）重复修剪命令，修剪偏移后的直线，然后再将修剪后的直线向上偏移，偏移距离为 2，如图 2.7.17 所示。

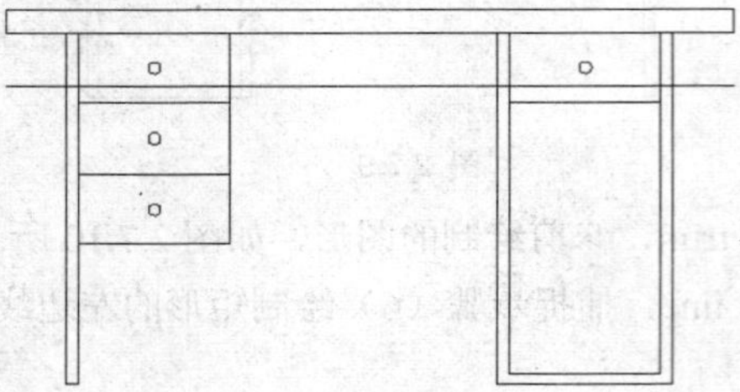

图 2.7.16

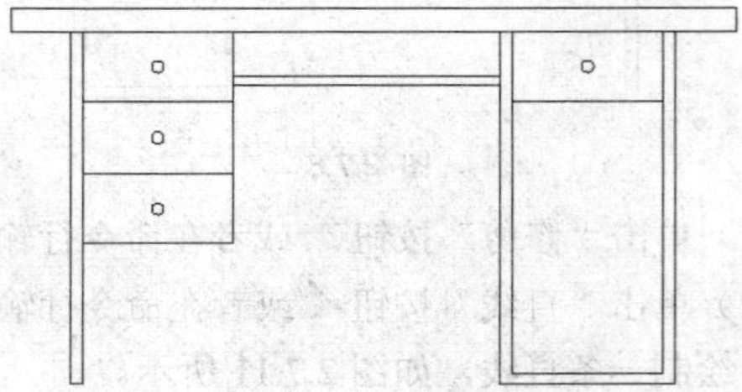

图 2.7.17

习 题 二

一、填空题

1．中文版 AutoCAD 2006 提供了两种捕捉类型供用户选择：________和________。

2．根据当前所处空间的不同，视口分为两类：一类是________，另一类是________。

3．对于 zoom 命令中的“上一个”选项，该选项用于保存前________视图。

二、简答题

1．如何打开和关闭栅格、捕捉、对象追踪以及对象捕捉等辅助工具？

2．简要介绍几种控制图形显示的方法？

三、上机操作题

利用捕捉和追踪功能绘制如题图 2.1 所示的图形。

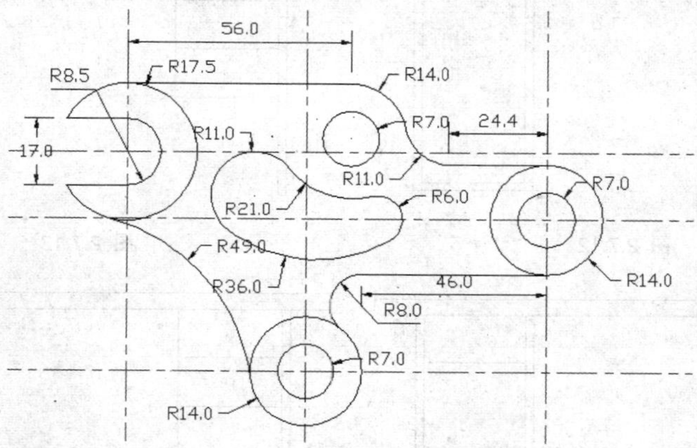

题图 2.1

第三章 二维绘图命令

- ☑ 线类绘图命令
- ☑ 平面类绘图命令
- ☑ 点类绘图命令
- ☑ 圆类绘图命令

二维绘图命令是整个 AutoCAD 绘图的基础，它包括直线、圆、矩形、多边形、多线、圆弧、多段线以及椭圆等命令。本章主要介绍二维绘图命令的使用方法与技巧，通过本章的学习，用户可以熟练地掌握这些命令的使用。

第一节　AutoCAD 绘图命令

使用二维绘图命令绘制图形时，为了使用户方便、灵活地应用，AutoCAD 2006 提供了多种打开绘图命令的方法，如“绘图”菜单和“绘图”工具栏，如图 3.1.1 所示。

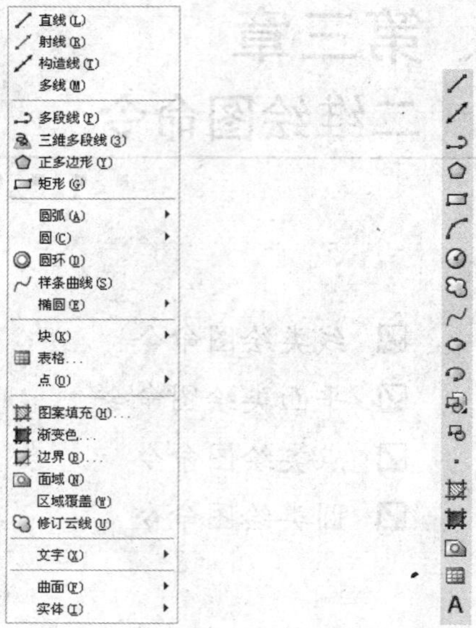

图 3.1.1　“绘图”菜单和“绘图”工具栏

第二节　线类绘图命令

在 AutoCAD 中，用户可以使用直线、多段线、多线、构造线以及样条曲线等命令绘制线段。

一、直线

直线命令是组成图形的最基本图形对象之一。用户可以使用两个端点绘制一条直线，启动直线命令有如下 3 种方法：

（1）菜单栏：选择 绘图(D) → 直线(L) 命令。

（2）工具栏：单击“绘图”工具栏中的“直线”按钮。

（3）命令行：在命令行输入 line。

执行直线命令后，命令行提示：“指定第一点：”用户可以通过鼠标或键盘在屏幕上指定一点。命令行继续提示：“指定下一点或 [放弃(U)]:”，用户可以通过鼠标和键盘在屏幕上指定下一点，若按回车键，则结束直线绘制命令，如果连续确定下一点，则在确定第四个点时，命令行将提示“指定下一点或 [闭合(C)/放弃(U)]:”，在该提示下用户可以输入 C，绘制首尾重合的直线形成封闭图形。

练习：使用直线绘制如图 3.2.1 所示的图形。

（1）命令：line↙。

（2）指定第一点：0,0↙。

（3）指定下一点或 [放弃(U)]：@100,0↙。

（4）指定下一点或 [放弃(U)]：@0,100↙。

（5）指定下一点或 [闭合(C)/放弃(U)]：c↙。

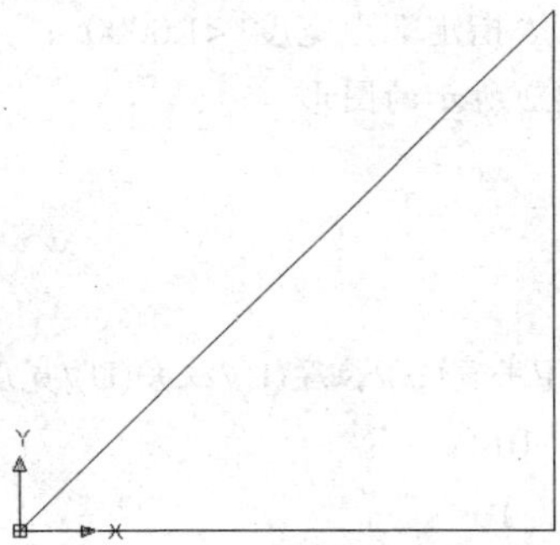

图 3.2.1　使用直线命令绘制的图形

二、多段线

多段线是 AutoCAD 2006 常用的实体，作为单个对象创建的相互连续的序列线段，用于绘制由可变宽度的直线和圆弧相互连接而形成的复杂图形对象，整条多段线可以作为一个实体统一进行编辑。启动多段线命令有如下 3 种方法：

（1）菜单栏：选择 绘图(D) → 多段线(P) 命令。

（2）工具栏：单击“绘图”工具栏中的“多段线”按钮。

（3）命令行：在命令行输入 pline。

执行多段线命令后，命令行提示：“指定起点：”，用户可以通过在屏幕上指定一点作为多段线的起点。命令行继续提示：“指定下一个点或 [圆弧(A)/半宽(H)/长度(L)/放弃(U)/宽度(W)]：”，指定多段线下一点。各选项含义如下：

（1）圆弧(A)：用于将绘制线段方式转换为圆弧方式。输入 A 后，命令行提示：“指定圆弧的端点或[角度(A)/圆心(CE)/方向(D)/半宽(H)/直线(L)/半径(R)/第二个点(S)/放弃(U)/宽度(W)]：”，各选项含义如下：

1）角度(A)：指定圆弧的圆心角。

2）圆心(CE)：指定圆弧的圆心。

3）方向(D)：指定圆弧的起始切线方向。

4）半宽(H)：指定圆弧的半宽值。

5）直线(L)：返回直线绘制方式。

6）半径(R)：指定圆弧的半径。

7）第二个点(S)：用三点方式绘制下一段圆弧的第二点。

8）放弃(U)：取消绘制的一段多段线。

9）宽度(W)：指定圆弧的宽度值。

（2）半宽(H)：用于设置多段线的半宽值。输入 H 后，命令行提示：“指定起点半宽 <0.5000>：”，确定多段线的起点半宽，继续提示：“指定端点半宽 <2.0000>：”确定多段线的端点半宽。

（3）长度(L)：用于设置下一段多段线的长度。输入 L 后，命令行提示：“指定直线的长度：”，指定直线的长度值。

（4）放弃(U)：取消刚绘制的一段多段线。

（5）宽度(W)：用于设置多段线的线宽，输入 W 后，命令行提示：“指定起点宽度 <4.0000>：”，确定多段线的起点宽度，继续提示：“指定端点宽度 <1.0000>：”，确定多段线的端点宽度。

练习：使用多段线绘制如图 3.2.2 所示的图形。

（1）命令：pline↙。

（2）指定起点：0,0↙。

（3）当前线宽为 0.0000。

（4）指定下一个点或 [圆弧(A)/半宽(H)/长度(L)/放弃(U)/宽度(W)]：w↙。

（5）指定起点宽度 <0.0000>：10↙。

（6）指定端点宽度 <10.0000>：10↙。

（7）指定下一个点或 [圆弧(A)/半宽(H)/长度(L)/放弃(U)/宽度(W)]：@200,0↙。

（8）指定下一点或 [圆弧(A)/闭合(C)/半宽(H)/长度(L)/放弃(U)/宽度(W)]：a↙。

（9）指定圆弧的端点或[角度(A)/圆心(CE)/闭合(CL)/方向(D)/半宽(H)/直线(L)/半径(R)/第二个点(S)/放弃(U)/宽度(W)]：捕捉 A 点。

（10）指定圆弧的端点或[角度(A)/圆心(CE)/闭合(CL)/方向(D)/半宽(H)/直线(L)/半径(R)/第二个点(S)/放弃(U)/宽度(W)]：l↙。

（11）指定下一点或 [圆弧(A)/闭合(C)/半宽(H)/长度(L)/放弃(U)/宽度(W)]：@-50,0↙。

（12）指定下一点或 [圆弧(A)/闭合(C)/半宽(H)/长度(L)/放弃(U)/宽度(W)]：w↙。

（13）指定起点宽度 <10.0000>：15↙。

（14）指定端点宽度 <15.0000>：0↙。

（15）指定下一点或 [圆弧(A)/闭合(C)/半宽(H)/长度(L)/放弃(U)/宽度(W)]：@-30,0↙。

（16）指定下一点或 [圆弧(A)/闭合(C)/半宽(H)/长度(L)/放弃(U)/宽度(W)]：↙。

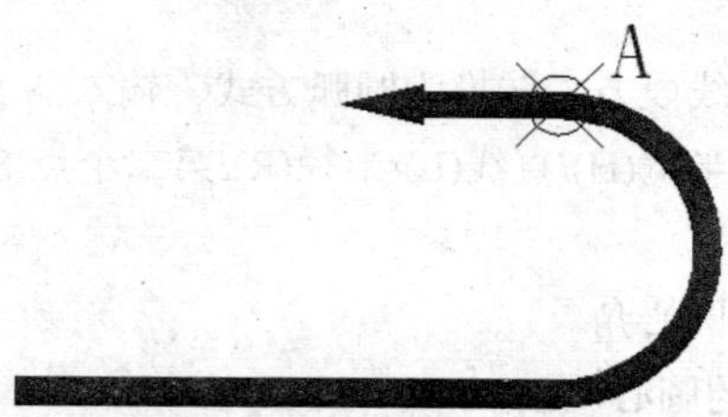

图 3.2.2　使用多段线命令绘制的图形

提示

如果在打印输出时设置的宽度大于打印输出中该颜色线条的宽度，则以图面设置的宽度为准，不受打印输出中颜色线条的限制。

绘制完多段线后，用户可以对其进行编辑。启动编辑多段线命令有如下两种方法：

（1）菜单栏：选择 修改(M) → 对象(O) → 多段线(P) 命令。

（2）命令行：在命令行输入 pedit。

选择要编辑的多段线，单击鼠标右键，系统弹出快捷菜单，如图 3.2.3 所示。该菜单中各选项含义如下：

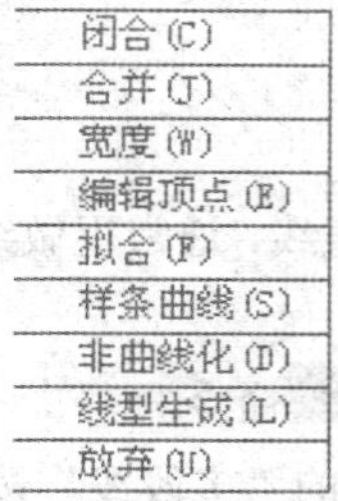

图 3.2.3　编辑多段线快捷菜单

（1）“闭合”：用于封闭编辑的多段线。

（2）“合并”：用于将线段、圆弧或多段线连接到指定的非闭合多段线上。

（3）“宽度”：用于重新设置多段线的宽度，如图 3.2.4 所示。

图 3.2.4　重新设置多段线宽度前后的效果

（4）编辑顶点：用于编辑多段线的顶点。

（5）拟合：由圆弧连接每对顶点的平滑曲线创建的圆弧拟合多段线，如图 3.2.5 所示。

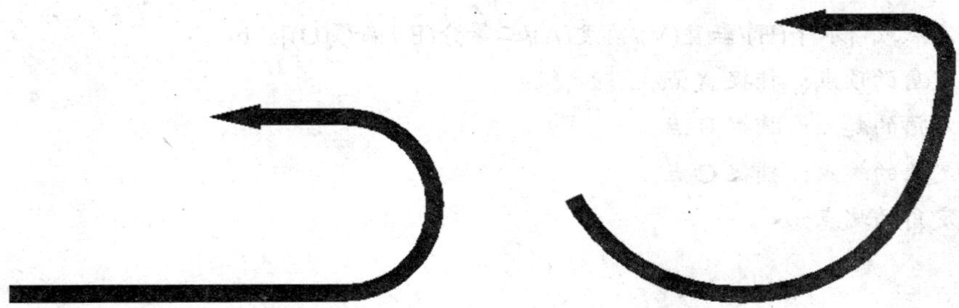

图 3.2.5　用曲线拟合多段线前后的效果

（6）样条曲线：用样条曲线拟合多段线，如图 3.2.6 所示。

图 3.2.6　用样条曲线拟合多段线前后的效果

（7）非曲线化：取消拟合或样条曲线，回到初始状态。

（8）线型生成：用于设置非连续线型多段线在各顶点处的绘线方式。选择该选项，AutoCAD 提示如下：

输入多段线线型生成选项[开(ON)/关(OFF)]<关>:

当选择“开(ON)”选项时，多段线在各顶点处自动按折线处理；当选择输入“关(OFF)”选项时，则多段线在各顶点处的绘线方式由原型线控制。此项不能用于带宽度线段的多段线。

三、构造线

构造线用于绘制两个方向无限延伸的直线，通常用做绘图过程中的辅助线，启动构造线命令有如下3种方法：

（1）菜单栏：选择 绘图(D) → 构造线(T) 命令。

（2）工具栏：单击“绘图”工具栏中的“多段线”按钮。

（3）命令行：在命令行输入 xline。

执行构造线命令后，命令行提示：“指定点或 [水平(H)/垂直(V)/角度(A)/二等分(B)/偏移(O)]：”，在屏幕上确定构造线通过的第一点。各选项含义如下：

（1）水平(H)：用于绘制水平辅助线。

（2）垂直(V)：用于绘制垂直辅助线。

（3）角度(A)：通过指定角度绘制辅助线，输入 A 后，命令行提示：“输入构造线的角度(0) 或 [参照(R)]：”，输入构造线的水平夹角或者指定与选定直线之间的夹角，绘制出与选定直线成一定角度的参照线。

（4）二等分(B)：用于绘制等分已知角的辅助线。

（5）偏移(O)：通过平行复制方式绘制辅助线。

练习：使用构造线绘制如图 3.2.7 所示的图形。

（1）命令：xline↙。

（2）指定点或 [水平(H)/垂直(V)/角度(A)/二等分(B)/偏移(O)]：b↙。

（3）指定角的顶点：捕捉 A 点。

（4）指定角的起点：捕捉 B 点。

（5）指定角的端点：捕捉 C 点。

（6）指定角的端点：↙。

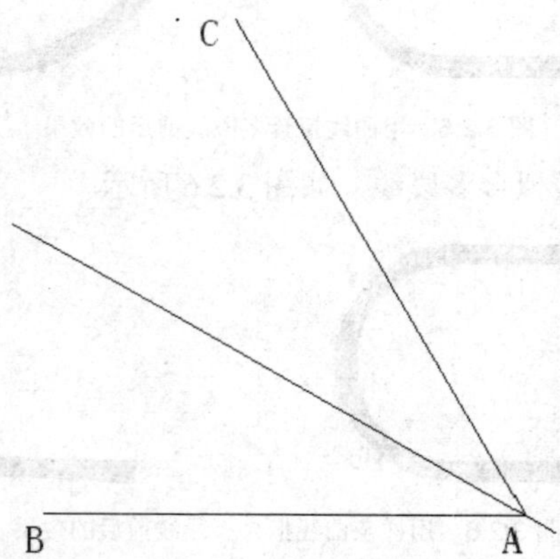

图 3.2.7 使用构造线命令绘制的图形

四、多线

多线是一种由多条平行线组成的组合对象。在绘制建筑平面图时，用户可以通过多线命令来绘制墙。多线由 1～16 条平行线组成。启动多线命令有如下两种方法：

（1）菜单栏：选择绘图(D)→多线(M)命令。

（2）命令行：在命令行输入 mline。

执行多线命令后，命令行提示："指定起点或 [对正(J)/比例(S)/样式(ST)]："，在屏幕上确定一点作为多线的起点。各选项含义如下：

（1）对正(J)：用于决定多线相对于用户输入端点的偏移位置，输入 J 后，系统继续提示："输入对正类型 [上(T)/无(Z)/下(B)] <上>："。各选项含义如下：

1）上(T)：该选项表示在绘制多线时，多线最顶端的线将随着光标移动。

2）无(Z)：该选项表示在绘制多线时，多线的中心线将随着光标移动。

3）下(B)：该选项表示在绘制多线时，多线最底端的线将随着光标移动。

（2）比例(S)：用于确定多线宽度相对于多线定义宽度的比例因子。

（3）样式：用于设置绘制多线时采用的多线样式。

练习：使用多线命令绘制如图 3.2.8 所示的图形。

（1）命令：mline↙。

（2）当前设置：对正 = 无，比例 =120.00，样式 =STANDARD。

（3）指定起点或 [对正(J)/比例(S)/样式(ST)]：捕捉 A 点。

（4）指定下一点：捕捉 B 点。

（5）指定下一点或 [放弃(U)]：捕捉 C 点。

（6）指定下一点或 [闭合(C)/放弃(U)]：捕捉 D 点。

（7）指定下一点或 [闭合(C)/放弃(U)]：捕捉 E 点。

（8）指定下一点或 [闭合(C)/放弃(U)]：捕捉 F 点。

（9）指定下一点或 [闭合(C)/放弃(U)]：c↙。

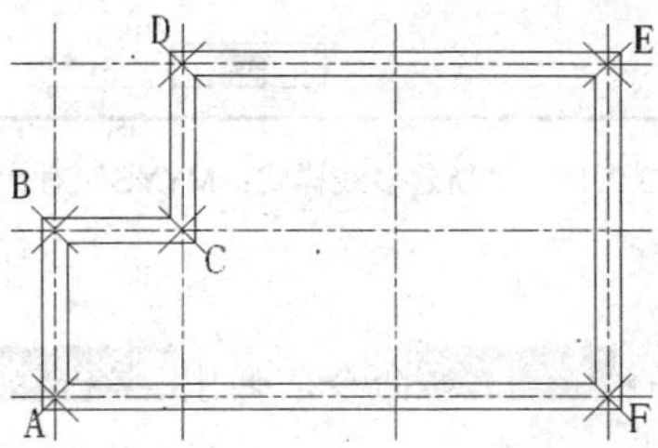

图 3.2.8　使用多线命令绘制的图形

注意　多线分解后将变成一条直线，多线不能用 OFFSET 命令偏移，也不能使用 CHAMFER，FILLET，EXTEND，TRIM 等命令编辑。

在 AutoCAD 2006 中，用户可以设置多线样式和编辑多线，下面进行具体介绍。

1．设置多线样式

选择格式(O)→多线样式(M)...命令，系统弹出多线样式对话框，如图 3.2.9 所示。利用该对话框可以设置多线样式。

在该对话框中，单击新建(N)...按钮，弹出创建新的多线样式对话框，如图 3.2.10 所示。然后在新样式名(N):文本框中输入新建多线样式名称，例如"Myys"，然后单击继续按钮，系统弹出新建多线样式：MYYS对话框，如图 3.2.11 所示。在该对话框中，用户可以创建多线的命令样式，控制元素的数量、背景填充、封口以及每个元素的特征。

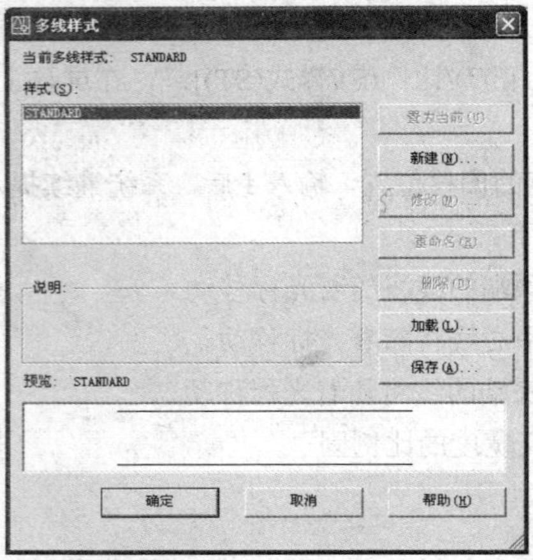

图 3.2.9 “多线样式”对话框

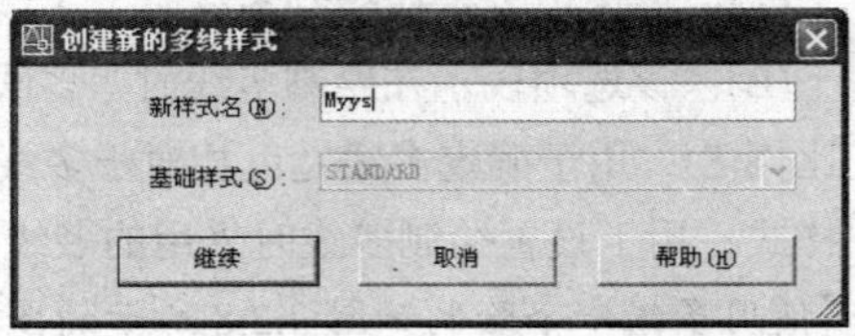

图 3.2.10 “创建新的多线样式”对话框

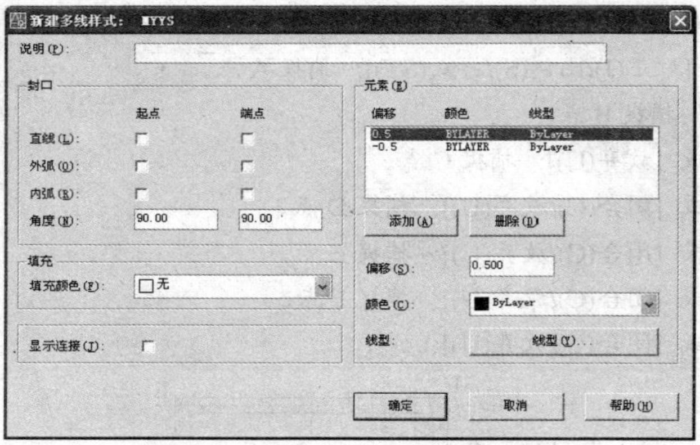

图 3.2.11 “新建多线样式：MYYS”对话框

2．编辑多线

选择 修改(M) → 对象(O) → 多线(M)... 命令，弹出 多线编辑工具 对话框，如图 3.2.12 所示。该对话框提供了 12 种编辑多线的工具。

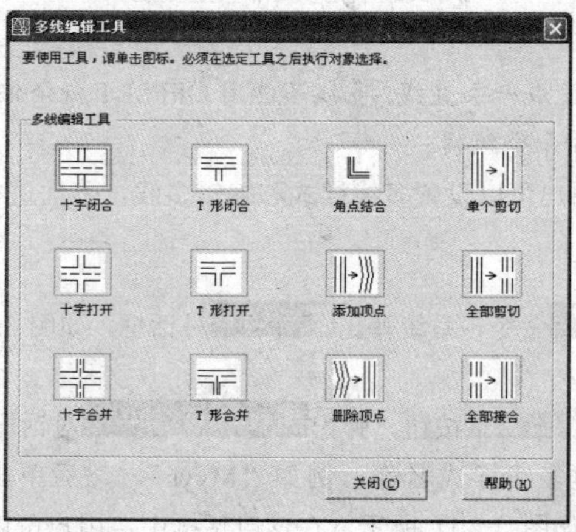

图 3.2.12 “多线编辑工具”对话框

该对话框分为 4 列显示示例图形。其中，第一列为十字交叉形式，第二列为 T 形形式，第三列为拐角接合点和节点形式，第四列为多线被剪切或连接的形式。

练习：利用多线编辑命令编辑墙线。

（1）利用直线和多线命令绘制如图 3.2.13 所示的墙线。

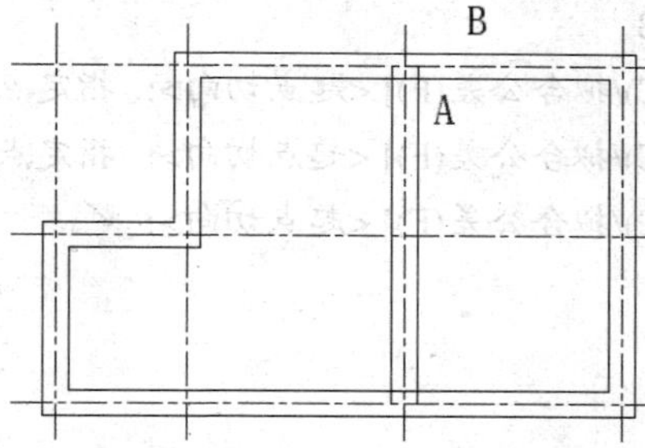

图 3.2.13　绘制墙线

（2）选择 修改(M) → 对象(O) → 多线(M)... 命令，弹出 多线编辑工具 对话框，在该对话框中单击“T 形打开”按钮，确认后，命令行提示如下：

1）命令：mledit↙。

2）选择第一条多线：选择多线 A。

3）选择第二条多线：选择多线 B。

4）选择第一条多线或[放弃(U)]：↙。重复选择多线 A 和多线 B，效果如图 3.2.14 所示。

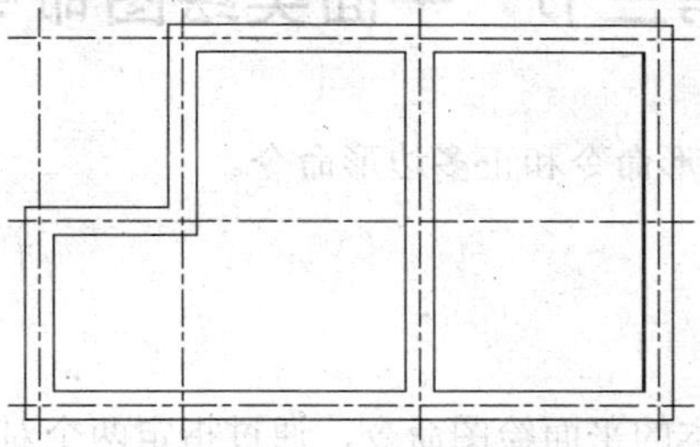

图 3.2.14　编辑后的效果

五、样条曲线

样条曲线是通过拟合数据点绘制而成的光滑曲线，它是一种非均匀关系类型的曲线，这种类型的曲线可用于绘制机械图形的折断线等。启动样条曲线命令有如下 3 种方法：

（1）菜单栏：选择 绘图(D) → 样条曲线(S) 命令。

（2）工具栏：单击“绘图”工具栏中的“样条曲线”按钮。

（3）命令行：在命令行输入 spline。

执行样条曲线命令后，命令行提示：“指定第一个点或[对象(O)]:”，在屏幕上确定样条曲线的起始点或者选择一个对象将其拟合生成样条曲线，继续提示：“指定下一点或[闭合(C)/拟合公差(F)]<起点切向>:”，继续确定样条曲线的下一个点。各选项含义如下：

（1）闭合(C)：生成封闭的样条曲线。

（2）拟合公差(F)：用于修改当前样条曲线的拟合公差，公差越小曲线离指定点越近，公差越大曲线离指定点越远。

（3）起点切向：确定样条曲线起点处的切线方向。

练习：使用样条曲线绘制如图 3.2.15 所示的图形。

（1）命令：spline↙。

（2）指定第一个点或 [对象(O)]：在屏幕上指定点 A。

（3）指定下一点：指定点 B。

（4）指定下一点或 [闭合(C)/拟合公差(F)] <起点切向>：指定点 C。

（5）指定下一点或 [闭合(C)/拟合公差(F)] <起点切向>：指定点 D。

（6）指定下一点或 [闭合(C)/拟合公差(F)] <起点切向>：↙。

（7）指定起点切向：↙。

（8）指定端点切向：↙。

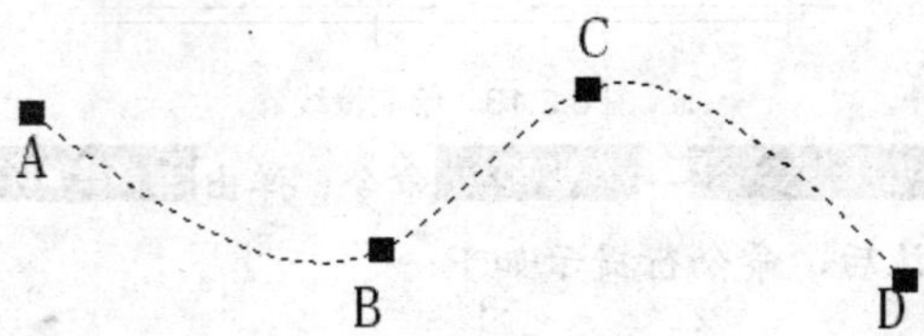

图 3.2.15 使用样条曲线命令绘制的图形

第三节 平面类绘图命令

平面类绘图命令主要包括矩形命令和正多边形命令。

一、矩形

矩形命令是 AutoCAD 最基本的平面绘图命令，通过指定两个对角点进行绘制。启动矩形命令有如下 3 种方法：

（1）菜单栏：选择 绘图(D) → 矩形(G) 命令。

（2）工具栏：单击“绘图”工具栏中的“矩形”按钮。

（3）命令行：在命令行输入 rectang。

执行矩形命令后，命令行提示：“指定第一个角点或 [倒角(C)/标高(E)/圆角(F)/厚度(T)/宽度(W)]：”，在屏幕上指定一点作为矩形的第一个角点。各选项含义如下：

（1）倒角(C)：指定矩形的倒角距离，绘制倒角矩形。

（2）标高(E)：指定矩形所在平面高度，默认情况下矩形在 XY 平面内。

（3）圆角(F)：指定矩形的圆角距离，绘制圆角矩形。

（4）厚度(T)：指定矩形的厚度，即三维空间 Z 轴方向的高度。

（5）宽度(W)：指定矩形的线宽。

在指定矩形的第一个角点后，继续提示：“指定另一个角点或 [面积(A)/尺寸(D)/旋转(R)]：”，在屏幕上指定矩形的另一个角点，各选项含义如下：

（1）面积(A)：通过指定矩形面积的大小绘制矩形，输入 A 后，命令行提示：“输入以当前单位计算的矩形面积 <100.0000>：”，输入矩形面积值，继续提示：“计算矩形标注时依据 [长度(L)/宽度(W)]

<长度>:”，输入 L 或 W，确定长度和宽度标注值。

（2）尺寸(D)：通过指定长度和宽度值绘制矩形。

（3）旋转(R)：通过指定角度绘制倾斜矩形。

练习：使用矩形命令绘制如图 3.3.1 所示的图形。

（1）命令：rectang↙。

（2）指定第一个角点或 [倒角(C)/标高(E)/圆角(F)/厚度(T)/宽度(W)]：e↙。

（3）指定矩形的标高 <0.0000>：20↙。

（4）指定第一个角点或 [倒角(C)/标高(E)/圆角(F)/厚度(T)/宽度(W)]：t↙。

（5）指定矩形的厚度 <0.0000>：30↙。

（6）指定第一个角点或 [倒角(C)/标高(E)/圆角(F)/厚度(T)/宽度(W)]：0,0↙。

（7）指定另一个角点或 [面积(A)/尺寸(D)/旋转(R)]：a↙。

（8）输入以当前单位计算的矩形面积 <100.0000>：500↙。

（9）计算矩形标注时依据 [长度(L)/宽度(W)] <长度>：l↙。

（10）输入矩形长度 <10.0000>：50↙。

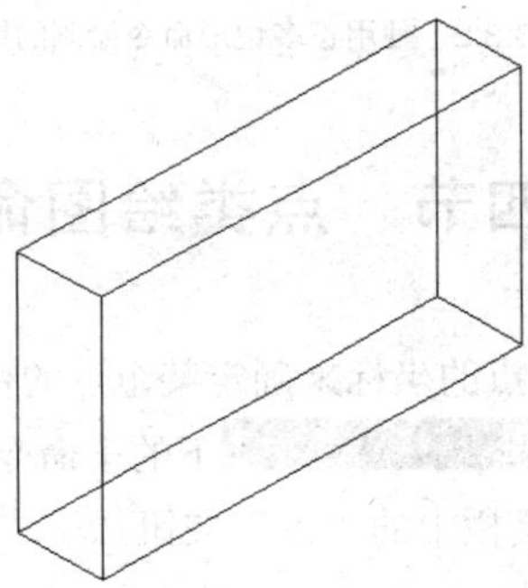

图 3.3.1　使用矩形命令绘制的图形

二、正多边形

正多边形是由多条等长的封闭线段构成的，利用正多边形命令可以绘制由 3～1 024 条边组成的正多边形，启动正多边形命令有如下 3 种方法：

（1）菜单栏：选择 绘图(D) → 正多边形(Y) 命令。

（2）工具栏：单击“绘图”工具栏中的“正多边形”按钮。

（3）命令行：在命令行输入 polygon。

执行正多边形命令后，命令行提示：“输入边的数目 <4>:”，确定正多边形的边数。继续提示：“指定正多边形的中心点或 [边(E)]:”，在屏幕上指定一点作为正多边形的中心点或者通过确定正多边形的一条边来绘制。系统继续提示：“输入选项 [内接于圆(I)/外切于圆(C)] <I>:”，选择绘制正多边形的方法，选项含义如下：

（1）内接于圆(I)：以定义正多边形的外接圆的方式来确定正多边形。

（2）外切于圆(C)：以定义正多边形的内切圆的方式来确定正多边形。

选择绘制正多边形的方法后，系统继续提示：“指定圆的半径：”，输入圆的半径值。

练习：使用正多边形命令绘制如图 3.3.2 所示的图形。

（1）命令：polygon↙。

（2）输入边的数目 <4>：6↙。

（3）指定正多边形的中心点或 [边(E)]：0,0↙。

（4）输入选项 [内接于圆(I)/外切于圆(C)] <I>：I↙。

（5）指定圆的半径：200↙。

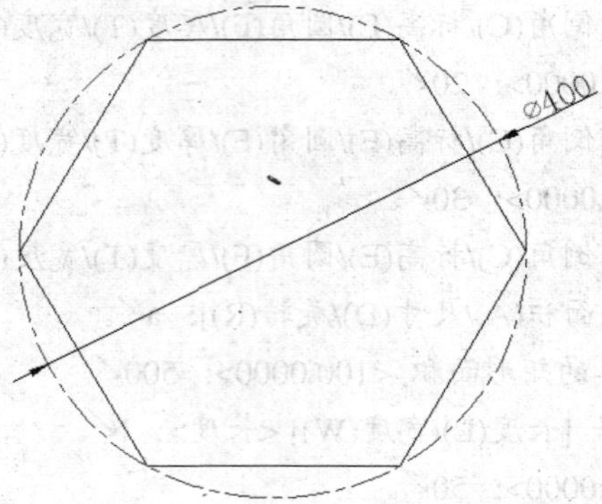

图 3.3.2 使用正多边形命令绘制的图形

第四节 点类绘图命令

在绘图过程中，经常要通过输入点的坐标来确定某个点的位置。启动点命令有如下 3 种方法：

（1）菜单栏：选择 绘图(D) → 点(O) 下的子命令。

（2）工具栏：单击“绘图”工具栏中的“点”按钮。

（3）命令行：在命令行输入 point。

执行点命令后，命令行提示“指定点:”，在屏幕上确定点的位置。

点命令可生成单个或多个点。在实际的绘制过程中，可通过系统变量 DDMODE 和 PDSIZE 设置点的类型及其大小。系统变量 PDMODE 的值分别为 0，2，3，4 时，相应点的形状分别为点、十字、叉和竖线。

一、定数等分

启动定数等分命令有如下两种方法：

（1）菜单栏：选择 绘图(D) → 点(O) → 定数等分(D) 命令。

（2）命令行：在命令行输入 divide。

执行定数等分命令后，命令行提示：“选择要定数等分的对象：”，选择要定数等分的对象，该对象可以是直线、圆、圆弧、多段线等实体。继续提示：“输入线段数目或[块(B)]:”，指定线段的等分段数，或者输入 B，以给定段数将所选的实体分段，并放置给图块。

练习：将圆弧 6 等分，如图 3.4.1 所示。

（1）命令：divide↙。

（2）选择要定数等分的对象：选择圆弧。

（3）输入线段数目或[块(B)]：6↙。

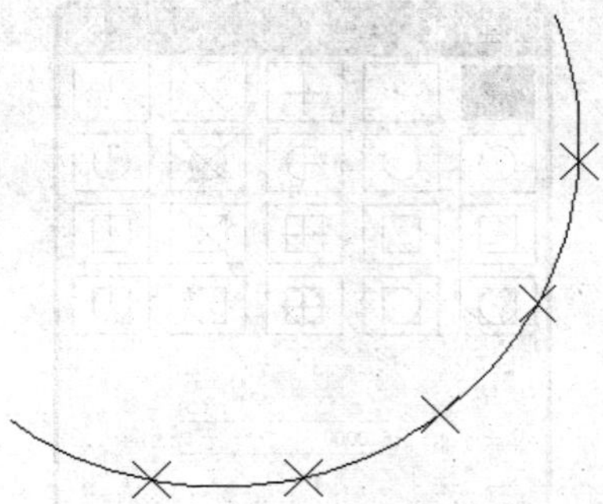

图 3.4.1　6 等分后的圆弧

二、定距等分

启动定距等分命令有如下两种方法：

（1）菜单栏：选择 绘图(D) → 点(O) → 定距等分(M) 命令。

（2）命令行：在命令行输入 measure。

执行定距等分命令后，命令行提示："选择要定距等分的对象："，选择要定距等分的对象，该对象可以是直线、圆、圆弧、多段线等实体。继续提示："指定线段长度或[块(B)]："，指定定距等分的线段长度，或者输入 B，以给定的长度等距插入图块。

练习：将如图 3.4.1 所示的圆弧进行定距等分，效果如图 3.4.2 所示。

（1）命令：measure↙。

（2）选择要定距等分的对象：选择如图 3.4.1 所示的圆弧。

（3）指定线段长度或[块(B)]：65↙。

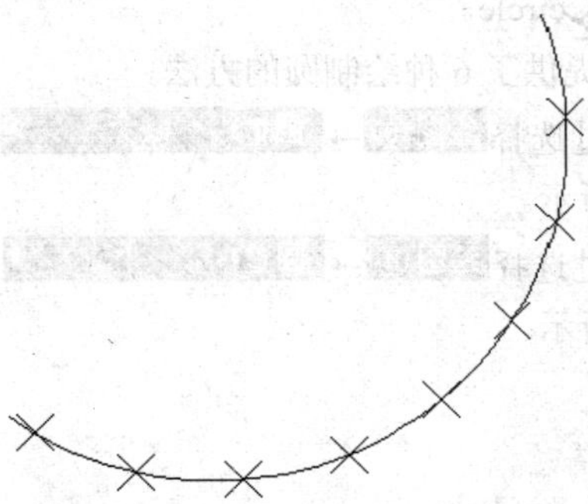

图 3.4.2　以 65 为单位定距等分后的圆弧

三、点样式

在 AutoCAD 2006 中提供了 20 种不同样式的点可供选择。启动点样式命令有如下两种方法：

（1）菜单栏：选择 格式(O) → 点样式(P)... 命令。

（2）命令行：在命令行输入 ddptype。

执行点样式命令后，系统弹出 点样式 对话框，如图 3.4.3 所示。利用该对话框用户可以设置点的类型及尺寸。其中，点的尺寸可以按照相对于绘图屏幕的百分比及绝对绘图单位两种方式来设置。

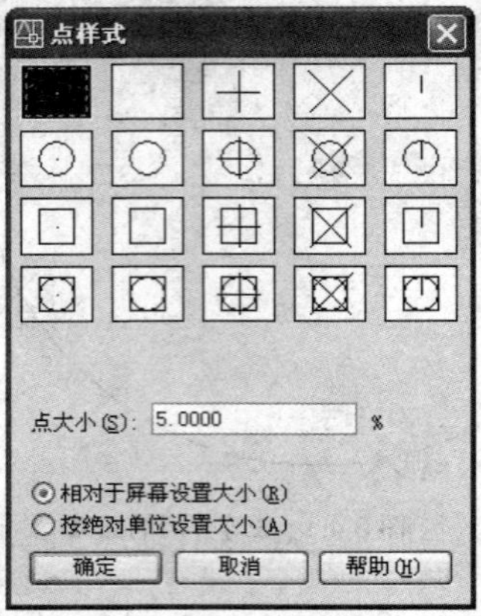

图 3.4.3 “点样式”对话框

第五节 圆类绘图命令

圆类绘图命令主要包括绘制圆、圆弧及椭圆等。

一、圆

圆是一种特殊的平面曲线，也是工程图中常见的基本实体。启动圆命令有如下 3 种方法：

（1）菜单栏：选择 绘图(D)→圆(C) 下的子命令。

（2）工具栏：单击“绘图”工具栏中的“圆”按钮。

（3）命令行：在命令行输入 circle。

在中文版 AutoCAD 2006 中提供了 6 种绘制圆的方法。

（1）指定圆心和半径：通过选择 绘图(D)→圆(C)→圆心、半径(R) 命令，指定圆的圆心和半径绘制圆，如图 3.5.1 所示。

（2）指定圆心和直径：通过选择 绘图(D)→圆(C)→圆心、直径(D) 命令，指定圆的圆心和直径绘制圆，如图 3.5.2 所示。

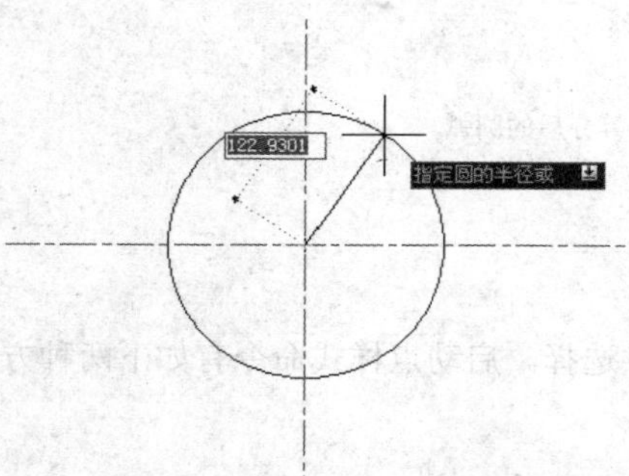

图 3.5.1 指定圆心和半径绘制圆

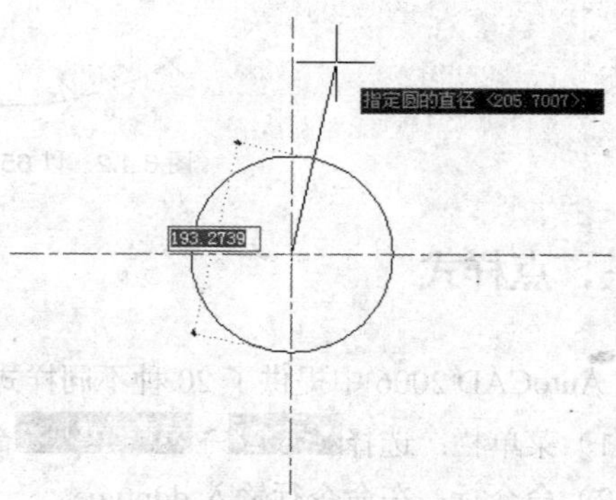

图 3.5.2 指定圆心和直径绘制圆

（3）指定两点：通过选择 绘图(D)→圆(C)→两点(2) 命令，指定两个点，并以两点之间的距离为直径绘制圆，如图 3.5.3 所示。

（4）指定三点：通过选择 绘图(D) → 圆(C) → 三点(3) 命令，指定 3 个点来绘制圆，如图 3.5.4 所示。

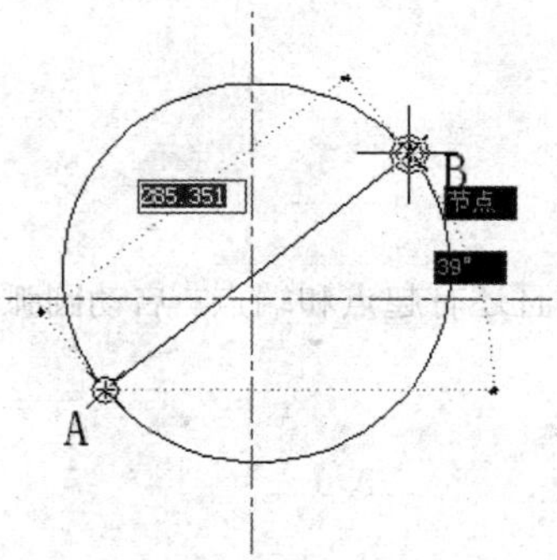

图 3.5.3　指定两点绘制圆

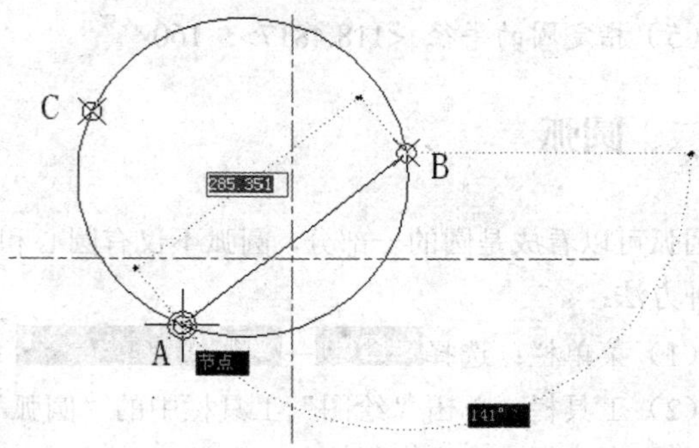

图 3.5.4　指定 3 点绘制圆

（5）指定两个相切对象和半径：通过选择 绘图(D) → 圆(C) → 相切、相切、半径(T) 命令，指定两个相切对象和圆的半径来绘制圆，如图 3.5.5 所示。

（6）指定 3 个相切对象：通过选择 绘图(D) → 圆(C) → 相切、相切、相切(A) 命令，通过依次指定与圆相切的 3 个对象来绘制圆，如图 3.5.6 所示。

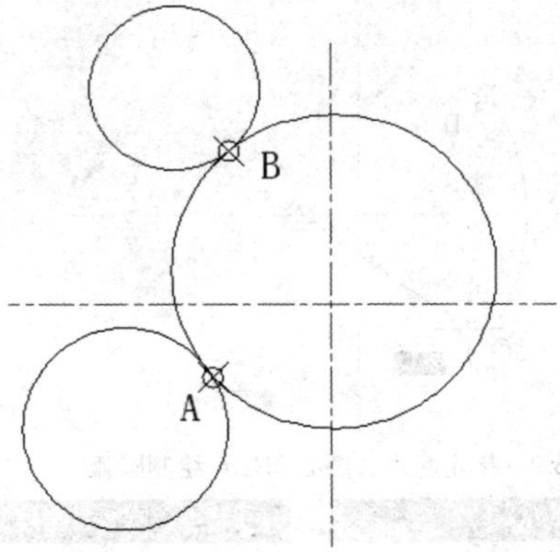

图 3.5.5　指定两个相切对象和半径绘制圆

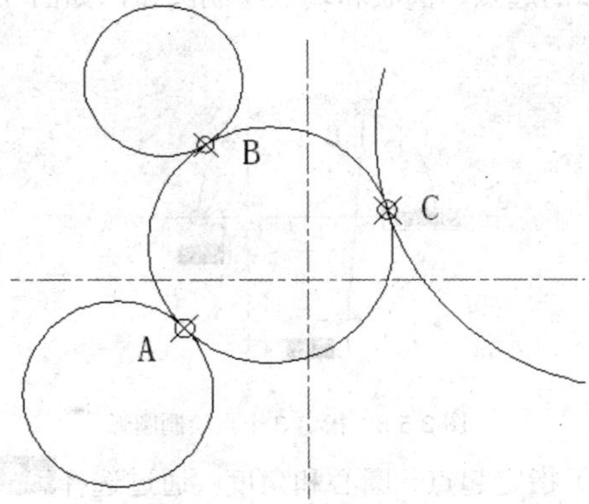

图 3.5.6　指定 3 个相切对象绘制圆

练习：通过“相切、相切、半径”方式绘制圆，如图 3.5.7 所示。

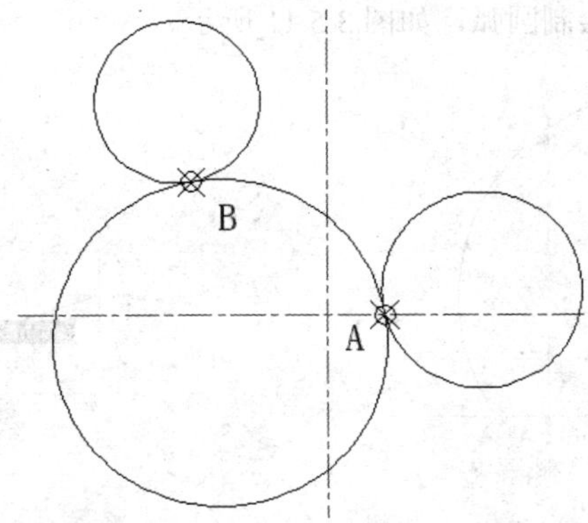

图 3.5.7　通过“相切、相切、半径”方法绘制圆

（1）命令：circle↙。

（2）指定圆的圆心或 [三点(3P)/两点(2P)/相切、相切、半径(T)]：t↙。

（3）指定对象与圆的第一个切点：捕捉 A 点。

（4）指定对象与圆的第二个切点：捕捉 B 点。

（5）指定圆的半径 <118.4817>：160↙。

二、圆弧

圆弧可以看成是圆的一部分，圆弧不仅有圆心和半径，而且还有起点和端点。启动圆弧命令有如下 3 种方法：

（1）菜单栏：选择 绘图(D) → 圆弧(A) 下的子命令。

（2）工具栏：单击“绘图”工具栏中的“圆弧”按钮。

（3）命令行：在命令行输入 arc。

在中文版 AutoCAD 2006 中提供了 11 种绘制圆弧的方法。

（1）指定三点：通过选择 绘图(D) → 圆弧(A) → 三点(P) 命令，指定 3 个点来绘制圆弧，如图 3.5.8 所示。

（2）指定起点、圆心、端点：通过选择 绘图(D) → 圆弧(A) → 起点、圆心、端点(S) 命令，指定圆弧的起点、圆心和端点绘制圆弧，如图 3.5.9 所示。

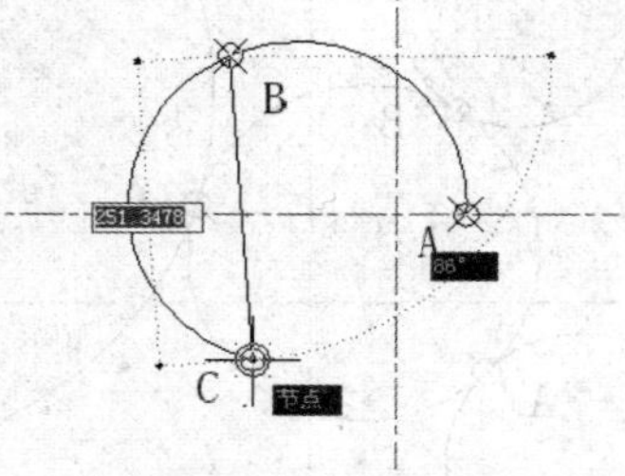

图 3.5.8　指定 3 个点绘制圆弧

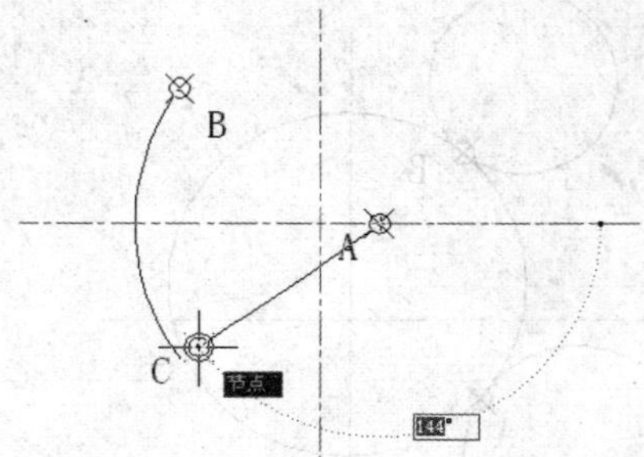

图 3.5.9　指定起点、圆心和端点绘制圆弧

（3）指定起点、圆心和角度：通过选择 绘图(D) → 圆弧(A) → 起点、圆心、角度(T) 命令，指定圆弧的起点、圆心和角度绘制圆弧，如图 3.5.10 所示。

（4）指定起点、圆心和弦长：通过选择 绘图(D) → 圆弧(A) → 起点、圆心、长度(A) 命令，指定圆弧的起点、圆心和弦长绘制圆弧，如图 3.5.11 所示。

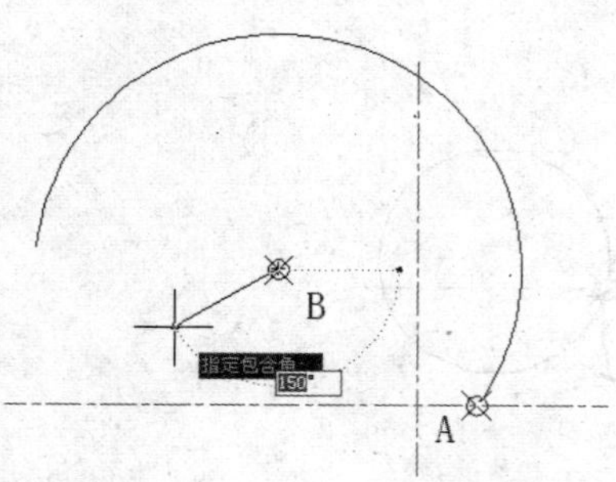

图 3.5.10　指定起点、圆心和角度绘制圆弧

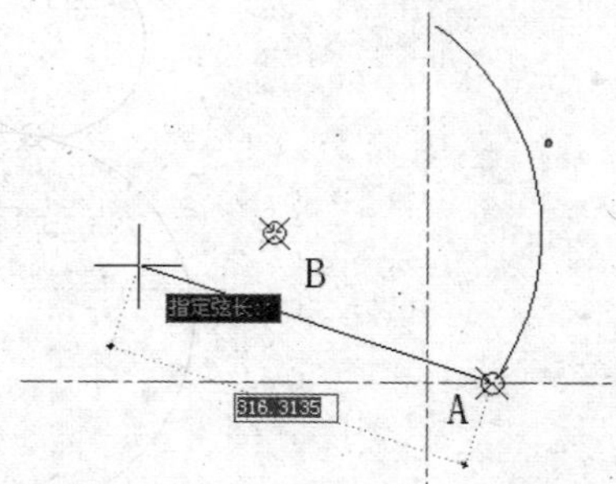

图 3.5.11　指定起点、圆心和弦长绘制圆弧

（5）指定起点、端点和角度：通过选择 绘图(D) → 圆弧(A) → 起点、端点、角度(N) 命令，指定圆弧的起点、端点和角度绘制圆弧，如图 3.5.12 所示。

（6）指定起点、端点和方向：通过选择 绘图(D) → 圆弧(A) → 起点、端点、方向(D) 命令，指定圆弧的起点、端点和方向绘制圆弧，如图 3.5.13 所示。

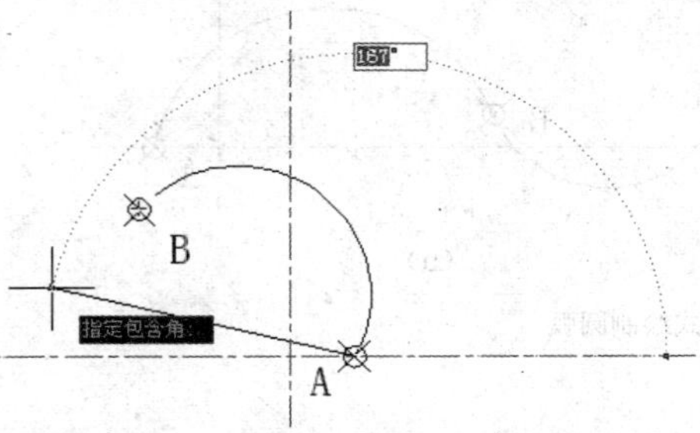

图 3.5.12　指定起点、端点和角度绘制圆弧

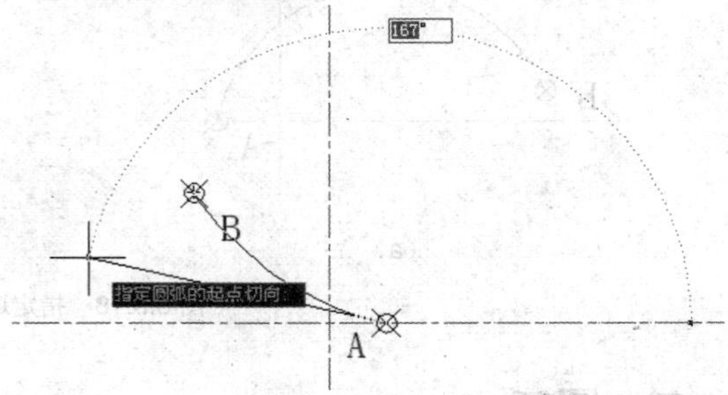

图 3.5.13　指定起点、端点和方向绘制圆弧

（7）指定起点、端点和半径：通过选择 绘图(D) → 圆弧(A) → 起点、端点、半径(R) 命令，指定圆弧的起点、端点和半径绘制圆弧，如图 3.5.14 所示。

（8）指定圆心、起点和端点：通过选择 绘图(D) → 圆弧(A) → 圆心、起点、端点(C) 命令，指定圆弧的圆心、起点和端点绘制圆弧，如图 3.5.15 所示。

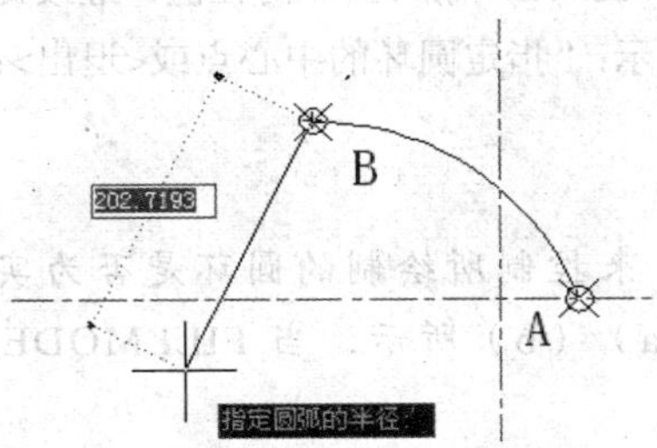

图 3.5.14　指定起点、端点和半径绘制圆弧

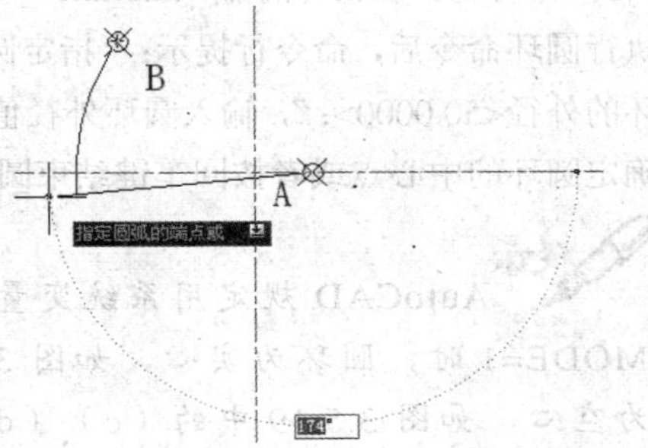

图 3.5.15　指定圆心、起点和端点绘制圆弧

（9）指定圆心、起点和角度：通过选择 绘图(D) → 圆弧(A) → 圆心、起点、角度(T) 命令，指定圆弧的圆心、起点和角度绘制圆弧，如图 3.5.16 所示。

（10）指定圆心、起点和弦长：通过选择 绘图(D) → 圆弧(A) → 圆心、起点、长度(L) 命令，指定圆弧的圆心、起点和弦长绘制圆弧，如图 3.5.17 所示。

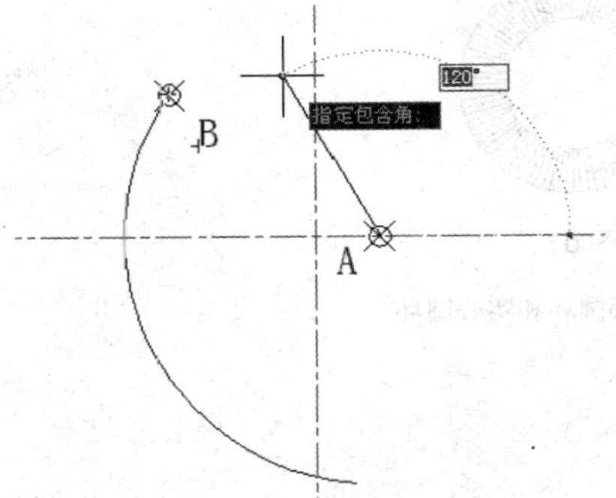

图 3.5.16　指定圆心、起点和角度绘制圆弧

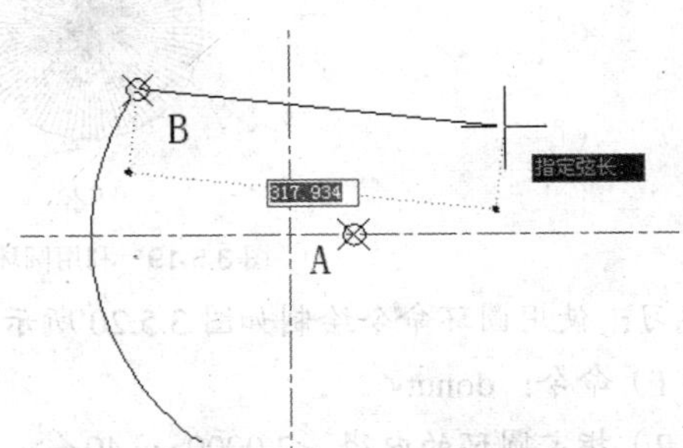

图 3.5.17　指定圆心、起点和弦长绘制圆弧

（11）指定连续方式：通过选择 绘图(D) → 圆弧(A) → 继续(O) 命令，系统将以最后绘制的线段或圆弧的最后一点作为新绘制圆弧的起点，以最后所绘线方向或所绘圆弧终止点的切线方向为

新圆弧在起始点处的切线方向绘制圆弧，如图 3.5.18（a），（b）所示。

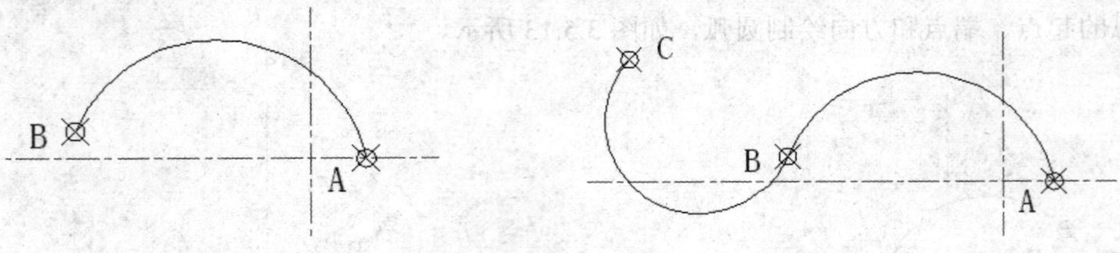

（a）（b）

图 3.5.18　指定连续方式绘制圆弧

三、圆环

圆环用于绘制指定内外直径的圆环或填充圆。它实际上是一种呈圆形封闭状的多段线。启动圆环命令有如下两种方法：

（1）菜单栏：选择 绘图(D) → 圆环(D) 命令。

（2）命令行：在命令行输入 donut。

执行圆环命令后，命令行提示："指定圆环的内径<5.0000>:"，输入圆环内径值，继续提示："指定圆环的外径<50.0000>:"，输入圆环外径值，系统继续提示："指定圆环的中心点或<退出>:"，在屏幕上确定圆环的中心点或者按回车键结束圆环命令。

提示 AutoCAD 规定用系统变量 FILLMODE 来控制所绘制的圆环是否为实心。当 FILLMODE=1 时，圆环为实心，如图 3.5.19 中的（a），（b）所示；当 FILLMODE=0 时，圆环为空心，如图 3.5.19 中的（c），（d）所示。

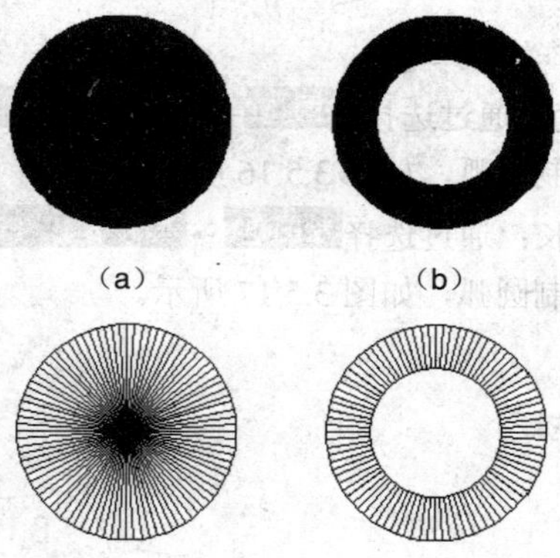

（a）（b）（c）（d）

图 3.5.19　利用圆环命令绘制空心圆环和实心圆环

练习：使用圆环命令绘制如图 3.5.20 所示的圆环。

（1）命令：donut↙。

（2）指定圆环的内径 <2.0000>：40↙。

（3）指定圆环的外径 <5.0000>：100↙。

（4）指定圆环的中心点或 <退出>：捕捉圆的上象限点。

（5）指定圆环的中心点或 <退出>：捕捉圆的下象限点。

（6）指定圆环的中心点或 <退出>：捕捉圆的左象限点。

（7）指定圆环的中心点或 <退出>：捕捉圆的右象限点。

（8）指定圆环的中心点或 <退出>：↙。

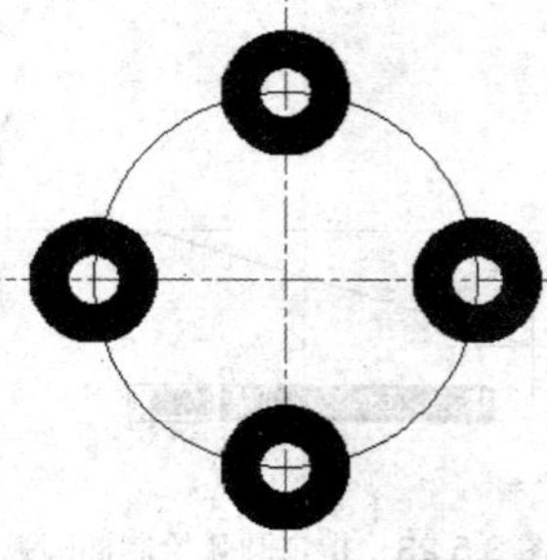

图 3.5.20　使用圆环命令绘制图形

四、椭圆和椭圆弧

椭圆是由定义其长度和宽度的两条轴决定的。较长的称为长轴，较短的称为短轴，在 AutoCAD 中，绘制椭圆和椭圆弧的命令均为 ellipse，启动椭圆命令有如下 3 种方法：

（1）菜单栏：选择 绘图(D) → 椭圆(E) 下的子命令。

（2）工具栏：单击“绘图”工具栏中的“椭圆”按钮。

（3）命令行：在命令行输入 ellipse。

在中文版 AutoCAD 2006 中，用户可以使用 3 种方法绘制椭圆及椭圆弧。

（1）指定中心点：通过选择 绘图(D) → 椭圆(E) → 中心点(C) 命令，指定椭圆的中心点绘制椭圆，如图 3.5.21 所示。

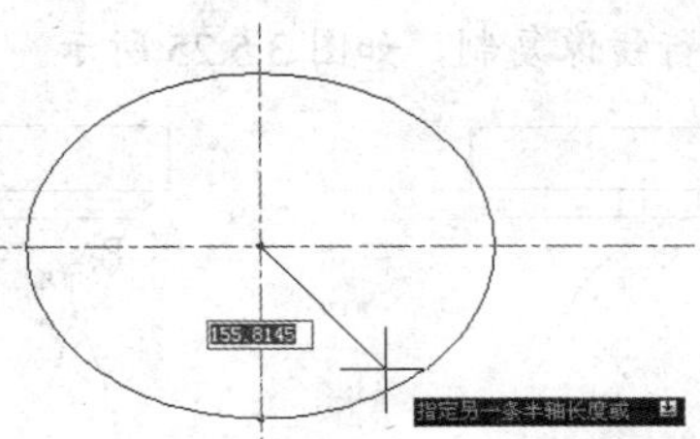

图 3.5.21　指定中心点绘制椭圆

（2）指定轴和端点：通过选择 绘图(D) → 椭圆(E) → 轴、端点(E) 命令，指定椭圆的端点来绘制椭圆，如图 3.5.22 所示。

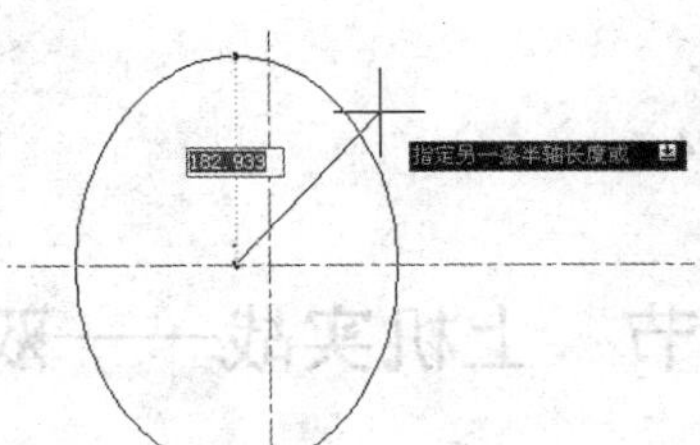

图 3.5.22　指定轴和端点绘制椭圆

（3）指定圆弧：通过选择 绘图(D) → 椭圆(E) → 圆弧(A) 命令，指定圆弧、角度来绘制椭圆弧，如图 3.5.23 所示。

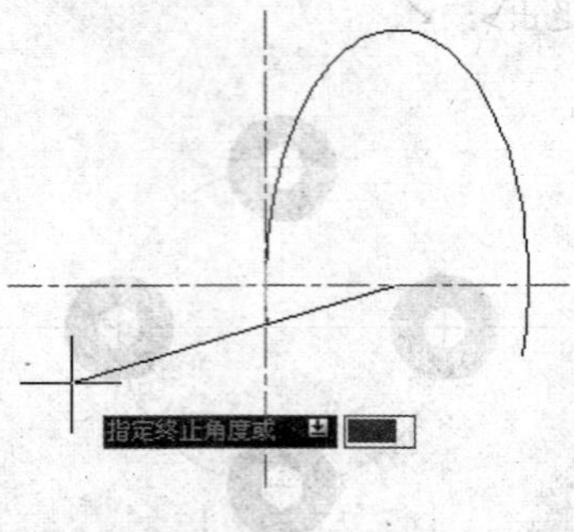

图 3.5.23 指定圆弧绘制椭圆弧

练习：使用椭圆命令绘制图形。

（1）在命令行输入 ellipse。

1）命令：ellipse↙。

2）指定椭圆的轴端点或 [圆弧(A)/中心点(C)]：c↙。

3）指定椭圆的中心点：捕捉 A 点。

4）指定轴的端点：@130,0↙。

5）指定另一条半轴长度或 [旋转(R)]：捕捉 B 点，如图 3.5.24 所示。

（2）在命令行输入 arc。

1）命令：arc↙。

2）指定圆弧的起点或 [圆心(C)]：捕捉 A 点。

3）指定圆弧的第二个点或 [圆心(C)/端点(E)]：捕捉 B 点。

4）指定圆弧的端点：捕捉 C 点。

然后利用镜像命令将圆弧进行镜像复制，如图 3.5.25 所示。

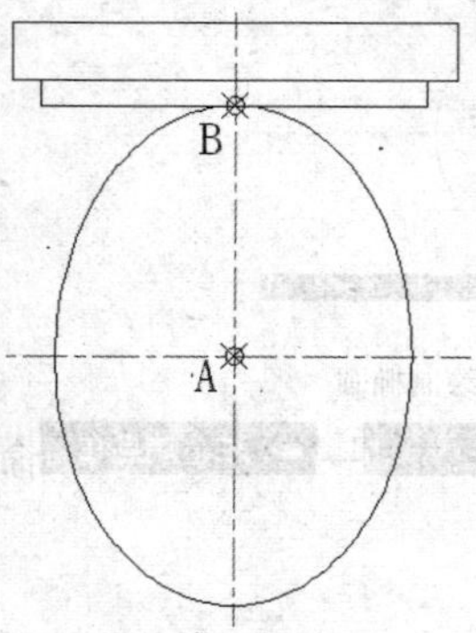

图 3.5.24

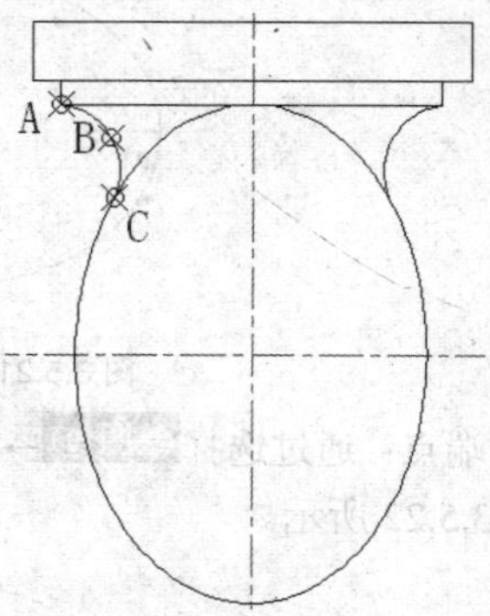

图 3.5.25

第六节 上机实战——双人床

本节通过一个典型实例使用户进一步掌握二维绘图命令的使用方法与技巧。

（1）单击“矩形”按钮或者在命令行输入 rectang，以原点为第一角点，绘制一个长为 1 500，宽为 100 的矩形，如图 3.6.1 所示。

图 3.6.1

（2）重复执行矩形命令，以原点为第一角点，绘制一个长为 1 500，宽为 2 000 的圆角矩形，圆角半径为 80，如图 3.6.2 所示。

（3）单击“椭圆”按钮或者在命令行输入 ellipse。

1）命令：ellipse↙。

2）指定椭圆的轴端点或 [圆弧(A)/中心点(C)]：c↙。

3）指定椭圆的中心点：375,-250↙。

4）指定轴的端点：@200,0↙。

5）指定另一条半轴长度或 [旋转(R)]：@0,120↙，如图 3.6.3 所示。

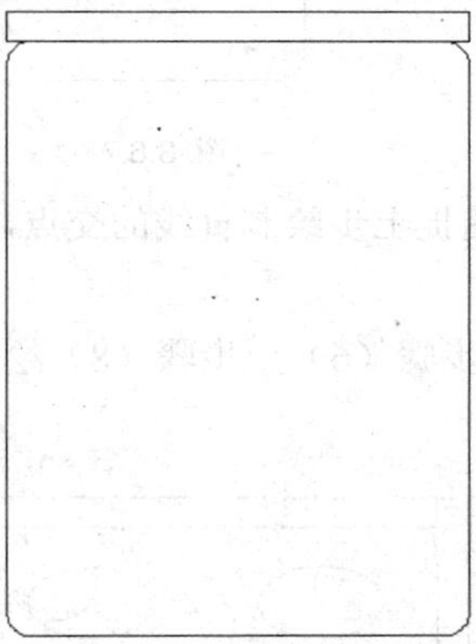

图 3.6.2

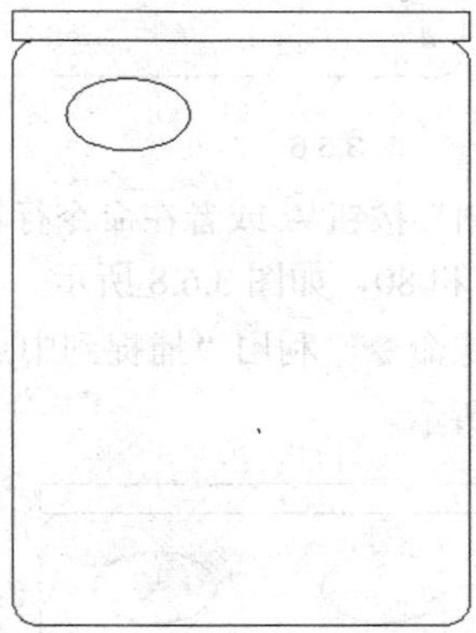

图 3.6.3

（4）单击“圆弧”按钮或者在命令行输入 arc，捕捉上步绘制椭圆的两个象限点和中心点，以三点方式绘制一段圆弧，如图 3.6.4 所示。

（5）单击“镜像”按钮或者在命令行输入 mirror，利用“捕捉到中点”方式将绘制的椭圆和圆弧进行镜像复制，如图 3.6.5 所示。

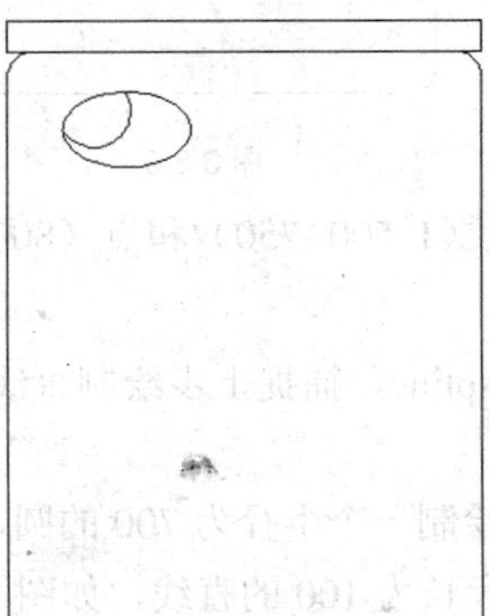

图 3.6.4

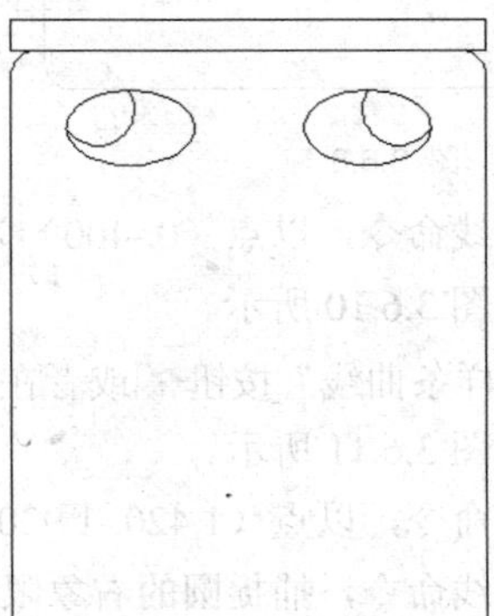

图 3.6.5

（6）利用矩形命令，以点（-600,100）为第一角点，绘制一个边长为 500 的正方形，如图 3.6.6 所示。

（7）单击“直线”按钮或者在命令行输入 line，利用“捕捉到中点”命令，捕捉正方形边长的中点，绘制两条互相垂直的直线，如图 3.6.7 所示。

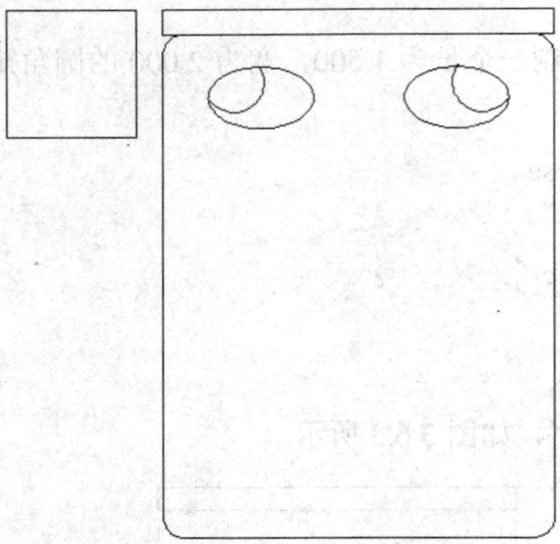

图 3.6.6

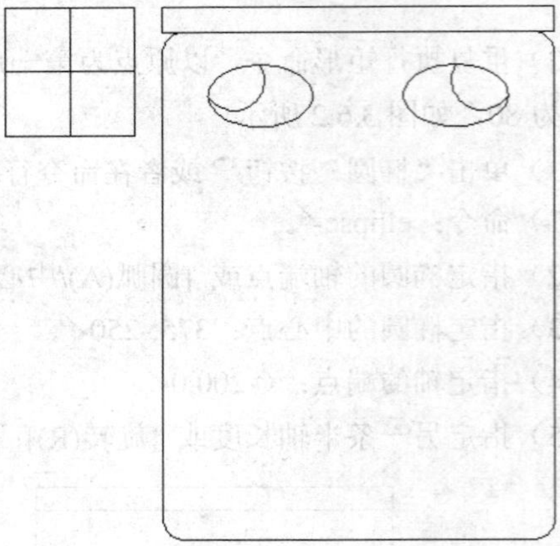

图 3.6.7

（8）单击“圆”按钮或者在命令行输入 circle，捕捉上步绘制直线的交点，绘制两个同心圆，圆半径分别为 150 和 80，如图 3.6.8 所示。

（9）重复镜像命令，利用“捕捉到中点”方式，将步骤（6）至步骤（8）绘制的图形进行镜像复制，如图 3.6.9 所示。

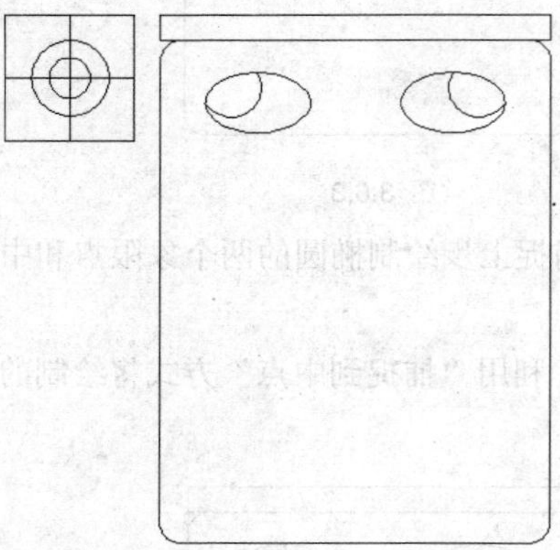

图 3.6.8

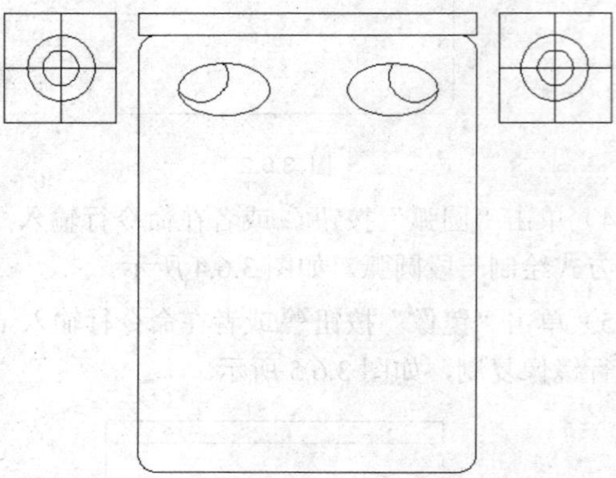

图 3.6.9

（10）重复直线命令，以点（0,-400）为起点，以点（1 500,-750）和点（800,-1 000）为终点，绘制两条直线，如图 3.6.10 所示。

（11）单击“样条曲线”按钮或者在命令行输入 spline，捕捉上步绘制直线的两个终点，绘制一段样条曲线，如图 3.6.11 所示。

（12）重复圆命令，以点（1 420,-1 920）为圆心，绘制一个半径为 700 的圆，如图 3.6.12 所示。

（13）利用直线命令，捕捉圆的右象限点，绘制一段长为 100 的直线，如图 3.6.13 所示。

（14）单击“阵列”按钮或者在命令行输入 array，将上步绘制的直线进行环形阵列，中心点为步骤（12）绘制圆的圆心，数目为 260，如图 3.6.14 所示。

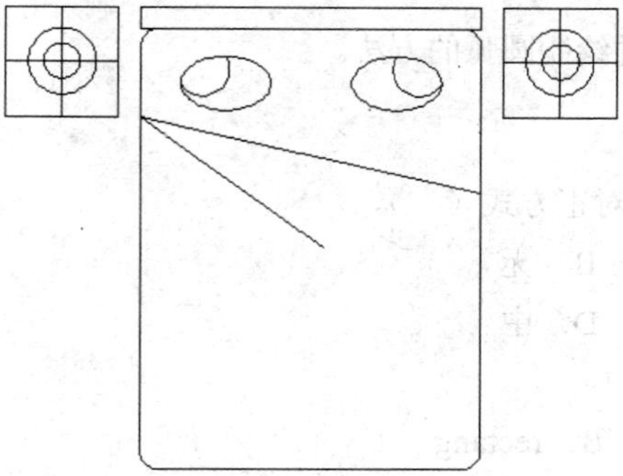

图 3.6.10

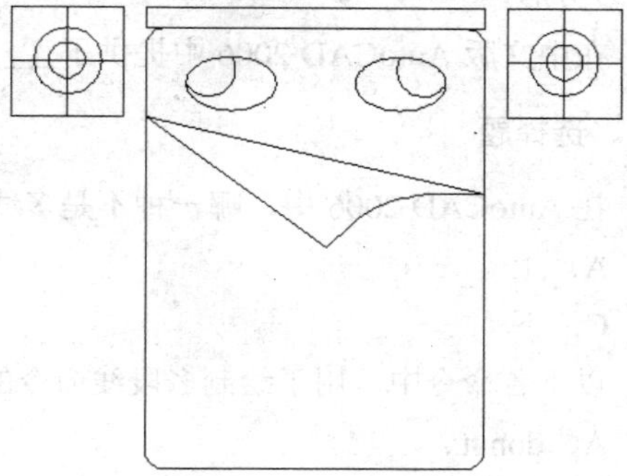

图 3.6.11

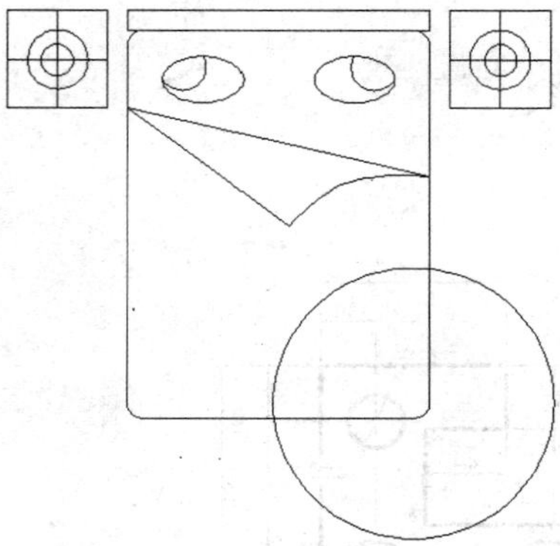

图 3.6.12

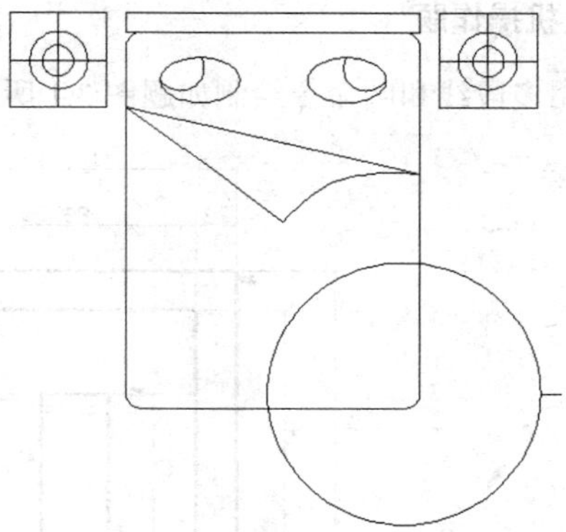

图 3.6.13

（15）利用修剪和删除命令，删除多余的线条，如图 3.6.15 所示。

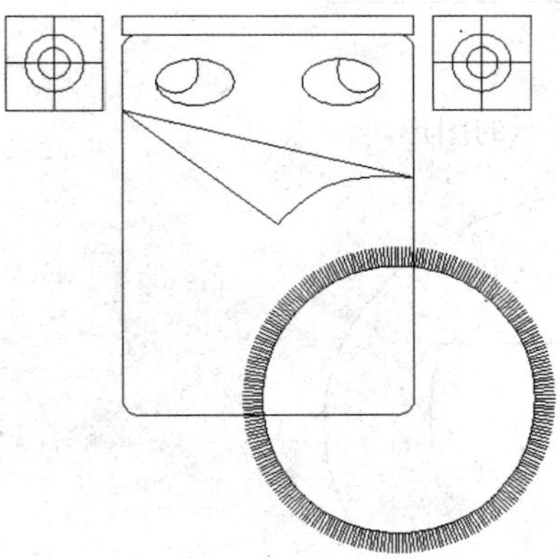

图 3.6.14

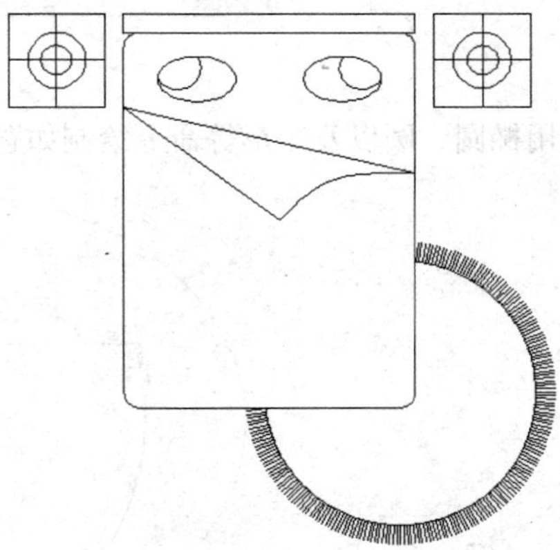

图 3.6.15

习 题 三

一、填空题

1．矩形命令为__________；圆弧命令为__________。

2．用户可以使用__________命令绘制正多边形，利用正多边形命令可以绘制由__________条边组成的正多边形。

3．在中文版 AutoCAD 2006 中提供了__________种绘制圆弧的方法。

二、选择题

1．在 AutoCAD 2006 中，哪一种不是多线命令的对正方式（　）。

A．上　　B．无

C．下　　D．中

2．以下各命令中，用于绘制多段线命令的是（　）。

A．donut　　B．rectang

C．polygon　　D．pline

三、上机操作题

1．利用多段线和圆命令绘制如题图 3.1 所示的图形。

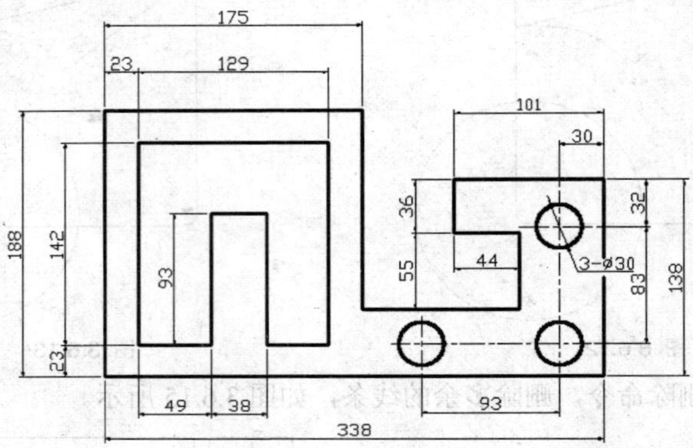

题图 3.1

2．利用椭圆、圆以及矩形等命令绘制如题图 3.2 所示的图形。

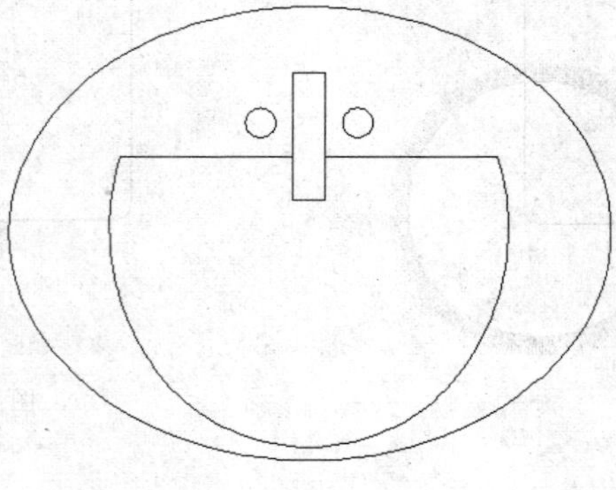

题图 3.2

第四章 编辑二维图形

- 复制类编辑命令
- 修剪类编辑命令
- 移动编辑命令
- 图案填充和渐变色

绘图命令只能创建一些基本图形对象。对于复杂图形，还需要在绘图的基础上编辑图形，AutoCAD 编辑图形的功能非常完善，它提供了一系列编辑工具对图形进行修改。因此，对编辑命令的熟练掌握和使用有助于提高设计和绘图的效率。

第一节　编辑图形命令

使用二维绘图命令绘制图形时，为了绘制一些复杂的图形，AutoCAD 2006 提供了多种打开编辑图形命令的方法，如“修改”菜单和“修改”工具栏，如图 4.1.1 所示。

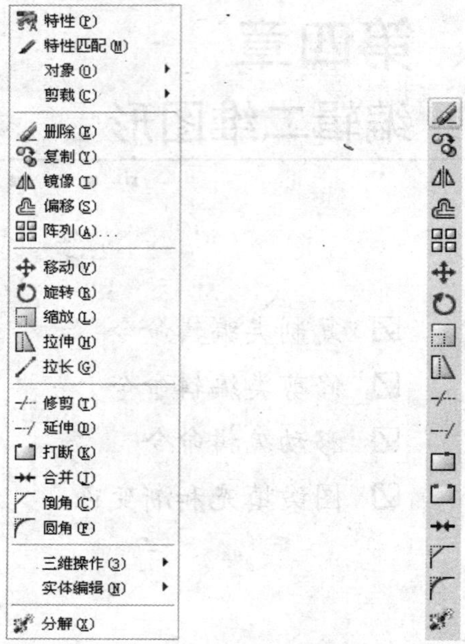

图 4.1.1　“修改”菜单和“修改”工具栏

第二节　复制类编辑命令

在编辑二维图形中，中文版 AutoCAD 2006 提供的复制类编辑命令主要包括：复制、镜像、偏移和阵列命令，利用这些命令可以方便地编辑绘制的图形。

一、复制

复制命令用于将多个相同形状的图形对象复制到指定位置。启动复制对象命令有如下 3 种方法：

（1）菜单栏：选择 修改(M) → 复制(Y) 命令。

（2）工具栏：单击“修改”工具栏中的“复制”按钮。

（3）命令行：在命令行输入 copy。

执行复制对象命令后，命令行提示：“选择对象:”，选择要复制的对象，继续提示：“指定基点或 [位移(D)] <位移>:”，确定复制对象的基准点或者通过指定位移点进行复制。系统继续提示：“指定第二个点或 <使用第一个点作为位移>:”，指定复制的第二点，系统将根据这两点确定对象的位置。指定第二点后，系统继续提示：“指定第二个点或 [退出(E)/放弃(U)] <退出>:”，在该提示下连续指定新的第二点，实现多重复制。各选项含义如下：

（1）退出(E)：用于结束复制操作。

（2）放弃(U)：用于放弃上一次的复制操作。

练习：使用复制命令绘制图形，如图 4.2.1 所示。

（1）命令：copy↙。

（2）选择对象：选择如图 4.2.1（a）所示的圆 A。

（3）选择对象：↙。

（4）指定基点或 [位移(D)] <位移>：捕捉圆 A 的圆心。

（5）指定第二个点或 <使用第一个点作为位移>：捕捉如图 4.2.1（a）所示的交点 B。

（6）指定第二个点或 [退出(E)/放弃(U)] <退出>：↙，结果如图 4.2.1（b）所示。

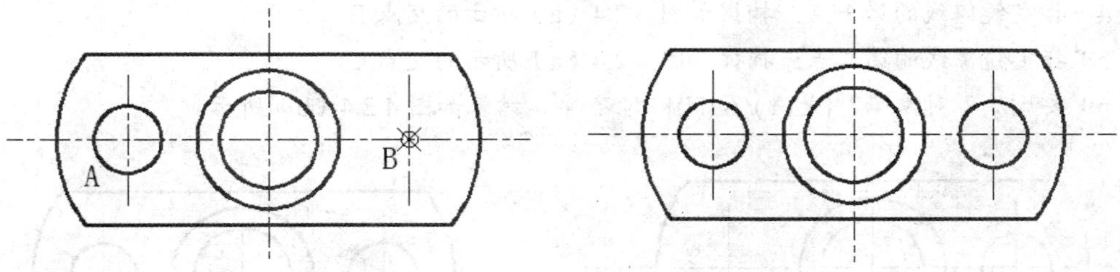

图 4.2.1　使用复制命令绘制图形

二、镜像

镜像命令用于生成所选对象的对称图形，操作时需要指定对称线。启动镜像命令有如下 3 种方法：

（1）菜单栏：选择修改(M)→镜像(I)命令。

（2）工具栏：单击“修改”工具栏中的“镜像”按钮。

（3）命令行：在命令行输入 mirror。

执行镜像命令后，命令行提示：“选择对象：”，选择要镜像的对象，继续提示：“指定镜像线的第一点：”，确定对称线的第一点。系统继续提示：“指定镜像线的第二点：”，确定对称线的第二个点。最后命令行提示：“是否删除源对象？[是(Y)/否(N)]<N>：”，确定是否删除镜像对象，输入 N，不删除原对象；输入 Y，则镜像后删除原对象。

当镜像文字对象时，有两种镜像结果：一种是文字完全镜像；另一种是文字可读镜像。这两种镜像结果由系统变量 MIRRTEXT 控制，当 MIRRTEXT=0 时，文字只是位置发生了镜像，但不产生颠倒，如图 4.2.2 所示；当 MIRRTEXT=1 时，文字不但位置发生镜像，而且产生颠倒，如图 4.2.3 所示。

中文AutoCAD 2006标准教程

中文AutoCAD 2006标准教程

图 4.2.2　MIRRTEXT=0 时镜像效果

图 4.2.3　MIRRTEXT=1 时镜像效果

练习：使用镜像命令绘制图形，如图 4.2.4 所示。

（1）命令：mirror↙。

（2）选择对象：选择如图 4.2.4（a）所示的圆 A。

（3）选择对象：↙。

（4）指定镜像线的第一点：捕捉如图 4.2.4（a）所示的交点 B。

（5）指定镜像线的第二点：捕捉如图 4.2.4（a）所示的交点 C。

（6）要删除源对象吗？[是(Y)/否(N)] <N>：↙，结果如图 4.2.4（b）所示。

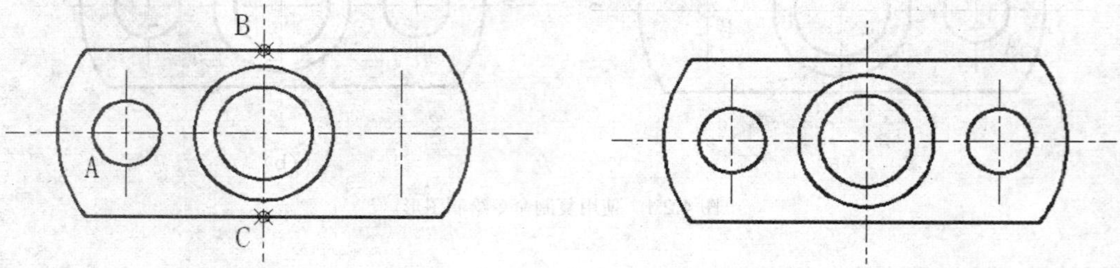

（a）　　（b）

图 4.2.4　使用镜像命令绘制图形

提示 镜像命令的对称线是任意的，随对称线的方向不同，对称对象的位置也有所不同，利用该特性可绘制一些特殊图形。

三、偏移

偏移命令可根据指定距离或通过指定点建立一个与选择对象相似的另一个平行对象，用做平行对象的图形可以是直线、圆、圆弧、样条曲线和多段线。启动偏移命令有如下 3 种方法：

（1）菜单栏：选择 修改(M) → 偏移(S) 命令。

（2）工具栏：单击“修改”工具栏中的“偏移”按钮。

（3）命令行：在命令行输入 offset。

执行偏移命令后，命令行提示：“指定偏移距离或 [通过(T)/删除(E)/图层(L)] <10.0000>：”，输入偏移距离，各选项含义如下：

（1）通过(T)：输入 T 后，命令行提示：“选择要偏移的对象或 [退出(E)/放弃(U)] <退出>：”，指定偏移对象，继续提示：“指定通过点或 [退出(E)/多个(M)/放弃(U)] <退出>：”，指定偏移对象所在的点。

（2）删除(E)：输入 E 后，命令行提示：“要在偏移后删除源对象吗？[是(Y)/否(N)] <否>：”，确定是否在偏移后删除源对象。

（3）图层(L)：输入 L 后，命令行提示：“输入偏移对象的图层选项 [当前(C)/源(S)] <当前>：”，确定偏移对象的图层特性。

输入偏移距离后，命令行继续提示：“选择要偏移的对象，或 [退出(E)/放弃(U)] <退出>:”，选择偏移对象，或者按回车键结束偏移操作。确定偏移对象后，系统继续提示：“指定要偏移的那一侧上的点，或 [退出(E)/多个(M)/放弃(U)] <退出>:”，指定偏移对象的位置。

练习：使用偏移命令绘制图形，如图 4.2.5 所示。

（1）命令：offset↙。

（2）当前设置：删除源=否，图层=当前，OFFSETGAPTYPE=0。

（3）指定偏移距离或 [通过(T)/删除(E)/图层(L)] <10.0000>: 20↙。

（4）选择要偏移的对象，或 [退出(E)/放弃(U)] <退出>: 选择如图 4.2.5（a）所示的圆 A。

（5）指定要偏移的那一侧上的点，或 [退出(E)/多个(M)/放弃(U)] <退出>: 在圆 A 的内侧指定一点。

（6）选择要偏移的对象，或 [退出(E)/放弃(U)] <退出>: ↙，结果如图 4.2.5（b）所示。

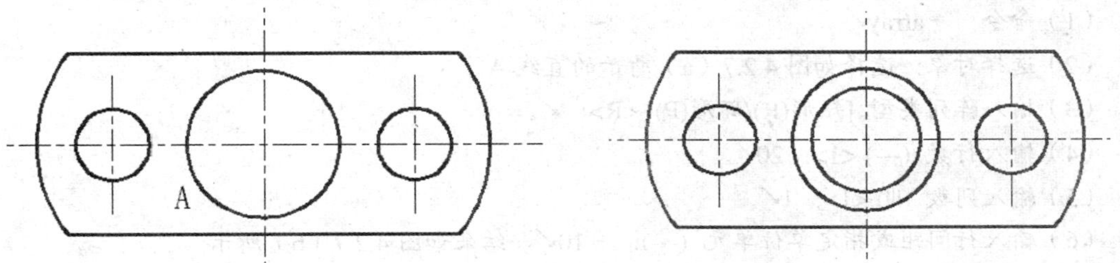

（a）　　　　（b）

图 4.2.5　使用偏移命令绘制图形

技巧 在实际绘图时，利用直线的偏移可以快速地解决平行轴线、平行轮廓线之间的定位问题。

四、阵列

阵列命令可以将目标对象进行矩形阵列和环形阵列，而且每个对象都可以单独处理。启动阵列命令有如下 3 种方法：

（1）菜单栏：选择修改(M)→阵列(A)...命令。

（2）工具栏：单击“修改”工具栏中的“阵列”按钮。

（3）命令行：在命令行输入 array。

执行阵列命令后，系统将弹出阵列对话框，如图 4.2.6 所示。利用该对话框可以设置矩形阵列和环形阵列的相关参数。

1. 矩形阵列

矩形阵列是把同一对象进行多行或多列的分布，用于指定所需的行数和列数，如图 4.2.6 所示。该对话框中选项含义如下：

（1）行(W): 文本框：用于输入矩形阵列的行数。

（2）列(O): 文本框：用于输入矩形阵列的列数。

（3）偏移距离和方向选项区：该选项区包含 3 个文本框，用于输入行间距、列间距以及相对 UCS

坐标系 X 轴旋转的角度。

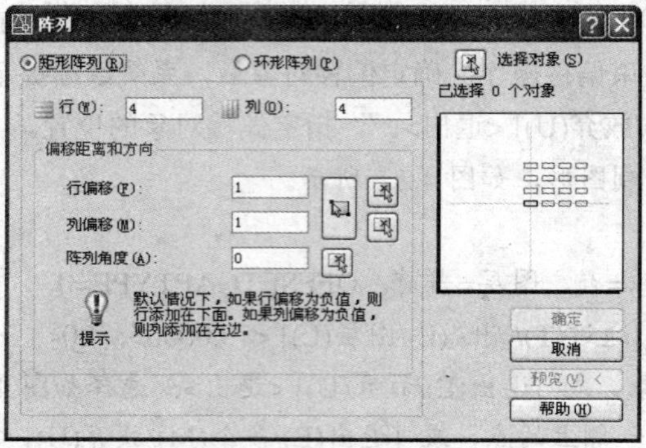

图 4.2.6 “阵列”对话框

练习：使用矩形阵列绘制图形，如图 4.2.7 所示。

（1）命令：－array↙。

（2）选择对象：选择如图 4.2.7（a）所示的直线 A。

（3）输入阵列类型 [矩形(R)/环形(P)] <R>：↙。

（4）输入行数 (---) <1>：20↙。

（5）输入列数 (|||) <1>：1↙。

（6）输入行间距或指定单位单元 (---)：－10↙，结果如图 4.2.7（b）所示。

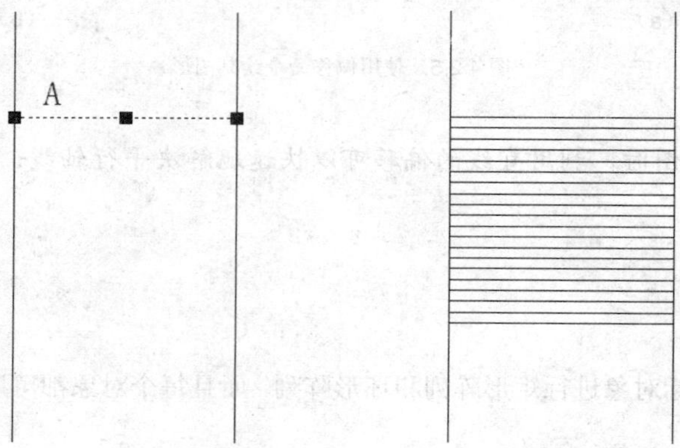

（a） （b）

图 4.2.7 使用矩形阵列命令绘制图形

2．环形阵列

环列阵列是指把对象绕阵列中心等角度均匀分布。选中“阵列”对话框中的“环形阵列(P)”单选按钮，其对话框如图 4.2.8 所示。该对话框中选项含义如下：

（1）“中心点”文本框：用于指定环形阵列的阵列中心坐标。用户可以在 X 和 Y 文本框中输入对应坐标值，也可单击右侧的“拾取中心点”按钮从屏幕上拾取。

（2）“方法和值”选项区：该选项区包含 4 个选项：用于确定环形阵列的方法、阵列数目、环形阵列的填充角度，以及各项目间的夹角。

（3）“复制时旋转项目(T)”复选框：用于确定环形阵列对象时对象本身是否绕其基点旋转，其具体效果如图 4.2.9 所示。

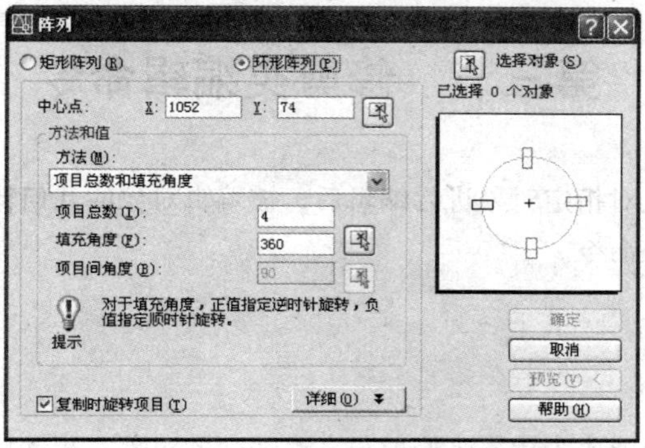

图 4.2.8　选中“环形阵列”单选按钮时的“阵列”对话框

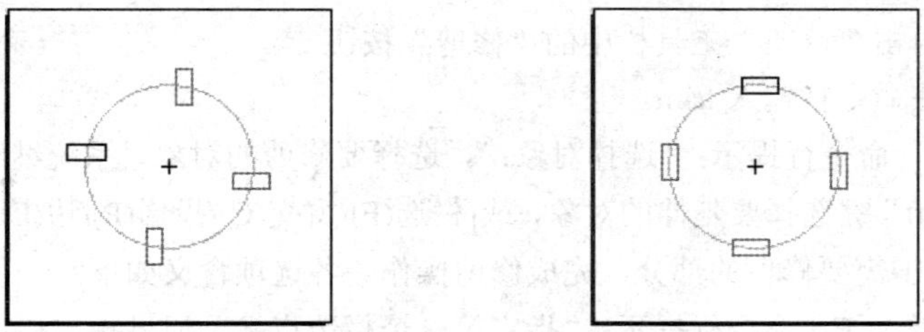

（a）　　（b）

图 4.2.9　环形阵列

（a）未选中时效果；（b）选中时效果

练习：使用环形阵列绘制图形，如图 4.2.10 所示。

（1）命令：－array↙。

（2）选择对象：选择如图 4.2.10（a）所示的圆 A。

（3）选择对象：↙。

（4）输入阵列类型 [矩形(R)/环形(P)] <R>: p↙。

（5）指定阵列的中心点或 [基点(B)]: 捕捉如图 4.2.10（a）所示的交点 B。

（6）输入阵列中项目的数目：3↙。

（7）指定填充角度 (+=逆时针，－=顺时针) <360>: ↙。

（8）是否旋转阵列中的对象？[是(Y)/否(N)] <Y>: ↙，结果如图 4.2.10（b）所示。

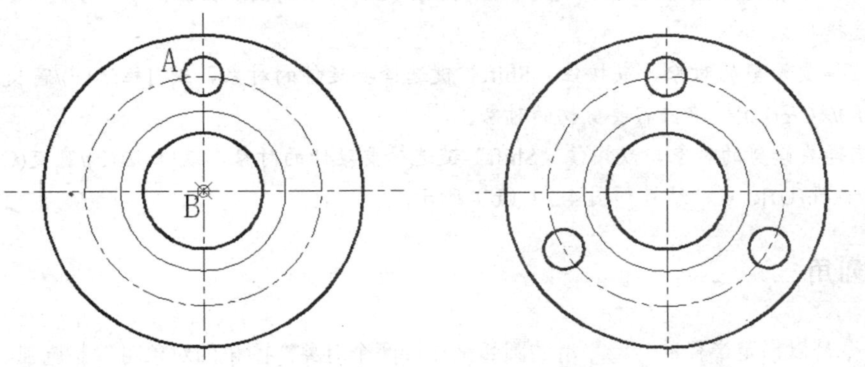

（a）　　（b）

图 4.2.10　使用环形阵列绘制图形

第三节 修剪类编辑命令

修剪类编辑命令是指在对指定对象进行编辑后，被编辑对象的几何特征将发生改变。包括修剪、圆角、倒角、延伸、打断等命令。

一、修剪

修剪命令用指定的一个或多个边界来修剪与之有相交的对象。启动修剪命令有如下 3 种方式：

（1）菜单栏：选择 修改(M) → 修剪(T) 命令。

（2）工具栏：单击“修改”工具栏中的“修剪”按钮。

（3）命令行：在命令行输入 trim。

执行修剪命令后，命令行提示：“选择对象：”，选择要修剪的对象。系统继续提示：“选择要修剪的对象，或按住“Shift”键选择要延伸的对象，或[栏选(F)/窗交(C)/投影(P)/边(E)/删除(R)/放弃(U)]:”，通过鼠标左键逐个单击需要修剪的部分，完成修剪操作。各选项含义如下：

（1）栏选(F)：输入 F，命令行提示：“指定第一个栏选点：”，通过指定栏选点修剪图形对象。

（2）窗交(C)：输入 C，命令行提示：“指定第一个角点：”，通过指定窗交对角点修剪图形对象。

（3）投影(P)：输入 P，命令行提示：“输入投影选项 [无(N)/UCS(U)/视图(V)] <UCS>:”，确定修剪操作的空间。

（4）边(E)：输入 E，命令行提示：“输入隐含边延伸模式 [延伸(E)/不延伸(N)] <不延伸>:”，确定修剪边的隐含延伸模式。

（5）删除(R)：输入 R，命令行提示：“选择要删除的对象或 <退出>:”，确定要删除的对象。

（6）放弃(U)：用于取消上一次操作。

练习：使用修剪命令编辑图形。

（1）命令：trim↙。

（2）当前设置：投影=UCS，边=无。

（3）选择剪切边...

（4）选择对象或 <全部选择>：选择如图 4.3.1（a）所示的圆和圆弧。

（5）选择对象：↙。

（6）选择要修剪的对象，或按住“Shift”键选择要延伸的对象，或 [栏选(F)/窗交(C)/投影(P)/边(E)/删除(R)/放弃(U)]：单击需要剪切的对象。

（7）选择要修剪的对象，或按住“Shift”键选择要延伸的对象，或[栏选(F)/窗交(C)/投影(P)/边(E)/删除(R)/放弃(U)]：↙，结果如图 4.3.1（b）所示。

二、圆角

圆角命令是以指定半径的一段平滑的圆弧来连接两个对象。圆角的对象可以是圆弧、圆、椭圆、直线和多段线等。启动圆角命令有如下 3 种方式：

（1）菜单栏：选择 修改(M) → 圆角(F) 命令。

（2）工具栏：单击“修改”工具栏中的“圆角”按钮。

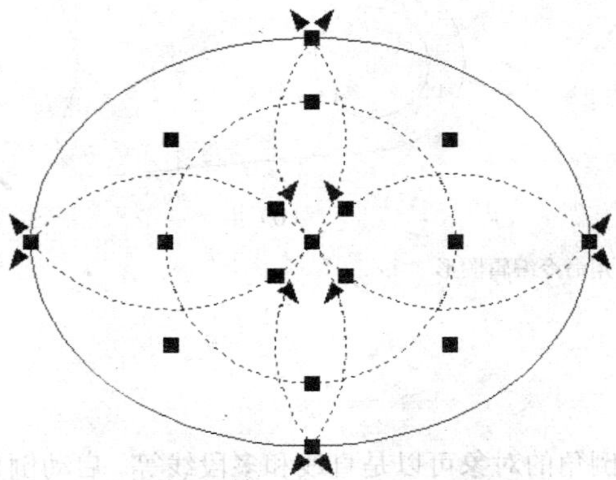

（a）

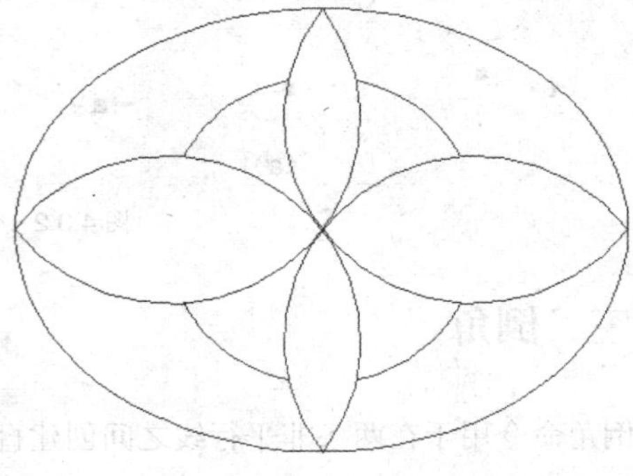

（b）

图 4.3.1　使用修剪命令编辑图形

（3）命令行：在命令行输入 fillet。

执行圆角命令后，命令行提示：“选择第一个对象或 [放弃(U)/多段线(P)/半径(R)/修剪(T)/多个(M)]:”，选择要进行圆角操作的第一个目标对象，各选项含义如下：

（1）放弃(U)：放弃圆角操作命令。

（2）多段线(P)：输入 P，命令行提示：“选择二维多段线:”，对整个二维多段线的相邻边进行圆角操作。

（3）半径(R)：输入 R，命令行提示：“指定圆角半径 <10.0000>:”，输入连接圆角的圆弧半径。

（4）修剪(T)：输入 T，命令行提示：“输入修剪模式选项 [修剪(T)/不修剪(N)] <修剪>:”，设置圆角后是否对对象进行修剪。

（5）多个(M)：用于对多个对象进行圆角操作。

练习：使用圆角命令编辑图形，如图 4.3.2 所示。

（1）命令：fillet↙。

（2）当前设置：模式 = 修剪，半径 = 0.0000。

（3）选择第一个对象或 [放弃(U)/多段线(P)/半径(R)/修剪(T)/多个(M)]：r↙。

（4）指定圆角半径 <0.0000>：10↙。

（5）选择第一个对象或 [放弃(U)/多段线(P)/半径(R)/修剪(T)/多个(M)]：m↙。

（6）选择第一个对象或 [放弃(U)/多段线(P)/半径(R)/修剪(T)/多个(M)]：选择如图 4.3.2（a）所示的上边直线。

（7）选择第二个对象，或按住“Shift”键选择要应用角点的对象：选择如图 4.3.2（a）所示的右边圆弧。

（8）选择第一个对象或 [放弃(U)/多段线(P)/半径(R)/修剪(T)/多个(M)]：选择如图 4.3.2（a）所示的下边直线。

（9）选择第二个对象，或按住“Shift”键选择要应用角点的对象：选择如图 4.3.2（a）所示的右边圆弧。

（10）选择第一个对象或 [放弃(U)/多段线(P)/半径(R)/修剪(T)/多个(M)]：↙，如图 4.3.2（b）所示。

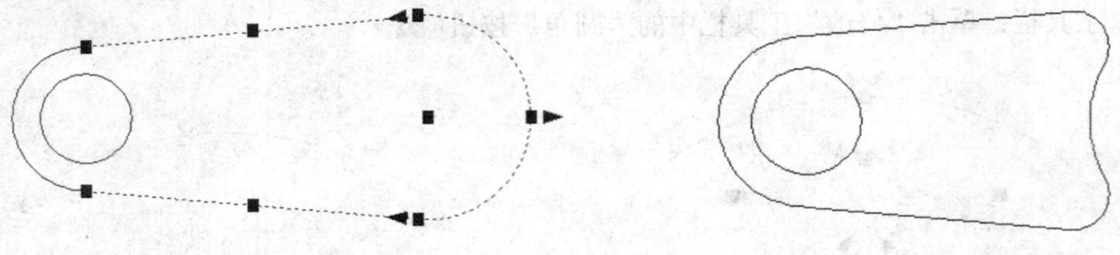
（a）（b）

图 4.3.2 使用圆角命令编辑图形

三、倒角

倒角命令用于在两条非平行线之间创建直线，倒角的对象可以是直线和多段线等。启动倒角命令有如下 3 种方式：

（1）菜单栏：选择 修改(M) → 倒角(C) 命令。

（2）工具栏：单击“修改”工具栏中的“倒角”按钮。

（3）命令行：在命令行输入 chamfer。

执行倒角命令后，命令行提示：“选择第一条直线或 [放弃(U)/多段线(P)/距离(D)/角度(A)/修剪(T)/方式(E)/多个(M)]:”，选择要进行倒角的对象，各选项含义如下：

（1）放弃(U)：放弃倒角操作命令。

（2）多段线(P)：输入 P，命令行提示：“选择二维多段线:”，对整个二维多段线的各个交叉点进行倒角操作。

（3）距离(D)：输入 D，命令行提示：“指定第一个倒角距离 <0.0000>:”，输入倒角的第一个斜线距离，系统继续提示：“指定第二个倒角距离 <0.0000>:”，输入倒角的第二个斜线距离，这两个斜线距离可以相同也可以不相同。

（4）角度(A)：输入 A，命令行提示：“指定第一条直线的倒角长度 <0.0000>:”，输入一段倒角距离，系统继续提示：“指定第一条直线的倒角角度 <0>:”，输入一个角度进行倒角操作。

（5）修剪(T)：输入 T，命令行提示：“输入修剪模式选项 [修剪(T)/不修剪(N)] <修剪>:”，设置倒角后是否对对象进行修剪。

（6）方式(E)：输入 M，命令行提示：“输入修剪方法 [距离(D)/角度(A)] <角度>:”，确定采用“距离”方式还是“角度”方式来倒斜角。

（7）多个(M)：同时对多个对象进行倒角操作。

练习：使用倒角命令编辑图形，如图 4.3.3 所示。

（1）命令：chamfer↙。

（2）（“修剪”模式）当前倒角距离 1 = 10.0000，距离 2 = 10.0000。

（3）选择第一条直线或 [放弃(U)/多段线(P)/距离(D)/角度(A)/修剪(T)/方式(E)/多个(M)]：d↙。

（4）指定第一个倒角距离 <0.0000>：20↙。

（5）指定第二个倒角距离 <20.0000>：↙。

（6）选择第一条直线或 [放弃(U)/多段线(P)/距离(D)/角度(A)/修剪(T)/方式(E)/多个(M)]：选择如图 4.3.3（a）所示的直线 AB。

（7）选择第二条直线，或按住“Shift”键选择要应用角点的直线：选择如图 4.3.3（a）所示的直线 BC，结果如图 4.3.3（b）所示。

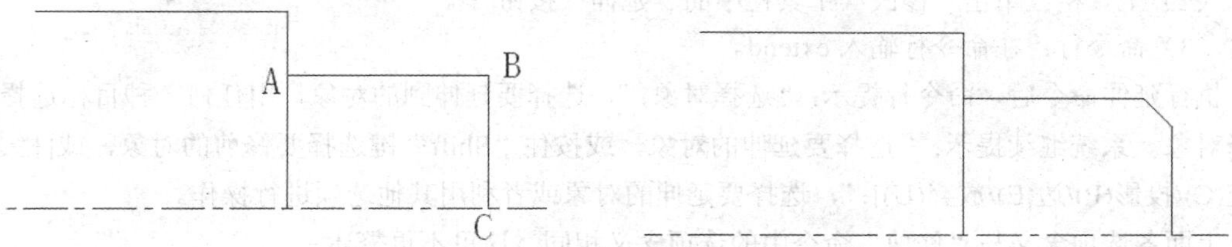

（a） （b）

图 4.3.3 使用倒角命令编辑图形

四、打断

打断命令用于把已有的对象分成两个，或删除对象的某些部分。该命令可以将直线、圆弧、圆、多段线、椭圆、样条曲线分成两个实体。启动打断命令有如下 3 种方法：

（1）菜单栏：选择修改(M)→打断(K)命令。

（2）工具栏：单击“修改”工具栏中的“打断”按钮。

（3）命令行：在命令行输入 break。

执行打断命令后，命令行提示：“选择对象:”，选择要打断的对象。系统继续提示：“指定第二个打断点或 [第一点(F)]:”，指定第二个断开点或者输入 F，系统将放弃前面的第一个选择点，重新提示用户指定两个断开点。

练习：使用打断命令编辑图形，如图 4.3.4 所示。

（1）命令：break↙。

（2）选择对象：选择如图 4.3.4（a）所示的圆弧。

（3）指定第二个打断点或 [第一点(F)]：f↙。

（4）指定第一个打断点：单击如图 4.3.4（a）所示的点 A。

（5）指定第二个打断点：单击如图 4.3.4（a）所示的点 B，结果如图 4.3.4（b）所示。

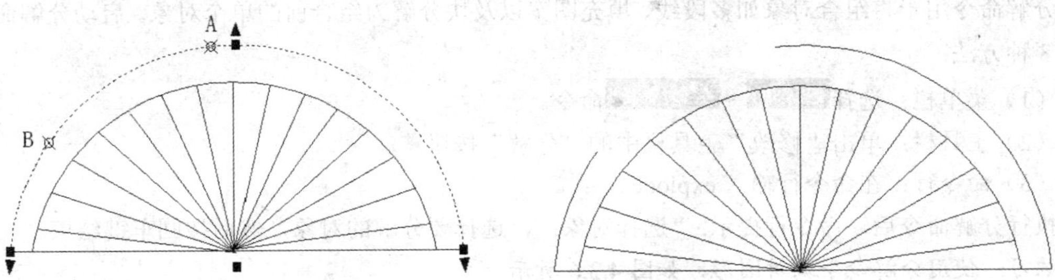

（a） （b）

图 4.3.4 使用打断命令编辑图形

五、延伸

延伸命令用于延长指定的对象到指定的边界。启动延伸命令有如下 3 种方式：

（1）菜单栏：选择 修改(M) → 延伸(D) 命令。

（2）工具栏：单击“修改”工具栏中的“延伸”按钮。

（3）命令行：在命令行输入 extend。

执行延伸命令后，命令行提示：“选择对象:”，选择要延伸到的对象，用任何一种目标选择方式选择对象。系统继续提示：“选择要延伸的对象，或按住“Shift”键选择要修剪的对象，或[栏选(F)/窗交(C)/投影(P)/边(E)/放弃(U)]:”，选择要延伸的对象或者利用其他选项进行操作。

上面各选项含义与“修剪”命令中的选项含义相同，这里不再赘述。

练习：利用延伸命令编辑图形，如图 4.3.5 所示。

（1）命令：extend↙。

（2）当前设置：投影=UCS，边=无。

（3）选择边界的边...

（4）选择对象或 <全部选择>：选择如图 4.3.5（a）所示的圆弧。

（5）选择对象：↙。

（6）选择要延伸的对象，或按住“Shift”键选择要修剪的对象，或[栏选(F)/窗交(C)/投影(P)/边(E)/放弃(U)]：分别单击如图 4.3.5（a）所示的直线，结果如图 4.3.5（b）所示。

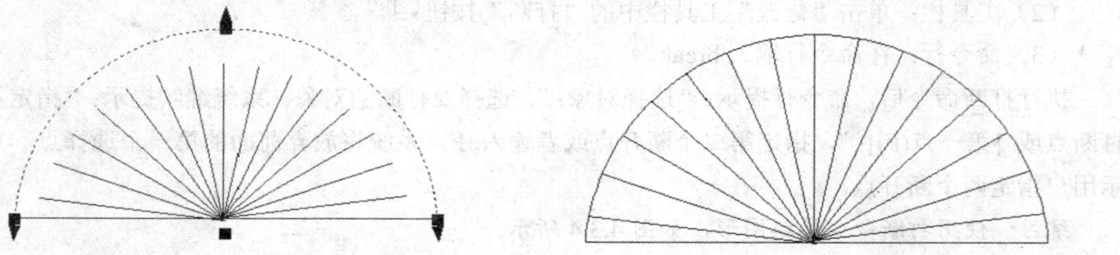

（a）　　　　（b）

图 4.3.5　使用延伸命令编辑图形

六、分解

分解命令用于将组合对象如多段线、填充图案以及块分解为组合前的单个对象。启动分解命令有如下 3 种方法：

（1）菜单栏：选择 修改(M) → 分解(X) 命令。

（2）工具栏：单击“修改”工具栏中的“分解”按钮。

（3）命令行：在命令行输入 explode。

执行分解命令后，命令行提示：“选择对象:”，选择要分解的对象，然后按回车键结束。

练习：使用分解命令编辑图形，如图 4.3.6 所示。

（1）命令：explode↙。

（2）选择对象：选择如图 4.3.6（a）所示的图形。

（3）选择对象：↙，结果如图 4.3.6（b）所示。

七、拉伸

拉伸命令是指拖动选择的对象，且对象的形状发生改变。启动拉伸命令有如下 3 种方法：

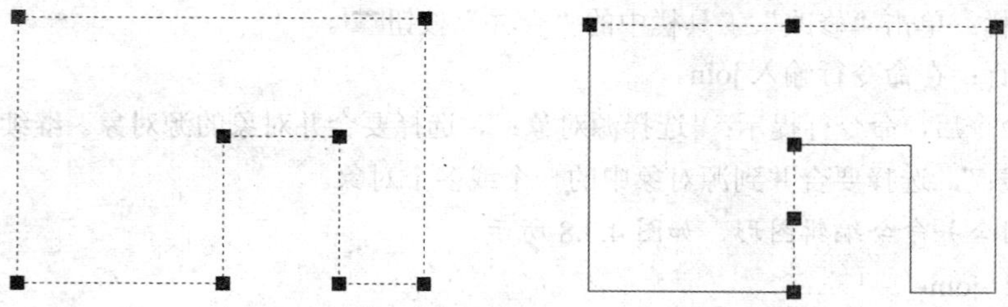

（a）　　　　　　　　　　　　（b）

图 4.3.6　使用分解命令编辑图形

（1）菜单栏：选择修改(M)→拉伸(H)命令。

（2）工具栏：单击“修改”工具栏中的“拉伸”按钮。

（3）命令行：在命令行输入 stretch。

执行拉伸命令后，命令行提示：“选择对象:”，采用交叉窗口的方式选择拉伸对象，继续提示：“指定基点或 [位移(D)] <位移>:”，指定拉伸的基点。系统继续提示：“指定第二个点或 <使用第一个点作为位移>:”，指定拉伸的位移点。

练习：使用拉伸命令编辑图形，如图 4.3.7 所示。

（1）命令：stretch↙。

（2）以交叉窗口或交叉多边形选择要拉伸的对象...

（3）选择对象：选择如图 4.3.7（a）所示的图形。

（4）选择对象：↙。

（5）指定基点或 [位移(D)] <位移>：捕捉如图 4.3.7（a）所示的点 A。

（6）指定第二个点或 <使用第一个点作为位移：捕捉如图 4.3.7（a）所示的点 B，结果如图 4.3.7（b）所示。

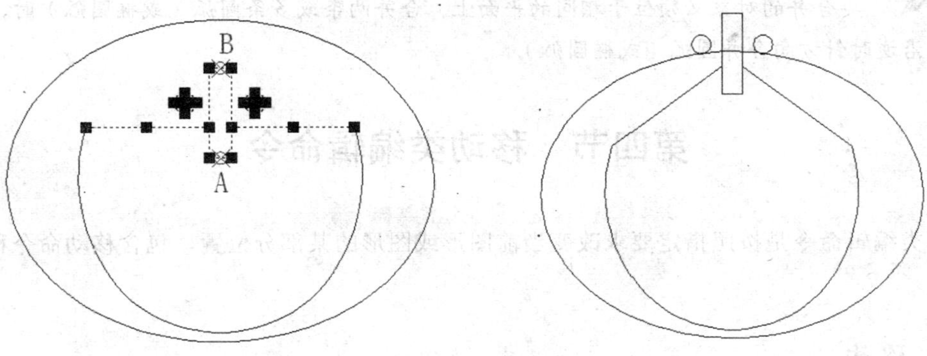

（a）　　　　　　　　　　　　（b）

图 4.3.7　使用拉伸命令编辑图形

八、合并

合并命令用于将相似的对象合并为一个对象，该对象可以是圆弧、椭圆弧、直线、多段线以及样条曲线。启动合并命令有如下 3 种方法：

（1）菜单栏：选择修改(M)→合并(J)命令。

（2）工具栏：单击“修改”工具栏中的“合并”按钮。

（3）命令行：在命令行输入 join。

执行合并命令后，命令行提示：“选择源对象：”，选择要合并对象的源对象。继续提示：“选择要合并到源的直线：”，选择要合并到源对象中的一个或多个对象。

练习：使用合并命令编辑图形，如图 4.3.8 所示。

（1）命令：join↙。

（2）选择源对象：选择如图 4.3.8（a）所示的圆弧 A。

（3）选择圆弧，以合并到源或进行 [闭合(L)]：选择如图 4.3.8（a）所示的圆弧 B，结果如图 4.3.8（b）所示。

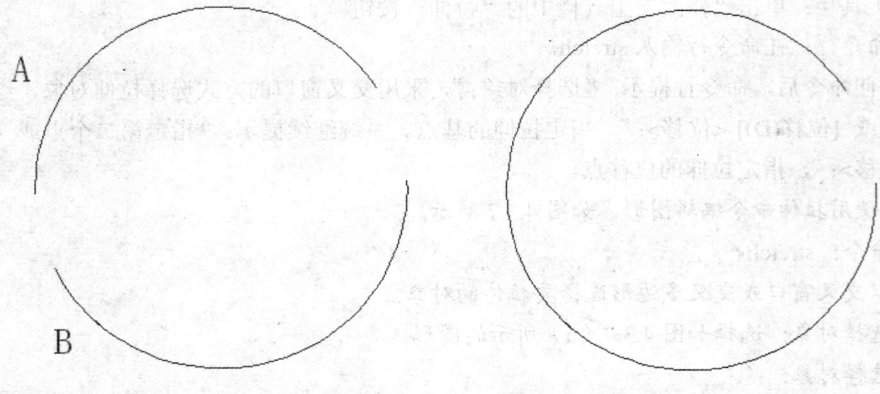

（a）　　　　　　　　　　　　（b）

图 4.3.8　使用合并命令编辑图形

注意　要合并的对象必须位于相同的平面上。合并两条或多条圆弧（或椭圆弧）时，将从源对象开始沿逆时针方向合并圆弧（或椭圆弧）。

第四节　移动类编辑命令

移动类编辑命令是按照指定要求改变当前图形或图形的某部分位置，包含移动命令和旋转命令两种。

一、移动

移动命令是指将对象从一个位置移动到另一个位置，移动过程中不可以改变对象的方位和尺寸。启动移动命令有如下 3 种方法：

（1）菜单栏：选择 修改(M) → 移动(V) 命令。

（2）工具栏：单击“修改”工具栏中的“移动”按钮。

（3）命令行：在命令行输入 move。

执行移动命令后，命令行提示：“选择对象：”，选择要移动的对象。系统继续提示：“指定基点或 [位移(D)] <位移>：”，确定移动对象的基点，指定基点后，系统继续提示：“指定第二个点或 <使用第

一个点作为位移>:”，指定移动对象的第二点，系统根据这两个点决定位置移动对象。

练习：使用移动命令编辑图形，如图 4.4.1 所示。

（1）命令：move↙。

（2）选择对象：选择如图 4.4.1（a）所示的圆 A。

（3）选择对象：↙。

（4）指定基点或 [位移(D)] <位移>：捕捉如图 4.4.1（a）所示的圆 A 的圆心。

（5）指定第二个点或 <使用第一个点作为位移>：捕捉如图 4.4.1（a）所示的交点 B，结果如图 4.4.1（b）所示。

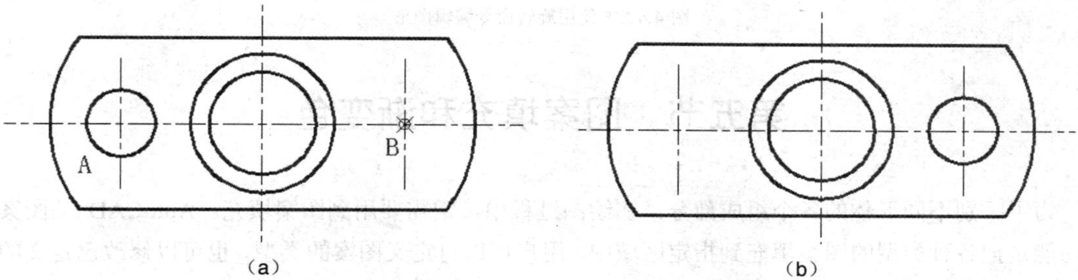

图 4.4.1　使用移动命令编辑图形

二、旋转

旋转命令用于将指定对象绕基点旋转指定角度。启动旋转命令有如下 3 种方式：

（1）菜单栏：选择 修改(M) → 旋转(R) 命令。

（2）工具栏：单击“修改”工具栏中的“旋转”按钮。

（3）命令行：在命令行输入 rotate。

执行旋转命令后，命令行提示：“选择对象：”，选择要旋转的对象。继续提示：“指定基点：”，指定旋转对象的基点。系统继续提示：“指定旋转角度，或 [复制(C)/参照(R)] <0>：”，输入旋转对象的角度，各选项含义如下：

（1）复制(C)：输入 C，命令行提示：“旋转一组选定对象。”，将选定的对象复制旋转。

（2）参照(R)：输入 R，命令行提示：“指定参照角 <0>：”，指定当前的参照角度。继续提示：“指定新角度或 [点(P)] <0>：”，指定所需的新角度或者通过指定点来确定。

练习：使用旋转命令编辑图形，如图 4.4.2 所示。

（1）命令：rotate↙。

（2）UCS 当前的正角方向：ANGDIR=逆时针，ANGBASE=0。

（3）选择对象：选择如图 4.4.2（a）所示的图形。

（4）选择对象：↙。

（5）指定基点：捕捉如图 4.4.2（a）所示圆 A 的圆心。

（6）指定旋转角度，或 [复制(C)/参照(R)] <0>：r↙。

（7）指定参照角 <0>：↙。

（8）指定新角度或 [点(P)] <0>：60↙，结果如图 4.4.2（b）所示。

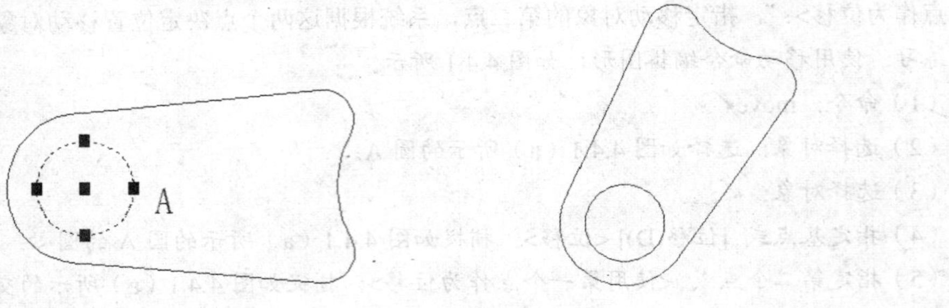

（a）　　　　　　　　　　　　（b）

图 4.4.2　使用旋转命令编辑图形

第五节　图案填充和渐变色

为了区别不同形体的各个组成部分，在绘图过程中，常需要用到图案填充。AutoCAD 的图案填充功能是把各种类型的图案填充到指定区域中，用户可以自定义图案的类型，也可以修改已定义的图案特征。

一、创建图案填充和渐变色

在 AutoCAD 中，图案填充是指用图案去填充图形中的某个区域，以表达该区域的特征。启动图案填充命令有如下 3 种方法：

（1）菜单栏：选择 绘图(D) → 图案填充(H)... 命令。

（2）工具栏：单击“绘图”工具栏中的“图案填充”按钮。

（3）命令行：在命令行输入 bhatch。

执行图案填充命令后，系统弹出 图案填充和渐变色 对话框，如图 4.5.1 所示。该对话框中包含两个选项卡：“图案填充”和“渐变色”。

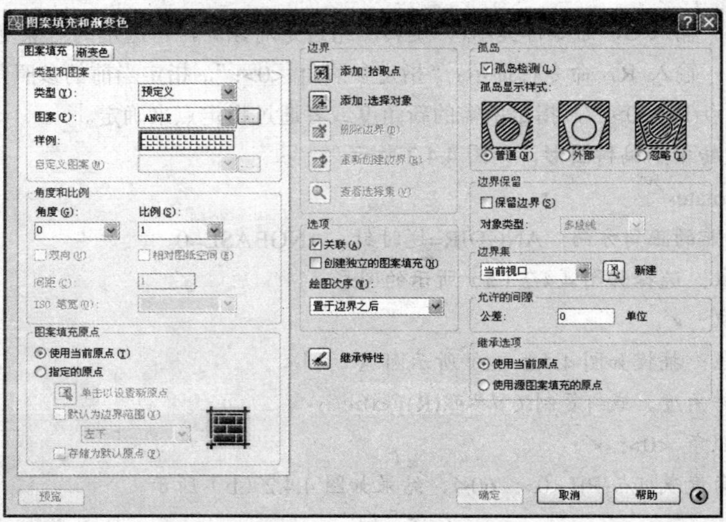

图 4.5.1　“图案填充和渐变色”对话框

1．“图案填充”选项卡

（1）类型和图案 选项区：该选项区用于设置填充的类型、图案以及填充角度。

1）类型(Y): 下拉列表框：用于设置填充的类型。包括 3 个选项：预定义、用户定义和自定义。

2）图案(P): 下拉列表框：用于选择“预定义”填充图案。单击其右侧的[...]按钮，弹出 填充图案选项板 对话框，如图 4.5.2 所示。利用该对话框可以从中查看所有预定义图案的预览图像。

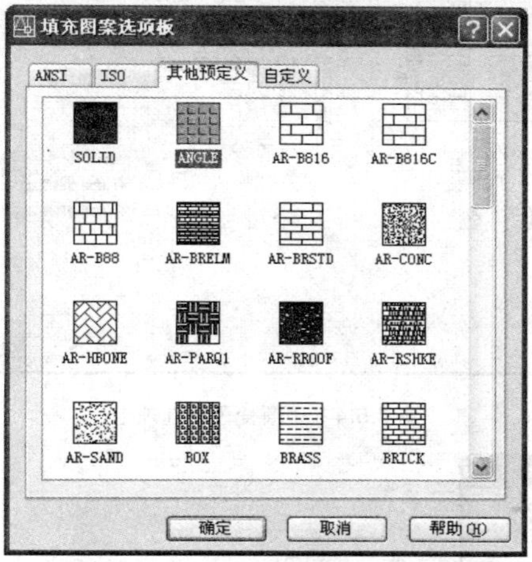

图 4.5.2　“填充图案选项板”对话框

3）样例: 文本框：用于显示选中填充图案的预览图像。

（2）角度和比例 选项区：该选项区用于设置填充图案的旋转角度以及图案的缩放比例，如图 4.5.3 所示。

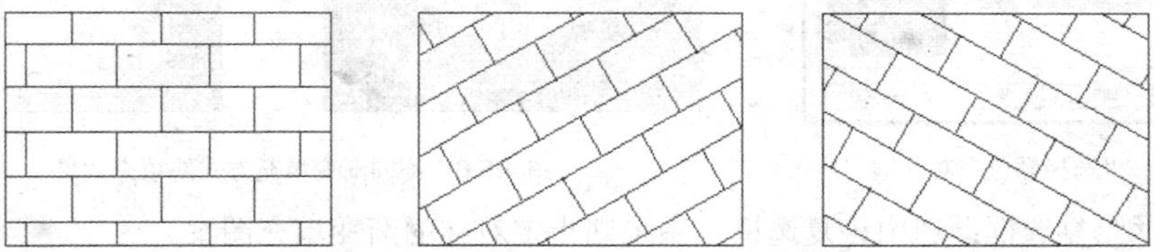

（a）　　（b）　　（c）

图 4.5.3　不同角度的填充效果

（a）角度=0；（b）角度=30；（c）角度=150

（3）图案填充原点 选项区：该选项区用于设置图案填充点的位置。

2．“渐变色”选项卡

在 图案填充和渐变色 对话框中选择“渐变色”选项卡，如图 4.5.4 所示。

（1）颜色(C) 选项区：该选项区包含两个单选按钮：“单色”和“双色”。

1）◎单色(O) 单选按钮：选中该单选按钮，可以使用由一种颜色产生的渐变色来进行图案填充。单击其下侧的[...]按钮，弹出 选择颜色 对话框，如图 4.5.5 所示。从中可以选择需要的颜色，以及调整渐变色的渐变程度。

2）◎双色(T) 单选按钮：选中该单选按钮，可以使用由两种颜色产生的渐变色来进行图案填充。其填充效果如图 4.5.6 所示。

（2）方向 选项区：该选项区用于设置填充的位置和角度。

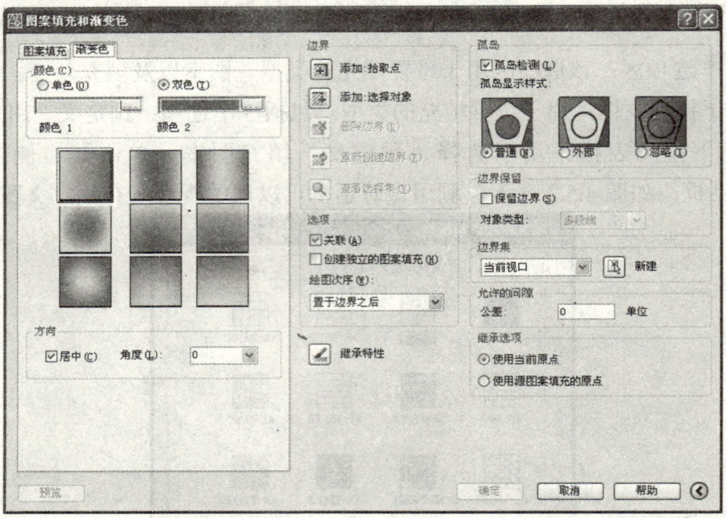

图 4.5.4 “渐变色”选项卡

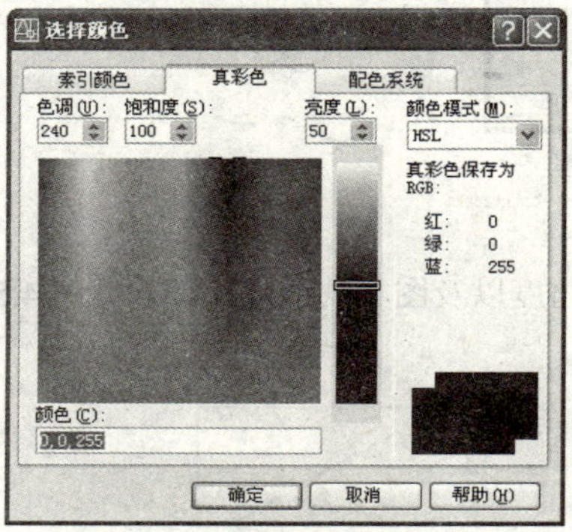

图 4.5.5 “选择颜色”对话框

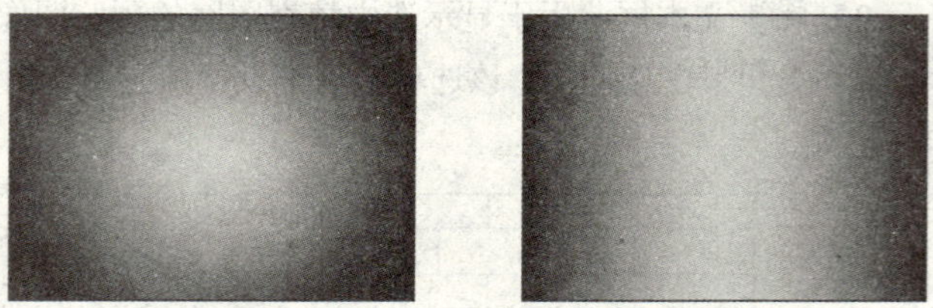

图 4.5.6 不同渐变填充方式的填充效果

1）☑居中(C) 复选框：选中该复选框，系统则指定对称的渐变填充图案。

2）角度(L): 下拉列表框：选择渐变填充的角度。

注意 在 AutoCAD 2006 中，使用渐变色来填充图形，但该渐变色最多是由两种颜色组成，并且不能使用位图来填充图形。

二、编辑图案填充和渐变色

生成图案填充后，有时需要对图案进行编辑。启动编辑图案填充命令有如下 3 种方法：

（1）菜单栏：选择 修改(M) → 对象(O) → 图案填充(H)... 命令。

（2）工具栏：单击“修改Ⅱ”工具栏中的“编辑图案填充”按钮。

（3）命令行：在命令行输入 hatchedit。

执行编辑图案填充命令后，系统弹出 图案填充编辑 对话框，如图 4.5.7 所示。利用该对话框可以编辑图案填充。该对话框中的选项与 图案填充和渐变色 对话框相同，这里不再赘述。

注意 图案填充编辑对话框与图案填充和渐变色对话框的内容相同，该对话框只显示了选定图案填充或填充对象的当前特性，只能修改可用特性。

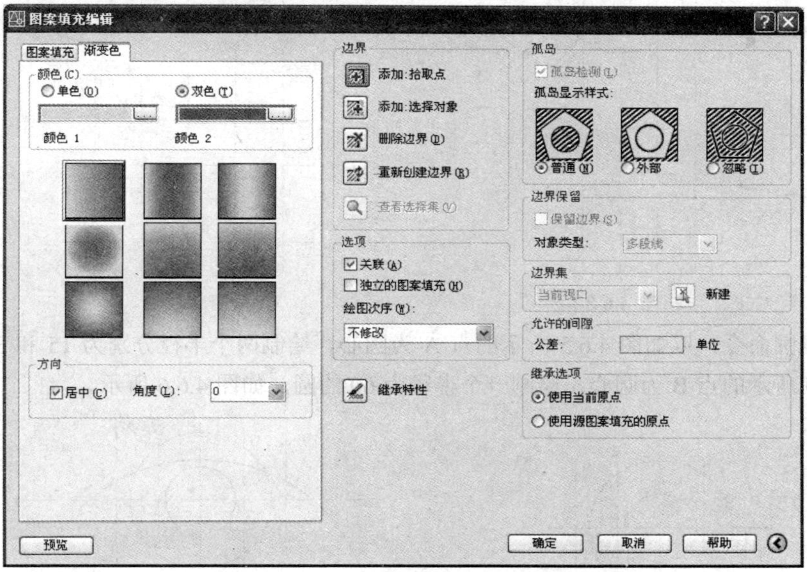

图 4.5.7 “图案填充编辑”对话框

第六节 上机实战——吊钩

本节通过一个典型实例使用户进一步掌握编辑二维绘图命令的方法与技巧。

（1）单击“直线”按钮或者在命令行输入 line，在屏幕上绘制两条互相垂直的辅助线，长度约为 150，宽度约为 300，如图 4.6.1 所示。

（2）单击“圆”按钮或者在命令行输入 circle，以上步绘制辅助线的交点为圆心，绘制两个半径分别为 12.5 和 25 的同心圆，如图 4.6.2 所示。

图 4.6.1

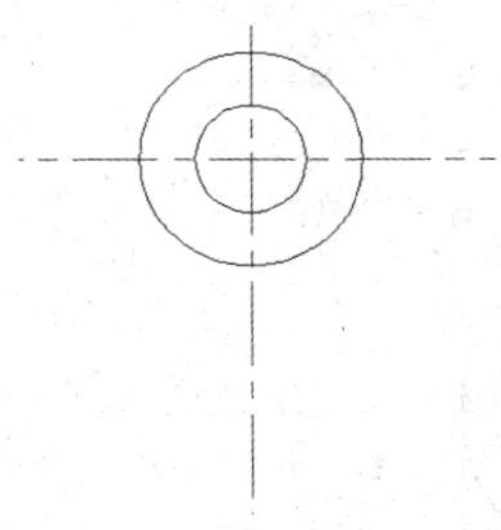

图 4.6.2

（3）单击“偏移”按钮或者在命令行输入 offset，将步骤（1）绘制的垂直辅助线向左向右各进行偏移，偏移距离分别为 30 和 15，如图 4.6.3 所示。

（4）重复偏移命令，将步骤（1）绘制的水平辅助线向下进行偏移，偏移距离分别为 45，60 和 85，如图 4.6.4 所示。

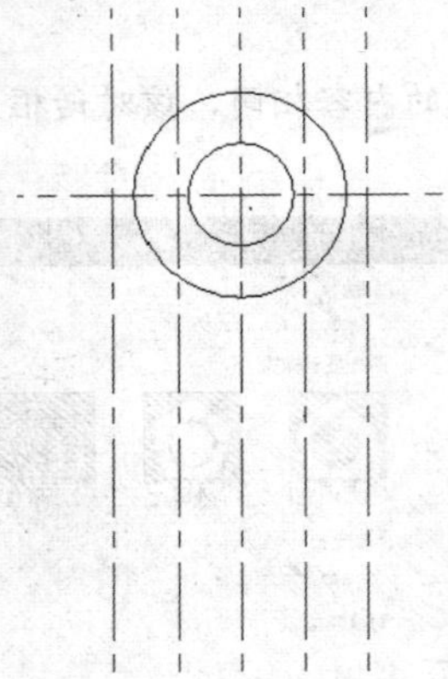

图 4.6.3

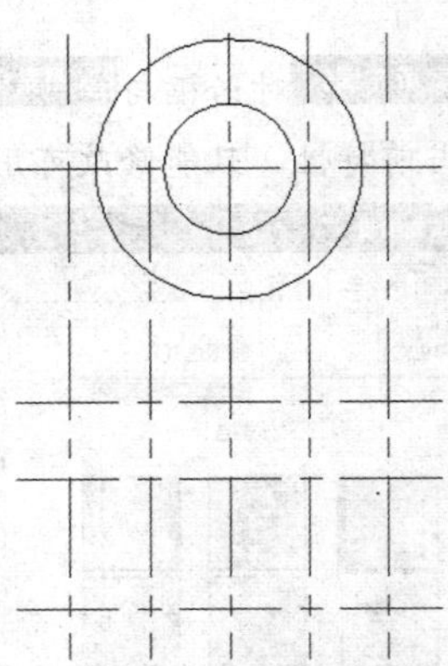

图 4.6.4

（5）重复圆命令，以如图 4.6.5 所示的点 A 为圆心，绘制两个半径分别为 15 和 30 的同心圆，再以如图 4.6.5 所示的点 B 为圆心，绘制一个半径为 60 的圆，如图 4.6.6 所示。

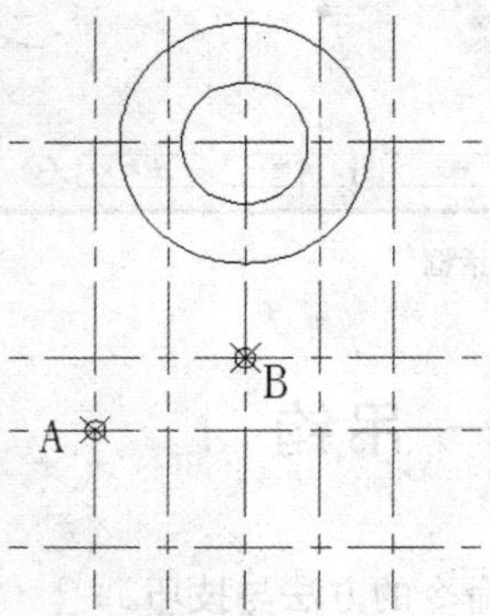

图 4.6.5

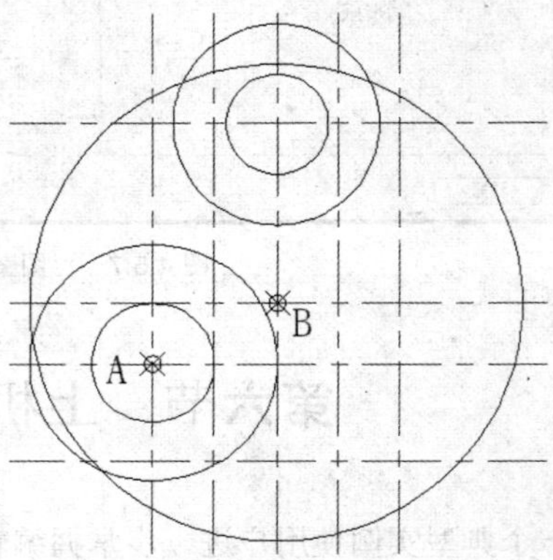

图 4.6.6

（6）单击“圆角”按钮或者在命令行输入 fillet，对如图 4.6.7 所示的直线和圆进行圆角处理，圆角半径为 15，如图 4.6.8 所示。

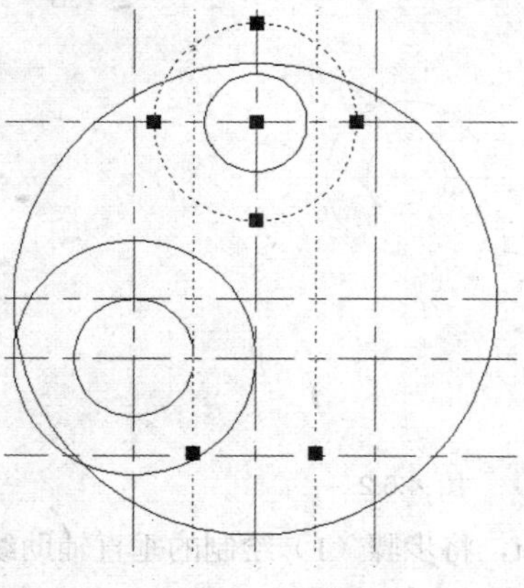

图 4.6.7

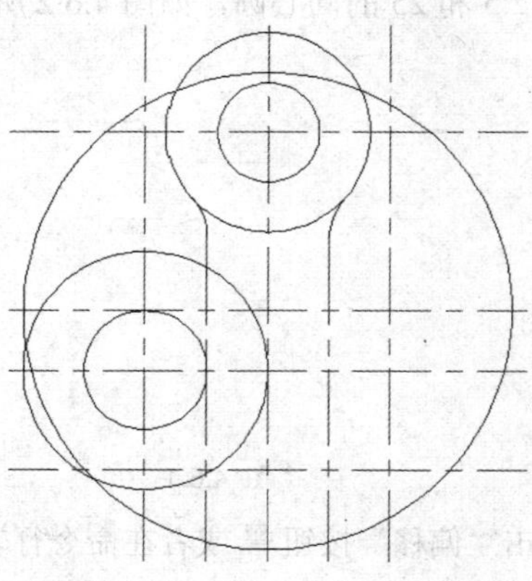

图 4.6.8

（7）利用偏移命令，将如图 4.6.9 所示的直线向下偏移 5 个单位，然后再利用圆命令绘制一个半径为 25 的圆，如图 4.6.10 所示。

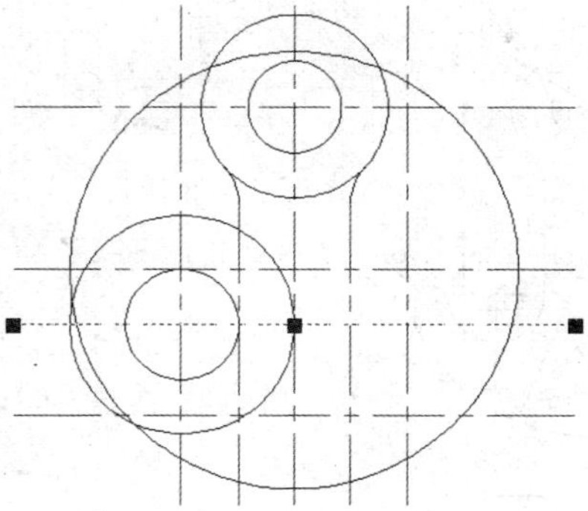

图 4.6.9

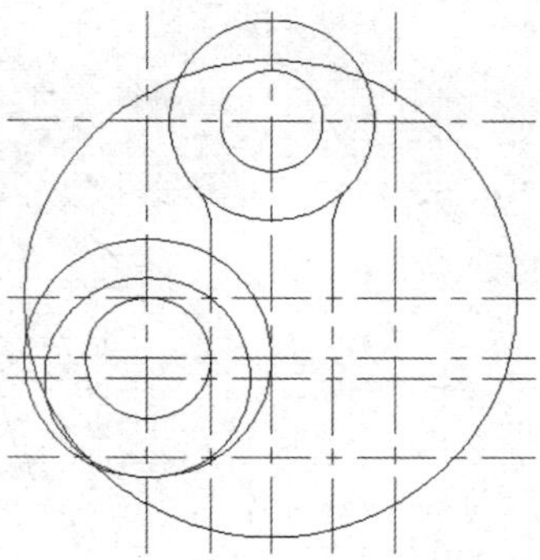

图 4.6.10

（8）选择半径为 25 和 15 的圆，利用圆角命令，对其进行圆角处理，圆角半径为 5，如图 4.6.11 所示。

（9）再次利用圆命令，捕捉如图 4.6.12 所示的交点 A，绘制一个半径为 10 的圆。

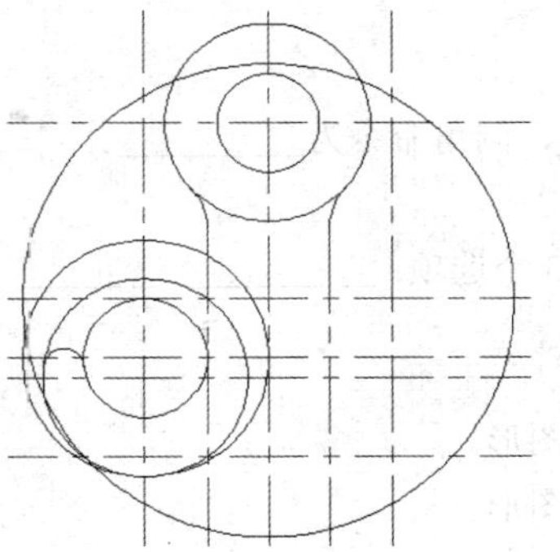

图 4.6.11

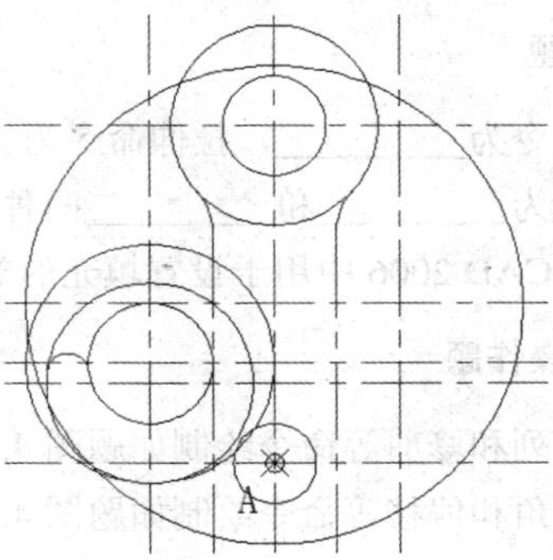

图 4.6.12

（10）单击“修剪”按钮或者在命令行输入 trim，对绘制的图形进行修剪处理，如图 4.6.13 所示。

（11）单击“镜像”按钮或者在命令行输入 mirror，将左边的图形进行对称复制，如图 4.6.14 所示。

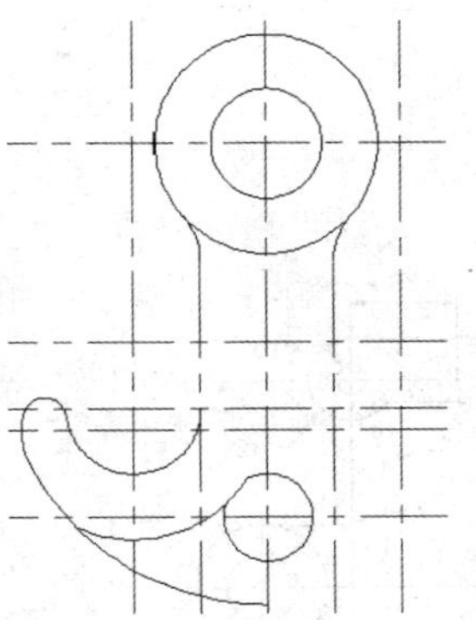

图 4.6.13

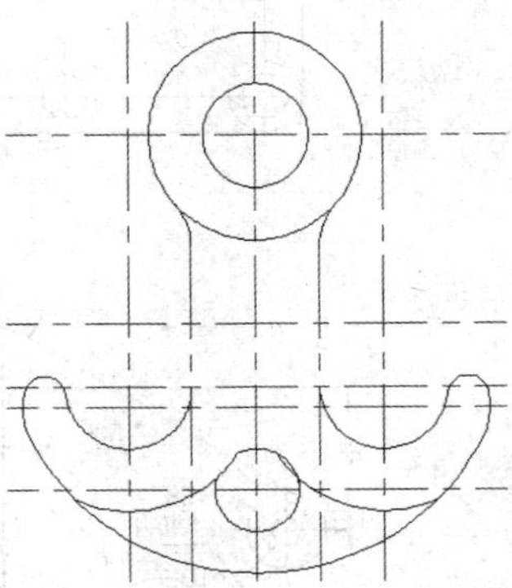

图 4.6.14

（12）再次利用修剪命令，修剪绘制的图形，然后将部分辅助线转换为实体线，对其进行尺寸标注，如图 4.6.15 所示。

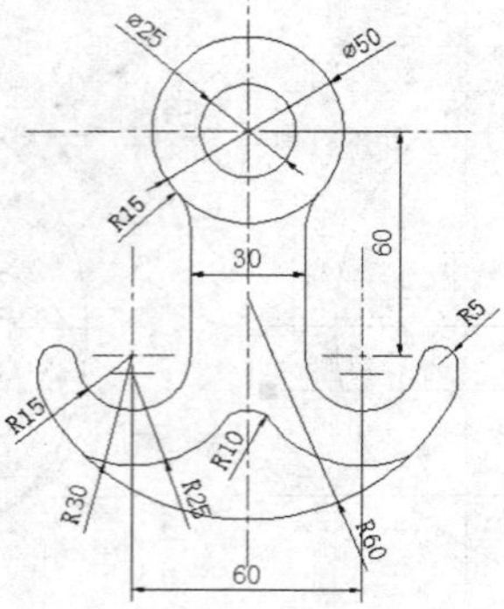

图 4.6.15

习 题 四

一、填空题

1．复制命令为________，拉伸命令为________，倒角命令为________。

2．阵列分为________和________两种。

3．在 AutoCAD 2006 中用于设置填充的类型包括 3 个选项：________、________和________。

二、上机操作题

1．利用阵列和修剪等命令绘制如题图 4.1 所示的图形。

2．利用圆角和偏移等命令绘制如题图 4.2 所示的图形。

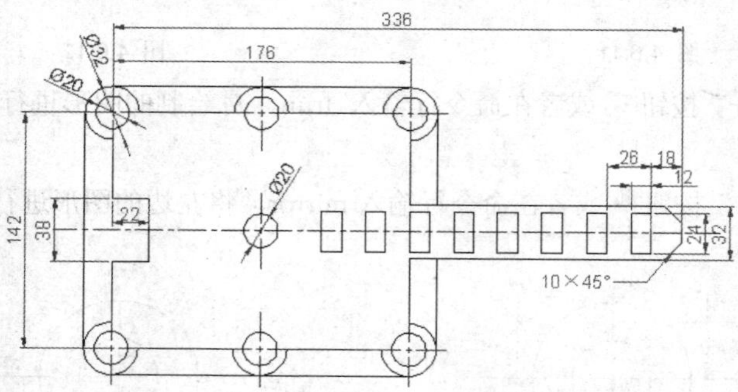

题图 4.1

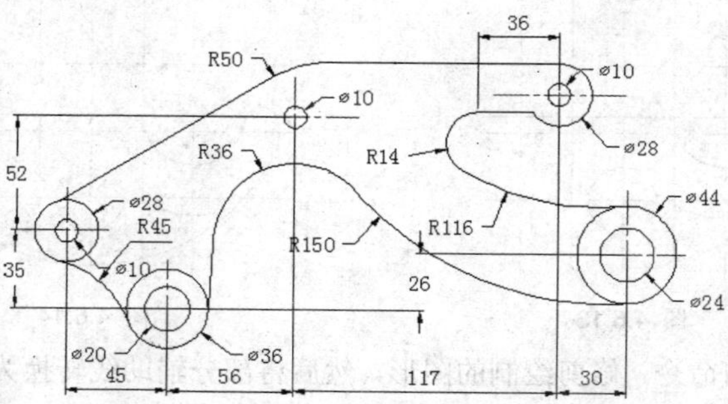

题图 4.2

第五章 图层与设计中心

- ☑ 创建图层
- ☑ 管理图层
- ☑ 设计中心

图层是用户用来组织图形的最有效的工具之一。掌握好图层的创建与管理方法可以极大地提高绘图效率。

设计中心是 AutoCAD 中一个非常有用的工具。本章将主要介绍这两方面的功能。

第一节　图层概述

图层相当于图纸绘图中使用的重叠图纸。图层是图形中使用的主要组织工具。可以使用图层将信息按功能编组，以及执行线型、颜色及其他标准。

在 AutoCAD 2006 中，图层的功能在以前版本的基础上又有所增强，它具有以下特点：

（1）在一个图形文件中，用户可以建立任意数目的图层；在每个图层上，用户可以放置任意数目的图形对象。

（2）在新建任何一个图形文件时，系统总是以 0 图层为默认图层，并且不能对其进行删除和重命名操作。

（3）用户可以为每个图层指定不同的颜色和线型；为每个图层上不同的图形对象分别设置颜色和线型；为每个对象的不同部分单独设置颜色和线型。

（4）系统每次只能将一个图层设置为当前图层，并且用户只能在当前图层上进行绘图、编辑等各种操作。

（5）用户可以对每个图层上所有对象同时进行操作。

（6）每个图层具有相同的坐标系、图形界限和显示时的缩放倍数。

（7）在所有图层中，不同图层上的图形对象可以进行相互转换。

第二节　创建图层

每一个图形中所包含的线条或文本的特性都是不同的，为了把各种特性区分开，必须把线条和文本按照其各自特性放在不同的图层上。

一、建立新图层

在绘图过程中，用户可根据需要创建新图层。在 AutoCAD 2006 中，用户可通过图层特性管理器对话框来新建图层。启动图层特性管理器对话框有如下两种方法：

（1）菜单栏：选择格式(O)→图层(L)...命令。

（2）命令行：在命令行输入 layer。

执行建立新图层命令后，系统弹出图层特性管理器对话框，如图 5.2.1 所示。该对话框中选项含义如下：

（1）“新建图层”按钮：单击该按钮，可以新建图层，默认情况下，系统会自动创建一个名称为“0”的图层。新建图层的名称为“图层 N”，其中，N 为 1，2，3…的自然数，用户可以根据实际需要重新设置图层名称。图层名最多可采用 31 个字符，可以是数字、字母和$（美元符号）、-（连字符）、_（下画线）等，

（2）“删除图层”按钮：单击该按钮，可以删除选中的图层。

注意　当某个图层被删除后，该图层仍然显示在图层列表中，只是在图层名称前面做了删除

标记；如果要恢复已删除的图层，同样，先选中该图层，再次单击“删除图层”按钮即可将其恢复。

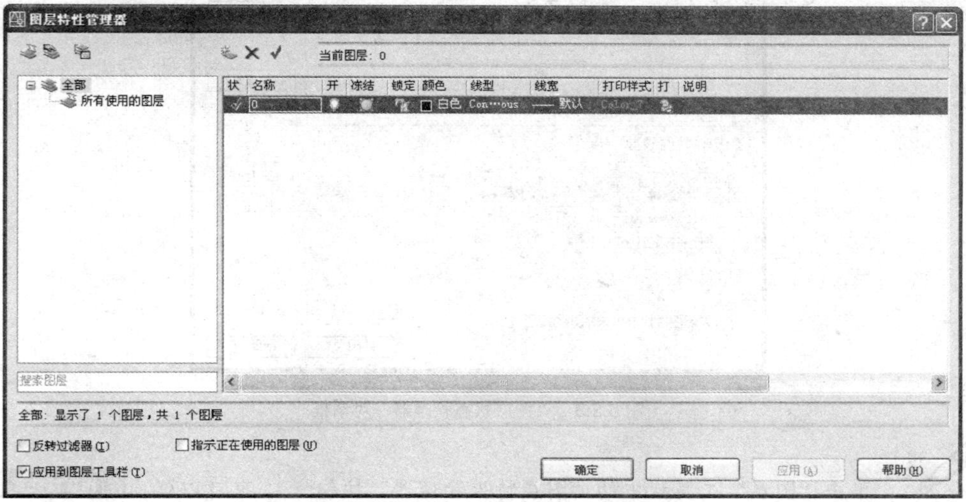

图 5.2.1 “图层特性管理器”对话框

（3）“置为当前”按钮：单击该按钮，可以将选中的图层设置为当前图层。

（4）“新特性过滤器”按钮：单击该按钮，弹出“图层过滤器特性”对话框，如图 5.2.2 所示。利用该对话框可以基于一个或多个图层特性创建图层过滤器。

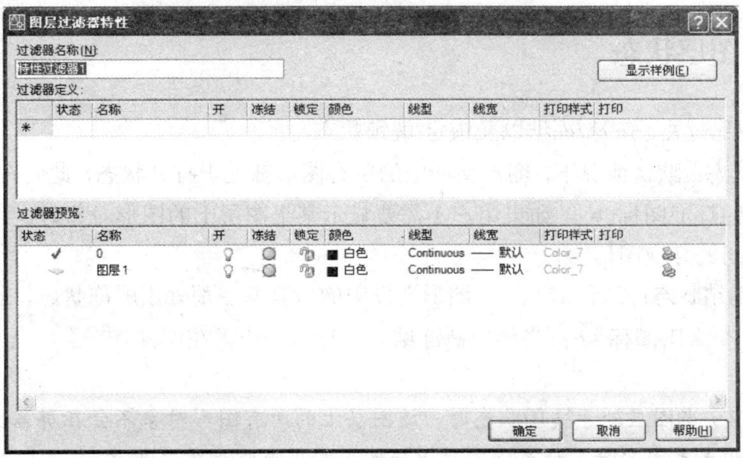

图 5.2.2 “图层过滤器特性”对话框

（5）“新组过滤器”按钮：单击该按钮，创建一个图层过滤器，其中包含用户选定并添加到该过滤器的图层。

（6）“图层状态管理器”按钮：单击该按钮，弹出“图层状态管理器”对话框，如图 5.2.3 所示。利用该对话框可以将图层的当前特性设置保存到命名图层状态中。

（7）“反转过滤器(I)”复选框：用于显示、选择非指定过滤器中的图层。

（8）“应用到图层工具栏(T)”复选框：选中此复选框，可以将当前所选择的图层设置应用到“所使用的图层”过滤器上，方便使用过滤器选择或设定图层。

（9）“指示正在使用的图层(U)”复选框：选中此复选框，用于仅显示当前图层状态。

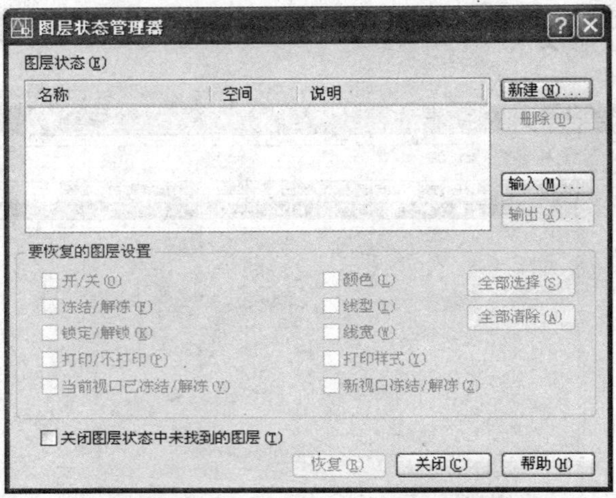

图 5.2.3 “图层状态管理器”对话框

提示 单击“图层”工具栏中的“图层特性管理器”按钮，也可以弹出“图层特性管理器”对话框，如图 5.2.4 所示为“图层”工具栏。

图 5.2.4 “图层”工具栏

二、设置图层状态

图层状态包括开/关、解冻/冻结以及锁定/解锁状态。

（1）开/关状态：默认情况下，图形文件中的所有图层都处于打开状态，此时在相应图层的开列中显示一个打开的灯泡图标。如果用户不需要显示某个图层上的图形对象时，可以关闭该图层，此时显示一个关闭的灯泡图标。

（2）解冻/冻结状态：默认情况下，图形文件中的所有图层都处于解冻状态，此时在相应图层的冻结列中显示一个太阳图标；当图层被冻结时，显示一个雪花图标。

注意 （1）当图层处于关闭状态时，该图层上的所有图形对象不会在屏幕上显示，也不能被打印输出；当重新生成图形时，被关闭图层上的图形对象也将被重新生成。

（2）当图层处于冻结状态时，该图层上的所有图形对象不能在屏幕上显示，不能被编辑，也不能被打印输出；用户不能冻结当前图层，也不能将冻结图层设置为当前图层。

（3）从可见性来说，冻结的图层与关闭的图层是相同的，但冻结的对象不参加处理过程中的运算，关闭的图层则要参加运算。所以在复杂的图形中冻结不需要改动的图层可以加快系统重新生成图形的速度。

（3）锁定/解锁状态：默认情况下，图形文件中的所有图层都处于解锁状态，此时在相应图层的锁定列中显示一个打开的锁图标；当图层被锁定时，显示一个关闭的锁图标。当图层处于锁定状态时，该图层上图形对象仍然显示在屏幕上，但不能对其进行编辑操作。

三、设置图层颜色

AutoCAD 自 2003 年推出 2004 版本以来就对 CAD 图形的图层颜色功能做了一次重大的修改，引入真彩色和配色系统，启动图层颜色命令有如下两种方法：

（1）菜单栏：选择 格式(O) → 颜色(C)... 命令。

（2）命令行：在命令行输入 color。

执行图层颜色命令后，系统弹出 选择颜色 对话框，如图 5.2.5 所示。利用该对话框用户可以为每个图层设置相同或不同的颜色。

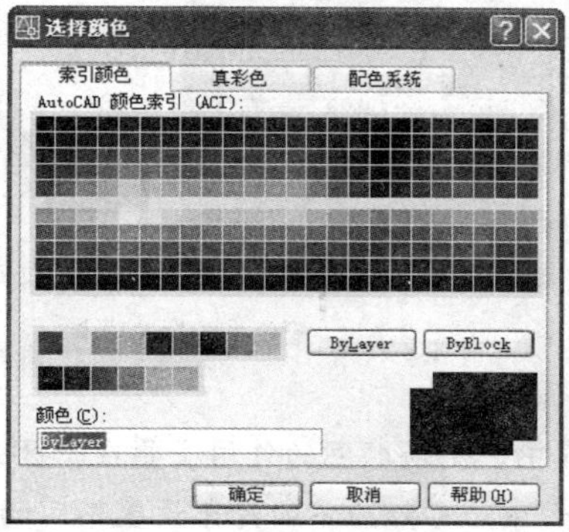

图 5.2.5 “选择颜色”对话框

该对话框包含 3 个选项卡：“索引颜色”、“真彩色”和“配色系统”。索引颜色分为标准颜色和灰度颜色，标准颜色包括红色、黄色、绿色等 9 种常用的颜色。

1．索引颜色

“索引颜色”选项卡：实际上是一个包含 256 种颜色的颜色表。用户可以从中选择任意一种颜色作为图层的颜色。

2．真彩色

“真彩色”选项卡：可以使用 RGB 和 HSL 两种颜色模式。选择 选择颜色 对话框中的“真彩色”选项卡，在 **颜色模式(M):** 下拉列表中选择“RGB”选项时，如图 5.2.6（a）所示；选择“HSL”选项时，如图 5.2.6（b）所示。

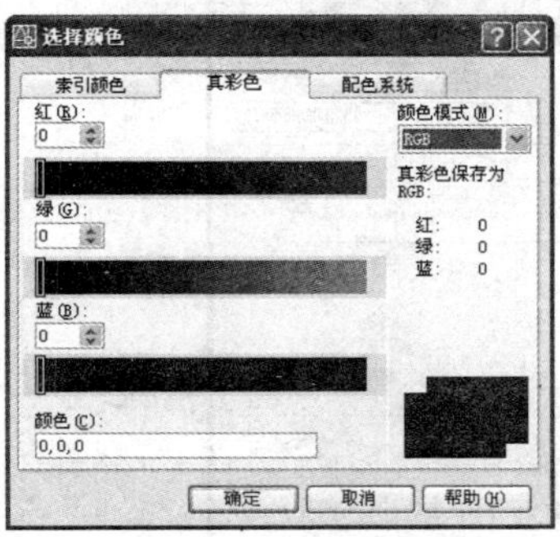

（a）

（b）

图 5.2.6 “真彩色”选项卡

（a）RGB 颜色模式；（b）HSL 颜色模式

如果使用 RGB 颜色模式，则可以设置颜色的红、绿、蓝值；如果使用 HSL 颜色模式，则可以设置颜色的色调、饱和度和亮度。所以，用户可以通过选择不同的颜色组合方式得到同一种颜色。

3．配色系统

“配色系统”选项卡：可以从配色系统中选择任意一种颜色作为图层的颜色，如图 5.2.7 所示。

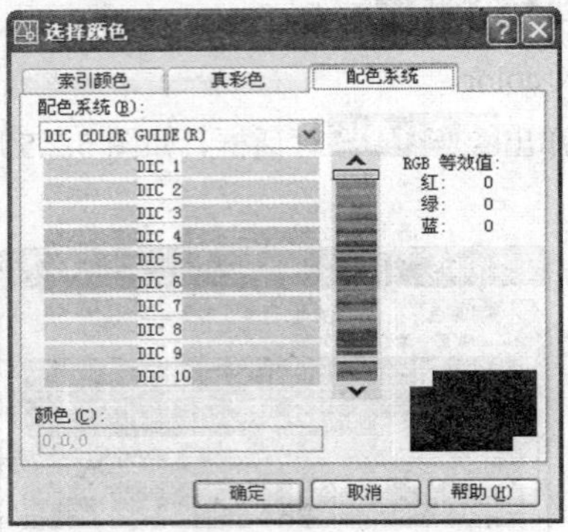

图 5.2.7 “配色系统”选项卡

提示 在 AutoCAD 2006 中，图层颜色的作用主要在于区分不同类型的图形对象，以方便用户观察和操作。因此，在同一图形中，可以为不同对象设置不同的颜色。

四、设置图层线型

图层的线型是指在该图层上绘制图形对象时采用的线型，即组成图形线条的显示方式。在 AutoCAD 2006 中，系统提供了简单线型和由一些特殊符号组成的复杂线型，以满足不同国家和行业标准的要求。

在实际绘图过程中，常常要用不同的线型来表示不同的构件，除了固有的连续实线（Continuous）以外，AutoCAD 还提供了多达 45 种特殊线型，启动线型命令有如下两种方法：

（1）菜单栏：选择 格式(O) → 线型(N)... 命令。

（2）命令行：在命令行输入 linetype。

执行线型命令后，系统弹出 线型管理器 对话框，如图 5.2.8 所示。

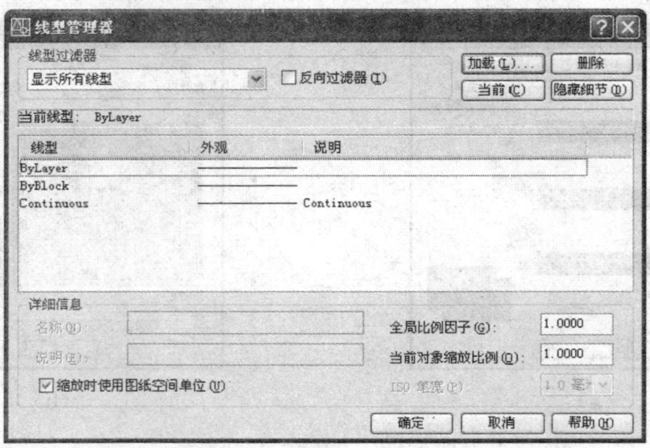

图 5.2.8 “线型管理器”对话框

该对话框中选项含义如下：

（1）线型过滤器选项区：用于指定线型列表框中要显示的线型，选中右侧的☑反向过滤器(I)复选框，则以相反的过滤条件显示线型。

（2）加载(L)...按钮：单击该按钮，系统弹出加载或重载线型对话框，如图 5.2.9 所示。在该对话框中的可用线型选项区中选择所需的线型，也可以单击文件(F)...按钮从文件中调出加载线型。

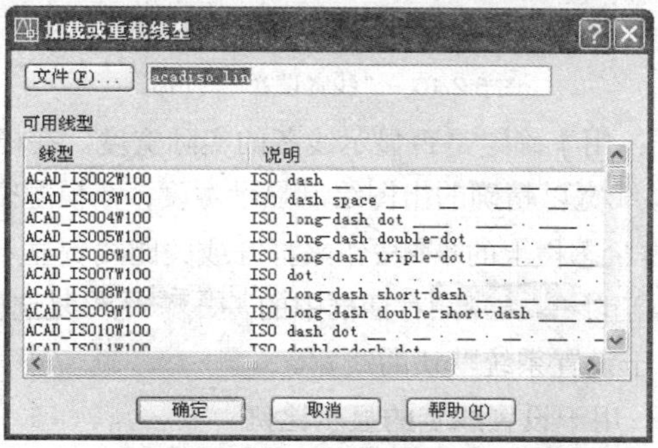

图 5.2.9　“加载或重载线型”对话框

提示　在 AutoCAD 2006 中，线型保存在线型库文件 acad.lin 和 acadiso.lin 中。其中，在英制测量系统下，使用 acad.lin 文件；在公制测量系统下，使用 acadiso.lin 文件。

（3）删除按钮：单击该按钮，可删除选定的线型。

（4）当前(C)按钮：单击该按钮，可以为选择的图层或对象设置当前线型。新创建对象的默认线型是当前线型（包括“随层”或“随块”线型值）。

（5）隐藏细节(D)/显示细节(D)按钮：用于隐藏或显示线型管理器对话框中的详细信息选项区。

下面介绍详细信息选项区各选项的含义：

1）名称(N):文本框：用于显示选定线型的名称，也可以直接在该文本框中修改线型名称。

2）说明(E):文本框：用于为选定的线型添加相应的说明信息。

3）☑缩放时使用图纸空间单位(U)复选框：用于确定是否在缩放图形时按照图纸空间单位缩放。

4）全局比例因子(G):文本框：用于设置选定的线型与图形界限的相对比例因子。

5）当前对象缩放比例(O):文本框：用于设置当前对象的缩放比例因子。

五、设置图层线宽

图层的线宽也就是线条的宽度。在 AutoCAD 2006 中使用不同的线宽绘制图形，可以清晰地区分不同类型的对象，从而提高图形的表达能力和可读性。启动线宽命令有如下两种方法：

（1）菜单栏：选择格式(O)→线宽(W)...命令。

（2）命令行：在命令行输入 lweight。

执行线宽命令后，系统弹出线宽设置对话框，如图 5.2.10 所示。利用该对话框可以管理和调整线宽。

该对话框中各选项的含义如下：

（1）线宽列表框：用于设置当前线宽值，或改变图形中已存在对象的线宽值。

（2）列出单位选项区：用于设置线宽的单位，可以选择毫米，也可以选择英寸。

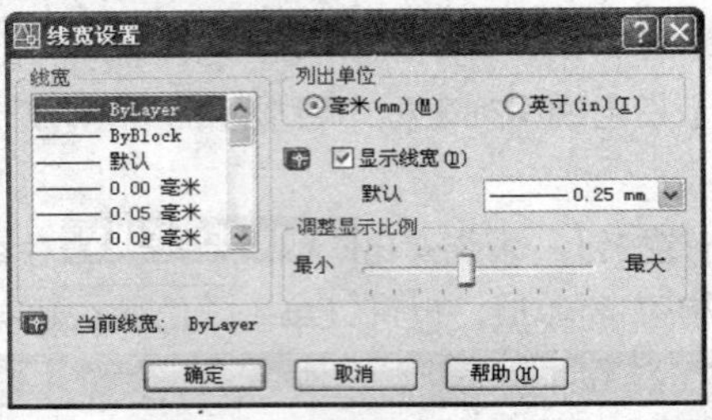

图 5.2.10 “线宽设置”对话框

（3）☑显示线宽(D)复选框：用于确定是否显示线条的实际宽度。在模型空间和图纸空间线宽的显示不同，在图纸空间布局中，线宽以精确的出图绘制显示宽度；在模型空间，线宽以像素点显示。在图纸空间的布局中，可以单击状态栏上的线宽按钮来打开或关闭线宽显示；在模型空间中，可以单击状态栏上的线宽按钮，选中或清除线宽设置对话框中的☑显示线宽(D)复选框的线宽显示。

（4）默认下拉列表：用于设置系统默认的线宽。

（5）调整显示比例选项区：用于设置线宽的显示比例。

第三节 管理图层

在 AutoCAD 2006 中，利用图层特性管理器对话框不仅可以新建图层、设置图层的颜色、线型和线宽等，而且还可以对图层进行更多的设置与管理，如图层的切换、过滤、重命名和删除等操作。

一、切换当前层

当前层即为当前绘图层，用户只能在当前图层中绘制图形，而且所绘制实体的属性将继承当前层的属性。当前层的图层名称和属性状态将会显示在“图层”工具栏中。

用户可以通过以下 3 种方法切换当前层：

（1）在图层特性管理器对话框的图层列表中选择某一图层后，使其高亮显示，然后单击“置为当前”按钮✔即可将该层设置为当前层。

（2）单击“图层”工具栏中的“图层控制”下拉列表框来实现图层切换，在这里只需选择要将其设置为当前层的图层名称即可，如图 5.3.1 所示。

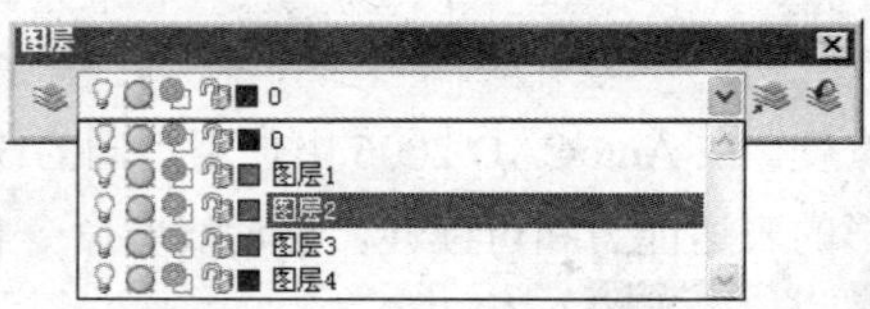

图 5.3.1 设置“图层 2”为当前图层

（3）在命令行提示下输入 clayer 并按回车键，系统提示如下：

输入 clayer 的新值 <“0”>：在该提示下输入新图层名称，然后按回车键即可将所选的图层设置为当前图层。

注意 使用 clayer 命令设置当前图层时，其当前层的图层必须存在，用户应准确无误地输入图层名称，否则设置无效。

二、保存与恢复图层状态

在如图 5.2.3 所示的“图层状态管理器”对话框中，单击“新建(N)...”按钮，系统弹出“要保存的新图层状态”对话框，如图 5.3.2 所示，利用该对话框可以保存图层状态。

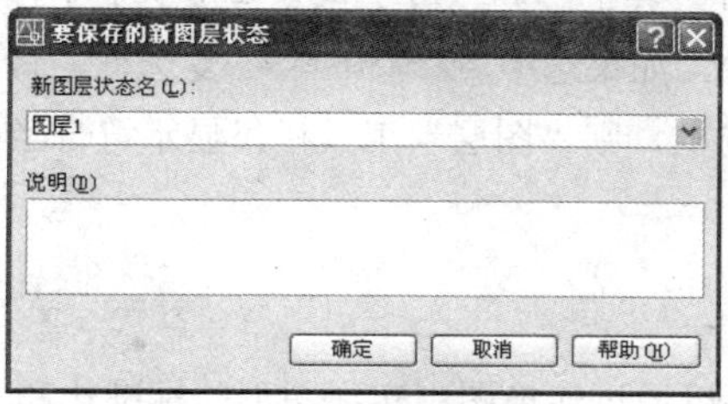

图 5.3.2 “要保存的新图层状态”对话框

若要恢复已保存的图层状态，可单击“图层状态管理器”对话框中的“恢复(R)”按钮即可，如图 5.3.3 所示。

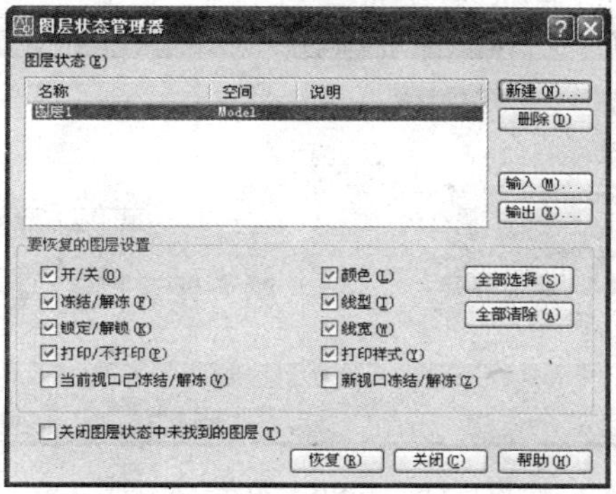

图 5.3.3 恢复图层状态

三、过滤图层

图层的过滤功能用于控制在图层列表中显示符合过滤条件件的图层，还可用于同时对多个图层进行修改。当图形文件中包含多个图层时，使用过滤器过滤图层可以极大地方便用户的操作，如图 5.3.4 所示。

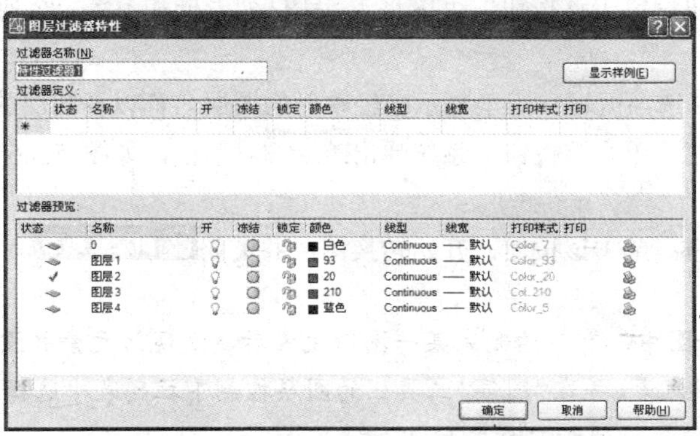

图 5.3.4 “图层过滤器特性”对话框

在 图层过滤器特性 对话框中的 过滤器名称(N): 文本框中设置过滤器的名称；在 过滤器定义: 列表框中设置图层名称、状态、颜色、线型、线宽以及打印样式等过滤条件。

技巧

当设置图层名称、状态、颜色、线型、线宽以及打印样式等过滤条件时，用户可以使用标准的“?”和“*”等通配符。其中，“*”用于代替任意多个字符，“?”用于代替任意一个字符。

在 图层特性管理器 对话框中，如果选中 ☑反转过滤器(I) 复选框，将只显示不符合过滤条件的图层；如果选中 ☑应用到图层工具栏(T) 复选框，则“图层”工具栏仅显示符合当前过滤条件的图层。

四、转换图层

在 AutoCAD 2006 中，还可以通过转换图层实现图形的标准化和规范化，使其与其他图形的图层结构或 CAD 标准文件相匹配。

选择 工具(T) → CAD 标准(S) → 图层转换器(L)... 命令，系统弹出 图层转换器 对话框，如图 5.3.5 所示。

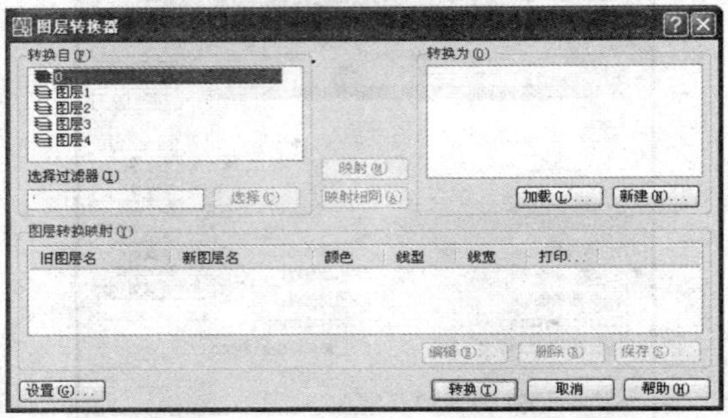

图 5.3.5 “图层转换器”对话框

该对话框中各选项的含义如下：

（1）转换自(F) 列表框：用于显示当前图形中将被转换的图层结构。用户可以在该列表框中选择相应图层，也可以通过图层过滤器选择要转换的图层。

（2）转换为(O) 列表框：用于显示将当前图形所在的图层转换成的图层名称。

（3）映射(M) 按钮：单击该按钮，可以将 转换自(F) 列表框中选定的图层映射到 转换为(O) 列表框中。并且当图层被映射后，它将被从 转换自(F) 列表框中删除，而显示在 图层转换映射(Y) 列表框中。

（4）映射相同(A) 按钮：单击该按钮，可以将 转换自(F) 列表框和 转换为(O) 列表框中名称相同的图层进行映射。

（5）图层转换映射(Y) 选项区域：用于显示已经映射的图层名称以及图层的相关特性值。

（6）设置(G)... 按钮：单击该按钮，系统弹出 设置 对话框，如图 5.3.6 所示。通过该对话框可设置图层转换规则。

（7）转换(T) 按钮：单击该按钮，开始转换图层并关闭 图层转换器 对话框。

提示

在实际绘图中，有时绘制完某一图形元素后，发现该元素并没有绘制在预先设置的图层上，这时可选中该图形元素，并在“图层”工具栏的图层控制下拉列表中选择预设层名，然后按“Esc”键即可将选定的图形对象转换到所需图层上。

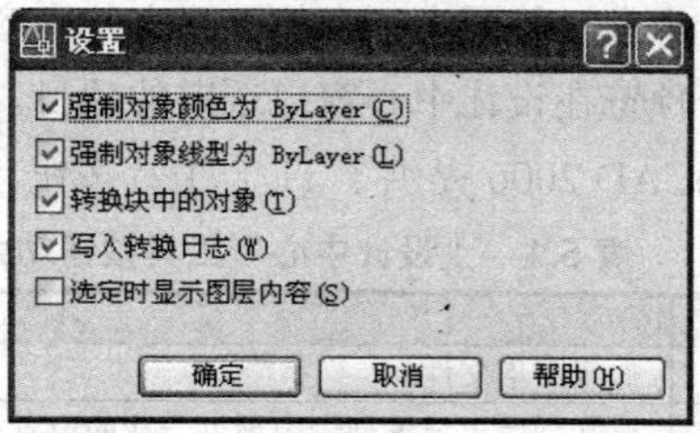

图 5.3.6 “设置”对话框

第四节 设计中心

利用设计中心，用户可以重复使用图形中的块、外部参照、文字样式、标注样式、表格样式以及图层等。

使用设计中心，用户可以直接打开图形和浏览图形，将图形作为块插入到当前图形文件中，从而实现设计资源的利用和共享。

一、设计中心窗口

启动设计中心命令有如下 3 种方式：

（1）菜单栏：选择 工具(T) → 设计中心(G) 命令。

（2）工具栏：单击“标准”工具栏中的“设计中心”按钮。

（3）命令行：在命令行输入 adcenter。

执行设计中心命令后，系统打开 设计中心 窗口，如图 5.4.1 所示。

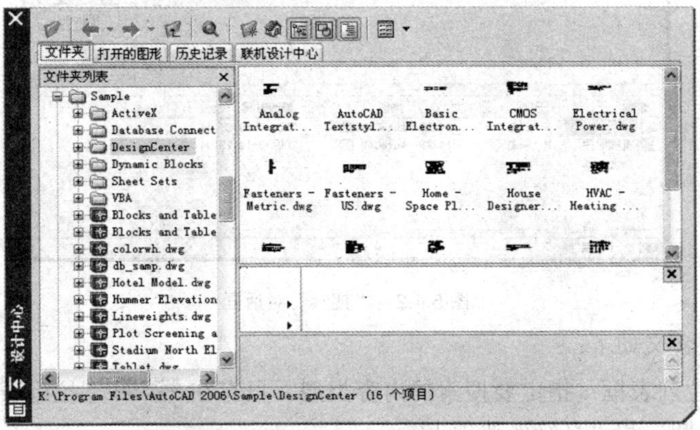

图 5.4.1 “设计中心”窗口

该窗口各选项的含义如下：

（1）“文件夹”选项卡：用于显示设计中心的资源。

（2）“打开的图形”选项卡：用于显示在当前 AutoCAD 中打开的所有图形文件。

（3）“历史记录”选项卡：用于显示用户最近访问过的文件，包括这些文件的完整路径。

（4）“联机设计中心”选项卡：用于提供设计中心 Web 页中的内容。通过联机设计中心可以访问 Internet 中预先绘制好的符号、制造商信息等，此功能的实现需要链接到 Internet。

（5）设计中心窗口：用于显示在树状图中选中的图形文件内容。

（6）设计中心预览框：用于预览在设计中心窗口选定的项目。

（7）设计中心工具栏：AutoCAD 2006 提供了 11 个工具按钮，表 5.1 列出了各按钮的功能。

表 5.1 “设计中心”工具按钮功能

按钮	功能
	加载图形文件
	返回到历史记录列表中最近一次的位置
	返回到历史记录列表中下一次的位置
	返回到上一级目录
	快速搜索图形对象
	显示文件夹中的内容
	直接加载默认文件夹
	文件夹列表树状图切换按钮
	预览栏切换按钮
	说明栏切换按钮
	视图选择按钮

二、搜索

单击 AutoCAD 设计中心窗口工具栏中的“搜索”按钮，弹出如图 5.4.2 所示的搜索对话框，利用该对话框可以在 AutoCAD 设计中心快速查找图形、块、图层及尺寸样式等所需的图形内容。

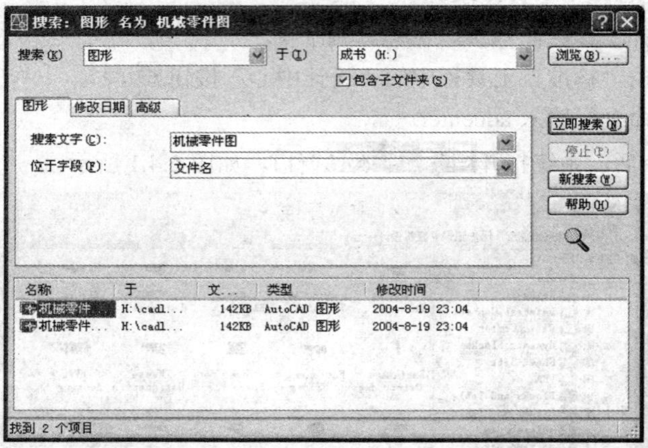

图 5.4.2 “搜索”对话框

该对话框中选项含义如下：

（1）搜索(K)下拉列表框：指定要搜索的内容类型。只有在搜索(K)下拉列表中选择“图形”选项时，才显示“修改日期”和“高级”选项卡。

（2）浏览(B)...按钮：单击该按钮，弹出浏览文件夹对话框，在该对话框中显示树状图，从中可以指定要搜索的驱动器和文件夹。

（3）“图形”选项卡：设定搜索图形的文字和位于字段（文件名、标题、主题、作者、关键词）。

（4）立即搜索(N)按钮：单击该按钮按照指定条件开始搜索。

（5）停止(P)按钮：单击该按钮停止搜索，并显示搜索结果。

（6）新搜索(W)按钮：单击该按钮重新进行搜索。

有时为了准确地查找需要的图形，用户也可以使用对话框中的“修改日期”和“高级”选项卡进一步设置查找条件，如图 5.4.3 和图 5.4.4 所示。在“修改日期”选项卡中指定图形文件创建或上一次修改的日期，在“高级”选项卡中指定其他搜索参数。

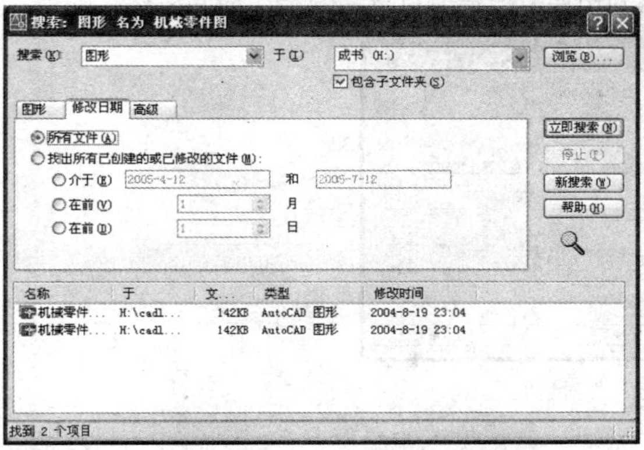

图 5.4.3 “修改日期”选项卡

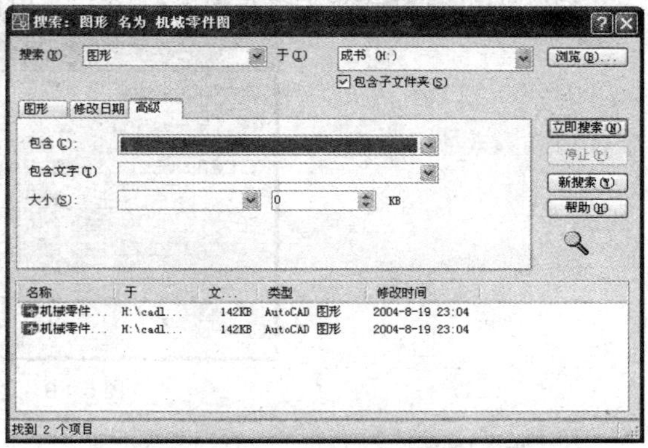

图 5.4.4 “高级”选项卡

三、插入设计中心内容

在当前图形文档中插入设计中心的内容是 AutoCAD 的另一个重要功能。用户利用这个功能可以方便地将设计中心已创建的块、图片以及外部参照等内容插入到当前文档中。这样可以提高绘图效率，使绘图标准化。

1. 插入块

插入块时，用户可以选择在插入时是自动换算插入比例，还是在插入时确定插入点、插入比例和旋转角度。

（1）自动换算比例插入：用户可以从设计中心选择要插入的图块，然后将图块拖放到绘图窗口，移到插入位置时释放鼠标，即可实现图块的插入，如图 5.4.5 所示。

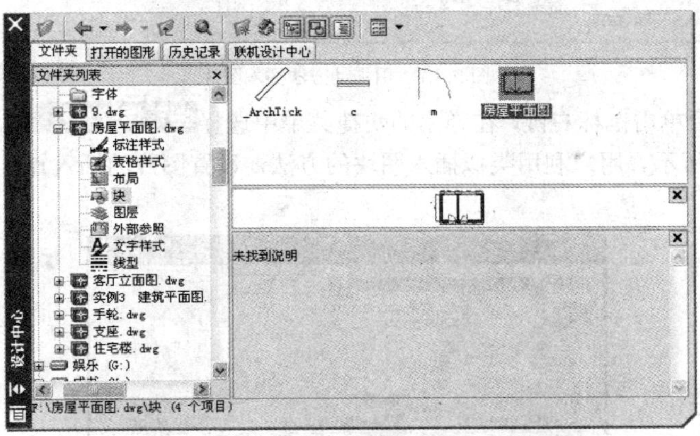

图 5.4.5 自动换算比例插入图块

提示

由于利用自动换算比例方式插入块容易造成块内尺寸错误，因此用户可以采用指定插入点、插入比例因子和旋转角度的方式插入块。并且，用户一次只能插入一个块。插入块后，块的定义说明部分也插入到图形中，并复制到图形库。

（2）在插入时确定插入点、插入比例和旋转角度：从设计中心窗口选择要插入的图块，然后按住鼠标右键拖动图块到绘图窗口中，释放鼠标，此时将弹出一个快捷菜单，从中选择 插入块(I)... 命令，系统弹出 插入 对话框，如图 5.4.6 所示，用户利用该对话框可以设置插入比例及旋转角度。

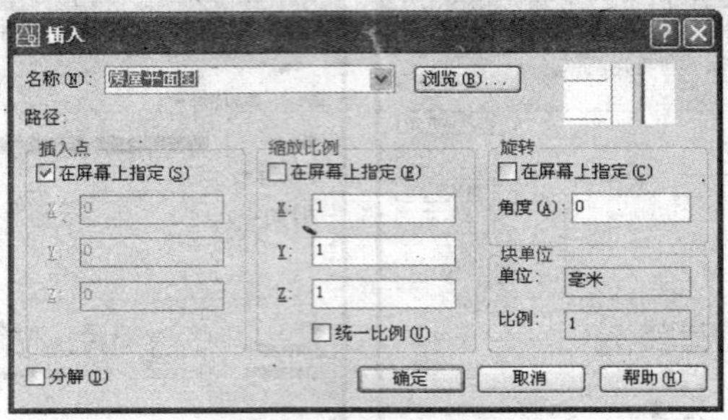

图 5.4.6 “插入”对话框

2．插入图片

利用 AutoCAD 设计中心可以将图片插入到图形中。在插入时需要确定插入点、插入比例和旋转角度。插入图片有以下两种方式：

（1）在设计中心窗口中选中图片，将其拖到 AutoCAD 绘图窗口中，根据提示输入插入点的坐标、缩放比例和旋转角度后，即可完成图片的插入，如图 5.4.7 所示。

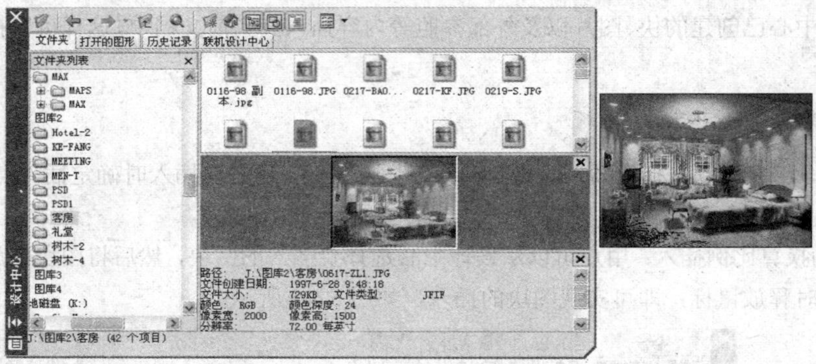

图 5.4.7 用拖动方法插入图片

（2）选中图片后单击鼠标右键，在弹出的快捷菜单中选择 附着图像(A)... 命令，系统弹出 图像 对话框，如图 5.4.8 所示。用户利用类似插入图块的方法，设置图片的插入点、插入比例和旋转角度后将图片插入。

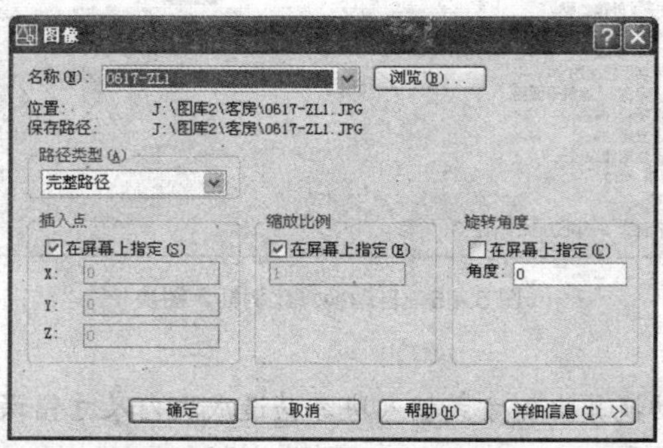

图 5.4.8 “图像”对话框

3. 插入外部参照

利用 AutoCAD 设计中心也可以插入外部参照。用户可以从设计中心窗口中选择需要引用的外部参照，然后按住鼠标右键将其拖到绘图窗口中，释放鼠标，系统将弹出一个快捷菜单，选择 附着为外部参照(A)... 命令，弹出 外部参照 对话框，如图 5.4.9 所示。在该对话框中利用插入外部参照的方法，可以确定插入点、插入比例及旋转角度。

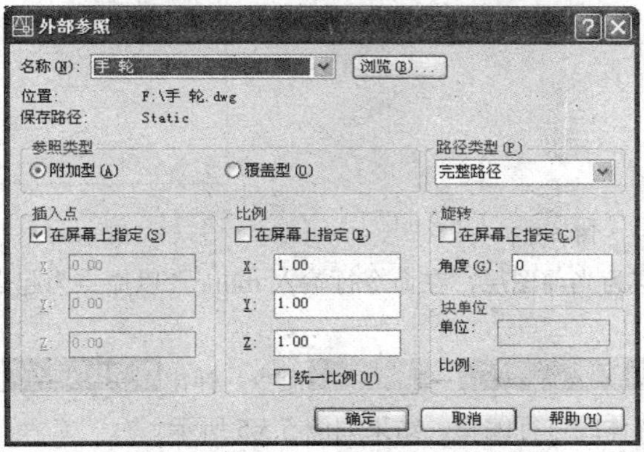

图 5.4.9 "外部参照"对话框

第五节 上机实战——卫生间平面图

本节通过一个典型实例使用户进一步掌握图层与设计中心的使用方法与技巧。

（1）选择 格式(O) → 图层(L)... 命令，弹出 图层特性管理器 对话框，在该对话框中单击"新建图层"按钮，创建 5 个图层，名称分别为"辅助"、"墙体"、"门窗"、"室内装饰"和"尺寸标注"，颜色分别为"红色"、"蓝色"、"40"、"200"和"227"，除"辅助"层的线型为 CENTER 以外，其他为默认设置。设置"辅助"层为当前图层，如图 5.5.1 所示。

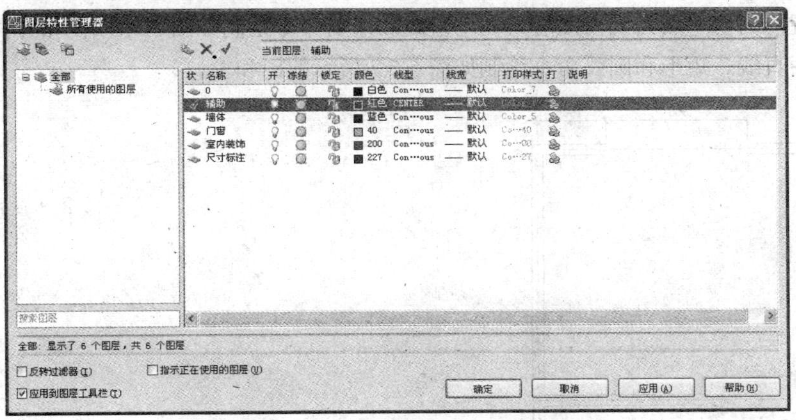

图 5.5.1 "图层特性管理器"对话框

（2）单击"直线"按钮或者在命令行输入 line，以原点为起点，在屏幕上绘制两条互相垂直的辅助线，长度约为 600，宽度约为 800，如图 5.5.2 所示。

（3）单击"偏移"按钮或者在命令行输入 offset，将上步绘制的垂直辅助线向右偏移 600 个单位，然后将水平辅助线向上偏移 250 和 800 个单位，如图 5.5.3 所示。

图 5.5.2

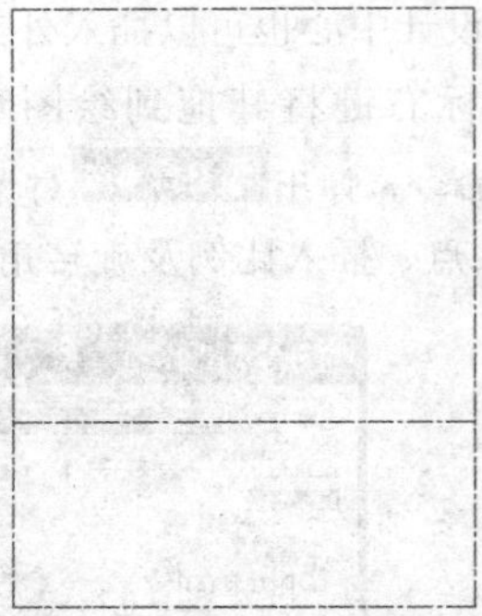

图 5.5.3

（4）设置“墙体”层为当前图层，在命令行输入 mline，以原点为起点，绘制如图 5.5.4 所示的墙体线。

（5）选择 修改(M) → 对象(O) → 多线(M)... 命令，弹出 多线编辑工具 对话框，单击“T 型打开”按钮，对上步绘制的墙体线进行编辑，结果如图 5.5.5 所示。

图 5.5.4

图 5.5.5

（6）设置“门窗”层为当前图层，利用直线和修剪命令绘制如图 5.5.6 所示的门洞和窗洞。

（7）利用直线、矩形和圆弧命令绘制如图 5.5.7 所示的门和窗。

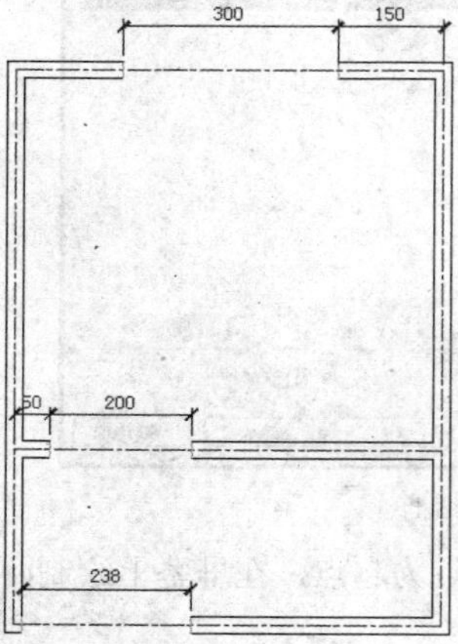

图 5.5.6

图 5.5.7

（8）单击“创建块”按钮或者在命令行输入 block，将上步绘制的门窗创建为图块，然后再单击“插入块”按钮或者在命令行输入 insert，将创建的图块插入到如图 5.5.8 所示的位置。

（9）隐藏“辅助”层，选择 工具(T) → 设计中心(G) 命令，打开 设计中心 窗口，在该窗口左侧的文件夹列表中选择“AutoCAD 2006\sample\blocks and tables-Imperial.dwg”文件中的图块，如图 5.5.9 所示。

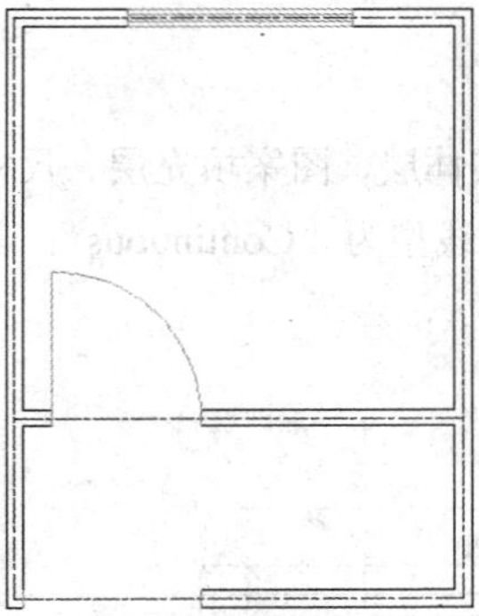

图 5.5.8

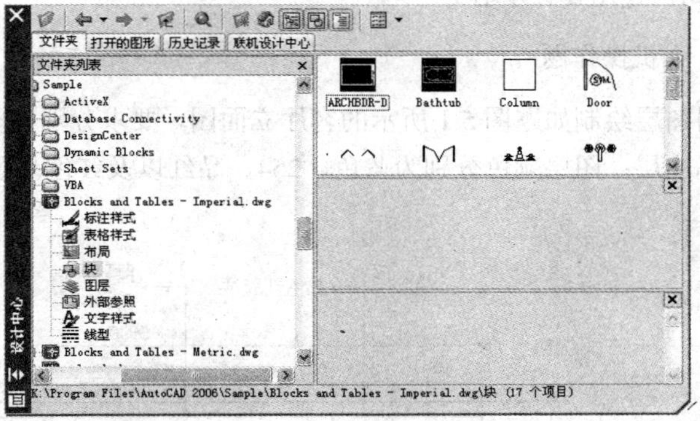

图 5.5.9 “设计中心”窗口

（10）设置“室内装饰”层为当前图层，然后将选择的图块插入到卫生间平面图中合适的位置，如图 5.5.10 所示。

提示 在插入的过程中，可以对图块进行适当的缩放与旋转。

（11）显示“辅助”层，然后设置“尺寸标注”层为当前图层，选择 标注(N) → 线性(L) 命令，对图形进行线性标注，如图 5.5.11 所示。

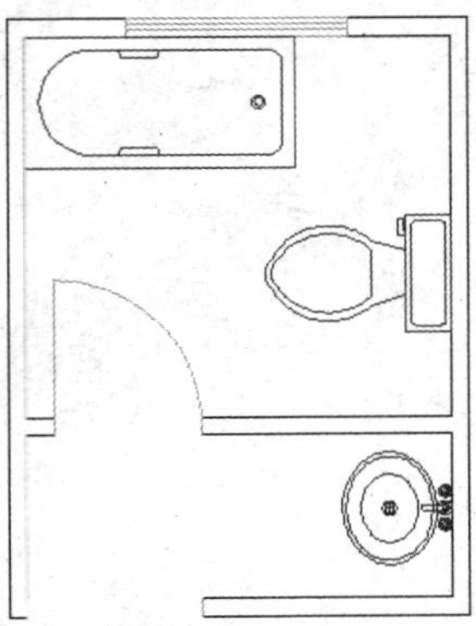

图 5.5.10

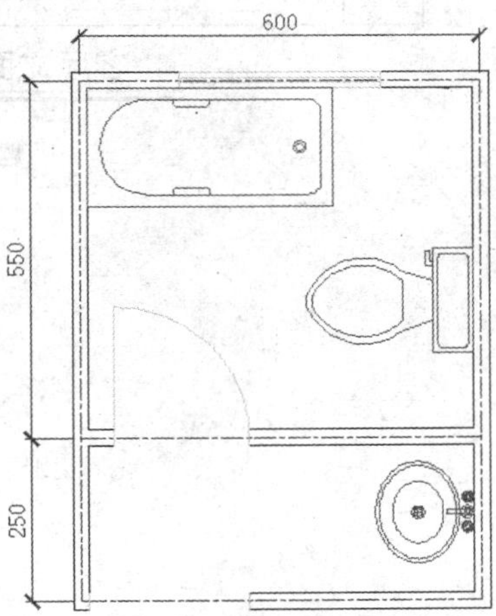

图 5.5.11

习 题 五

一、填空题

1．在 AutoCAD 2006 中，使用_________对话框，可以设置和管理图层。

2．在 AutoCAD 2006 中，设置图层颜色有______、______和______3 种选择方式。

3．设计中心包括 4 个选项卡：分别是______、______、______和______。

二、简答题

1．如何创建与管理图层？

2．如何使用设计中心？

三、上机操作题

使用图层绘制如题图 5.1 所示的客厅立面图，要求分别建立实体层、图案填充层、尺寸标注层以及文本标注层；图层颜色分别为蓝色、254、品红以及红色；图层线型为“Continuous”；其余为默认设置。

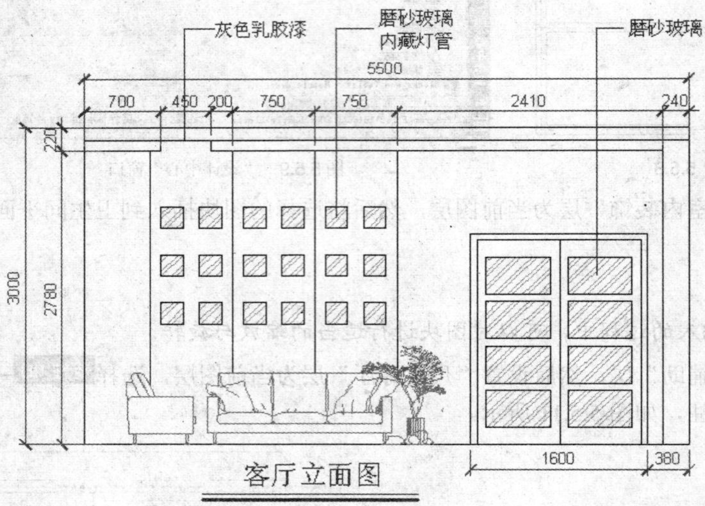

题图 5.1

第六章 尺寸标注

☑ 尺寸标注样式
☑ 尺寸标注类型
☑ 编辑尺寸标注

尺寸标注是表示机件和设施各部分大小的实际度量值和相对位置的标示手段，是机件加工和工程施工的依据，是制图中必不可少的一个环节。

本章将主要介绍尺寸标注的要素、样式、类型以及编辑尺寸标注的方法。

第一节 尺寸标注要素

尺寸标注是工程制图中重要的组成部分，因此在对图形进行标注之前，应了解尺寸标注的组成和标注规则。在 AutoCAD 2006 中，用户可以利用“标注”工具栏和“标注”菜单进行图形尺寸标注，如图 6.1.1 所示。

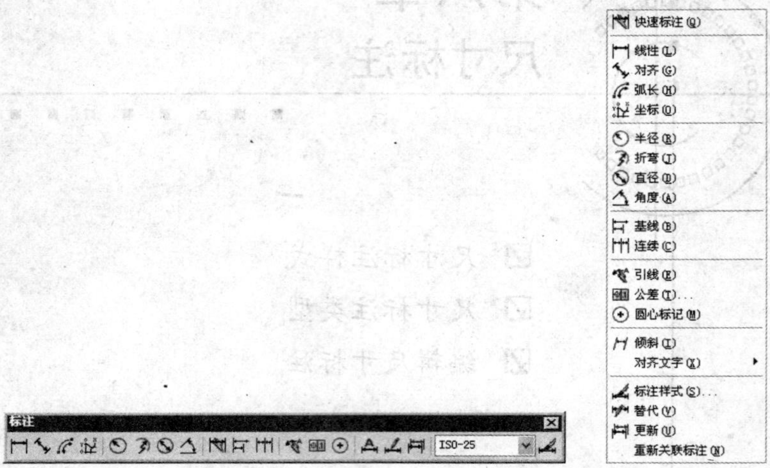

图 6.1.1 “标注”工具栏和“标注”菜单

一、尺寸标注的规则

在对绘制的图形进行尺寸标注时，应遵循以下规则：

（1）不管图形实际尺寸是多少，一律以标注的尺寸作为施工依据。

（2）图形中的尺寸以毫米（mm）为单位时，不需要标注计量单位的代号或名称。如采用其他单位，则必须注明相应计量单位的代号和名称，如 80°（度）、m（米）以及 cm（厘米）等。

（3）图纸中所标注的图形尺寸为最终完成后的尺寸。

（4）尺寸应标注在图形最清晰的地方。

二、尺寸标注的组成

尺寸标注包括尺寸文字、尺寸线、尺寸箭头和尺寸界线，如图 6.1.2 所示，下面分别介绍尺寸标注的各组成部分。

（1）尺寸文字：由表示测量值和标注类型的数字、参数和特殊符号组成。尺寸文字还可以包含前缀、后缀和公差。其中尺寸公差分为上下偏差和正负偏差。尺寸文字也可能是极限尺寸，极限尺寸包括最大极限尺寸和最小极限尺寸。

（2）尺寸线：用于表示标注尺寸的方向和范围。通常与标注对象平行，放在尺寸界线之间；尺寸线不能用图形中已有图线代替，必须单独绘制，尺寸界线应与尺寸线相互垂直。

（3）尺寸箭头：用于尺寸线两端，它有两种形式，即箭头和斜线。用于确定测量的开始位置和结束位置。在机械制图中通常采用带箭头的直线进行标注，在建筑图中通常采用斜线进行标注。

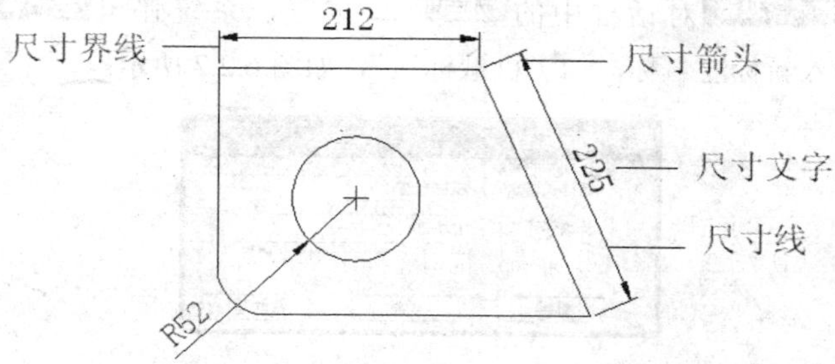

图 6.1.2　尺寸标注的组成

（4）尺寸界线：用以表示在绘制尺寸线时从被标注的图形对象上偏移的距离，来表示尺寸的起始位置。

三、进行尺寸标注的步骤

AutoCAD 对图形进行尺寸标注时，一般应按照以下操作步骤进行标注：

（1）使用“文字样式”对话框，新建一种文字样式，进行尺寸文字的标注。

（2）使用“标注样式管理器”对话框，设置标注样式。

（3）利用对象捕捉功能，对图形中的对象进行尺寸标注。

第二节　尺寸标注样式

在进行标注之前，首先要根据需要设置好尺寸标注的样式。启动标注样式管理器命令有如下 3 种方法：

（1）菜单栏：选择 格式(O) → 标注样式(D)... 命令。

（2）工具栏：单击“标注”工具栏中的“标注样式”按钮。

（3）命令行：在命令行输入 dimstyle。

执行尺寸标注样式管理器命令后，系统弹出 标注样式管理器 对话框，如图 6.2.1 所示，利用该对话框可以修改已经存在的样式，创建新的标注样式。

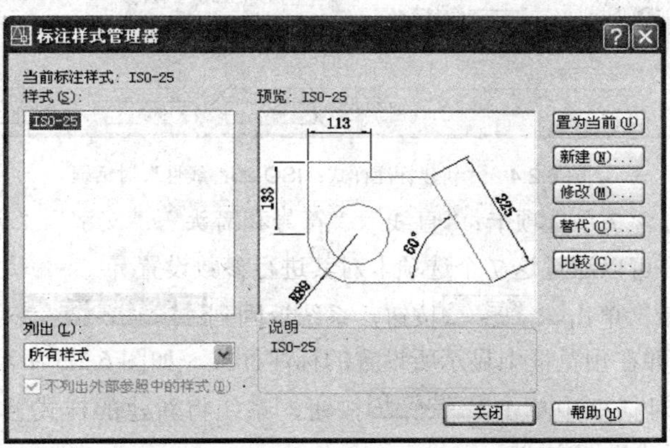

图 6.2.1　“标注样式管理器”对话框

通过“标注样式管理器”对话框创建新的标注样式，其操作步骤如下：

（1）单击 标注样式管理器 对话框中的 新建(N)... 按钮，系统弹出 创建新标注样式 对话框，在 新样式名(N): 文本框中输入新标注名称，如“机械标注”，如图 6.2.2 所示。

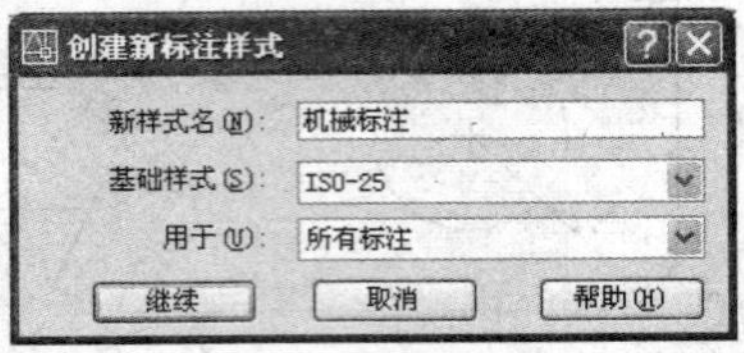

图 6.2.2 “创建新标注样式”对话框

（2）在 基础样式(S): 下拉列表中选择一种样式作为基础样式，如选择“ISO-25”，然后在 用于(U): 下拉列表中选择新样式名称，如选择“线性标注”，如图 6.2.3 所示。

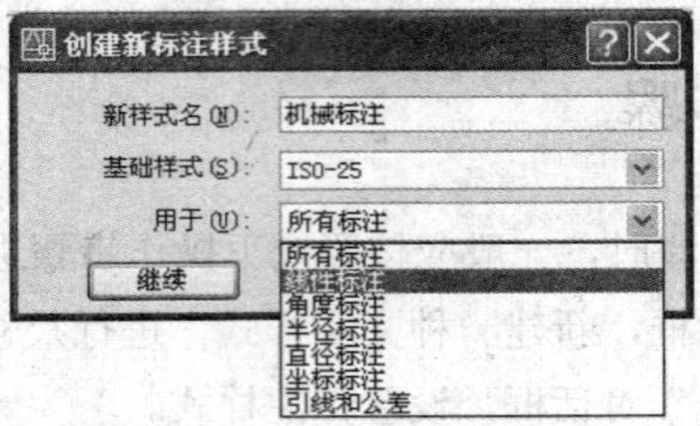

图 6.2.3 选择新样式名称

（3）单击 继续 按钮，弹出 新建标注样式：ISO-25：线性 对话框，如图 6.2.4 所示。

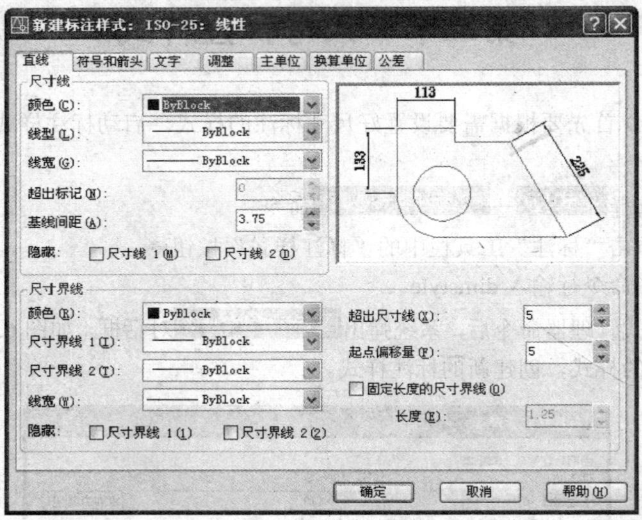

图 6.2.4 “新建标注样式：ISO-25：线性”对话框

（4）该对话框中包含 7 个选项卡：“直线”、“符号和箭头”、“文字”、“调整”、“主单位”、“换算单位”和“公差”，用户可以通过这 7 个选项卡对其进行参数设置。

（5）设置完参数后，单击 确定 按钮，系统返回到 标注样式管理器 对话框，在该对话框中将显示新建的标注样式，并在预览框中显示所设置的标注样式，如图 6.2.5 所示。

（6）最后，在该对话框中单击 置为当前(U) 按钮，系统将新建的样式置为当前样式。然后单击 关闭 按钮，标注样式设置完成。

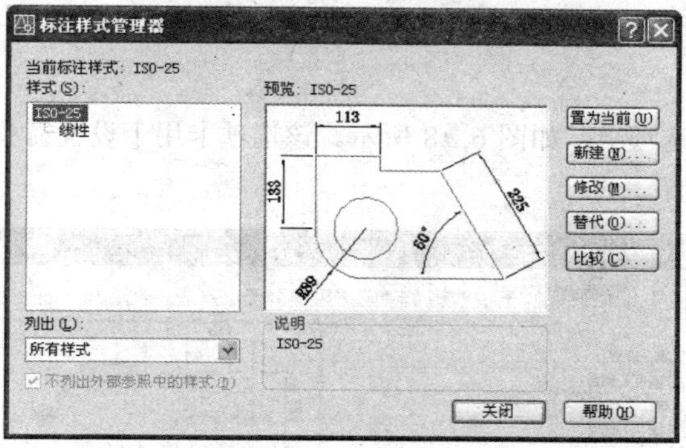

图 6.2.5 “标注样式管理器”对话框

单击如图 6.2.5 所示对话框中的 修改(M)... 按钮，系统弹出 修改标注样式：ISO-25 对话框，如图 6.2.6 所示。下面就以该对话框为例，介绍各选项卡的含义。

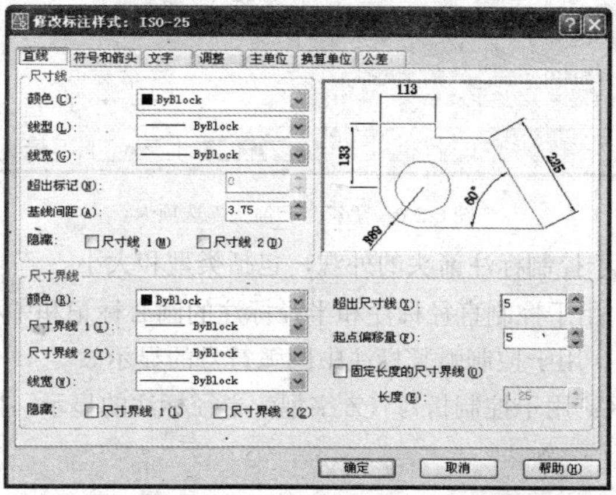

图 6.2.6 “修改标注样式：ISO-25”对话框

一、直线

该选项卡用于设置尺寸线和尺寸界线的参数。

（1）尺寸线 选项区：用于控制尺寸线的特性，包括颜色、线宽和间距，如图 6.2.7 所示为隐藏尺寸线示例图。

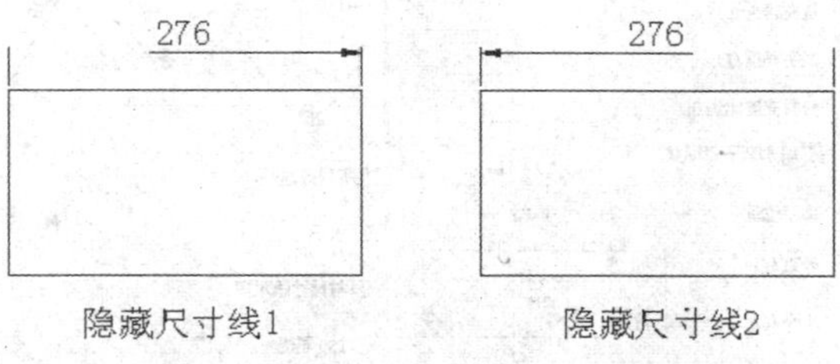

图 6.2.7 隐藏尺寸线

（2）尺寸界线 选项区：用于控制尺寸界线的特性，包括颜色、线宽、超出长度、偏移长度以及设置从尺寸线到标注原点的尺寸界线的总长度。

二、符号和箭头

选择“符号和箭头”选项卡，如图 6.2.8 所示。该选项卡用于设置箭头、圆心标记、弧长符号和折弯半径标注的格式和位置。

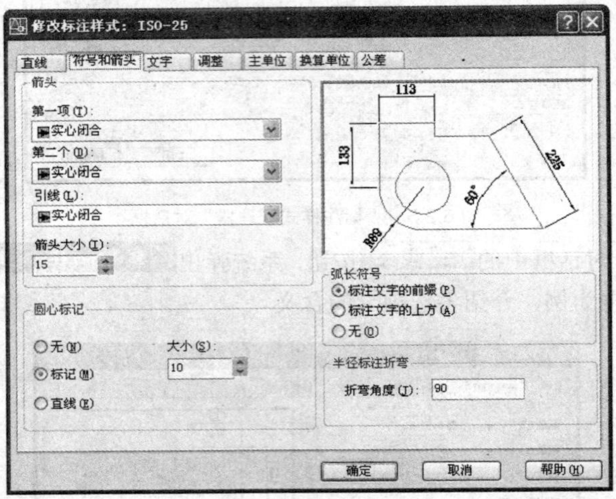

图 6.2.8 “符号和箭头”选项卡

（1）箭头选项区：用于控制标注箭头的外观，包括类型和大小。

（2）圆心标记选项区：用于控制直径标注和半径标注的圆心标记和中心线的外观。

（3）弧长符号选项区：用于控制弧长标注中圆弧符号的显示。

（4）半径标注折弯选项区：用于控制折弯（Z 字型）半径标注的显示。折弯半径标注通常在中心点位于页面外部时创建。

三、文字

选择“文字”选项卡，如图 6.2.9 所示。该选项卡用于设置标注文字的格式、放置和对齐。

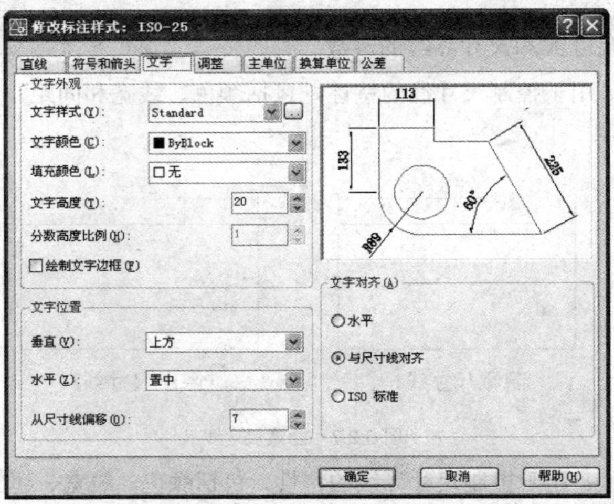

图 6.2.9 “文字”选项卡

（1）文字外观选项区：用于控制标注文字的格式和大小。

（2）文字位置选项区：控制标注文字的位置，如图 6.2.10 所示为标注文字位置示例图。

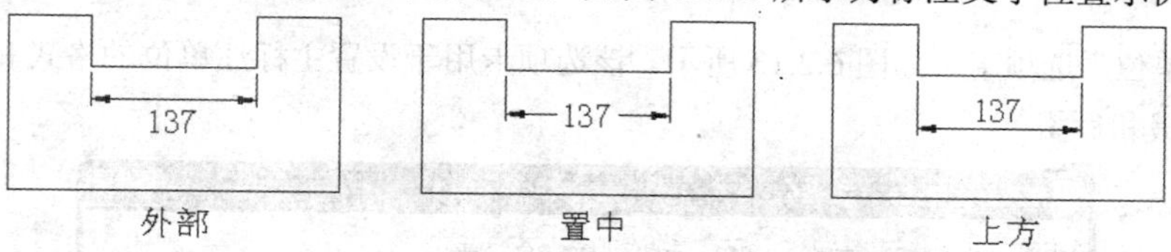

图 6.2.10　标注文字位置

（3）文字对齐(A)选项区：用于控制标注文字放在尺寸界线外边或里边时的方向是保持水平还是与尺寸界线平行。

四、调整

选择“调整”选项卡，如图 6.2.11 所示。该选项卡用于控制标注文字、箭头、引线和尺寸线的放置。

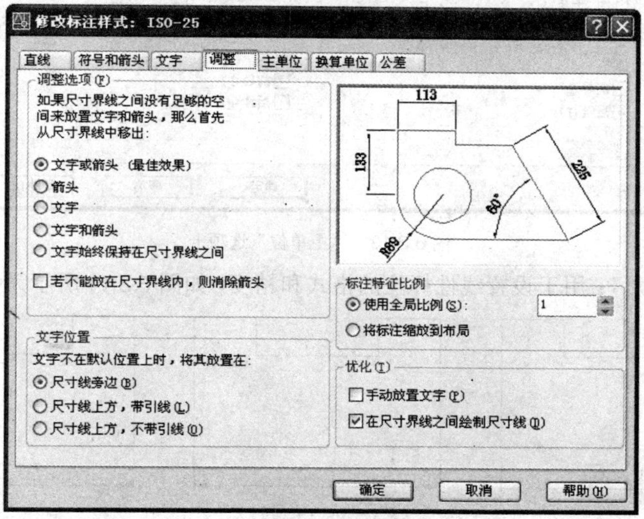

图 6.2.11　“调整”选项卡

（1）调整选项(F)选项区：用于控制基于尺寸界线之间可用空间的文字和箭头的位置。如果有足够大的空间，文字和箭头都将放在尺寸界线内。否则，将按照“调整”选项放置文字和箭头。

（2）文字位置选项区：用于设置标注文字的位置，如图 6.2.12 所示为文字位置示例图。

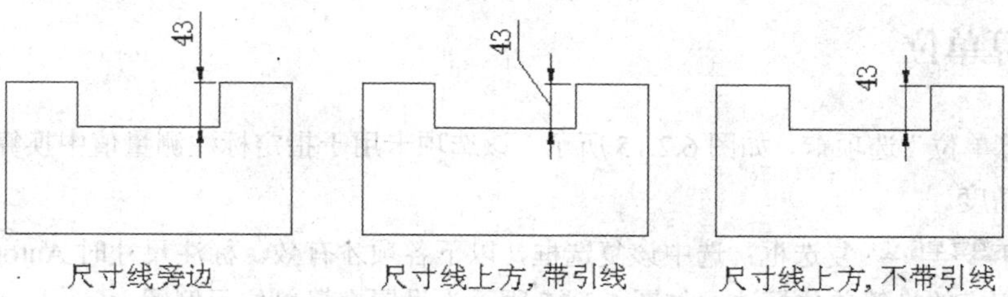

图 6.2.12　设置文字位置

（3）标注特征比例选项区：用于设置全局标注比例值或图纸空间比例。

（4）优化(T)选项区：用于放置标注文字的其他选项。

五、主单位

选择“主单位”选项卡，如图 6.2.13 所示。该选项卡用于设置主标注单位的格式和精度，并设置标注文字的前缀和后缀。

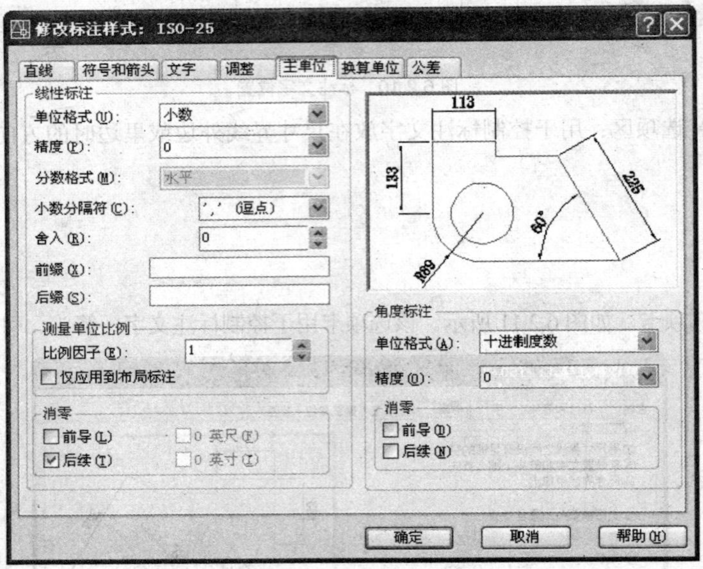

图 6.2.13 “主单位”选项卡

（1）线性标注 选项区：用于设置线性标注的格式和精度，如图 6.2.14 所示为设置线性标注示例图。

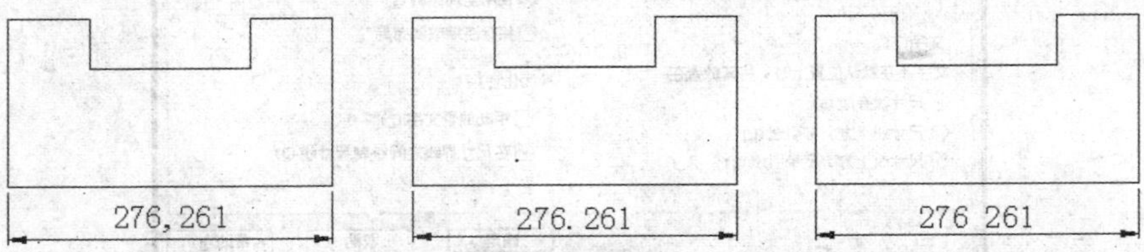

图 6.2.14 设置线性标注

（2）测量单位比例 选项区：用于确定测量时的缩放系数。

（3）消零 选项区：用于控制不输出前导零和后续零以及零英尺和零英寸部分。

（4）角度标注 选项区：用于显示和设置角度标注的当前角度格式。

六、换算单位

选择“换算单位”选项卡，如图 6.2.15 所示。该选项卡用于指定标注测量值中换算单位的显示并设置其格式和精度。

（1）☑显示换算单位(D) 复选框：选中该复选框，以下各项才有效。标注尺寸时 AutoCAD 将根据此处的设置显示相应的换算单位标注，如图 6.2.16 所示为设置换算单位示例图。

（2）换算单位 选项区：显示和设置除角度之外的所有标注类型的当前换算单位格式。

（3）位置 选项区：设置换算单位的放置位置。

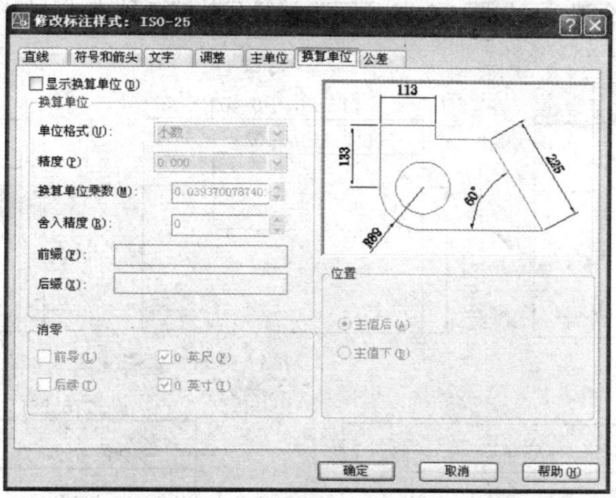

图 6.2.15 “换算单位”选项卡

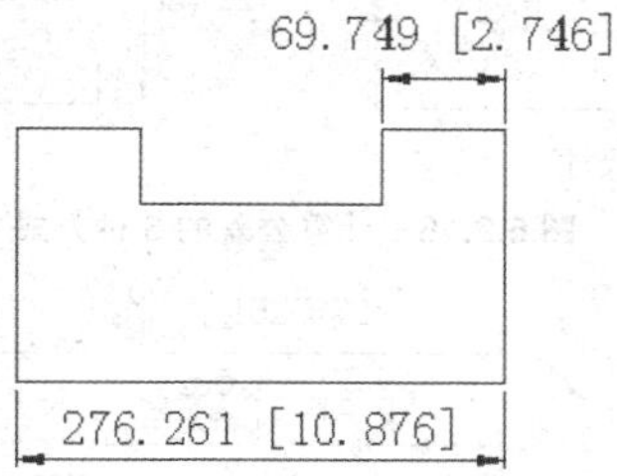

图 6.2.16 设置换算单位

七、公差

选择“公差”选项卡，如图 6.2.17 所示。该选项卡用于控制标注文字中公差的格式及显示。

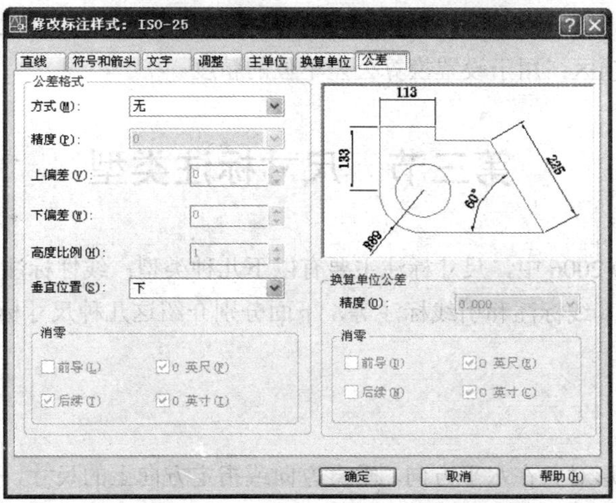

图 6.2.17 “公差”选项卡

（1）公差格式选项区：用于设置主单位的公差格式，提供了公差方式、精度、上偏差、下偏差、高度比例和垂直位置 6 个选项，如图 6.2.18 所示为计算公差的 5 种方式。如图 6.2.19 所示为公差文字的 3 种对齐方式。

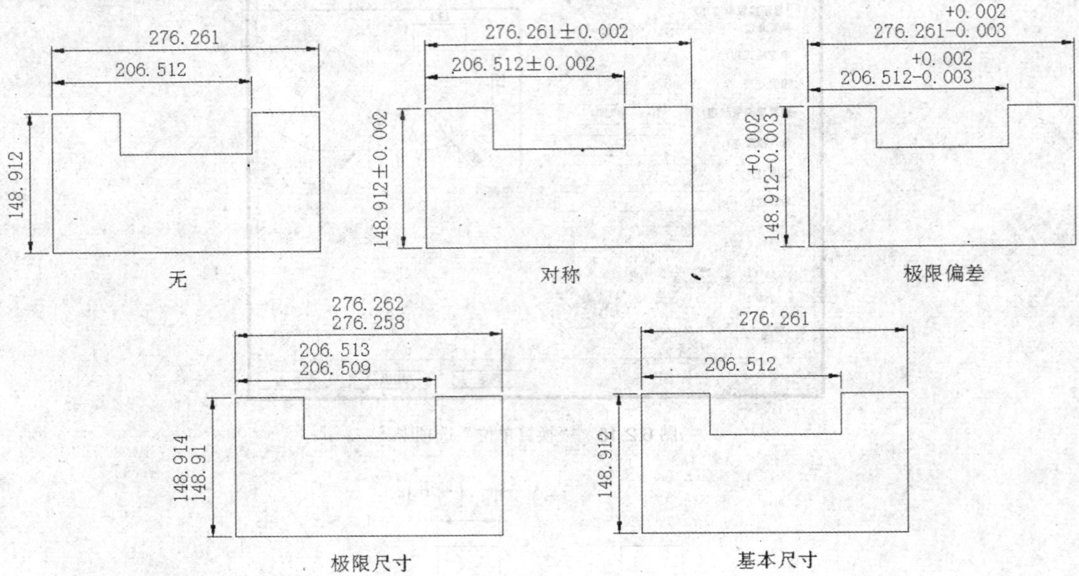

图 6.2.18　计算公差的 5 种方式

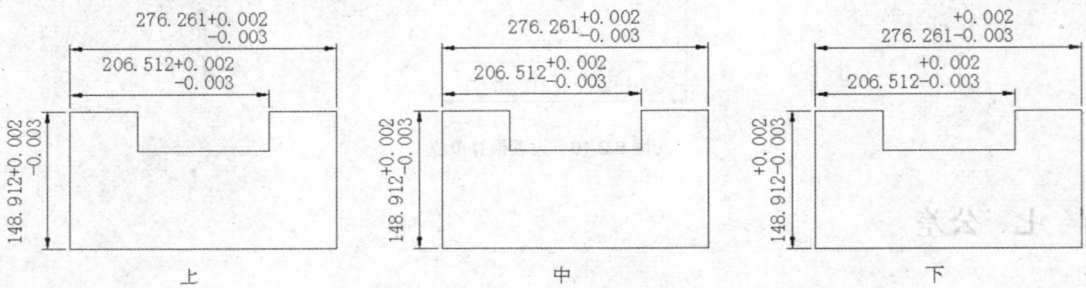

图 6.2.19　公差文字的 3 种对齐方式

（2）消零选项区：用于控制不输出前导零和后续零以及零英尺和零英寸部分。

（3）换算单位公差选项区：用于设置换算公差单位的精度。

第三节　尺寸标注类型

在中文版 AutoCAD 2006 中，尺寸标注主要有以下几种类型：线性标注、对齐标注、半径标注、直径标注、角度标注、基线标注和引线标注等，下面分别介绍这几种尺寸标注的方法。

一、线性标注

线性标注指标注图形对象在水平方向、垂直方向或指定方向上的尺寸，分为水平标注、垂直标注和放置标注 3 种类型。启动线性标注命令有如下 3 种方法：

（1）菜单栏：选择标注(N)→线性(L)命令。

（2）工具栏：单击“标注”工具栏中的“线性标注”按钮。

（3）命令行：在命令行输入 dimlinear。

执行线性标注命令后，命令行提示：“指定第一条尺寸界线原点或<选择对象>：”，指定尺寸界限的起点或者按回车键选择对象。执行默认选项后，系统提示：“指定第二条尺寸界线原点：”，确定另一条尺寸界限的原点位置。系统继续提示：“指定尺寸线位置或[多行文字(M)/文字(T)/角度(A)/水平(H)/垂直(V)/旋转(R)]：”，指定尺寸线的位置，如果没有执行后面的任何选项，AutoCAD 将自动按测量值生成标注文字。系统提示中各选项含义如下：

（1）“多行文字(M)”：利用“文字格式”编辑器编辑尺寸标注的文字。

（2）“文字(T)”：用于直接在命令行输入替代的标注文字。

（3）“角度(A)”：用于设置尺寸标注文字的旋转角度。

（4）“水平(H)”：用于绘制水平方向上的标注文字。

（5）“垂直(V)”：用于绘制垂直方向上的标注文字。

（6）“旋转(R)”：用于标注角度倾斜的文字。

提示

dimlinear 命令虽然可以标注倾斜的尺寸文字，但一般只用它标注垂直和水平方向的线型对象，对于倾斜的线型，一般使用 dimaligned 命令进行标注。

练习：使用线性标注命令标注如图 6.3.1 所示的线段。

（1）命令：dimlinear↙。

（2）指定第一条尺寸界线原点或<选择对象>：捕捉圆心 A。

（3）指定第二条尺寸界线原点：捕捉圆心 B。

（4）指定尺寸线位置或[多行文字(M)/文字(T)/角度(A)/水平(H)/垂直(V)/旋转(R)]：h↙。

（5）指定尺寸线位置或[多行文字(M)/文字(T)/角度(A)]：确定尺寸线的位置。

（6）标注文字=436。

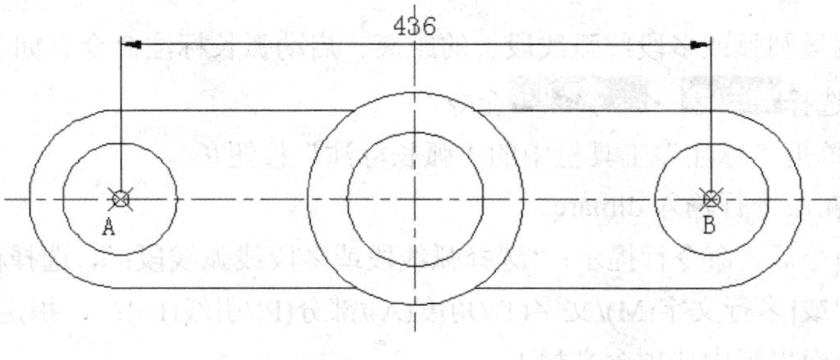

图 6.3.1　线性标注

二、对齐标注

对齐标注是指将尺寸线与两尺寸界限原点的连线相平行。若标注对象是圆弧，则尺寸标注的尺寸线与圆弧的两个端点所产生的线段将保持平行。启动对齐标注命令有如下 3 种方法：

（1）菜单栏：选择 标注(N) → 对齐(G) 命令。

（2）工具栏：单击“标注”工具栏中的“对齐标注”按钮。

（3）命令行：在命令行输入 dimaligned。

执行对齐标注命令后，命令行提示：“指定第一条尺寸界线原点或<选择对象>：”，指定尺寸界限起点或者按回车键选择对象。执行默认选项后，系统提示："指定第二条尺寸界线原点："，确定另一条尺寸界限的原点位置。系统继续提示："指定尺寸线位置或[多行文字(M)/文字(T)/角度(A)]："，确定尺寸线的位置。上面提示中选项含义与线性标注命令中的选项含义相同，这里不再赘述。

提示 dimaligned 命令一般用于倾斜对象的尺寸标注，系统能自动将尺寸线调整为与所标注线段平行。

练习：使用对齐标注命令标注如图 6.3.2 所示的线段。

（1）命令：dimaligned↙。

（2）指定第一条尺寸界线原点或<选择对象>：捕捉点 A。

（3）指定第二条尺寸界线原点：捕捉点 B。

（4）指定尺寸线位置或[多行文字(M)/文字(T)/角度(A)]：确定尺寸线的位置。

（5）标注文字=209。

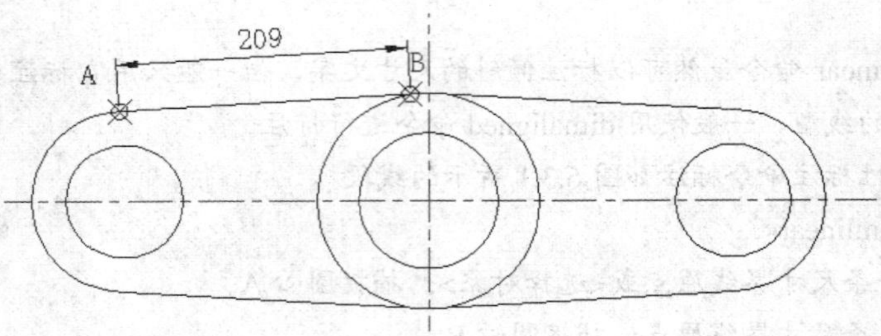

图 6.3.2 对齐标注

三、弧长标注

弧长标注用于测量圆弧或多段线弧线段上的距离。启动弧长标注命令有如下 3 种方法：

（1）菜单栏：选择 标注(N) → 弧长(H) 命令。

（2）工具栏：单击"标注"工具栏中的"弧长标注"按钮。

（3）命令行：在命令行输入 dimarc。

执行弧长标注命令后，命令行提示："选择弧线段或多段线弧线段："，选择标注对象。系统提示："指定弧长标注位置或[多行文字(M)/文字(T)/角度(A)/部分(P)/引线(L)]："，指定尺寸线的位置并确定尺寸界线的方向。上面提示中选项含义如下：

（1）"多行文字(M)"：使用"文字格式"编辑器编辑标注文字以及是否在测量值前后输入前缀或后缀。

（2）"文字(T)"：用于在命令行自定义标注文字。

（3）"角度(A)"：用于修改标注文字的角度。

（4）"部分(P)"：用于缩短弧长标注的长度。

（5）"引线(L)"：添加引线对象。当圆弧（或弧线段）大于 90° 时才会显示此选项。引线是按径向绘制的，指向所标注圆弧的圆心。

注意 当圆弧的包含角度小于 90° 时才显示正交尺寸界线。

练习：使用弧长标注命令标注如图 6.3.3 所示的弧长。

（1）命令：dimarc↙

（2）选择弧线段或多段线弧线段：选择弧线段 AB。

（3）指定弧长标注位置或[多行文字(M)/文字(T)/角度(A)/部分(P)/引线(L)]：确定尺寸线的位置。

（4）标注文字=210。

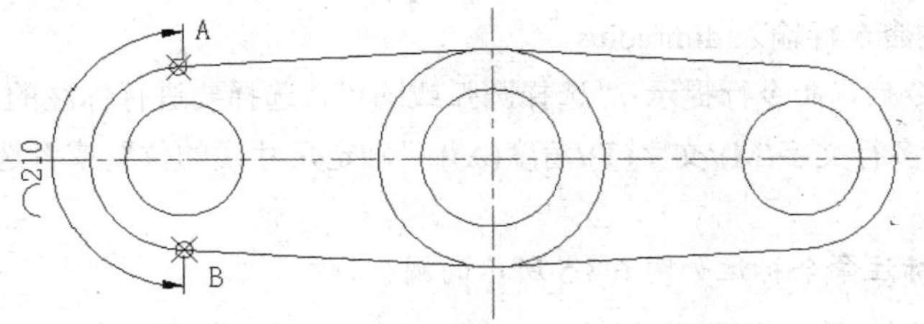

图 6.3.3 弧长标注

四、坐标标注

坐标标注用于标注相对于坐标原点的坐标。启动坐标标注命令有如下 3 种方法：

（1）菜单栏：选择 标注(N) → 坐标(O) 命令。

（2）工具栏：单击“标注”工具栏中的“坐标标注”按钮。

（3）命令行：在命令行输入 dimordinate。

执行坐标标注命令后，命令行提示：“指定点坐标：”，选择需要标注的点。系统继续提示：“指定引线端点或[X 基准(X)/Y 基准(Y)/多行文字(M)/文字(T)/角度(A)]：”，指定确定引线端点的位置或者选择合适的选项完成坐标标注。上面提示中各选项含义如下：

（1）“X 基准(X)”：用于标注 X 轴坐标。

（2）“Y 基准(Y)”：用于标注 Y 轴坐标。

（3）“多行文字(M)/文字(T)/角度(A)”：此 3 个选项的功能和前面介绍的相同，这里不再赘述。

练习：使用坐标标注命令标注如图 6.3.4 所示的点。

（1）命令：dimordinate↙。

（2）指定点坐标：捕捉点 A。

（3）指定引线端点或[X 基准(X)/Y 基准(Y)/多行文字(M)/文字(T)/角度(A)]：y↙。

（4）指定引线端点或[X 基准(X)/Y 基准(Y)/多行文字(M)/文字(T)/角度(A)]：确定引线端点位置。

（5）标注文字=1390。

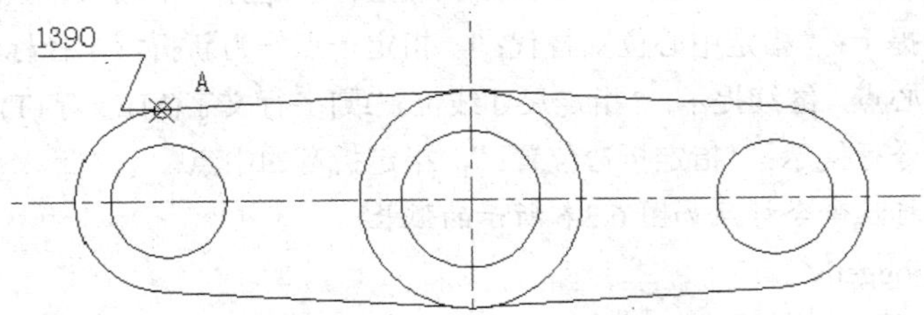

图 6.3.4 坐标标注

五、半径标注

半径标注用于标注圆或圆弧的半径，启动半径标注命令有如下 3 种方法：

（1）菜单栏：选择 标注(N) → 半径(R) 命令。

（2）工具栏：单击“标注”工具栏中的“半径标注”按钮。

（3）命令行：在命令行输入 dimradius。

执行半径标注命令后，命令行提示：“选择圆弧或圆:”，选择要进行标注的对象。系统继续提示：“指定尺寸线位置或[多行文字(M)/文字(T)/角度(A)]:”确定尺寸线的位置或者选择合适的选项进行半径标注。

练习：使用半径标注命令标注如图 6.3.5 所示的圆。

（1）命令：dimradius↙。

（2）选择圆弧或圆：捕捉圆 A。

（3）标注文字=80。

（4）指定尺寸线位置或[多行文字(M)/文字(T)/角度(A)]：确定尺寸线的位置。

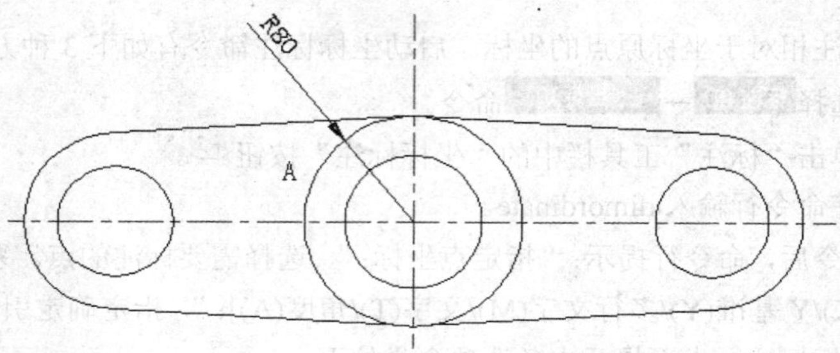

图 6.3.5　半径标注

六、折弯标注

折弯标注用于测量选定对象的半径，并显示前面带有一个半径符号的标注文字。可以在任意合适的位置指定尺寸线的原点。启动折弯标注命令有如下 3 种方法：

（1）菜单栏：选择 标注(N) → 折弯(J) 命令。

（2）工具栏：单击“标注”工具栏中的“折弯标注”按钮。

（3）命令行：在命令行输入 dimjogged。

执行折弯标注命令后，命令行提示：“选择圆弧或圆:”，选择一个圆弧、圆或多段线弧线段作为标注对象，系统继续提示：“指定中心位置替代:”，指定一点作为新折弯半径标注的中心点，用于替代圆弧或圆的实际中心点。继续提示：“指定尺寸线位置或[多行文字(M)/文字(T)/角度(A)]:”，确定尺寸线的位置。最后命令行提示：“指定折弯位置:”，指定折弯的中点。

练习：使用折弯标注命令标注如图 6.3.6 所示的弧长。

（1）命令：dimjogged↙。

（2）选择圆弧或圆：选择圆 A。

（3）指定中心位置替代：捕捉圆 B 的圆心。

（4）标注文字=80。

（5）指定尺寸线位置或 [多行文字(M)/文字(T)/角度(A)]：捕捉 C 点。

（6）指定折弯位置：↙。

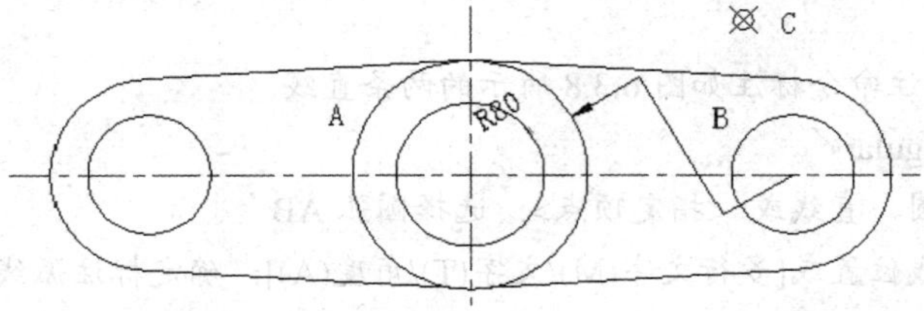

图 6.3.6　折弯标注

七、直径标注

直径标注用于标注圆或圆弧的直径，启动直径标注命令有如下 3 种方法：

（1）菜单栏：选择 标注(N) → 直径(D) 命令。

（2）工具栏：单击“标注”工具栏中的“直径标注”按钮。

（3）命令行：在命令行输入 dimdiameter。

执行直径标注命令后，命令行提示：“选择圆弧或圆:”，选择需要标注的对象。系统继续提示：“指定尺寸线位置或[多行文字(M)/文字(T)/角度(A)]:”，确定尺寸线的位置或者选择合适的选项进行直径标注。

练习：使用直径标注命令标注如图 6.3.7 所示的圆。

（1）命令：dimdiameter↙。

（2）选择圆弧或圆：捕捉圆 A。

（3）标注文字=160。

（4）指定尺寸线位置或[多行文字(M)/文字(T)/角度(A)]：确定尺寸线的位置。

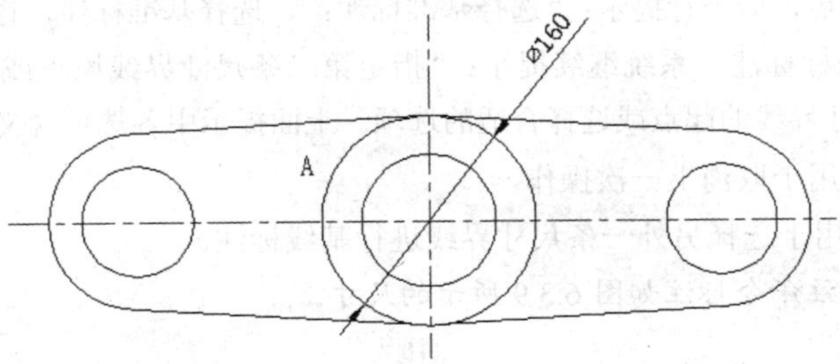

图 6.3.7　直径标注

八、角度标注

角度标注用于标注圆、圆弧、两条非平行直线及 3 个点之间的角度。启动角度标注命令有如下 3 种方法：

（1）菜单栏：选择 标注(N) → 角度(A) 命令。

（2）工具栏：单击“标注”工具栏中的“角度标注”按钮。

（3）命令行：在命令行输入 dimangular。

执行角度标注命令后，命令行提示：“选择圆弧、圆、直线或<指定顶点>:”，选择要标注的圆弧、圆或直线对象。选择直线对象后，命令行提示："选择第二条直线："，选择另一直线对象，系统继续提示："指定标注弧线位置或[多行文字(M)/文字(T)/角度(A)]："，确定圆弧尺寸线的位置或选择合适的选项完成角度标注。

练习：使用角度标注命令标注如图 6.3.8 所示的两条直线。

（1）命令：dimangular↙。

（2）选择圆弧、圆、直线或 <指定顶点>：选择圆弧 AB。

（3）指定标注弧线位置或[多行文字(M)/文字(T)/角度(A)]：确定标注弧线的位置。

（4）标注文字=180。

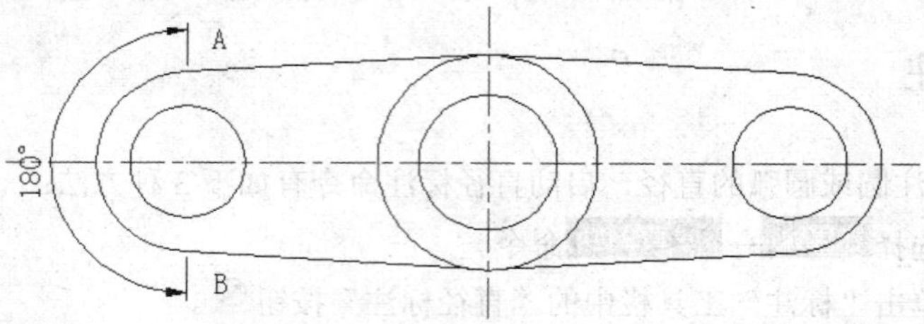

图 6.3.8　角度标注

九、基线标注

基线标注用于在图形中以某一尺寸线为基线标注其他图形对象的尺寸。系统默认以最后一次标注的尺寸边界线作为标注基线。启动基线标注命令有如下 3 种方法：

（1）菜单栏：选择 标注(N) → 基线(B) 命令。

（2）工具栏：单击"标注"工具栏中的"基线标注"按钮。

（3）命令行：在命令行输入 dimbaseline。

执行基线标注命令后，命令行提示："选择基准标注："，选择基准标注，该基准标注可以是线性标注、角度标注以及坐标标注。系统继续提示："指定第二条尺寸界线原点或[放弃(U)/选择(S)]<选择>："，指定第二条尺寸界线的起点或选择合适的选项。上面提示中各选项含义如下：

（1）"放弃(U)"：用于取消上一次操作。

（2）"选择(S)"：用于选择另外一条尺寸界线进行基线标注。

练习：使用基线标注命令标注如图 6.3.9 所示的尺寸。

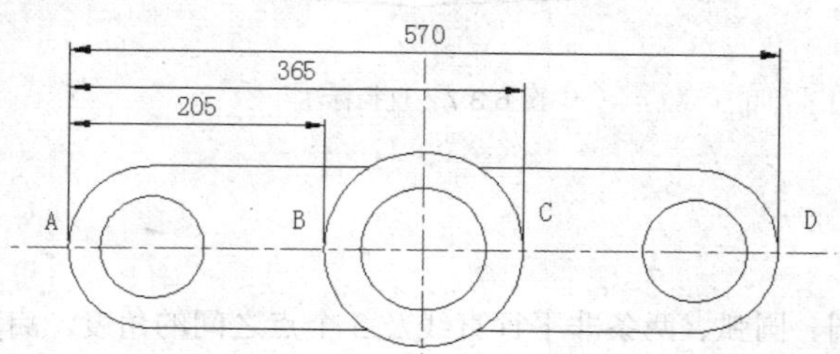

图 6.3.9　基线标注

（1）命令：dimbaseline↙。

（2）选择基准标注：选择基准标注 AB。

（3）指定第二条尺寸界线原点或 [放弃(U)/选择(S)] <选择>：捕捉 C 点。

（4）标注文字=365。

（5）指定第二条尺寸界线原点或 [放弃(U)/选择(S)] <选择>：捕捉 D 点。

（6）标注文字=570。

（7）指定第二条尺寸界线原点或 [放弃(U)/选择(S)] <选择>：在该提示下直接按回车键结束基线标注。

十、连续标注

连续标注用于在同一尺寸线水平或垂直方向连续标注尺寸。系统以默认最后一次标注的边界线为基线对图形对象进行连续标注。启动连续标注命令有如下 3 种方法：

（1）菜单栏：选择标注(N)→连续(C)命令。

（2）工具栏：单击"标注"工具栏中的"连续标注"按钮。

（3）命令行：在命令行输入 dimcontinue。

执行连续标注命令后，命令行提示："选择连续标注："，选择要连续标注的基准标注，该基准标注可以是线性标注、角度标注以及坐标标注。系统继续提示："指定第二条尺寸界线原点或[放弃(U)/选择(S)]<选择>："，确定另一连续尺寸的第二条尺寸界线的起始点，或者选择其他选项进行操作。

练习：使用连续标注命令标注如图 6.3.10 所示的尺寸。

（1）命令：dimcontinue↙。

（2）选择连续标注：选择连续标注 AB。

（3）指定第二条尺寸界线原点或 [放弃(U)/选择(S)] <选择>：捕捉 C 点。

（4）标注文字=36。

（5）指定第二条尺寸界线原点或 [放弃(U)/选择(S)] <选择>：捕捉 D 点。

（6）标注文字=6。

（7）指定第二条尺寸界线原点或 [放弃(U)/选择(S)] <选择>：在该提示下直接按回车键结束连续标注。

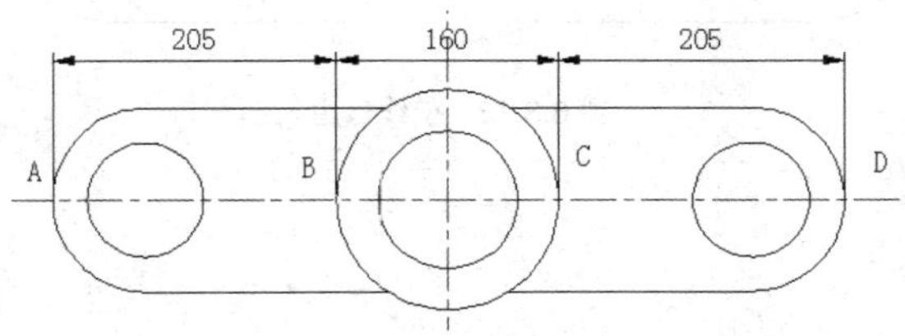

图 6.3.10　连续标注

十一、引线标注

引线标注用于创建带有一个或多个引线及多种格式的注释文字。启动引线标注命令有如下 3 种方法：

（1）菜单栏：选择标注(N)→引线(E)命令。

（2）工具栏：单击"标注"工具栏中的"引线标注"按钮。

（3）命令行：在命令行输入 qleader。

执行引线标注命令后，命令行提示："指定第一个引线点或[设置(S)]<设置>："指定引线的起点或者输入 S 直接按回车键，系统弹出引线设置对话框，如图 6.3.11 所示。利用该对话框可以设置引线的注释文字、箭头和格式。指定引线的起点后，系统继续提示："指定下一点："，指定引线的第二点。命令行提示："指定文字宽度<0>："，指定标注文字的宽度。最后系统提示："输入注释文字的第一行<多行文字(M)>："，通过单行文字或多行文字命令对引线进行文字标注。

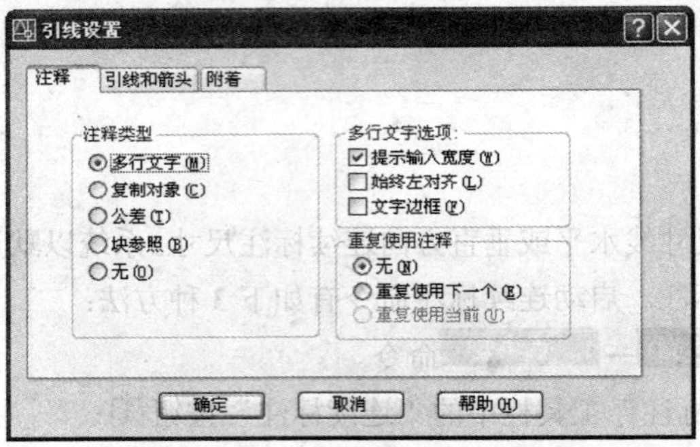

图 6.3.11 "引线设置"对话框

练习：使用引线标注命令标注如图 6.3.12 所示的圆。

（1）命令：qleader↙。

（2）指定第一个引线点或 [设置(S)] <设置>：捕捉 A 点。

（3）指定下一点：捕捉 B 点。

（4）指定下一点：捕捉 C 点。

（5）指定文字宽度 <0>：↙。

（6）输入注释文字的第一行 <多行文字(M)>：圆心 A。

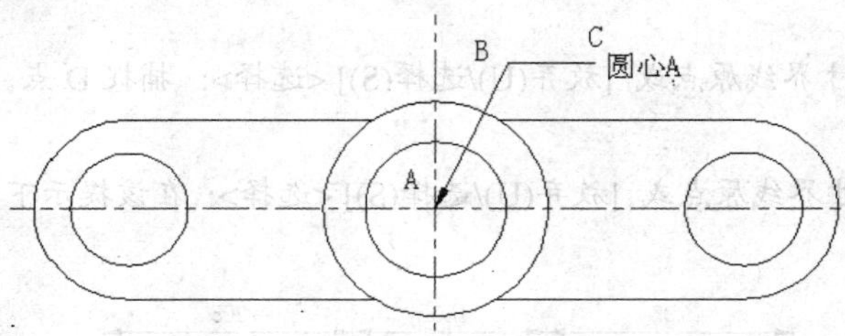

图 6.3.12 引线标注

十二、公差标注

公差标注用于标注对象的轮廓和位置。规定尺寸的最大允许值，启动公差标注命令有如下 3 种方法：

（1）菜单栏：选择标注(N)→公差(T)...命令。

（2）工具栏：单击"标注"工具栏中的"公差标注"按钮。

（3）命令行：在命令行输入 tolerance。

执行公差标注命令后，系统弹出形位公差对话框，如图 6.3.13 所示。利用该对话框可以设置公差的符号、值及基准参照等参数。该对话框中各选项含义如下：

（1）符号选项区：单击该选项区中的黑色框，系统弹出特征符号对话框，如图 6.3.14 所示，用户可以通过该对话框选择几何特征符号。

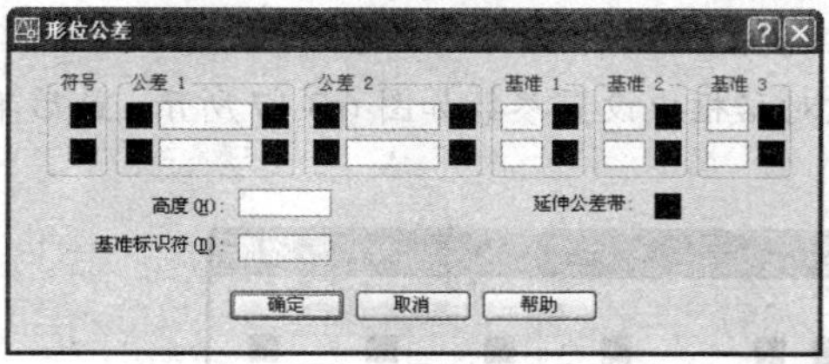

图 6.3.13 “形位公差”对话

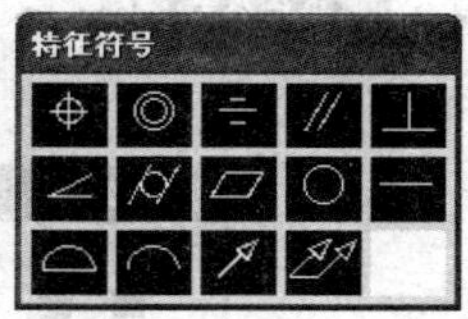

图 6.3.14 “特征符号”对话框

表 6.1 列出了形位公差各符号的意义。

表 6.1 形位公差符号意义

符 号	名 称	符 号	名 称
⌖	定位	⌓	平面轮廓
◎	同心/同轴	⌒	直线轮廓
⌯	对称	↗	圆跳动
//	平行	⌰	全跳动
⊥	垂直	Ø	直径
∠	角	Ⓜ	最大包容条件（MMC）
⌭	柱面性	Ⓛ	最小包容条件（LMC）
▱	平坦度	Ⓢ	不考虑特征尺寸（RFS）
○	圆或圆度	Ⓟ	投影公差
—	直线度		

（2）公差 1和公差 2选项区：单击该选项区后面的黑色框■，系统弹出附加符号对话框，如图 6.3.15 所示。利用该对话框用户可以选择包容条件符号。

图 6.3.15 “附加符号”对话框

（3）基准 1、基准 2和基准 3选项区：用于设置公差基准和相应的包容条件。

（4）高度(H):文本框：用于设置投影公差带的值。投影公差带控制固定垂直部分延伸区的高度变化，并以位置公差控制公差精度。

（5）基准标识符(D):文本框：用于创建由参照字母组成的基准标识符号。

（6）延伸公差带:选项：单击后面的黑方框■，可以设置是否添加延伸公差带。

练习：使用公差标注命令标注如图 6.3.16 所示的图形。

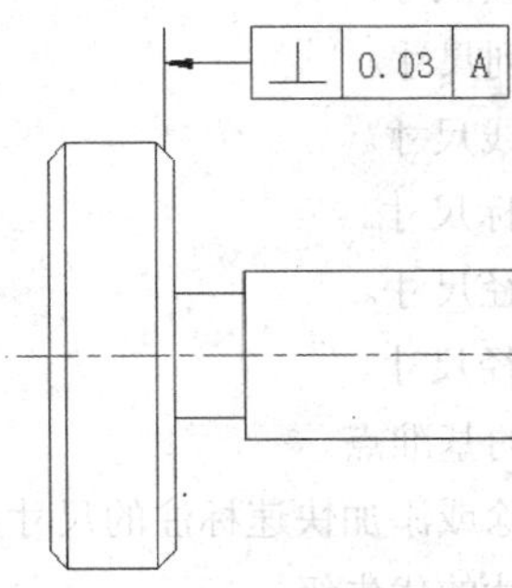

图 6.3.16 公差标注

（1）tolerance↙。

（2）系统弹出形位公差对话框，在该对话框中设置参数如图 6.3.17 所示，最后单击确定按钮，完成公差标注。

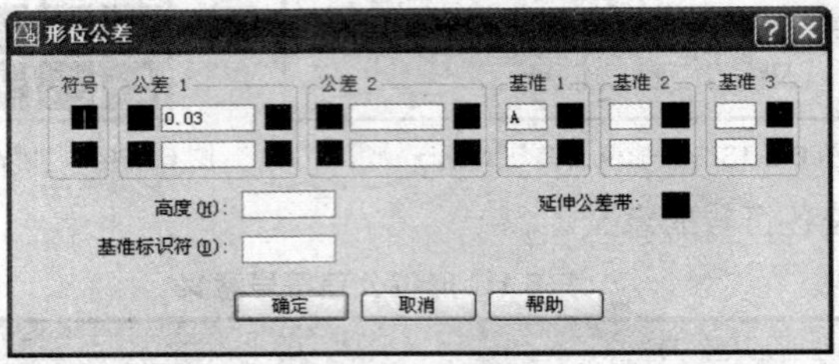

图 6.3.17 “形位公差”对话框

十三、圆心标注

圆心标注用于标注圆和圆弧的圆心和中心线，启动圆心标注命令有如下 3 种方法：

（1）菜单栏：选择标注(N)→圆心标记(M)命令。

（2）工具栏：单击“标注”工具栏中的“圆心标注”按钮。

（3）命令行：在命令行输入 dimcenter。

执行圆心标注命令后，命令行提示：“选择圆弧或圆：”选择要标注的圆或圆弧。

十四、快速标注

快速标注可以采用基线、连续标注的方式，对所选几何体进行一次性标注。启动快速标注命令有如下 3 种方法：

（1）菜单栏：选择标注(N)→快速标注(Q)命令。

（2）工具栏：单击“标注”工具栏中的“快速标注”按钮。

（3）命令行：在命令行输入 qdim。

执行快速标注命令后，命令行提示：“选择要标注的几何图形：”，选择要标注尺寸的图形对象。系统继续提示：“指定尺寸线位置或[连续(C)/并列(S)/基线(B)/坐标(O)/半径(R)/直径(D)/基准点(P)/编辑(E)/设置(T)]<连续>：”，确定尺寸线的位置或者选择合适的选项进行标注。上面提示中各选项含义如下：

（1）“连续(C)”：用于一次标注连续尺寸。

（2）“并列(S)”：用于一次标注并列尺寸。

（3）“基线(B)”：用于一次标注基线尺寸。

（4）“坐标(O)”：用于一次标注坐标尺寸。

（5）“半径(R)”：用于一次标注半径尺寸。

（6）“直径(D)”：用于一次标注直径尺寸。

（7）“基准点(P)”：用于确定标注的基准点。

（8）“编辑(E)”：用于允许用户删除或添加快速标注的尺寸点。

（9）“设置(T)”：用来指定关联尺寸的优先级。

练习：使用快速标注命令标注如图 6.3.18 所示的线段。

（1）命令：qdim↙。

（2）关联标注优先级=端点。

（3）选择要标注的几何图形：选择直线 AB。

（4）选择要标注的几何图形：选择直线 BC。

（5）选择要标注的几何图形：选择直线 CD。

（6）选择要标注的几何图形：↙。

（7）指定尺寸线位置或[连续(C)/并列(S)/基线(B)/坐标(O)/半径(R)/直径(D)/基准点(P)/编辑(E)/设置(T)] <连续>：确定尺寸线的位置后按回车键。

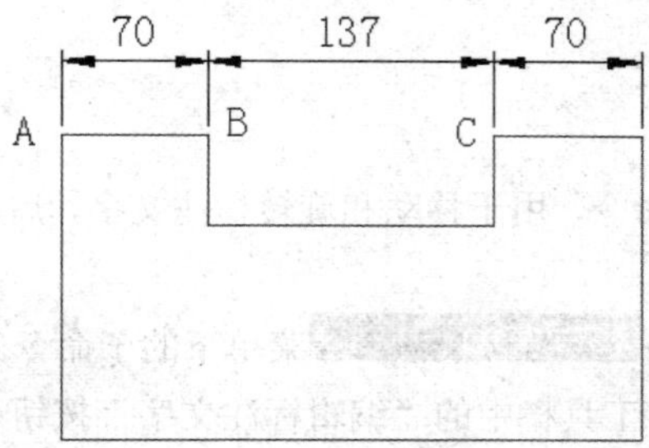

图 6.3.18　快速标注

第四节　编辑尺寸标注

对于已经存在的尺寸标注，AutoCAD 提供了多种编辑方法。如编辑尺寸文字的位置、文字的内容等，下面分别对其进行具体介绍。

一、使用标注编辑命令

编辑标注 dimedit 命令，用于修改一个或多个尺寸标注对象上的文字内容、方向、位置以及倾斜尺寸界线，启动编辑标注命令有如下 3 种方法：

（1）菜单栏：选择 标注(N) → 倾斜(Q) 命令。

（2）工具栏：单击“标注”工具栏中的“编辑标注”按钮。

（3）命令行：在命令行输入 dimedit。

执行编辑标注命令后，命令行提示：“输入标注编辑类型[默认(H)/新建(N)/旋转(R)/倾斜(O)]<默认>:”，输入标注编辑类型或者选择合适的选项进行编辑。上面提示中各选项含义如下：

（1）“默认(H)”：用于将尺寸文字移动到默认位置。

（2）“新建(N)”：利用“文字格式”编辑器修改标注文字的内容。

（3）“旋转(R)”：编辑旋转标注文字的角度。

（4）“倾斜(O)”：调整尺寸界线的倾斜角度。

练习：将如图 6.4.1 所示的尺寸标注进行编辑，结果如图 6.4.2 所示。

（1）命令：dimedit↙。

（2）输入标注编辑类型 [默认(H)/新建(N)/旋转(R)/倾斜(O)] <默认>：O↙。

（3）选择对象：选择如图 6.4.1 所示的线性标注。

（4）选择对象：↙。

（5）输入倾斜角度 (按回车键表示无)：60↙。

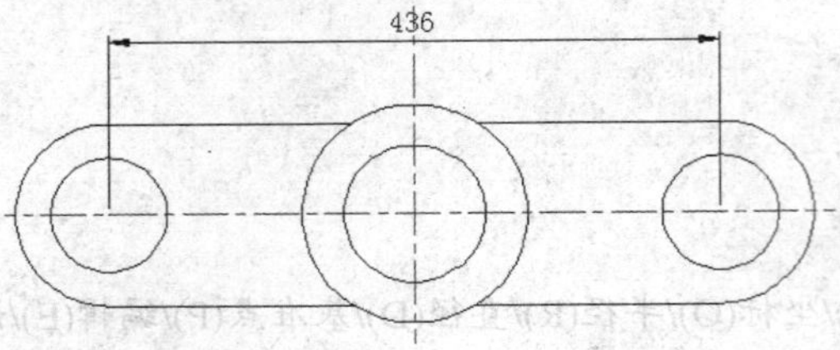

图 6.4.1　倾斜前的尺寸标注

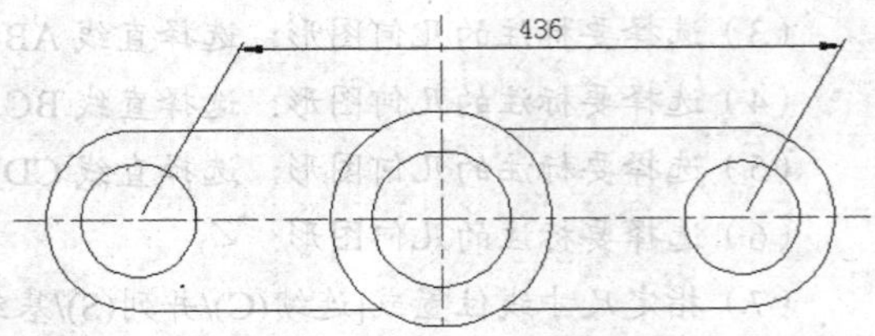

图 6.4.2　倾斜后的尺寸标注

二、编辑尺寸标注文字

编辑尺寸标注文字 dimtedit 命令，用于移动和旋转标注文字，启动编辑尺寸标注文字命令有如下 3 种方法：

（1）菜单栏：选择 标注(N) → 对齐文字(X) 菜单下的子命令。

（2）工具栏：单击“标注”工具栏中的“编辑标注文字”按钮。

（3）命令行：在命令行输入 dimtedit。

执行编辑标注文字命令后，命令行提示：“选择标注：”，选择要编辑的标注文字。系统继续提示：“指定标注文字的新位置或[左(L)/右(R)/中心(C)/默认(H)/角度(A)]：”，确定标注文字的新位置或者选择合适的选项进行标注。上面提示中各选项含义如下：

（1）“左(L)”：将标注文字沿尺寸线靠左对齐，该选项只适用于线性、半径和直径标注。

（2）“右(R)”：将标注文字沿尺寸线靠右对齐，该选项只适用于线性、半径和直径标注。

（3）“中心(C)”：将标注文字移到尺寸线的中间。

（4）“默认(H)”：将标注文字移到标注样式指定的默认位置。

（5）“角度(A)”：将标注文字旋转指定的角度。

练习：使用编辑标注文字命令编辑如图 6.4.1 所示的尺寸，结果如图 6.4.3 所示。

（1）命令：dimtedit↙。

（2）选择标注：选择如图 6.4.1 所示的线性标注。

（3）指定标注文字的新位置或 [左(L)/右(R)/中心(C)/默认(H)/角度(A)]：l↙。

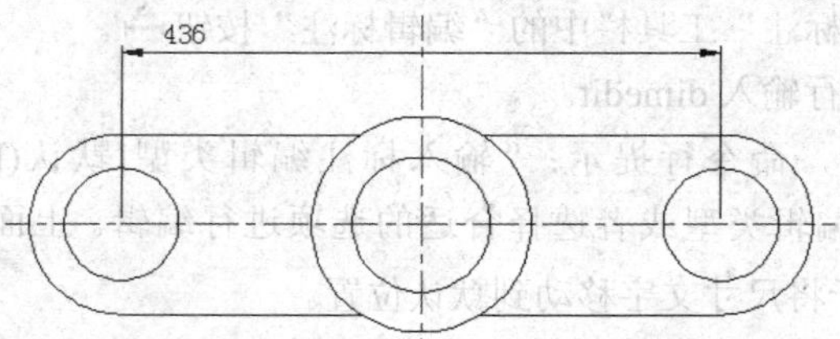

图 6.4.3　编辑标注文字

第五节　上机实战——螺钉

本节通过一个典型实例使用户进一步掌握尺寸标注的使用方法与技巧。

（1）选择 格式(O) → 图层(L)... 命令，弹出 图层特性管理器 对话框，在该对话框中单击“新建图层”

按钮，创建 3 个图层，名称分别为“辅助”、“实体”和“尺寸标注”，颜色分别为“红色”、“蓝色”和“品红”，除“辅助”层的线型为 CENTER 以外，其他为默认设置。设置“辅助”层为当前图层，如图 6.5.1 所示。

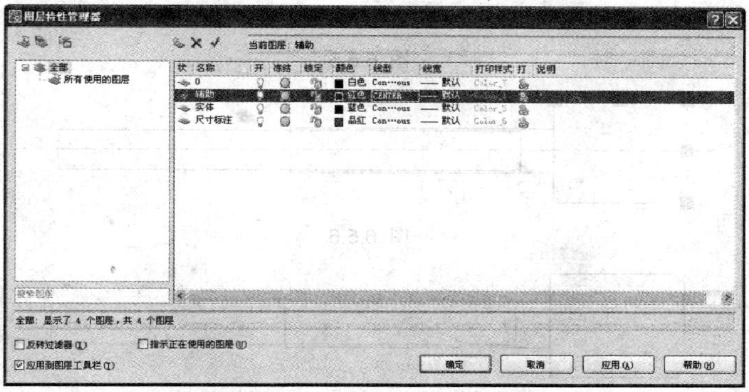

图 6.5.1 “图层特性管理器”对话框

（2）单击“直线”按钮或者在命令行输入 line，以原点为起点，绘制两条互相垂直的辅助线，长度约为 150，宽度约为 40，如图 6.5.2 所示。

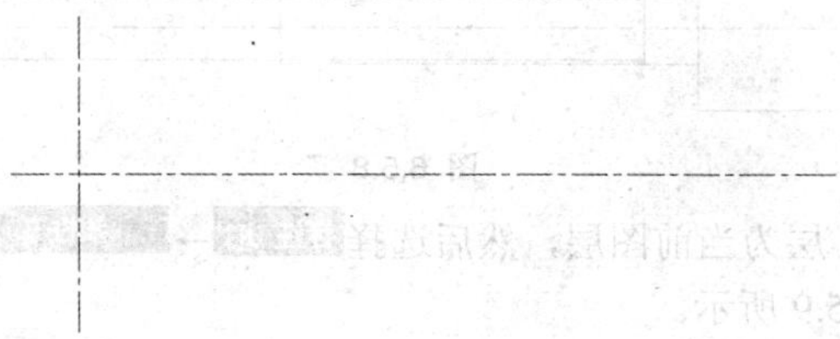

图 6.5.2

（3）单击“偏移”按钮或者在命令行输入 offset，将上步绘制的水平辅助线向上向下各偏移 3，3.5 和 8 个单位，如图 6.5.3 所示。

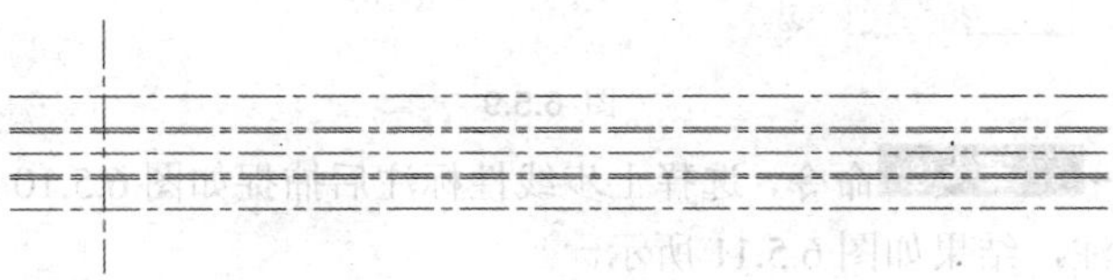

图 6.5.3

（4）重复偏移命令，将步骤（2）绘制的垂直辅助线向右偏移 20，25，60 和 95 个单位，如图 6.5.4 所示。

图 6.5.4

（5）设置“实体”层为当前图层，然后单击“修剪”按钮或者在命令行输入 trim，修剪偏移后的辅助线将部分辅助线转换为实体线，如图 6.5.5 所示。

（6）单击“倒角”按钮或者在命令行输入 chamfer，捕捉如图 6.5.6 所示的两条直线并对其进行倒角处理，倒角距离为 1.5。重复倒角命令，对其他的边用同样的距离进行倒角处理，结果如图 6.5.7

所示。

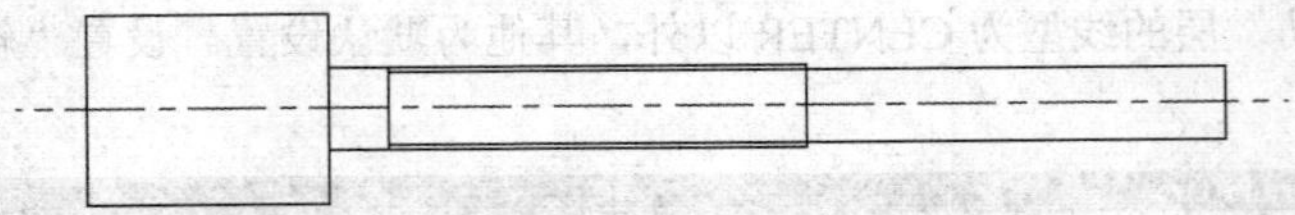

图 6.5.5

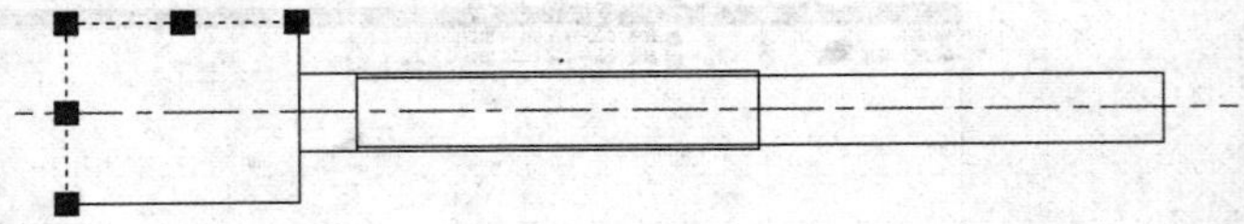

图 6.5.6

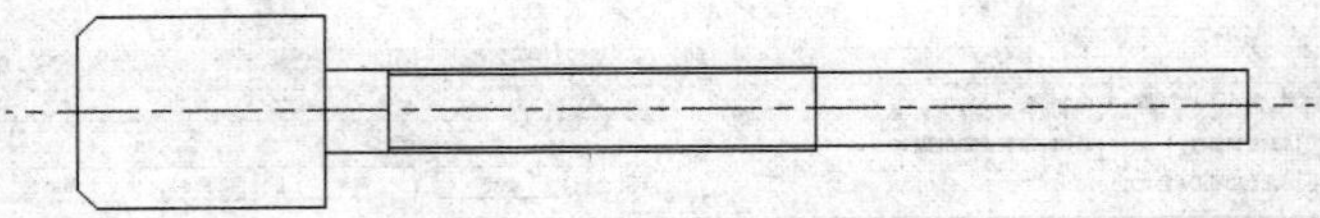

图 6.5.7

（7）利用直线命令连接倒角，如图 6.5.8 所示。

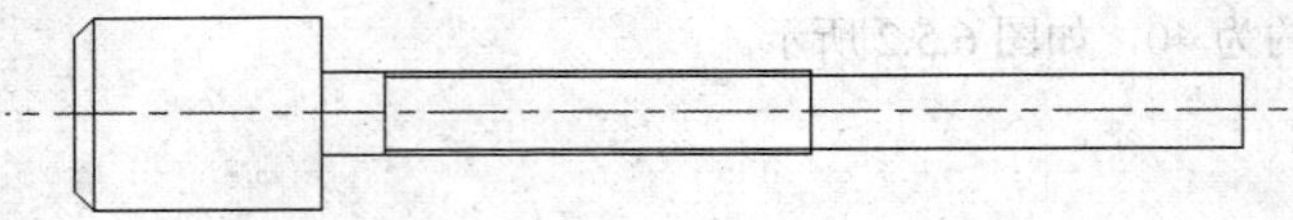

图 6.5.8

（8）设置“尺寸标注”层为当前图层，然后选择 标注(N) → 线性(L) 命令，捕捉点 A 和点 B，对图形进行线性标注，如图 6.5.9 所示。

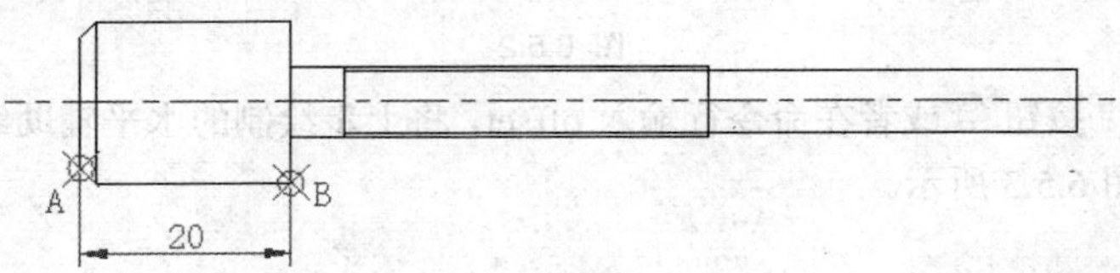

图 6.5.9

（9）选择 标注(N) → 基线(B) 命令，选择上步线性标注后捕捉如图 6.5.10 所示的点 A，点 B 和点 C，对图形进行基线标注，结果如图 6.5.11 所示。

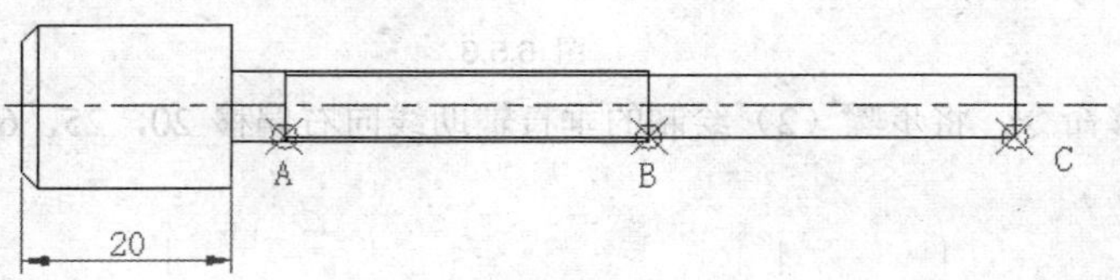

图 6.5.10

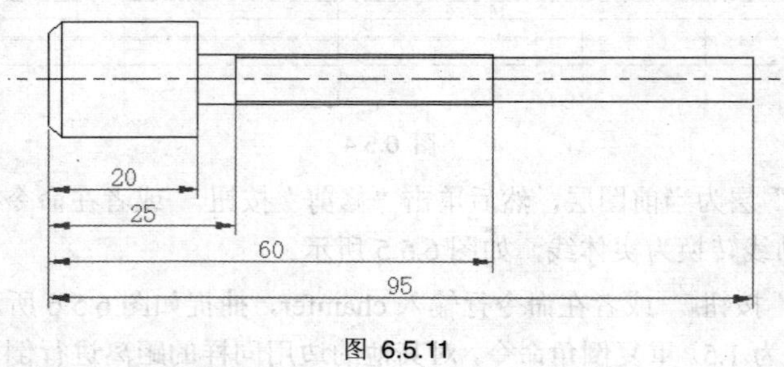

图 6.5.11

（10）选择标注(N)→引线(E)命令，对图形进行引线标注，并利用“文字格式”编辑器输入尺寸标注，如图 6.5.12 所示。

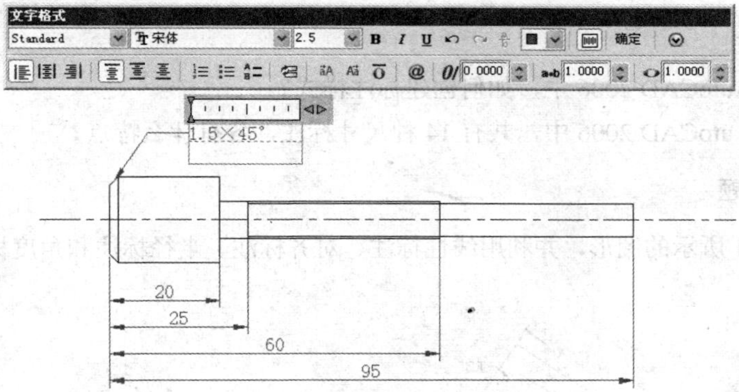

图 6.5.12

（11）再次利用线性标注对图形进行尺寸标注，如图 6.5.13 所示。

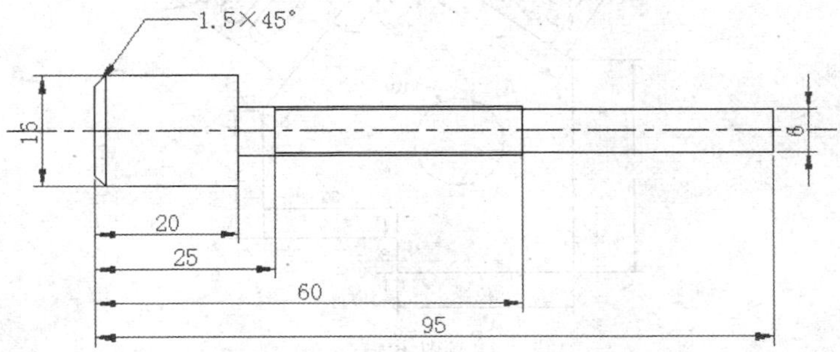

图 6.5.13

（12）选择修改(M)→对象(O)→文字(T)→编辑(E)...命令，选定上步的线性标注，系统弹出“文字格式”对话框，然后对线性标注进行编辑，最终效果如图 6.5.14 所示。

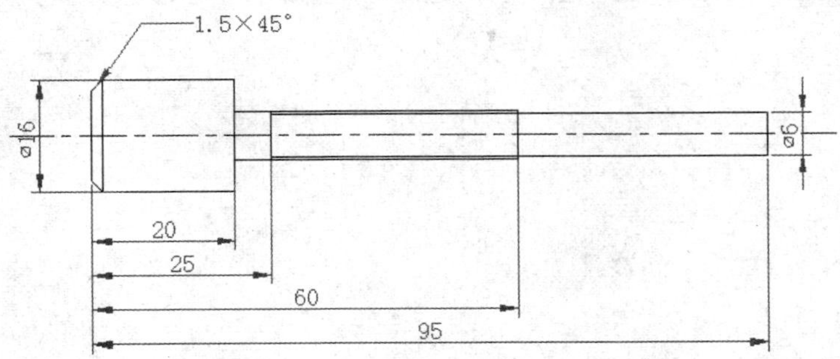

图 6.5.14

习 题 六

一、填空题

1．尺寸标注包括________、________、________和________。

2．在中文版 AutoCAD 2006 中，尺寸标注主要有以下几种类型，即_________、_________、_________、_________、_________、_________和_________。

二、简答题

1．在中文版 AutoCAD 2006 中，如何创建标注样式？

2．在中文版 AutoCAD 2006 中，共有 14 种尺寸标注，各有什么特点？

三、上机操作题

绘制如题图 6.1 所示的图形，并利用线性标注、对齐标注、半径标注和角度标注对图形进行尺寸标注。

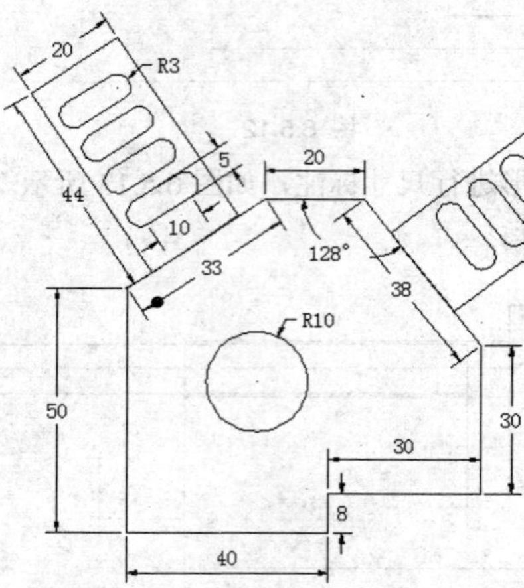

题图 6.1

第七章

文字标注与表格

- ☑ 创建文字样式
- ☑ 创建与编辑单行文字
- ☑ 创建与编辑多行文字
- ☑ 表格

文字标注是机械制图和工程制图中不可缺少的组成部分，例如机械方面的技术要求、零部件名称；建筑方面的结构说明、建筑体的空间标注等。本章主要介绍单行文字和多行文字的创建与编辑。另外，中文版AutoCAD 2006提供了绘制表格的功能，用户不仅可以创建不同类型的表格，还可以从其他软件中复制表格，这样可以提高绘图效率。

第一节　创建文字样式

在 AutoCAD 2006 中，所有的文字都有与之相关联的文字样式。当输入文字对象时，AutoCAD 使用当前文字样式。文字样式是用来控制文字基本形状的一组设置，用户可以利用当前的样式，也可以修改已有的样式或定义自己需要的样式。

启动文字样式命令有如下 3 种方式：

（1）菜单栏：选择 格式(O) → 文字样式(S)... 命令。

（2）工具栏：单击“文字”工具栏中的“文字样式”按钮。

（3）命令行：在命令行输入 style。

执行文字样式命令后，系统弹出 文字样式 对话框，如图 7.1.1 所示。

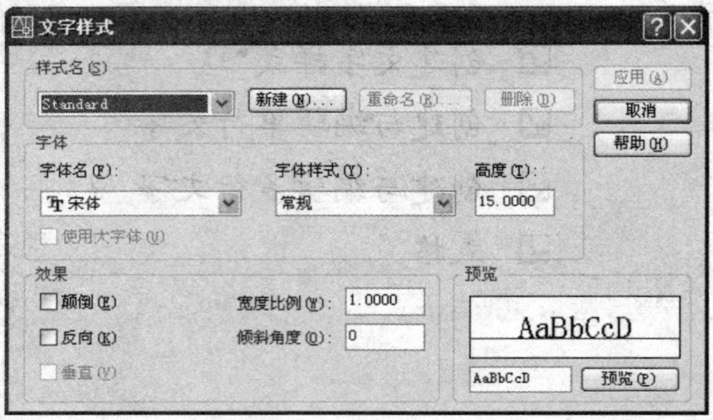

图 7.1.1　“文字样式”对话框

该对话框中各选项含义如下：

（1）样式名(S) 选项区：用于选择当前的文字样式，或者单击右边的下拉箭头选择已创建的文字样式。AutoCAD 提供的默认文字样式名称为：Standard。

1）新建(N)... 按钮：单击该按钮，弹出 新建文字样式 对话框，如图 7.1.2 所示，在该对话框的 样式名: 文本框中输入要创建的样式名称。样式名称可长达 255 个字符，由字母、数字、下画线（_）和连字符（-）等组成。

2）重命名(R)... 按钮：单击该按钮，弹出 重命名文字样式 对话框，如图 7.1.3 所示，在该对话框的 样式名: 文本框中输入需要更改的样式名。

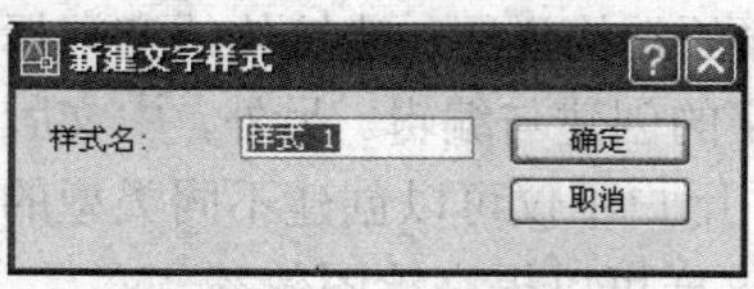

图 7.1.2　“新建文字样式”对话框

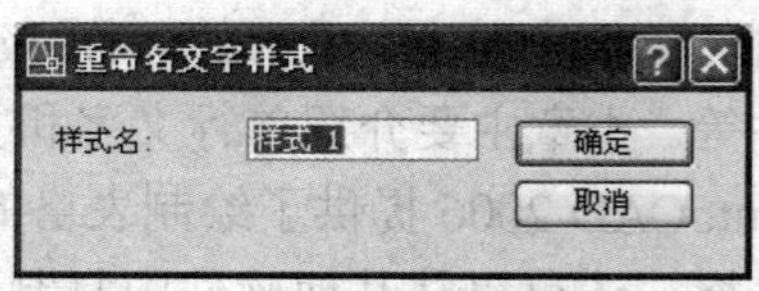

图 7.1.3　“重命名文字样式”对话框

3）删除(D) 按钮：单击该按钮，删除当前创建的新样式。

（2）字体 选项区：用于确定字体的样式。

1）字体名(F): 下拉列表：该下拉列表列出了系统中自带的 TTP 字体与 AutoCAD 本身的 SHP 和 SHX 型字体。

注意 当选择了“TTP（TrueType）”字体时，“使用大字体”复选框无效，当选择了“SHX”型字体时，该复选框有效。

注意 在文字样式对话框的字体名(F):下拉列表中选择“T 宋体”选项，表示标注文字将是宋体，字体横向排列；如果在下拉列表中选择 T@宋体选项，则表示标注文字竖向排列，如图 7.1.4 所示为两种不同的显示结果。

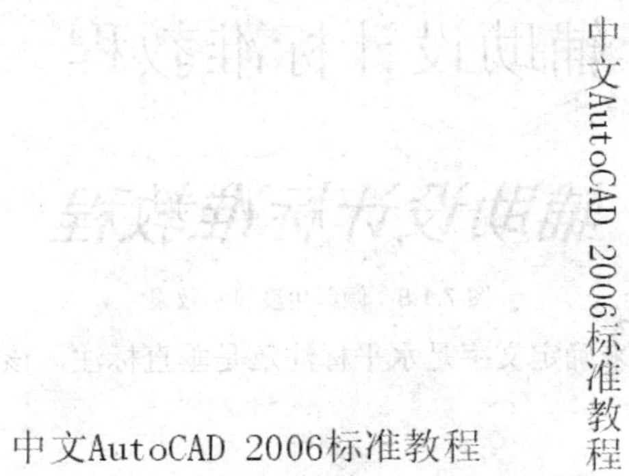

图 7.1.4　两种不同的显示效果

2）字体样式(Y):下拉列表：在该下拉列表可以选择大字体。

3）高度(T):文本框：该文本框用于设置标注文字的高度。如果设置为 0，则该文字样式创建字体时需要指定文字高度，否则将直接使用框中设置的高度值来创建。

（3）效果选项区：用来设置文字的外观效果。

1）☑颠倒(E)复选框：用来设置是否颠倒显示文字，如图 7.1.5 所示。

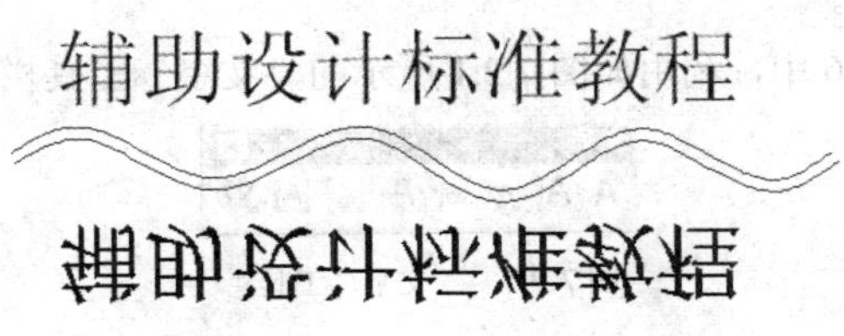

图 7.1.5　颠倒显示效果

2）☑反向(K)复选框：用来设置是否将文字反向显示，如图 7.1.6 所示。

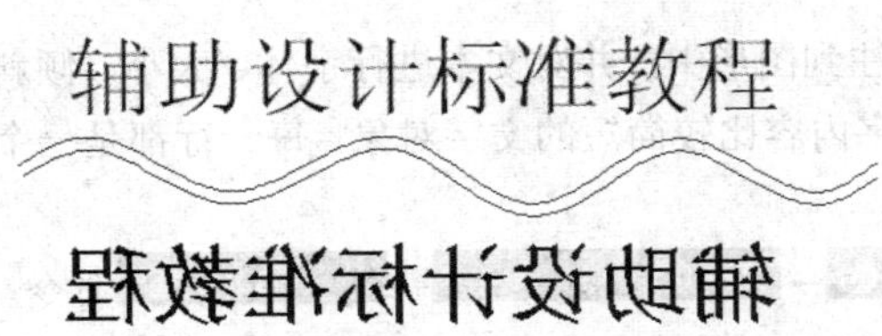

图 7.1.6　反向显示效果

3）宽度比例(W):文本框：用来设置文字的宽度比例值。比例值小于 1，则文字变窄；比例值如果大于 1，则文字变宽，如图 7.1.7 所示。

4）倾斜角度(O):文本框：用来设置文字的倾斜角度。角度为 0 时不倾斜；角度为正时向逆时针方向倾斜；角度为负时向顺时针方向倾斜，如图 7.1.8 所示。

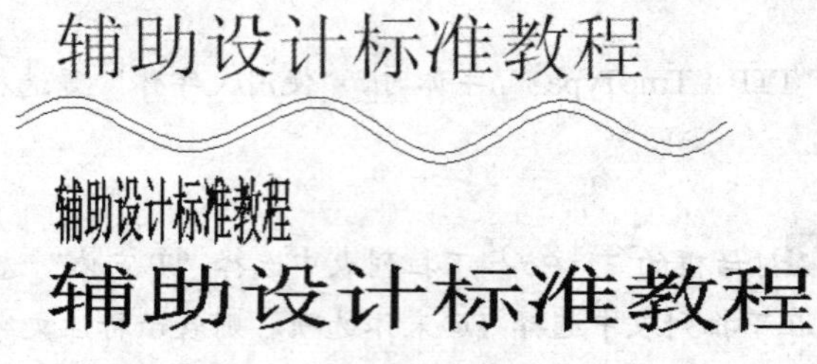

图 7.1.7　宽度比例显示效果

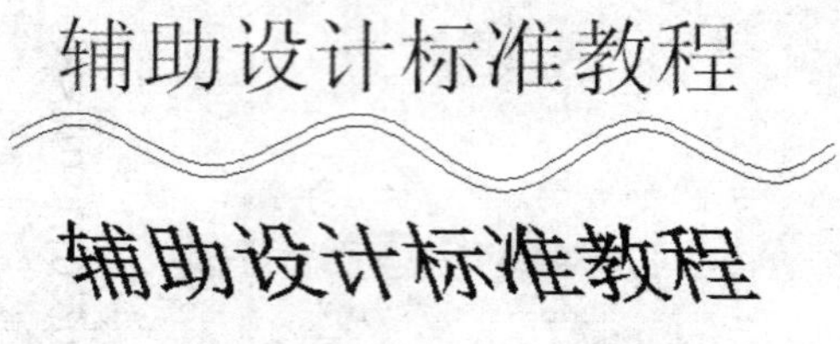

图 7.1.8　倾斜角度显示效果

5）☑垂直(V)复选框：用来确定文字是水平标注还是垂直标注，该复选框只有在 SHX 字体下才可用。

注意　某些样式设置对多行文字和单行文字对象的影响不同。

第二节　创建和编辑单行文字

文字标注是图形中很重要的组成部分。进行各种设计时，通常要在图形中标注文字，如技术要求、装配说明或者是材料说明等。

在中文版 AutoCAD 2006 中，利用如图 7.2.1 所示的“文字”工具栏可以创建与编辑文字。

图 7.2.1　“文字”工具栏

一、创建单行文字

单行文字用于将文本标注到图形中，并对文本进行字体、大小、倾斜、镜像、对齐和文字间隔调整等设置。一般用于创建文字内容比较简短的文字对象，每一行都是一个文字对象。启动创建单行文字命令有如下 3 种方法：

（1）菜单栏：选择 绘图(D) → 文字(X) → 单行文字(S) 命令。

（2）工具栏：单击“文字”工具栏中的“单行文字”按钮。

（3）命令行：在命令行输入 text 或 dtext。

执行创建单行文字命令后，命令行提示：“指定文字的起点或[对正(J)/样式(S)]:”，指定单行文字的起始点。继续提示：“指定高度<0.2000>:”，确定文字的高度。命令行继续提示：“指定文字的旋转角度<0>:”，输入文字行绕插入点的旋转角度值。最后提示：“输入文字:”，输入要标注的文字，或按回车键结束命令。上面提示中各选项含义如下：

提示

文字旋转角度是指一行标注文字的基线相对于水平方向的倾角，文字本身没有倾斜。

（1）对正(J)：用于控制文字的对齐方式，执行该选项，命令行提示："[对齐(A)/调整(F)/中心(C)/中间(M)/右(R)/左上(TL)/中上(TC)/右上(TR)/左中(ML)/正中(MC)/右中(MR)/左下(BL)/中下(BC)/右下(BR)]："，各选项含义如下：

1）对齐(A)：确定所标注文字行基线的起始点与终点位置。

2）调整(F)：确定文本行基线的起始点、终点位置以及文字的高度。

3）中心(C)：指定一个坐标点，系统将该点作为文字行基线的中点。

4）中间(M)：指定一坐标点，系统将该点作为标注文字行在垂直和水平方向上的中点。

5）右(R)：指定一坐标点，系统将该点作为文字基线的右端点。

6）左上(TL)：指定标注文字左上角点。

7）中上(TC)：指定标注文字顶端中心点。

8）右上(TR)：指定标注文字右上角点。

9）左中(ML)：指定标注文字左端中心点。

10）正中(MC)：指定标注文字中央的中心点。

11）右中(MR)：指定标注文字左端角点。

12）左下(BL)：指定标注文字左下角点。

13）中下(BC)：指定标注文字底端的中心点。

14）右下(BR)：指定标注文字右下角点。

如图 7.2.2 所示为单行文字的各种对齐方式。

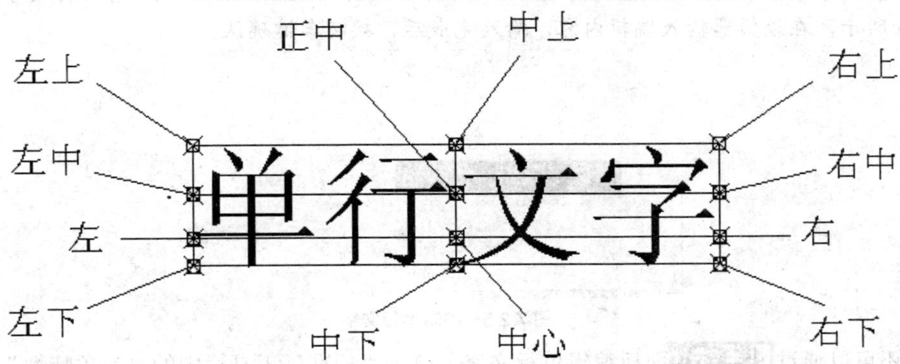

图 7.2.2　单行文字的对齐方式

（2）样式(S)：用于确定所标注文字的样式。执行该选项，命令行提示："输入样式名或[?]<新样式 1>"，直接输入已经设置好的文字样式名称或输入"?"来显示当前已有的文字样式。

练习：利用单行文字命令创建如图 7.2.3 所示的文本。

（1）命令：text↙。

（2）当前文字样式：Standard　当前文字高度：20.0000。

（3）指定文字的起点或 [对正(J)/样式(S)]：在屏幕上任意捕捉一点作为文字的起始点。

（4）指定文字的旋转角度<0>：↙。

（5）在屏幕上输入文字："机械设计"，然后按回车键结束文字输入。

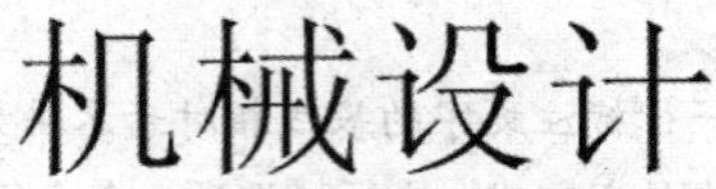

图 7.2.3 创建单行文字

二、编辑单行文字

单行文字的编辑主要包含编辑文字特性和文字内容。编辑单行文字的步骤如下：

（1）选择 修改(M) → 对象(O) → 文字(T) → 编辑(E)... 命令。选择要编辑的单行文字对象。

（2）在编辑器中输入新文字，然后按回车键。

练习：编辑单行文字。

（1）利用单行文字命令创建如图 7.2.4 所示的单行文字。

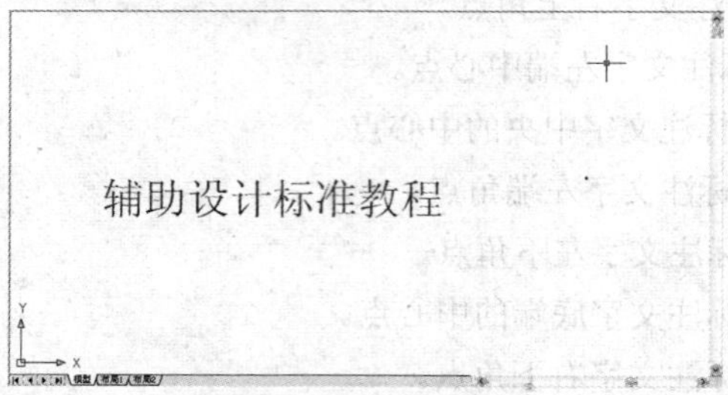

图 7.2.4 创建单行文字

（2）选择 修改(M) → 对象(O) → 文字(T) → 编辑(E)... 命令，对单行文字进行编辑，如图 7.2.5 所示，在编辑器输入编辑内容，输入完成后，按回车键确认。

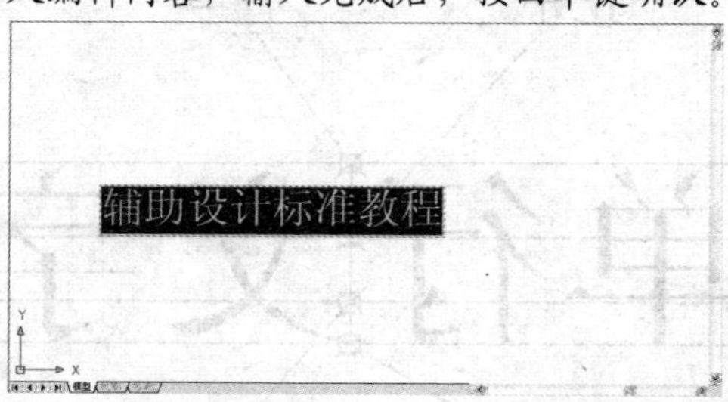

图 7.2.5 编辑单行文字

用户还可以通过 特性 面板编辑单行文字。单击“标准”工具栏中的“对象特性”按钮，系统弹出 7.2.6 所示的 特性 面板，利用该面板可以对文字进行修改。

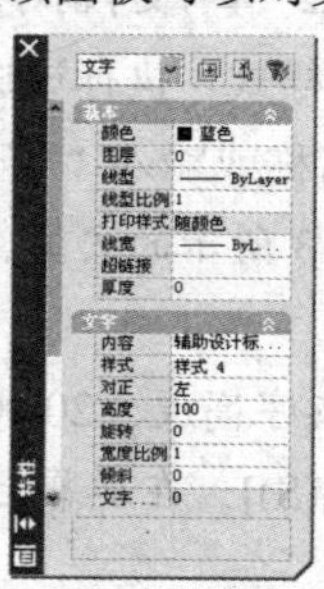

图 7.2.6 “特性”面板

第三节　创建和编辑多行文字

利用多行文字可以输入文字较多的文本说明，在 AutoCAD 中，多行文字是通过“文字格式”编辑器完成的。

一、创建多行文字

多行文字又被称为段落文字，是一种易于编辑的文字对象，通过多行文字可以创建任意行数的段落文本，而且所有文字都是作为一个整体进行处理的。启动创建多行文字命令有以下 3 种方式：

（1）菜单栏：选择 绘图(D) → 文字(X) → 多行文字(M)... 命令。

（2）工具栏：单击“文字”工具栏中的“多行文字”按钮 A。

（3）命令行：在命令行输入 mtext。

执行多行文字命令后，命令行提示如下：“指定第一角点：”，指定一点作为多行文字的第一个角点，系统继续提示：“指定对角点或[高度(H)/对正(J)/行距(L)/旋转(R)/样式(S)/宽度(W)]：”，指定多行文字的另一角点。这时系统将以指定的两个对角点形成一矩形框，并以该矩形框的宽度作为多行文字的宽度，且弹出如图 7.3.1 所示的“文字格式”编辑器。该编辑器包含“文字格式”工具栏和快捷菜单。下面分别进行介绍。

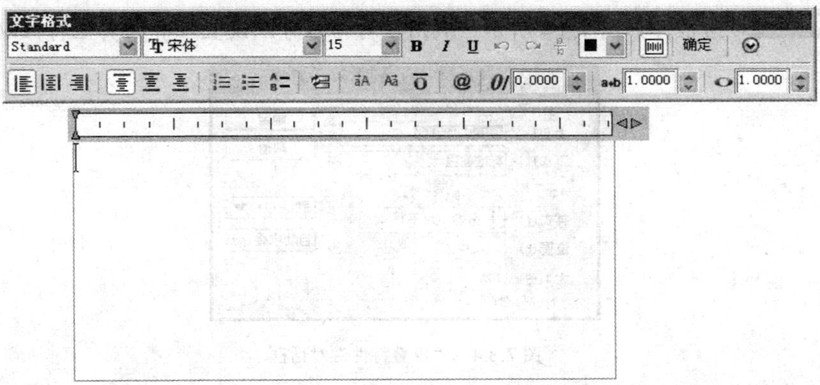

图 7.3.1　“文字格式”编辑器

1.“文字格式”工具栏

该工具栏用于控制多行文字对象的文字样式和选定文字的字符格式。

（1）“文字样式”下拉列表框：用于选择用户设置的文字样式。

（2）“字体”下拉列表框：用于选择文字使用的字体。

（3）“文字高度”下拉列表框：用于确定文字的高度，可以直接输入高度值也可以从下拉列表中选择。

（4）“文字加粗”按钮 B：用于确定文字是否加粗。此选项仅适用于使用 TrueType 字体的字符。

（5）“文字倾斜”按钮 I：用于确定文字是否显示斜体效果。此选项仅适用于使用 TrueType 字体的字符。

（6）“下画线”按钮 U：为新建文字或选定文字打开和关闭下画线。

如图 7.3.2 所示为文字倾斜、加下画线和加粗示例图。

中文

AutoCAD 2006

标准教程

图 7.3.2　文字的 3 种显示示例图

（7）“放弃”：放弃操作，包括对文字内容或文字格式所做的修改。

（8）“重做”：重新操作，包括对文字内容或文字格式所做的修改。

（9）“堆叠”按钮：利用该按钮可以创建堆叠文字（例如分数）。如果选定堆叠文字，则取消堆叠。使用堆叠字符、插入符（^）、正向斜杠（/）和磅符号（#）时，堆叠字符左侧的文字将堆叠在字符右侧的文字之上。如图 7.3.3 所示为几种堆叠效果示例图。

AutoCAD 2006 标准教程　　AutoCAD 2006 / 标准教程　　AutoCAD 2006 / 标准教程

图 7.3.3　文字堆叠效果示例图

提示　如果用户在输入堆叠文字后单击鼠标右键，在打开的快捷菜单中选择 堆叠特性 命令，系统弹出 堆叠特性 对话框，如图 7.3.4 所示。利用该对话框可以设置堆叠的其他特性以及自动堆叠。

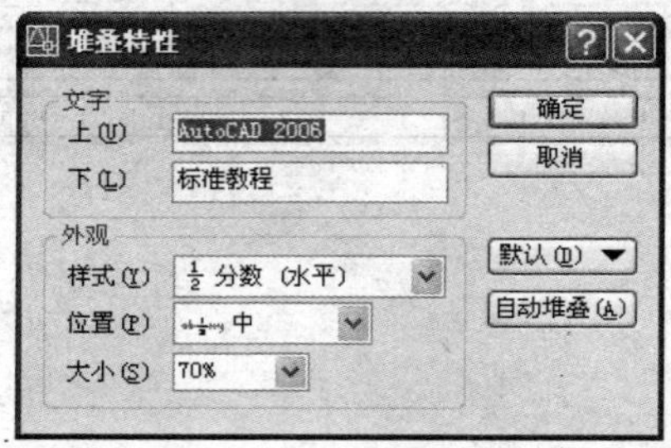

图 7.3.4　“堆叠特性”对话框

（10）“文字颜色”下拉列表框：用于设置或改变文字的颜色。

（11）“标尺”按钮：单击该按钮，显示或隐藏标尺。

（12）“左对齐/居中/右对齐”选项：用于设置左右文字边界的对正和对齐。

（13）“上对齐/中央对齐/下对齐”选项：用于设置上部和下部文字边界的对正和对齐。

（14）“编号”按钮：单击该按钮，利用编号创建带有句点的列表。

（15）“项目编号”按钮：单击该按钮，利用项目符号创建列表。

（16）“大写字母”按钮：单击该按钮，利用大写字母创建带有句点的列表。如果列表含有的项多于字母中含有的字母，可以使用双字母继续序列。

（17）“插入字段”按钮：单击该按钮，系统弹出 字段 对话框，如图 7.3.5 所示。利用该对话框可以插入包含说明的文字，这些说明用于显示可能会在图形生命周期中修改的数据。

（18）“全部大写”按钮：单击该按钮，将选定文字更改为大写。

（19）“全部小写”按钮：单击该按钮，将选定文字更改为小写。

图 7.3.5 “字段”对话框

（20）“上画线”按钮：单击该按钮，将直线放置到选定文字上。

（21）“符号”按钮：单击该按钮，系统弹出如图 7.3.6 所示的下拉菜单。利用该菜单可以在光标位置插入符号或不间断空格，也可以手动插入符号。

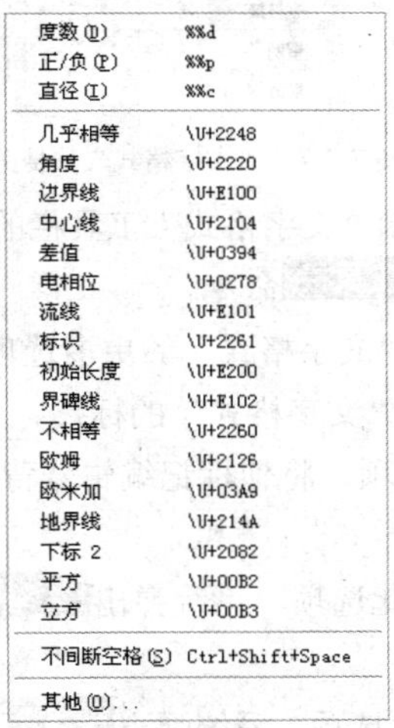

图 7.3.6 符号下拉菜单

注意 在编辑器中，直径符号显示为%%c，而不间断空格显示为空心矩形。两者在图形中会正确显示。

（22）0/ 0.0000 文本框：用于确定文字是向前倾斜还是向后倾斜。倾斜角度表示的是相对于 90º 方向的偏移角度，输入一个−85 到 85 之间的数值使文字倾斜，倾斜角度的值为正时文字向右倾斜，倾斜角度的值为负时文字向左倾斜。

（23）a•b 1.0000 文本框：用于增大或减小选定字符之间的空间。参数设置为 1.0 时是常规间距。设置为大于 1.0 可增大间距，设置为小于 1.0 可减小间距。

（24）1.0000 文本框：用于扩展或收缩选定字符。参数设置为 1.0 时代表此字体中字母的常规宽度。可以增大该宽度（例如，使用宽度因子 2 使宽度加倍）或减小该宽度（例如，使用宽度因子 0.5 将宽度减半）。

2. 快捷菜单

在“文字格式”编辑器中单击鼠标右键，系统打开如图 7.3.7 所示的快捷菜单，该菜单用于控制“文字格式”工具栏的显示并提供了其他编辑选项。

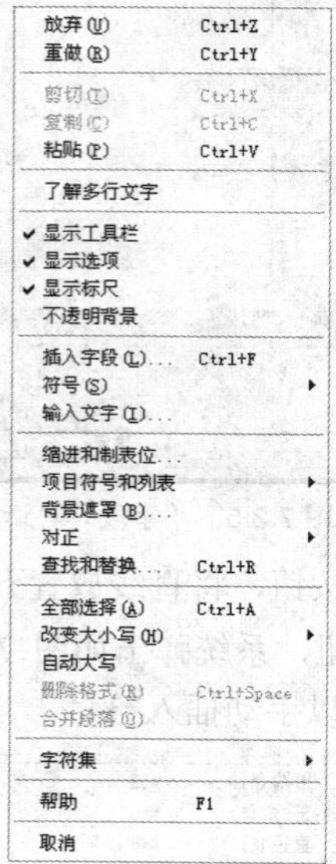

图 7.3.7 “文字格式”快捷菜单

（1）✔显示工具栏 选项：用于控制“文字格式”工具栏的显示。如果要恢复工具栏的显示，在编辑器中单击鼠标右键，然后选择 显示工具栏 命令。

（2）✔显示选项 选项：用于显示“文字格式”的更多选项。

（3）✔显示标尺 选项：用于显示“文字格式”的标尺。

（4）不透明背景 选项：选中此选项，将使标记编辑器背景成为不透明。默认情况下，编辑器是透明的。

（5）输入文字(I)... 选项：选中此选项，系统弹出 选择文件 对话框，利用该对话框可以选择任意 ASCII 或 RTF 格式的文件。

（6）缩进和制表位... 选项：选中此选项，系统弹出 缩进和制表位 对话框，如图 7.3.8 所示。利用该对话框可以控制文字的缩进和表的位置。

（7）项目符号和列表 选项：显示用于创建列表的选项。

（8）背景遮罩(B)... 选项：选中此选项，系统弹出 背景遮罩 对话框，如图 7.3.9 所示。利用该对话框可以设置是否使用背景遮罩、边界偏移因子（1～5），以及背景遮罩的填充颜色。

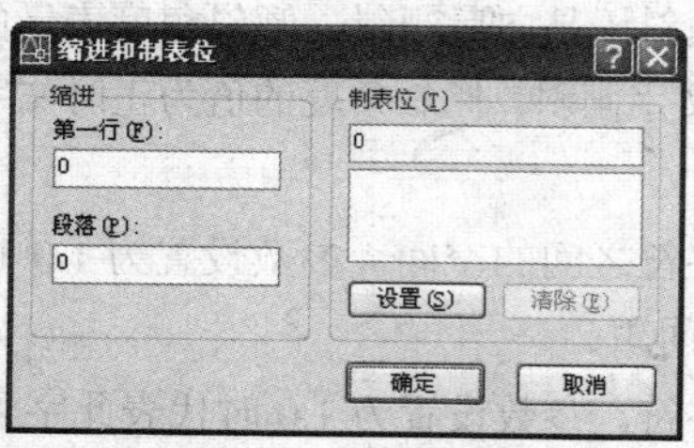

图 7.3.8 “缩进和制表位”对话框

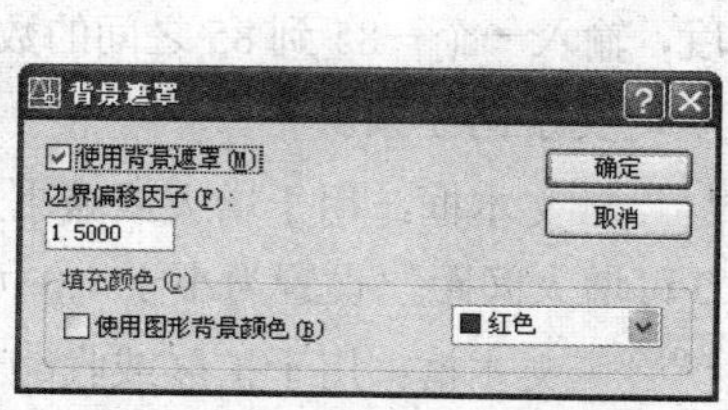

图 7.3.9 “背景遮罩”对话框

（9）对正 选项：用于设置多行文字对象的对正和对齐方式。

（10）查找和替换...选项：选中此选项，系统弹出查找和替换对话框，如图 7.3.10 所示。利用该对话框用户可以进行替换操作。

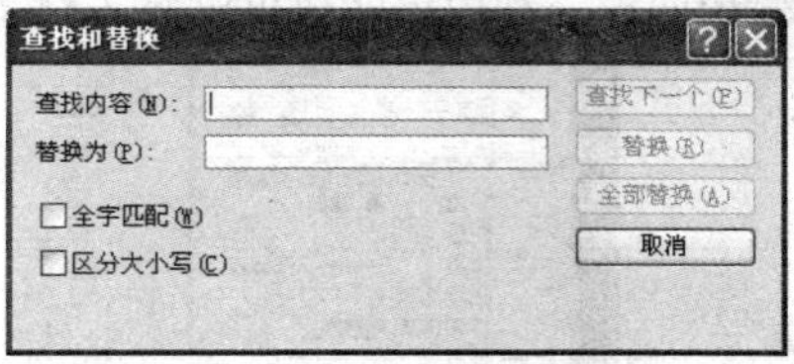

图 7.3.10 “查找和替换”对话框

练习：创建多行文字。

（1）在命令行输入 MTEXT，AutoCAD 提示在绘图窗口指定两个对角点。然后系统弹出“文字格式”对话框，在“文字样式”下拉列表中选择“standard”；在“文字字体”下拉列表中选择“宋体”；在“文字高度”下拉列表中输入“15”，然后输入文字，如图 7.3.11 所示。

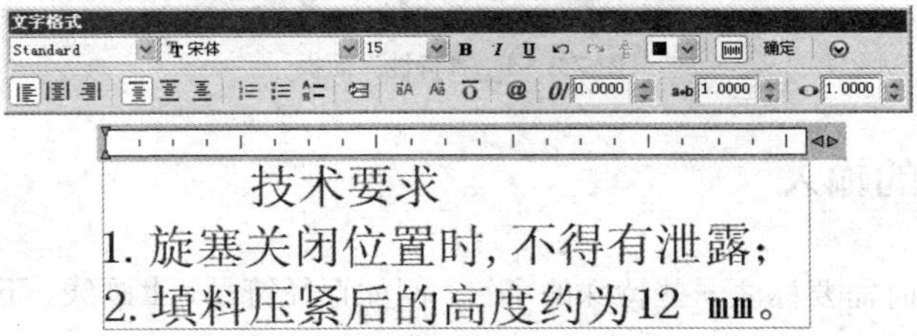

图 7.3.11 输入多行文字

（2）单击“文字格式”对话框中的确定按钮，结果如图 7.3.12 所示。

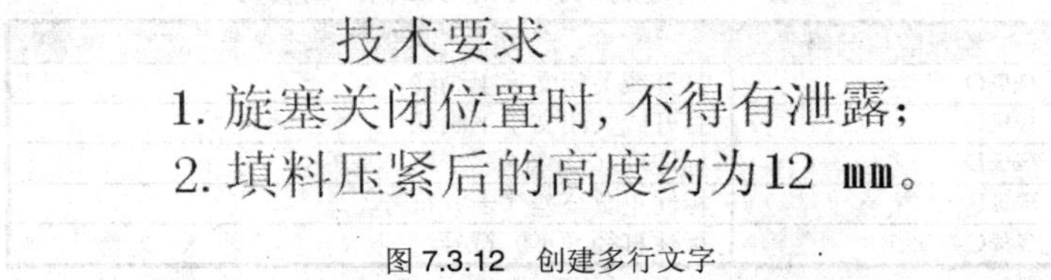

图 7.3.12 创建多行文字

二、编辑多行文字

如果标注的多行文字不符合绘图的要求，往往需要在原有的基础上进行修改，AutoCAD 提供了编辑多行文字的方法，可以快速编辑文本内容，包括增加和替换字符等。编辑多行文字的步骤如下：

（1）选择修改(M)→对象(O)→文字(T)→编辑(E)...命令。选择要编辑的多行文字对象，如图 7.3.13 所示。

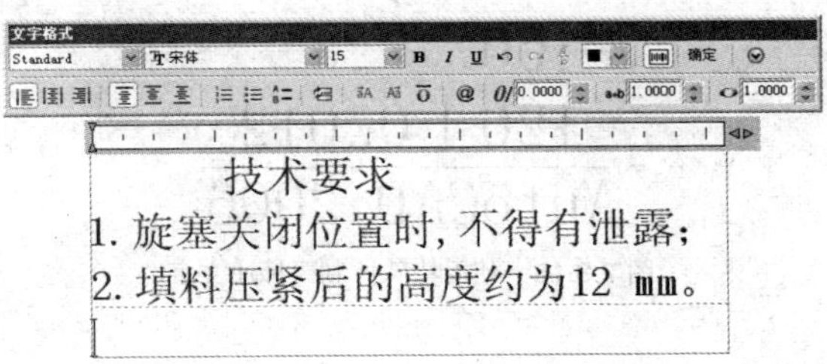

图 7.3.13 编辑多行文字

（2）在该编辑器中可以输入新的文字内容，然后单击确定按钮结束。

用户还可以通过特性面板编辑多行文字。单击“标准”工具栏中的“对象特性”按钮，系统弹出如图 7.3.14 所示的特性面板，利用该面板可以对多行文字进行编辑。

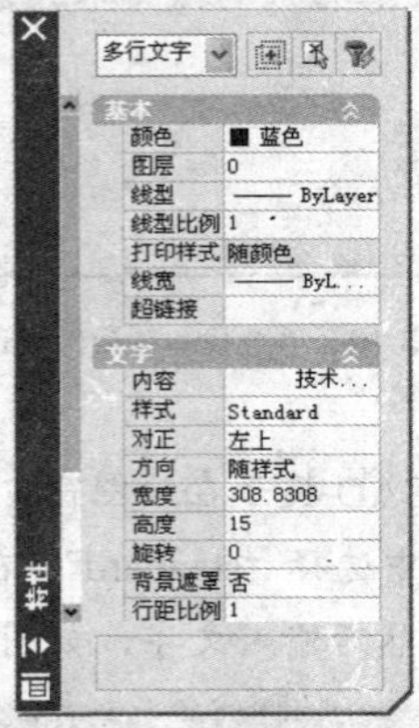

图 7.3.14 “特性”面板

三、特殊符号的输入

在实际绘图中，有时需要标注一些特殊的字符，例如直径符号、上画线、下画线以及温度符号等，由于这些符号不能从键盘上直接输入，AutoCAD 提供了一些控制码，用来实现这方面的要求。控制码用两个百分号加一个字符组成，控制码和与其对应的符号如表 7.1 所示。

表 7.1 控制码和与其对应输入的符号

输入的控制码	实际输入的符号或功能
%%O	打开或关闭文字上画线
%%U	打开或关闭文字下画线
%%D	标注度（°）符号
%%P	标注正负公差（±）符号
%%C	标注直径（φ）符号

注意

（1）在输入上下画线符号时，第一次出现控制码时上下画线开始，第二次出现控制码时上下画线结束。

（2）用户在输入这些字符时，在命令结束前这些代码会直接出现在屏幕上，在命令结束后将自动转换为相应的符号。

练习：使用特殊控制码标注如图 7.3.15 所示的文字。

Ø60

Ø100

Ø120±0.012

AutoCAD 2006

图 7.3.15 使用特殊控制码标注文字

（1）命令：dtext↙。

（2）当前文字样式：样式 1，当前文字高度：15.0000。

（3）指定文字的起点或 [对正(J)/样式(S)]：在屏幕上指定一点作为左对齐点。

（4）指定文字的旋转角度 <0>：↙。

（5）输入如图 7.3.16 所示的文字，然后按回车键结束。

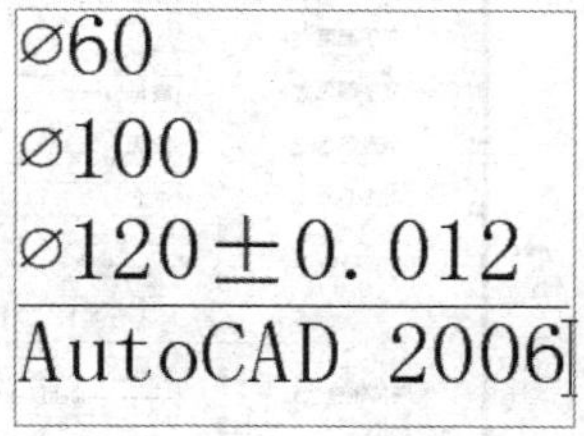

图 7.3.16　输入文字

第四节　表　格

在中文版 AutoCAD 2006 中，用户可以使用创建表格命令创建数据表格或标题块。

一、创建与设置表格样式

用户可以使用 AutoCAD 2006 中默认的表格样式，也可以自定义样式来创建表格。

1. 新建表格样式

启动表格样式命令有如下两种方法：

（1）菜单栏：选择 格式(O) → 表格样式(B)... 命令。

（2）命令行：在命令行输入 tablestyle。

执行创建表格样式命令后，系统弹出 表格样式 对话框，如图 7.4.1 所示。

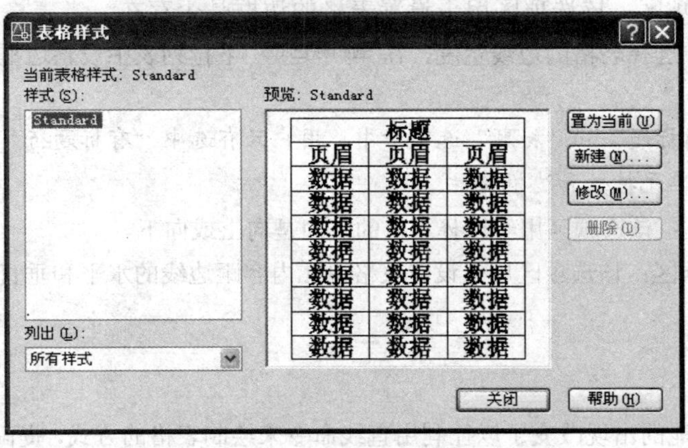

图 7.4.1　"表格样式"对话框

单击该对话框中的 新建(N)... 按钮，系统弹出 创建新的表格样式 对话框，如图 7.4.2 所示。在 新样式名(N): 文本框中输入新的表格样式名，如"我的表格"，然后在 基础样式(S): 下拉列表中选择一种基础样式，最后单击 继续 按钮，系统弹出 新建表格样式：我的表格 对话框，利用该对话框用户可以设置数据、列标题和标题的样式，如图 7.4.3 所示。

图 7.4.2 “创建新的表格样式”对话框

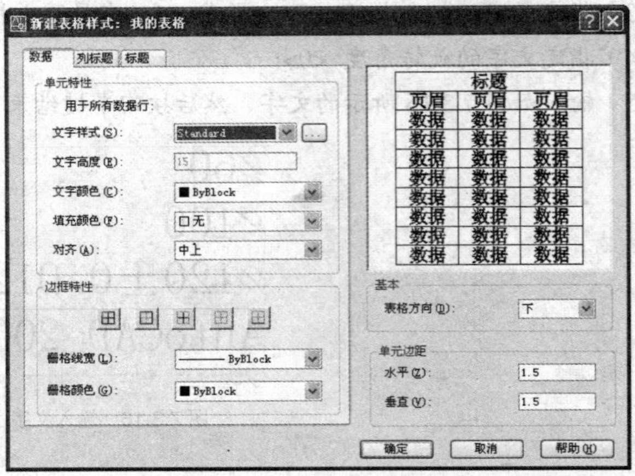

图 7.4.3 “新建表格样式：我的表格”对话框

2. 设置表格样式

在新建表格样式：我的表格对话框中，包含“数据”、“列标题”和“标题”3个选项卡，利用这3个选项卡可以分别设置表格的数据、列标题和标题对应的样式。

由于3个选项卡的内容基本相同，下面就以“数据”选项卡为例进行简单介绍，如图7.4.3所示。

（1）单元特性选项区：该选项区用于设置文字样式、高度、颜色等特性。

1） 文字样式(S):下拉列表框：用于选择可以使用的文字样式。

2） 文字高度(E):文本框：用于设置表格单元中的文字高度，默认情况下，数据和列标题的文字高度为4.5，标题文字的高度为6。

3） 文字颜色(C):下拉列表框：用于设置文字的颜色。

4） 填充颜色(F):下拉列表框：用于设置表格的背景填充颜色。

5） 对齐(A):下拉列表框：用于设置表格单元的文字对齐方式，如左上、中上等。

（2）边框特性选项区：该选项区用于设置表格的边框是否存在。当表格具有边框时，可以在栅格线宽(L):下拉列表中选择表格的边线宽度，在栅格颜色(G):下拉列表中设置边框颜色。

注意 在“列标题”和“标题”选项卡中，用户只有选中“有标题行”或“包含标题行”复选框时，才可以设置单元特性和边框特性。

（3）基本选项区：该选项区用于选择表格的方向是向上或向下。

（4）单元边距选项区：该选项区用于设置表格单元内容距边线的水平和垂直距离。

二、创建表格

绘制表格这一功能的出现改变了以往利用直线命令来绘制表格的方式，提高了工作效率。启动创建表格命令有如下3种方法：

（1）菜单栏：选择绘图(D)→表格...命令。

（2）工具栏：单击“绘图”工具栏中的“表格”按钮。

（3）命令行：在命令行输入table。

执行创建表格命令后，系统弹出插入表格对话框，如图7.4.4所示。

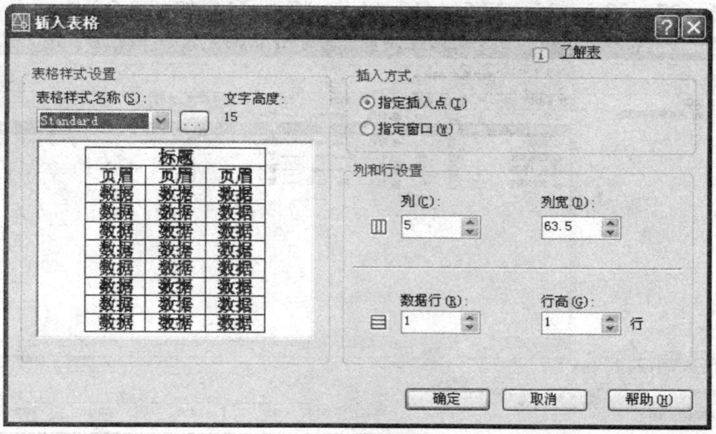

图 7.4.4 “插入表格”对话框

该对话框中各选项含义如下：

（1）表格样式设置选项区：用于设置表格的外观属性。

（2）插入方式选项区：用于指定插入表格的位置。

（3）列和行设置选项区：用于设置列和行的数目和大小。

设置好表格的属性后，单击确定按钮，系统返回到绘图窗口，然后再在绘图窗口中指定插入点，AutoCAD 提示输入表格中的文字，如图 7.4.5 所示。输入文字后就完成了表格的创建。

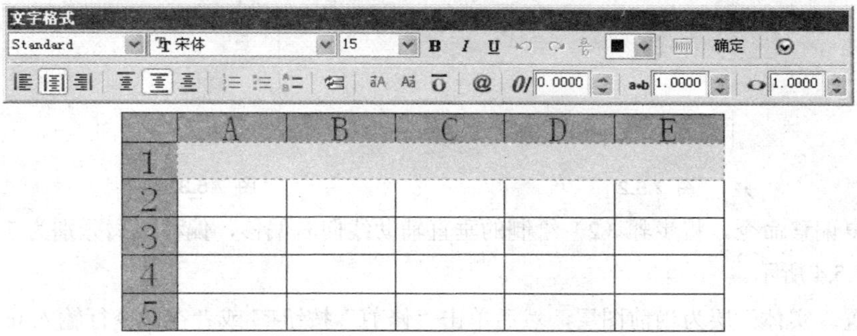

图 7.4.5 绘制表格

第五节 上机实战——左轴承盖

本节通过一个典型实例使用户进一步掌握文本标注的使用方法与技巧。

（1）选择格式(O)→图层(L)...命令，弹出图层特性管理器对话框，在该对话框中单击“新建图层”按钮，创建 5 个图层，名称分别为“辅助”、“实体”、“图案填充”、“尺寸标注”和“文本标注”，颜色分别为“红色”、“蓝色”、“9”、“品红”和“34”，除“辅助”层的线型为 CENTER 以外，其他为默认设置。设置“辅助”层为当前图层，如图 7.5.1 所示。

（2）单击“直线”按钮或者在命令行输入 line，以原点为起点，在屏幕上绘制两条互相垂直的辅助线，长度约为 50，宽度约为 120，如图 7.5.2 所示。

（3）单击“偏移”按钮或者在命令行输入 offset，将上步绘制的水平辅助线向上偏移，偏移距离分别为 23，26，27，32.5，35，37.5，41，44.5，47 和 51，如图 7.5.3 所示。

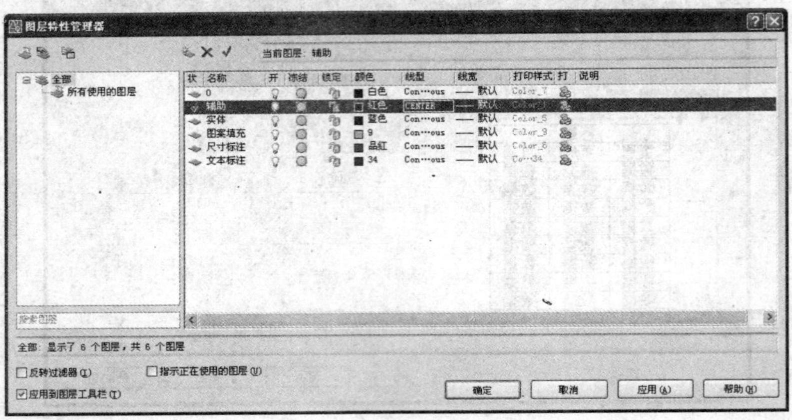

图 7.5.1 “图层特性管理器”对话框

图 7.5.2

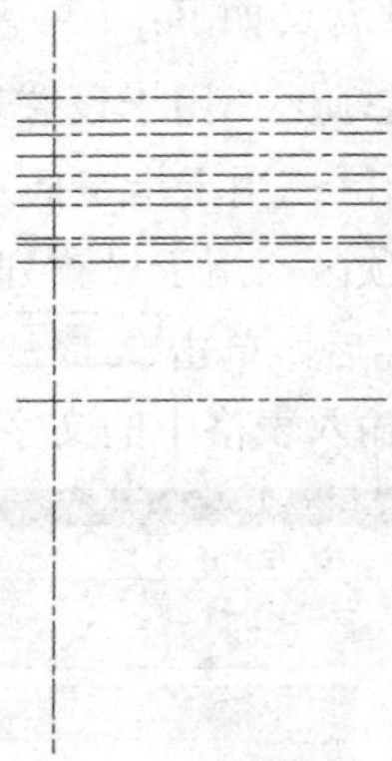

图 7.5.3

（4）重复偏移命令，将步骤（2）绘制的垂直辅助线向右偏移，偏移距离分别为 7，10，18，21 和 35，如图 7.5.4 所示。

（5）设置“实体”层为当前图层，然后单击“修剪”按钮或者在命令行输入 trim，修剪偏移后的辅助线，将部分辅助线转换实体线，如图 7.5.5 所示。

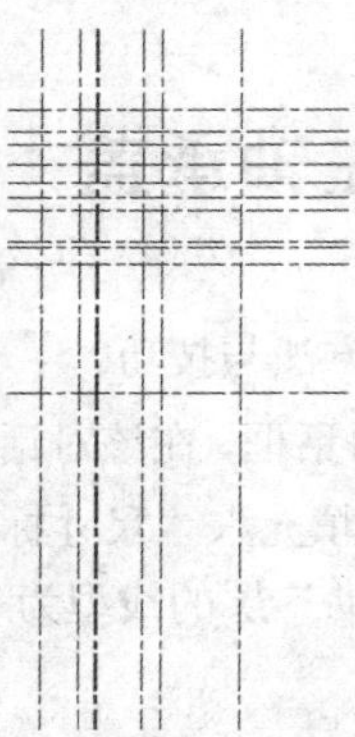

图 7.5.4

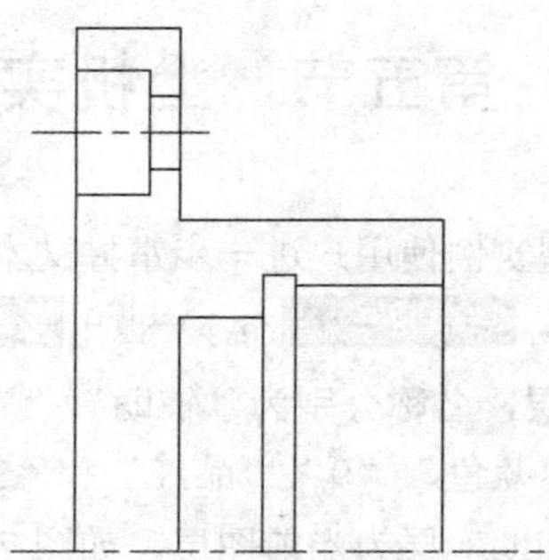

图 7.5.5

（6）单击“圆角”按钮或者在命令行输入 chamfer，捕捉如图 7.5.6 所示的交点 A，对其进行圆角处理，圆角半径为 4，如图 7.5.7 所示。

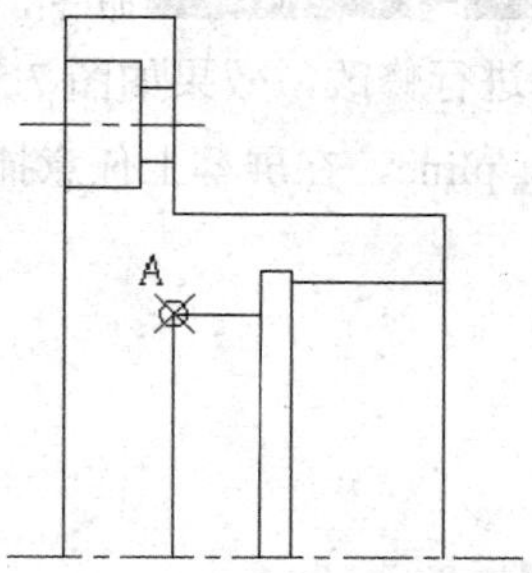

图 7.5.6

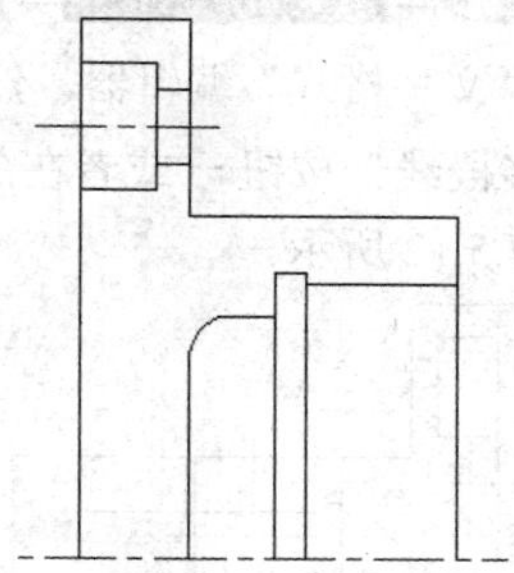

图 7.5.7

（7）单击“镜像”按钮或者在命令行输入 mirror，对水平辅助线以上的图形进行镜像处理，镜像点分别为水平辅助线的两个端点，如图 7.5.8 所示。

（8）设置“图案填充”层为当前图层，选择 绘图(D) → 图案填充(H)... 命令，系统弹出 图案填充和渐变色 对话框，选择 ANSI31 图案，设置比例为 0.5，角度为 0，对左轴承盖进行填充，效果如图 7.5.9 所示。

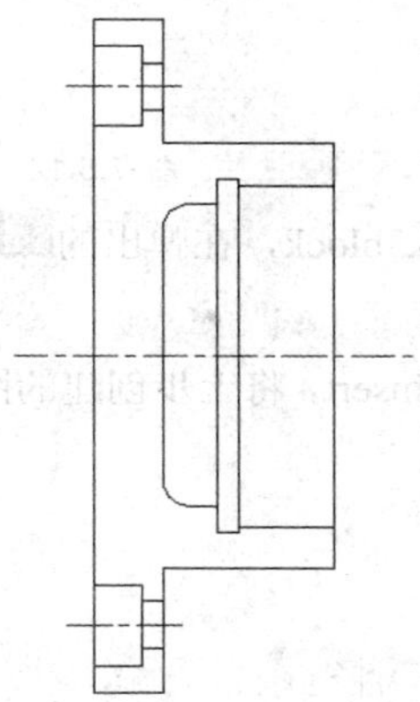

图 7.5.8

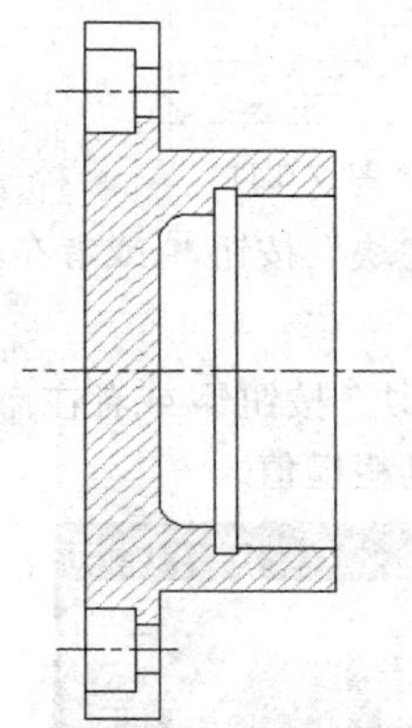

图 7.5.9

（9）设置“尺寸标注”层为当前图层，利用线性标注和半径标注命令对图形进行尺寸标注，如图 7.5.10 所示。

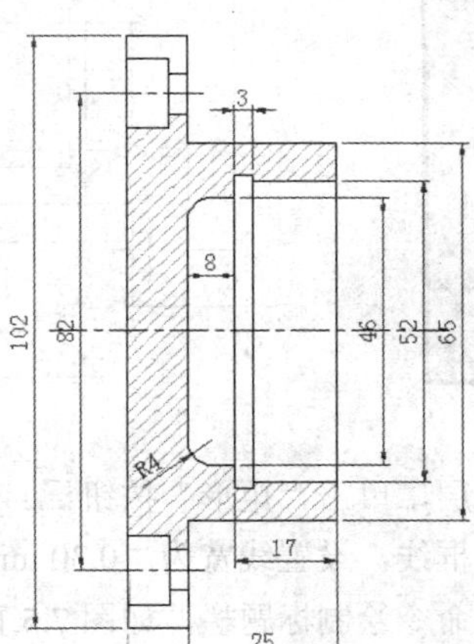

图 7.5.10

（10）选择 修改(M) → 对象(O) → 文字(T) → 编辑(E)... 命令，选定需要修改的线性标注，系统弹出“文字格式”编辑器，然后对线性标注进行修改，效果如图 7.5.11 所示。

（11）单击“多段线”按钮或者在命令行直接输入 pline，在屏幕上任意捕捉一点，绘制一个粗糙度符号，如图 7.5.12 所示。

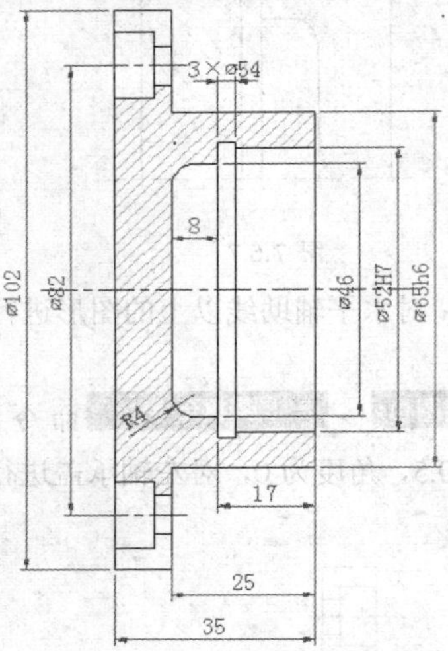

图 7.5.11

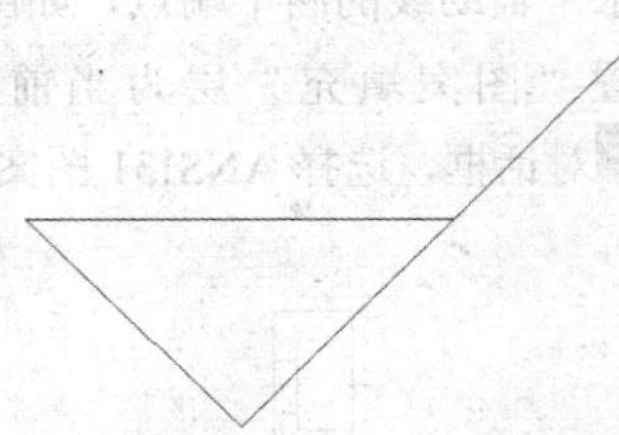

图 7.5.12

（12）单击“创建块”按钮或者在命令行直接输入 block，在弹出的 块定义 对话框中定义图块，如图 7.5.13 所示。

（13）单击“插入块”按钮或者在命令行直接输入 insert，将上步创建的图块插入到如图 7.5.14 所示的位置，并添加其粗糙值。

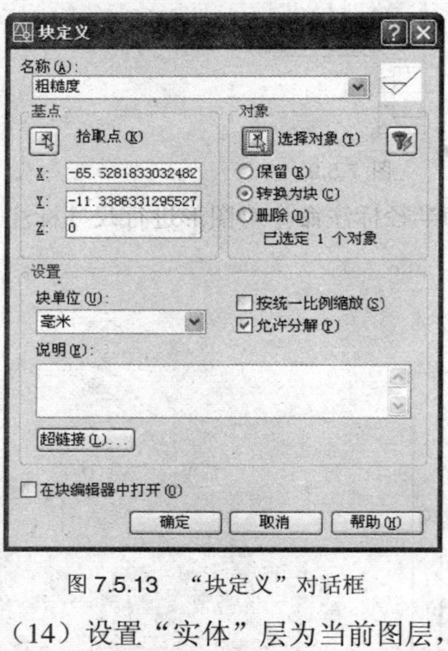

图 7.5.13 “块定义”对话框

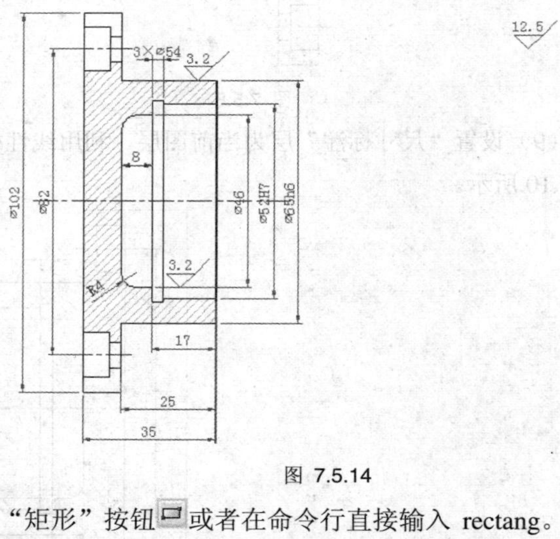

图 7.5.14

（14）设置“实体”层为当前图层，单击“矩形”按钮或者在命令行直接输入 rectang。在屏幕上绘制图形的图框线和标题栏的外框线，设置线宽为“0.30 mm”，如图 7.5.15 所示。

（15）重复执行直线命令和修剪命令绘制标题栏，如图 7.5.16 所示。

（16）设置“文本标注”层为当前图层，选择单行文本命令对标题栏进行文本说明，然后再利用多行文本命令，在弹出的“文字格式”编辑器中对图形进行技术要求的标注，如图 7.5.17 所示。

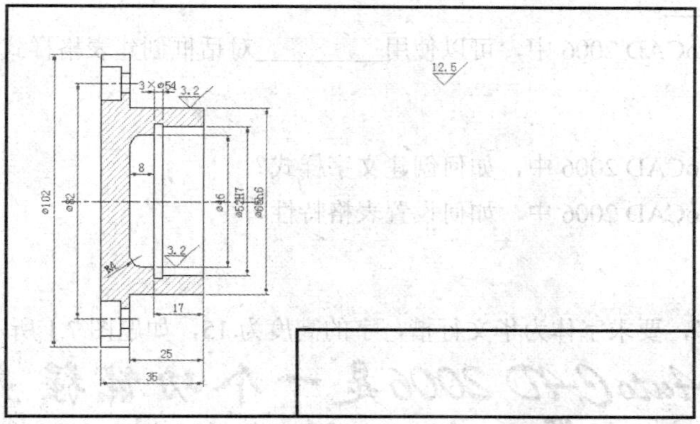

图 7.5.15

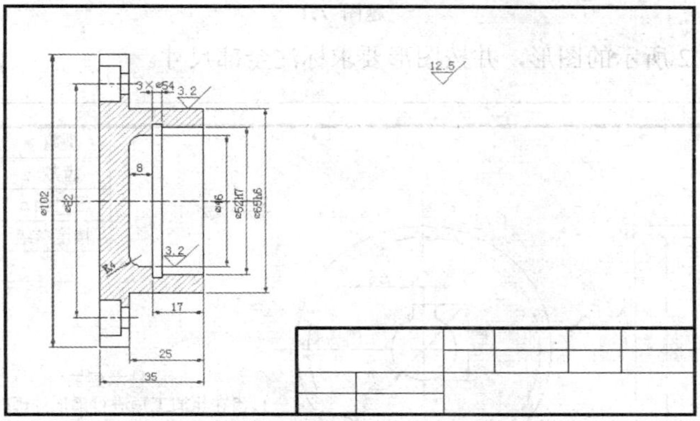

图 7.5.16

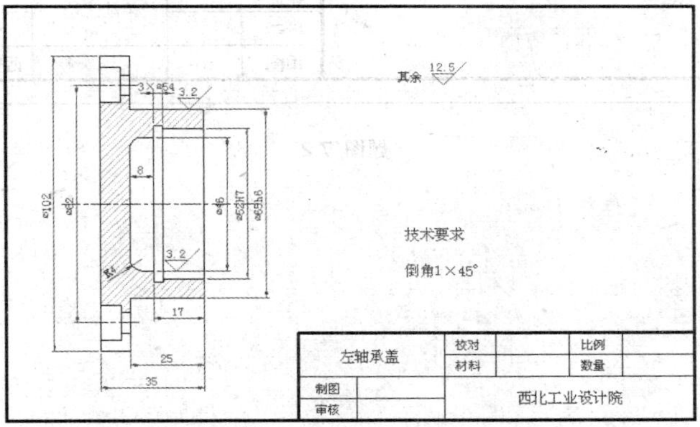

图 7.5.17

习 题 七

一、填空题

1．文字标注方式分为单行文字标注和________。创建单行文字的命令是________，创建多行文字的命令是________。

2．在中文版 AutoCAD 2006 中，可以使用________对话框创建表格样式。

二、简答题

1．在中文版 AutoCAD 2006 中，如何创建文字样式？

2．在中文版 AutoCAD 2006 中，如何设置表格特性？

三、上机操作题

1．创建单行文字，要求字体为华文行楷，字的高度为 15，如题图 7.1 所示。

AutoCAD 2006是一个功能强大
的计算机辅助设计软件

题图 7.1

2．绘制如题图 7.2 所示的图形，并按图形要求标注全部尺寸。

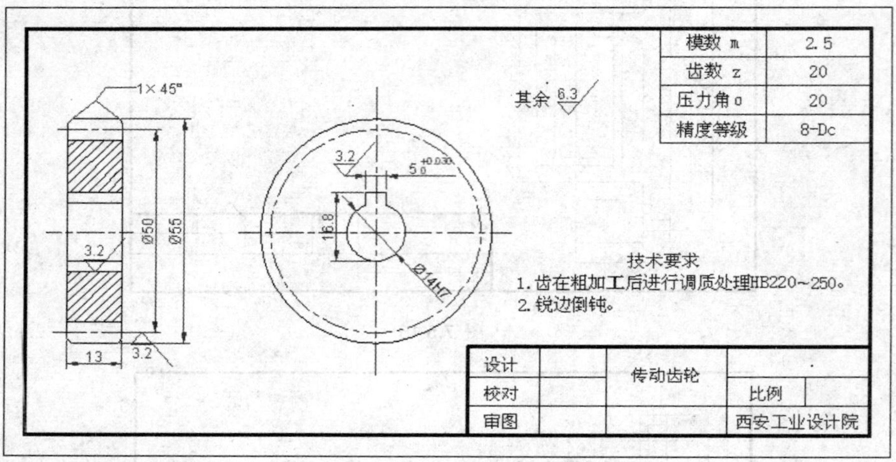

题图 7.2

第八章 使用图块与外部参照

☑ 使用图块

☑ 编辑块的属性

☑ 编辑属性定义

☑ 外部参照

在工程绘图中，常常要使用一些常用的图形符号，为了减少重复工作，AutoCAD 提供了图块的概念，使用户能方便地使用相同的图形。

本章主要介绍在 AutoCAD 2006 中使用图块与外部参照的操作方法。

第一节　使用图块

图块就是将图形中的一个或几个实体组合成一个整体，将其视为一个实体，并将其存储，以便在以后的图形中随时调用。

图块可以是绘制在几个图层上的不同颜色、线型和线宽特性的对象的组合。尽管块总是在当前图层上，但块参照保存了有关包含在该块中的对象的原图层、颜色和线型特性的信息。可以控制块中的对象是保留其原特性还是继承当前的图层、颜色、线型或线宽设置。

一、创建图块

图形中定义块后，可以在图形中根据需要多次插入块参照。使用此方法可以快速创建块。每个块定义都包括块名、一个或多个对象、用于插入块的基点坐标值和所有相关的属性数据。启动创建图块命令有如下 3 种方法：

（1）菜单栏：选择 绘图(D) → 块(K) → 创建(M)... 命令。

（2）工具栏：单击“绘图”工具栏中的“创建块”按钮。

（3）命令行：在命令行输入 block。

执行创建块命令后，系统弹出 块定义 对话框，如图 8.1.1 所示。

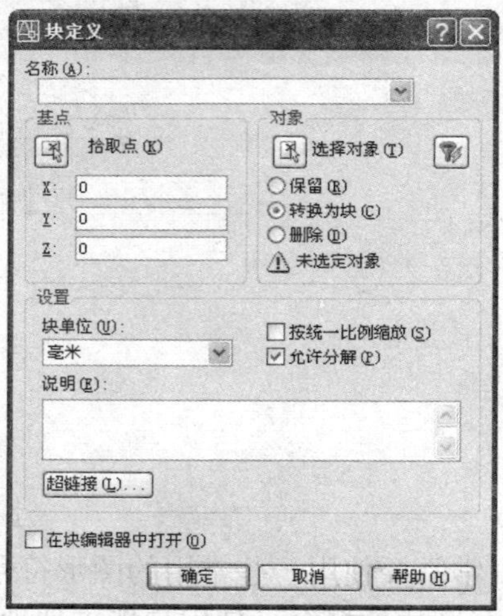

图 8.1.1　“块定义”对话框

该对话框中各选项含义如下：

（1）名称(A): 下拉列表框：指定块的名称。如果将系统变量 extnames 设置为 1，块名最多可以包含 255 个字符，包括字母、数字、空格以及其他特殊字符。

（2）基点 选项区：指定块的插入基点，默认值是（0,0,0）。单击“拾取插入基点”按钮，系统暂时关闭该对话框，使用户在当前图形中拾取插入基点。

（3）对象 选项区：指定新块中要包含的对象，以及创建块之后如何处理这些对象，是保留还是删除选定的对象或者是将它们转换成块对象。单击“快速选择”按钮，系统弹出 快速选择 对话框，如图 8.1.2 所示，利用该对话框可以定义选择集。

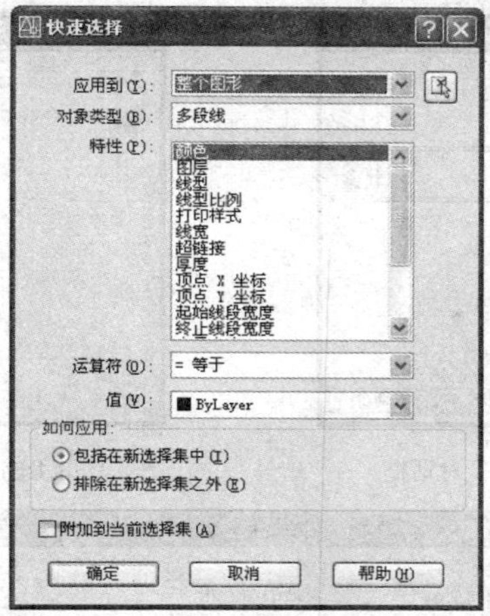

图 8.1.2 “快速选择”对话框

（4）设置选项区：指定块的设置。包括块参照插入单位、是否按照统一比例缩放、是否可以分解块、指定块的说明以及将某个超链接与块定义相关联。

（5）☑在块编辑器中打开(O)复选框：选中该复选框，当单击确定按钮后，系统打开“块编辑器”窗口，如图 8.1.3 所示。在该编辑器中用户可以定义块的动态行为。可以添加参数和动作，以定义自定义特性和动态行为。块编辑器包含一个特殊的编写区域，在该区域中可以像在绘图区中一样绘制和编辑几何图形。

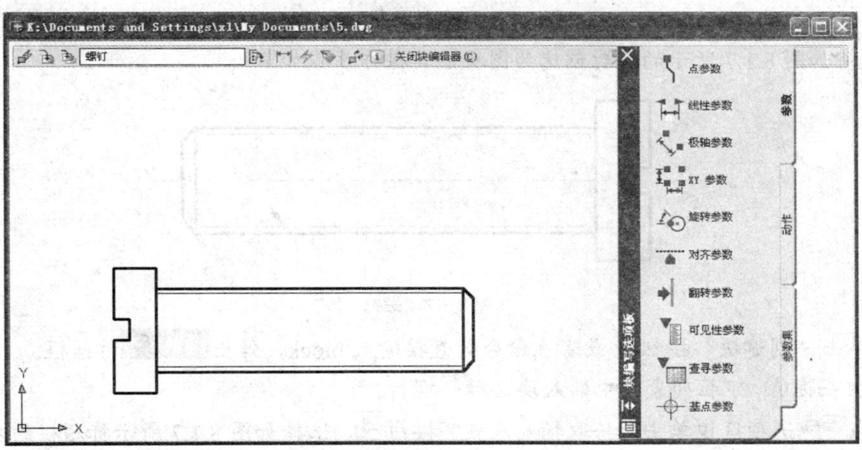

图 8.1.3 “块编辑器”窗口

该窗口各选项含义如下：

（1）“编辑或创建块定义”按钮：单击该按钮，系统弹出编辑块定义对话框，如图 8.1.4 所示。利用该对话框可以从图形中保存的块定义列表中选择要在块编辑器中编辑的块定义，也可以输入要在块编辑器中创建的新块定义的名称。

（2）“保存块定义”按钮：单击该按钮，可以保存定义的块。

（3）“将块另存为”按钮：单击该按钮，系统弹出将块另存为对话框，如图 8.1.5 所示。利用该对话框用户可以将图块以其他名称另外存储。

（4）“定义属性”按钮：单击该按钮，系统弹出属性定义对话框，如图 8.1.6 所示。利用该对话框可以定义块的属性值。

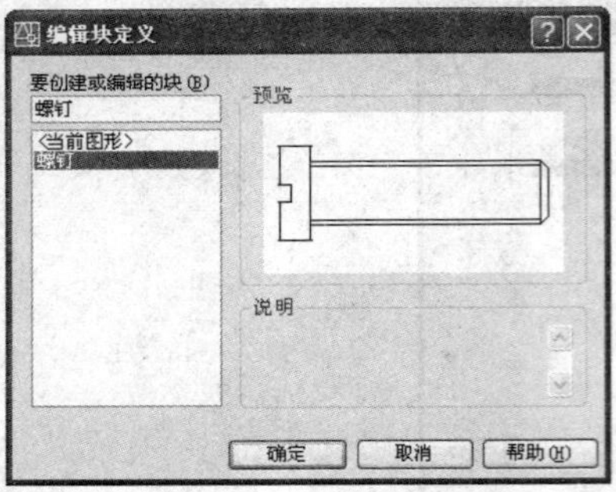

图 8.1.4　“编辑块定义”对话框

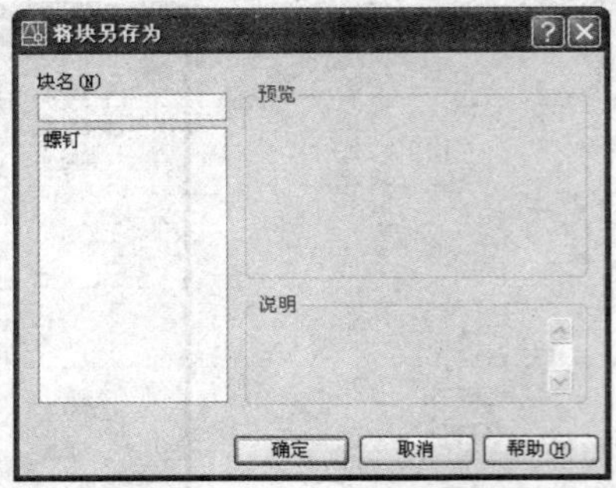

图 8.1.5　“将块另存为”对话框

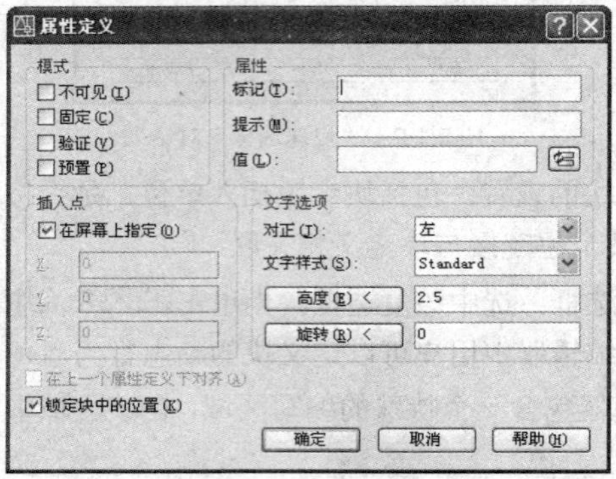

图 8.1.6　“属性定义”对话框

练习：将如图 8.1.7 所示的螺钉创建为图块，其操作步骤如下：

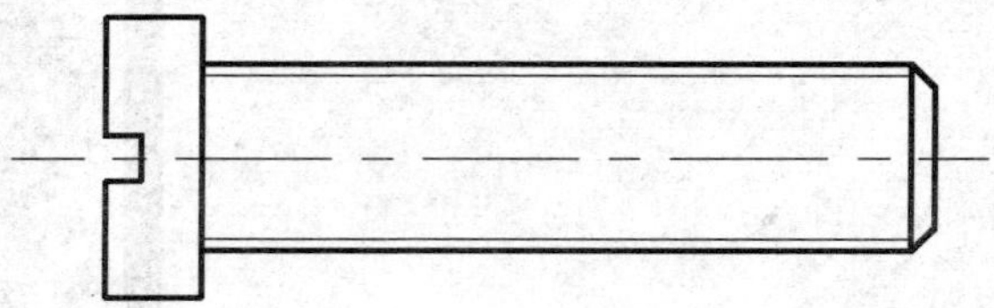

图 8.1.7　螺钉

（1）单击“创建块”按钮或者在命令行直接输入 block，弹出块定义对话框。

（2）在名称(A):下拉列表框中输入块名称：螺钉。

（3）在基点选项区中单击“拾取插入基点”按钮，选择如图 8.1.7 所示标题栏的左下端交点。

（4）在对象选项区中单击“选择对象”按钮，选择所有的图形，然后选中转换为块(C)单选按钮。

（5）在设置选项区中的块单位(U):下拉列表框中设置块单位为“毫米”，最后单击确定按钮保存设置。

二、插入图块

创建好图块后，就可以使用插入命令将图块插入到当前图形中，在插入的同时可以改变图块的大小和位置。启动插入图块命令有如下 3 种方法：

（1）菜单栏：选择插入(I)→块(B)...命令。

（2）工具栏：单击“绘图”工具栏中的“插入块”按钮。

（3）命令行：在命令行输入 insert。

执行插入图块命令后，系统弹出“插入”对话框，如图 8.1.8 所示。

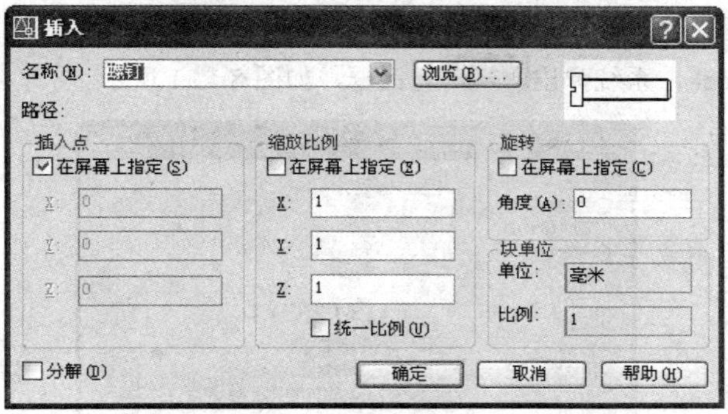

图 8.1.8 “插入”对话框

该对话框中各选项含义如下：

（1）名称(N): 下拉列表框：指定要插入块的名称，或指定要作为块插入的文件的名称。

（2）插入点 选项区：指定块的插入点，插入图块时该点与图块的基点重合。可以在屏幕上指定该点，也可以通过下面的文本框输入该点坐标值。

（3）缩放比例 选项区：指定插入块时的缩放比例。图块被插入到当前图形中时，可以按任意比例放大或缩小，如图 8.1.9 所示缩放图块示例图。

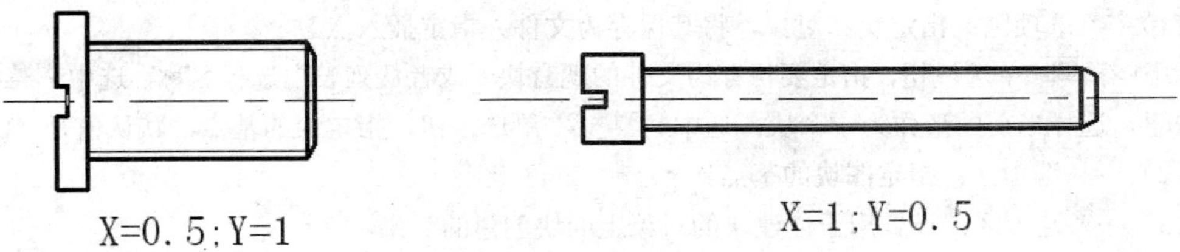

图 8.1.9 缩放图块示例图

（4）旋转 选项区：指定插入块时的旋转角度。指定块的旋转角度不论为正或者为负，都是参照块的原始位置进行旋转，如图 8.1.10 所示为旋转图块示例图。

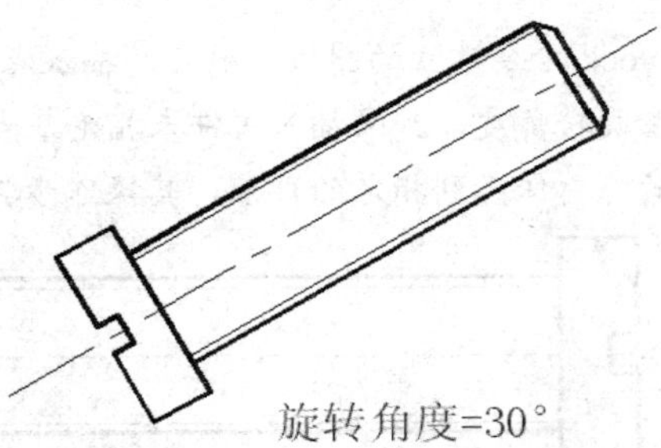

图 8.1.10 旋转图块示例图

（5）块单位 选项区：显示有关块的单位信息。

（6）☑分解(D) 复选框：在插入块的过程中，将块中的对象分解成各自独立的对象，而不是作为一个整体。

三、存储图块

中文版 AutoCAD 2006 提供的 wblock 命令，可以将定义的块作为独立的图形文件存放在磁盘中，这种图块被称为外部块。

在命令行输入 wblock，系统弹出写块对话框，如图 8.1.11 所示。

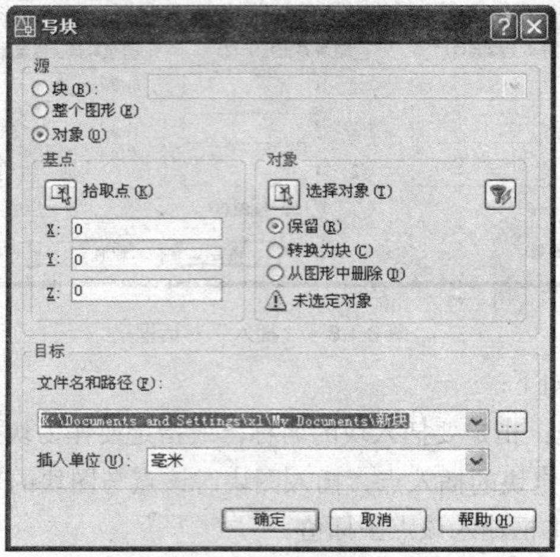

图 8.1.11 “写块”对话框

该对话框中各选项的含义如下：

（1）源选项区：指定块和对象，将其保存为文件并指定插入点。

选中块(B):单选按钮，指定要保存为文件的现有块，或者从列表中选择名称，选中整个图形(E)单选按钮，选择当前图形作为一个块；选中对象(O)单选按钮，指定块的基点，默认值是（0,0,0）。

（2）基点选项区：指定图块的基点。

（3）对象选项区：设置用于创建块的对象上的块创建的效果。

（4）目标选项区：指定文件的新名称和新位置以及插入块时所用的测量单位。

（5）插入单位(U):下拉列表框：指定从设计中心拖动新文件并将其作为块插入到使用不同单位的图形中时自动缩放所使用的单位值。

技巧

使用 block 和 wblock 命令建立的图块，确定的插入点即为块插入的基点，插入图块时将以该基点来改变图块的比例和旋转角度，如果插入文件未指定基点，将以原点为缺省的插入基点。

练习：将如图 8.1.12 所示的螺钉保存到指定的目录，其操作步骤如下：

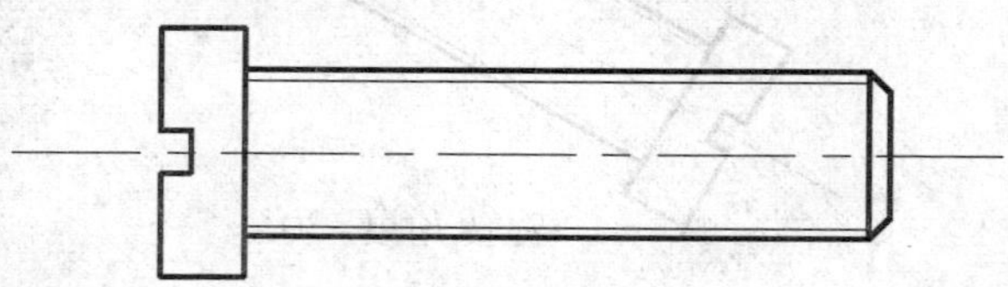

图 8.1.12 螺钉

（1）在命令行直接输入 wblock，弹出写块对话框。在该对话框中选中对象(O)单选按钮。

（2）单击“选择对象”按钮，系统切换到绘图区，选中整个螺钉后按回车键，系统切换到写块对话框。

（3）单击目标选项区右侧的…按钮，设定外部图块的文件名和保存路径，如“D:\AutoCAD 2006素材\练习题\螺钉.dwg”。

（4）最后单击确定按钮，将块保存到指定的目录中。

四、分解块

块被分解后将不再是一个整体的单一对象，而成为独立的组成对象，但是块定义仍旧存在于图形的块列表中。当分解块后，可以方便地添加或删除块中的对象。启动分解块命令有如下 3 种方法：

（1）菜单栏：选择修改(M)→分解(X)命令。

（2）工具栏：单击“修改”工具栏中的“分解”按钮。

（3）命令行：在命令行输入 explode。

在修改之后，可以进行如下 3 种操作：

（1）创建新的块定义。

（2）重定义现有的块。

（3）保留组成对象不组合以供他用。

第二节　编辑图块

有时为了更新设计方案，需要对插入的块进行修改，通常采用将原图块删除，将更新后的图块重新插入一次的方法。但如果只是插入点的位置或比例等设置不正确，则可以用 AutoCAD 2006 的特性面板进行修改。启动编辑图块命令有如下两种方法：

（1）菜单栏：选择修改(M)→特性(P)命令。

（2）命令行：在命令行输入 properties。

执行编辑图块命令后，系统弹出特性面板，如图 8.2.1 所示。

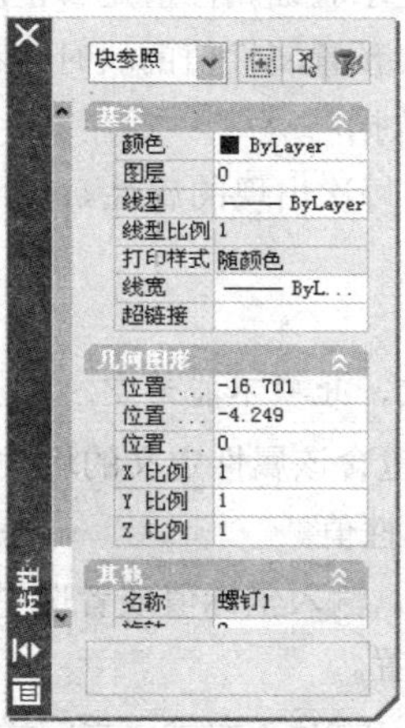

图 8.2.1　“特性”面板

在该面板中，用户可以修改块的插入点和 X，Y，Z 的比例因子等，如果该块是阴影图案，则只能修改插入点，而不可以修改比例因子、行数、列数和行间距；如果要修改块中的成员对象，必须先将块分解，然后才能进行修改。

第三节 编辑块的属性

图块的属性需要预先定义，创建图块时必须将定义过的属性同时选中才能创建出属性块。启动修改图块命令的方法有如下两种：

（1）菜单栏：选择 绘图(D) → 块(K) → 定义属性(D)... 命令。

（2）命令行：在命令行输入 attdef。

执行修改图块命令以后，系统都将弹出如图 8.3.1 所示的 属性定义 对话框。

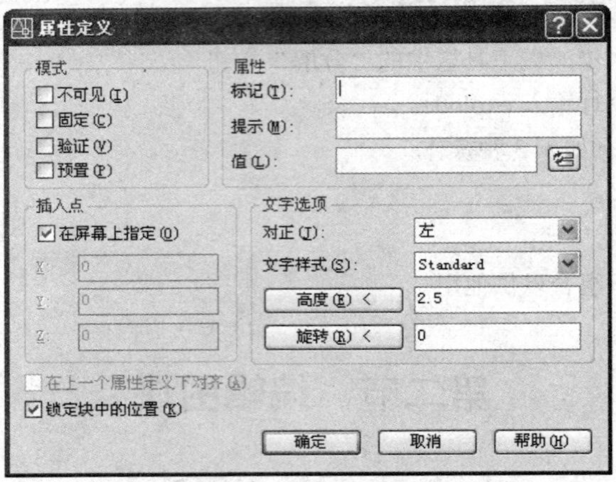

图 8.3.1 “属性定义”对话框

该对话框中各选项的含义如下：

（1）模式 选项区：用于在图形中插入块时设置与块关联的属性值选项，包含 4 个复选框。

1）☑不可见(I) 复选框：指定插入块时不显示或打印属性值。

2）☑固定(C) 复选框：在插入块时赋予属性固定值。

3）☑验证(V) 复选框：插入块时提示验证属性值是否正确。

4）☑预置(P) 复选框：当插入包含预置属性值的块时，将属性设置为默认值。

（2）属性 选项区：用于设置属性数据。

1）标记(T): 文本框：标识图形中每次出现的属性。使用任何字符组合（空格除外）输入属性标记。

提示 用户必须输入属性标记，此项不能为空。

2）提示(M): 文本框：指定在插入包含该属性定义的块时显示的提示。

3）值(L): 文本框：设置默认的属性值。

（3）插入点 选项组：指定属性位置。输入坐标值或者选中 ☑在屏幕上指定(O) 复选框，并使用定点设备根据与属性关联的对象指定属性的位置。

（4）文字选项 选项区：设置属性文字的对齐方式、文字样式、文字高度和旋转角度。

（5）☑锁定块中的位置(K) 复选框：锁定块参照中属性的位置。

注意 在动态块中，由于属性的位置包括在动作的选择集中，因此必须将其锁定。

第四节　编辑属性定义

• 在将属性赋予图块之前，用户如果认为属性定义不合适，可以通过 ddedit，change，ddmodiy 等命令对属性的标志、提示及初始值等进行修改。

一、编辑属性文字

在将属性文字与块相关联之前，可以对属性的文字加以修改，不仅可以修改属性标记，还可以修改属性提示和属性默认值。启动编辑属性文字命令有如下两种方法：

（1）菜单栏：选择 修改(M) → 对象(O) → 文字(T) → 编辑(E)... 命令。

（2）命令行：在命令行输入 ddedit。

执行编辑属性文字命令后，系统弹出如图 8.4.1 所示的 编辑属性定义 对话框，利用该对话框用户可以对属性定义文字进行修改。

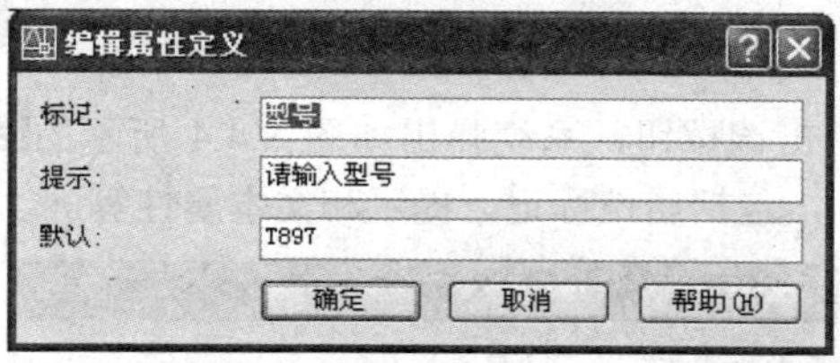

图 8.4.1　“编辑属性定义”对话框

二、图块属性管理器

图块属性管理器是对图形中属性块进行管理的工具，使用该工具可以修改图块中各属性的值并确定该值是否可见，修改属性所在的图层以及属性的颜色、线宽和线型等。启动图块属性管理器命令有如下两种方法：

（1）菜单栏：选择 修改(M) → 对象(O) → 属性(A) → 块属性管理器(B)... 命令。

（2）工具栏：单击“修改 II ”工具栏中的“块属性管理器”按钮。

（3）命令行：在命令行输入 battman。

执行块属性管理器命令之后，系统将弹出如图 8.4.2 所示的 块属性管理器 对话框，通过该对话框可以统一管理图形中的块属性。

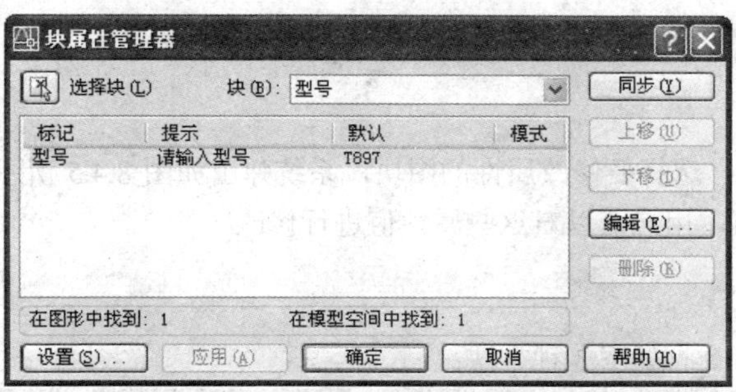

图 8.4.2　“块属性管理器”对话框

该对话框中各选项的含义如下：

（1）“选择块”按钮：单击该按钮，系统切换到绘图区选择需要编辑的属性块，或者在块(B):下拉列表中选择需要编辑的属性块。

（2）编辑(E)...按钮：单击该按钮，系统弹出如图 8.4.3 所示的编辑属性对话框，该对话框包括 3 个选项卡，分别用于编辑属性的各种设置，包括可见性、标记、提示、默认、字体、对齐方式、图层以及线型等。

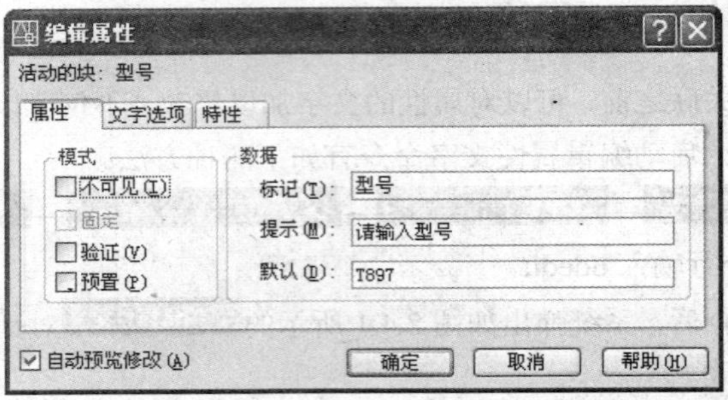

图 8.4.3 “编辑属性”对话框

（3）设置(S)...按钮：单击该按钮，系统弹出如图 8.4.4 所示的设置对话框，通过该对话框用户可以设置需要编辑的属性，包括属性标记、提示和文本属性等。

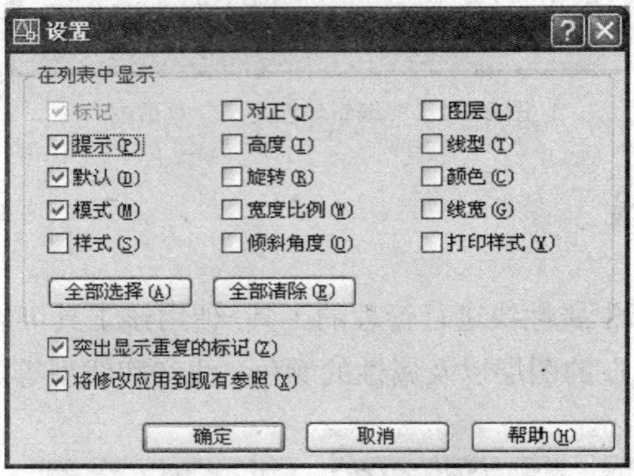

图 8.4.4 “设置”对话框

三、编辑图块属性值

当属性被定义到图块中，用户可以对属性进行编辑。图块属性编辑包括一般属性编辑和增强属性编辑。

1．一般属性编辑

在命令行输入 attedit，选择要修改属性的图块，系统弹出如图 8.4.5 所示的编辑属性对话框，对话框中包括了两个属性值，用户可以对这些属性值进行修改。

2．增强属性编辑

启动增强属性编辑命令有如下 3 种方法：

（1）菜单栏：选择修改(M)→对象(O)→属性(A)→单个(S)...命令。

（2）工具栏：单击“修改Ⅱ”工具栏中的“编辑属性”按钮。

（3）命令行：在命令行输入 eattedit。

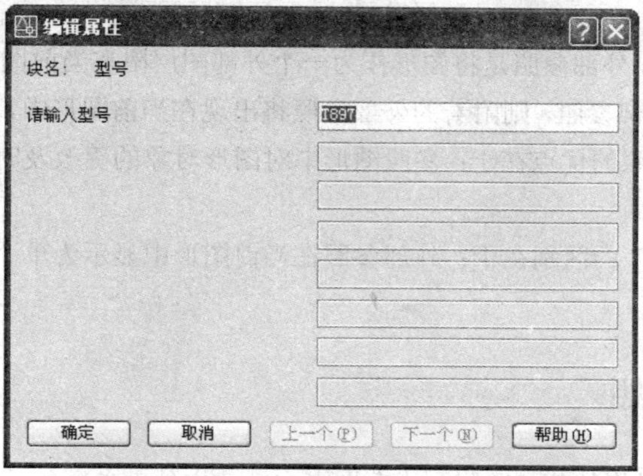

图 8.4.5 “编辑属性”对话框

选择块后，系统弹出如图 8.4.6 所示的增强属性编辑器对话框。该对话框包含 3 个选项卡，选项卡含义如下：

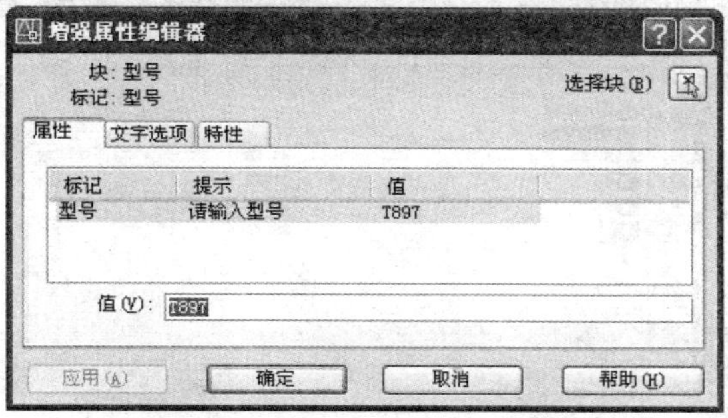

图 8.4.6 “增强属性编辑器”对话框

（1）“属性”选项卡：显示了指定给每个属性的标记、提示与值。可通过选择某个标记来更改其提示信息与值。

（2）“文字选项”选项卡：列出了定义属性文字在图形中的各种特性，包括：文字样式、对齐方式、文字高度、旋转角度是否反向、颠倒、倾斜角度与宽度比例等，如图 8.4.7 所示。

（3）“特性”选项卡：显示了属性的图层、线型、颜色、线宽与打印样式等特性。用户可根据需要进行修改，如图 8.4.8 所示。

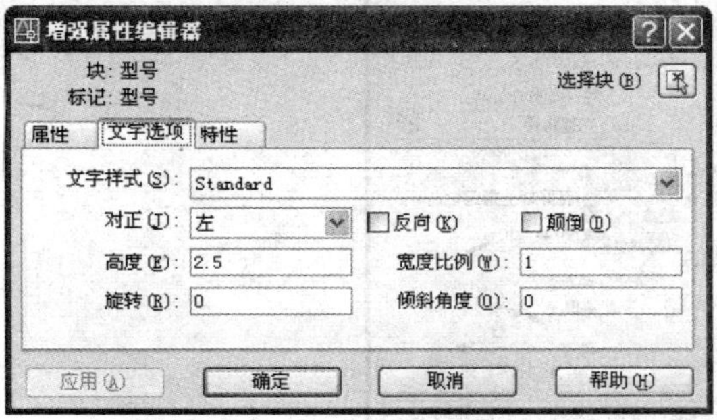

图 8.4.7 “文字选项”选项卡

图 8.4.8 “特性”选项卡

第五节 外部参照

在 AutoCAD 2006 中，外部参照是将图形作为一个外部图层附在当前图形中。如果附着一个图形，而此图形中包含附着的外部参照，则附着的外部参照将出现在当前图形中，附着的图形将由最新保存的图形决定。使用外部参照的优点在于：参照图形中对图形对象的更改及时反映到当前图形中，以确保用户使用最新参照信息。

“外部参照”与“块”的区别在于：外部参照在当前图形中显示为单个对象，不能被分解，而块可以被分解。

一、建立外部参照

使用 xattach 命令可以将外部参照附到当前图形中，建立外部参照的具体操作步骤如下：

（1）选择 插入(I) → 外部参照(X)... 命令，系统弹出 选择参照文件 对话框，在该对话框中选择需要插入到当前图形中的外部参照图块，如图 8.5.1 所示。

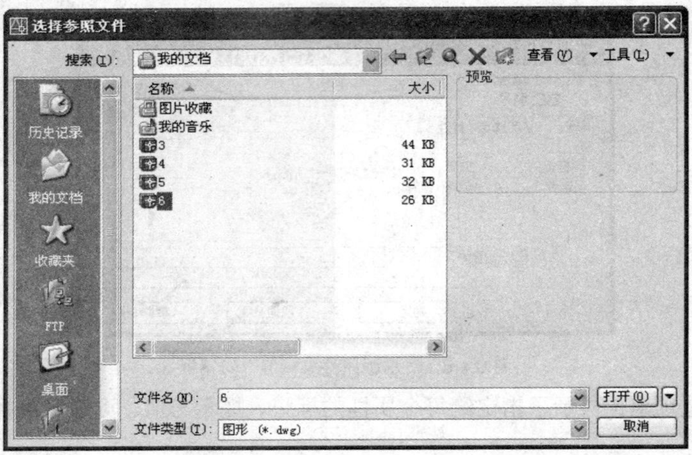

图 8.5.1 “选择参照文件”对话框

（2）单击该对话框中的 打开(O) 按钮，系统弹出 外部参照 对话框，在该对话框中进行参数设置，如图 8.5.2 所示，完成外部参照的建立。

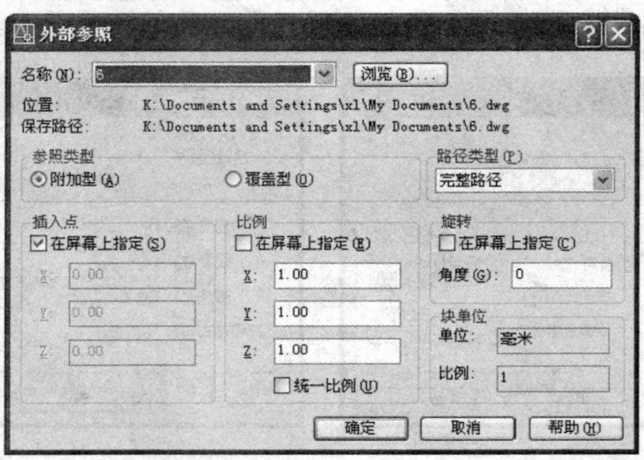

图 8.5.2 “外部参照”对话框

二、编辑外部参照

在处理外部引用图形时，用户可以使用外部引用编辑功能向指定的工作集添加或删除对象。

在命令行输入 refedit，选择编辑对象，系统弹出“参照编辑”对话框，如图 8.5.3 所示。该对话框包含两个选项卡：“标识参照”和“设置”。

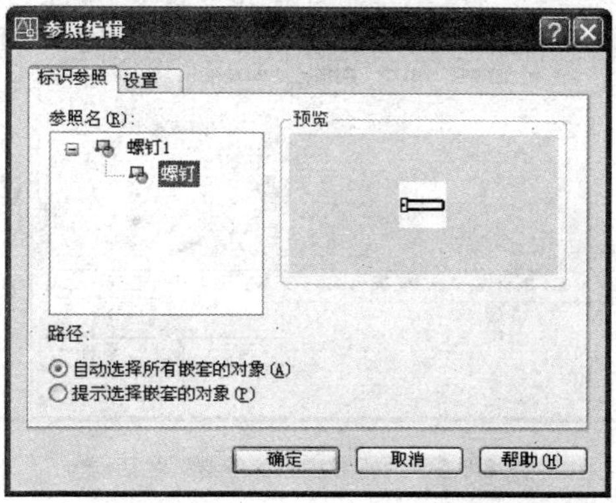

图 8.5.3 “参照编辑”对话框

（1）“标识参照”选项卡：用于为标识要编辑的参照提供视觉帮助并控制选择参照的方式。

1）参照名(R): 选项区：选择要编辑的参照名称。

2）路径: 选项区：显示选定参照的文件位置。如果选定参照是一个块，则不显示路径。如果选中 ⊙自动选择所有嵌套的对象(A) 单选按钮，选定参照中的所有对象将自动包括在参照编辑任务中；选中 ⊙提示选择嵌套的对象(P) 单选按钮，系统关闭“参照编辑”对话框，进入参照编辑状态后，系统将提示用户在要编辑的参照中选择特定的对象。

（2）“设置”选项卡：用于为编辑参照提供选项，如图 8.5.4 所示。

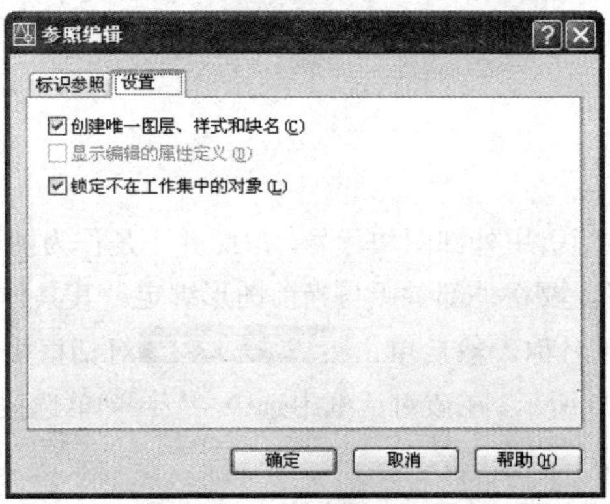

图 8.5.4 “设置”选项卡

三、管理外部参照

外部参照管理器显示了每一个外部参照的状态及其相互关系。利用它可以完成如下工作：插入新的外部参照、拆离现有的外部参照、加载或卸载现有的外部参照、把附加型修改为覆盖型、修改外部参照路径、将整个外部参照定义绑定到当前图形中。启动管理外部参照命令有如下两种方法：

（1）菜单栏：选择 插入(I) → 外部参照管理器(R)... 命令。

（2）命令行：在命令行输入 xref。

执行外部参照管理器之后，系统将弹出如图 8.5.5 所示的 外部参照管理器 对话框。

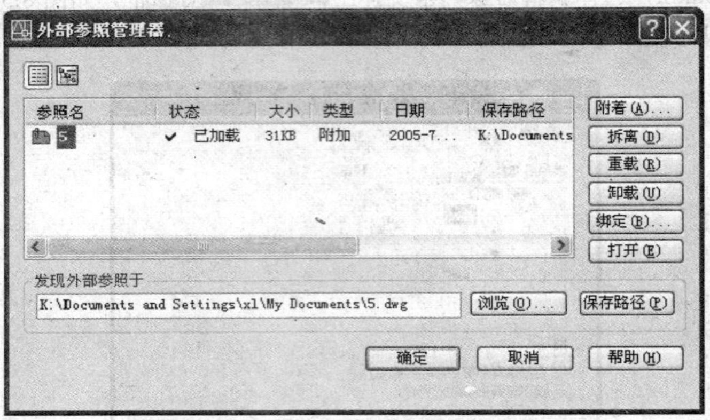

图 8.5.5 “外部参照管理器”对话框

该对话框中各选项的含义如下：

（1）附着(A)... 按钮：单击该按钮，系统弹出 外部参照 对话框，插入新的外部参照。

（2）拆离(D) 按钮：单击该按钮，外部参照从图形中完全删除。

（3）重载(R) 按钮：单击该按钮，重新加载现有的外部参照。

（4）卸载(U) 按钮：单击该按钮，将不需要的外部参照从当前图形中移走，但仍然保留外部参照文件的路径。

（5）绑定(B)... 按钮：单击该按钮，将外部参照绑定到当前图形中。

（6）打开(E) 按钮：单击该按钮，可以将选中的外部参照文件打开。

（7）保存路径(P) 按钮：单击该按钮，用户可以将 发现外部参照于 文本框中显示的路径保存到当前选中的外部参照文件中。

四、绑定外部参照

因为外部参照只是当前图形引用外部图块代号，参照并不是作为图形对象在图形内部，因此在含有外部参照的图形最后归档时，要将外部参照与当前图形绑定。其具体操作步骤如下：

选择所要绑定的外部参照名称，然后单击 外部参照管理器 对话框中的 绑定(B)... 按钮，系统弹出 绑定外部参照 对话框，如图 8.5.6 所示。在该对话框中选中 ⊙绑定(B) 单选按钮，然后单击 确定 按钮，即可完成外部参照图形的绑定。

图 8.5.6 “绑定外部参照”对话框

第六节　上机实战——明细表

本节通过一个典型实例使用户进一步了解图块的使用方法与技巧。

（1）单击“矩形”按钮或者在命令行输入 rectang，以原点为第一角点，绘制一个长为 100，宽为 6 的矩形，如图 8.6.1 所示。

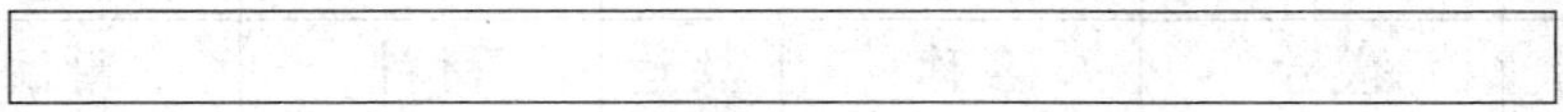

图 8.6.1

（2）单击“分解”按钮将上步绘制的矩形进行分解处理，然后单击“偏移”按钮或者在命令行输入 offset，将分解后的左边线向右偏移，偏移距离分别为 10，30，50，60 和 80，如图 8.6.2 所示。

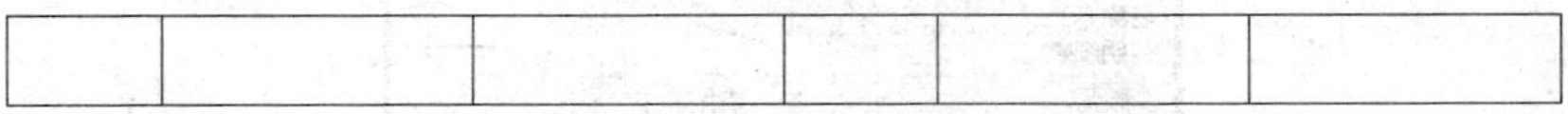

图 8.6.2

（3）选择 绘图(D) → 块(K) → 定义属性(D)... 命令，系统弹出 属性定义 对话框，在该对话框中设置属性项，如图 8.6.3 所示，然后单击 确定 按钮，完成“序号”属性定义，如图 8.6.4 所示。

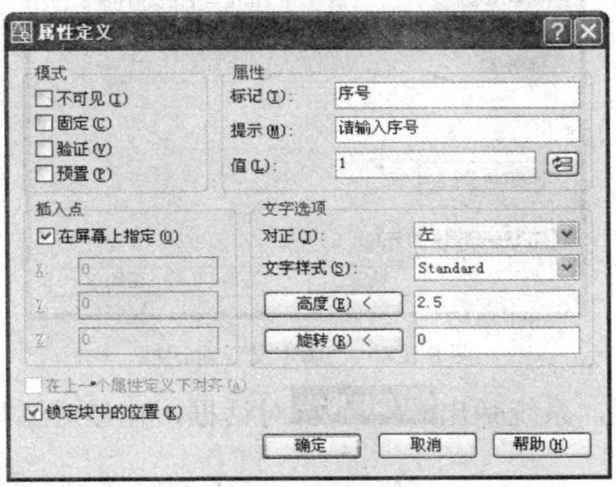

图 8.6.3　“属性定义”对话框

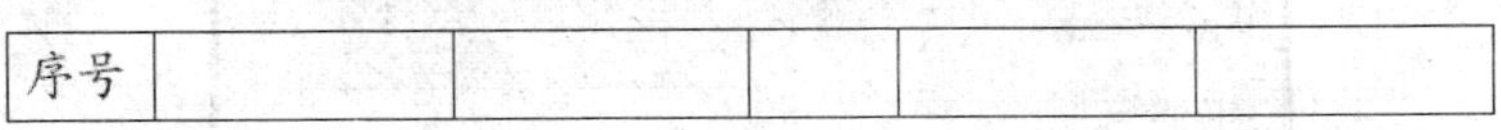

图 8.6.4

（4）重复定义属性，对其他选项进行设置，其属性项包含的内容如表 8.1 所示，效果如图 8.6.5 所示。

表 8.1　各属性项包含的内容

项　目	标　记	提　示	值
属性 A	序号	请输入序号	1
属性 B	代号	请输入代号	
属性 C	名称	请输入名称	
属性 D	数量	请输入数量	1
属性 E	材料	请输入材料	
属性 F	附注	请输入附注	

序号	代号	名称	数量	材料	附注

图 8.6.5

（5）单击“复制对象”按钮或者在命令行输入 copy，将上步创建的图形向上复制一份，如图 8.6.6 所示。

序号	代号	名称	数量	材料	附注
序号	代号	名称	数量	材料	附注

图 8.6.6

（6）单击“创建块”按钮或者在命令行输入 block，系统弹出块定义对话框，将上步复制后的图形创建成图块，块命名为“明细表”，插入点设定为左下角点，如图 8.6.7 所示。

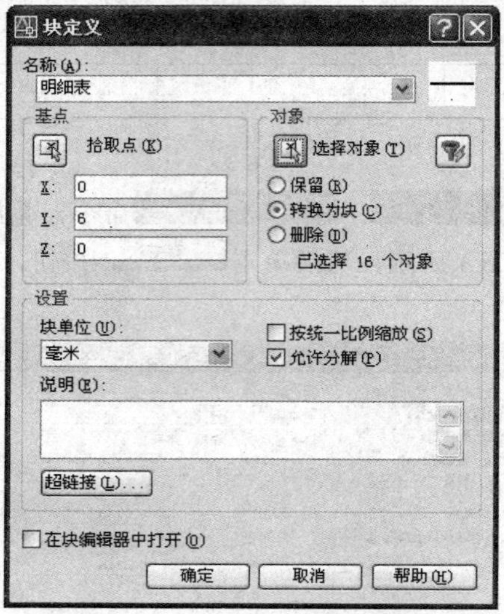

图 8.6.7 “块定义”对话框

（7）单击确定按钮，系统弹出编辑属性对话框，在该对话框中填入明细表属性值，如图 8.6.8 所示。

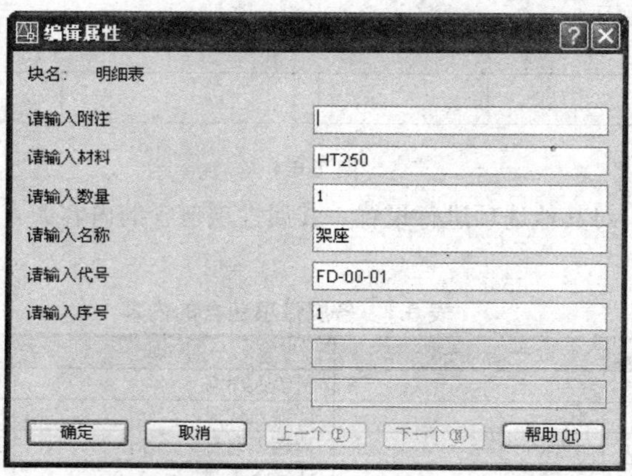

图 8.6.8 “编辑属性”对话框

（8）单击确定按钮，其输入效果如图 8.6.9 所示。

1	FD-00-01	架座	1	HT250	
序号	代号	名称	数量	材料	附注

图 8.6.9

（9）单击“插入块”按钮或者在命令行输入 insert，系统弹出插入对话框，在该对话框中选择“明细表”图块，将其插入到如图 8.6.10 所示的位置。此时命令行提示如下：

1）输入属性值。

2）请输入附注：↙。

3）请输入材料：Q235-A↙。

4）请输入数量：1↙。

5）请输入名称：垫块↙。

6）请输入代号：FD-00-02↙。

7）请输入序号 <1>：2↙，效果如图 8.6.11 所示。

端点	FD-00-01	架座	1	HT250	
序号	代号	名称	数量	材料	附注

图 8.6.10

2	FD-00-02	垫块	1	Q235-A	
1	FD-00-01	架座	1	HT250	
序号	代号	名称	数量	材料	附注

图 8.6.11

（10）重复插入“明细表”图块，并输入其他属性值，最终效果如图 8.6.12 所示。

5	FD-00-05	螺母M12	2		
4	FD-00-04	顶尖	1	45	
3	FD-00-03	螺杆M12	1	30	
2	FD-00-02	垫块	1	Q235-A	
1	FD-00-01	架座	1	HT250	
序号	代号	名称	数量	材料	附注

图 8.6.12

习 题 八

一、填空题

1．在 AutoCAD 2006 中，块属性的模式有 4 种，分别是_________、_________、_________和_________。

2．外部参照与块的区别在于________。

二、简答题

1．如何创建图块？

2．定义一个含有属性的图块，应如何操作？

三、上机操作题

1．利用设计中心，将沙发和茶几图块插入到如题图 8.1 所示的平面图中。

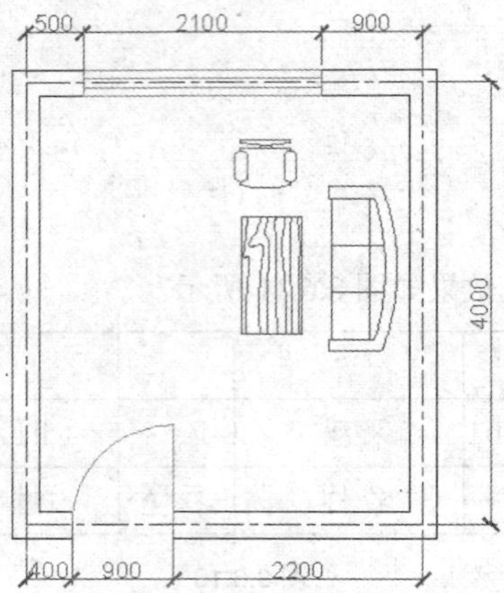

题图 8.1

2．利用块与块属性命令绘制如题图 8.2 所示的明细表。

004	滑塞	1	H62	
003	螺塞	2	A3	
002	O型密封圈	1	耐油橡胶	HG4-336-66
001	弹簧	1	65Mn	
序号	零件名称	件数	材料	备注

题图 8.2

第九章

绘制基本三维对象

☑ 设置视点

☑ 绘制基本三维曲面

☑ 绘制特殊三维曲面

在工程设计和绘图过程中，三维对象应用越来越广泛。在工程领域，虚拟制造技术、工艺过程数值模拟、仿真技术等都是以三维对象为基础的。用户可以使用曲线命令绘制旋转曲面、直纹曲面和边界曲面等。

本章主要介绍在 AutoCAD 中三维曲面的绘制方法。

第一节　三维坐标系

在绘制三维实体之前，首先应了解它的坐标系。AutoCAD 提供的可变用户坐标系统 UCS，大大方便了用户的使用。一般用户坐标系统与世界坐标系统重合，而在设计一些复杂的实体造型时，可根据具体需要设定自己的 UCS。启动坐标命令有如下两种方法：

（1）菜单栏：选择 工具(T) → 新建 UCS(W) → 三点(3) 命令。

（2）命令行：在命令行输入 ucs。

执行 ucs 命令后，命令行提示：“输入选项[新建(N)/移动(M)/正交(G)/上一个(P)/恢复(R)/保存(S)/删除(D)/应用(A)/?/世界(W)]<世界>:”，输入 n，继续提示：“指定新 UCS 的原点或 [Z 轴(ZA)/三点(3)/对象(OB)/面(F)/视图(V)/X/Y/Z] <0,0,0>:”，输入 3，继续提示：“指定新原点 <0,0,0>:”，在绘图窗口确定新原点，继续提示：“在正 X 轴范围上指定点 <298.7711,153.1129,0.0000>:”，输入一点确定 X 轴方向，继续提示：“在 UCSXY 平面的正 Y 轴范围上指定点<296.7711,153.1129,0.0000>:”，输入一点确定 Y 轴方向。

无论在三维坐标中采用世界坐标系还是用户坐标系，都可以使用笛卡尔坐标、柱坐标或球坐标来定位空间点。

一、笛卡尔坐标

在 AutoCAD 2006 中，利用 X，Y 和 Z 在空间上两两互相垂直构成笛卡尔坐标系，其原点默认为（0,0,0），如图 9.1.1 所示。

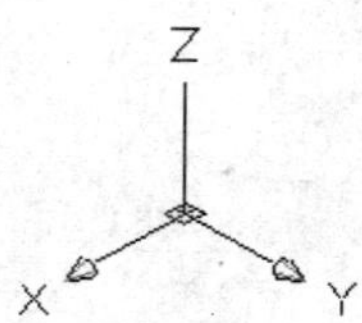

图 9.1.1　笛卡尔坐标系

二、柱坐标

柱坐标使用和 XY 平面的夹角及其沿 Z 轴的距离来表示，其格式如下：

XY 距离<XY 平面角度，Z 坐标（绝对坐标）

或@XY 距离<XY 平面角度，Z 坐标（相对坐标），如图 9.1.2 所示。

三、球坐标

球坐标有 3 个参数：点到原点的距离、在 XY 平面上的角度和 XY 平面的夹角，其格式如下：

XYZ 距离<XY 平面角度<与 XY 平面的夹角（绝对坐标）

或@XYZ 距离<XY 平面角度<与 XY 平面的夹角（相对坐标），如图 9.1.3 所示。

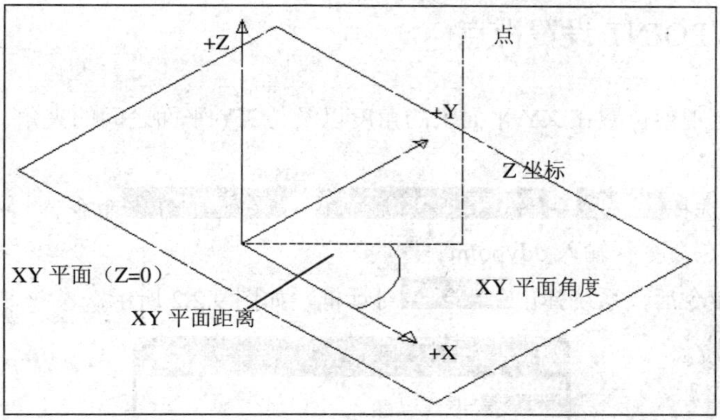

图 9.1.2　柱坐标

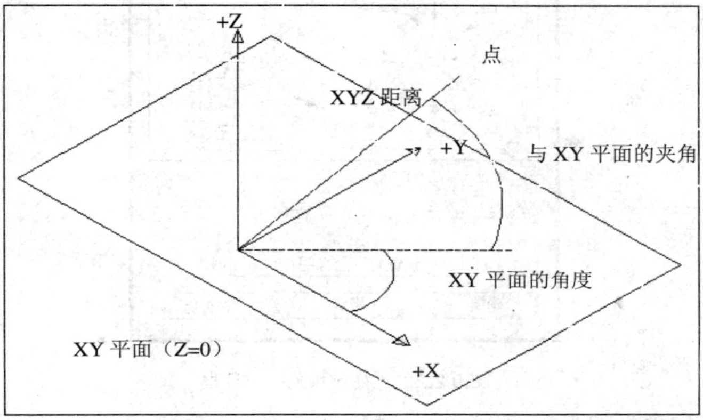

图 9.1.3　球坐标

第二节　设置视点

在绘制三维图形时，由于观察和绘图的需要，必须经常变换方位。为此，AutoCAD 设置了各种视图显示方法。例如，绘制圆柱体时，如果使用平面坐标系，即 Z 轴垂直于屏幕，此时，仅能看到物体在 XY 平面上的投影。如果调整视点至当前坐标系的左上方，将看到一个三维实体，如图 9.2.1 所示。

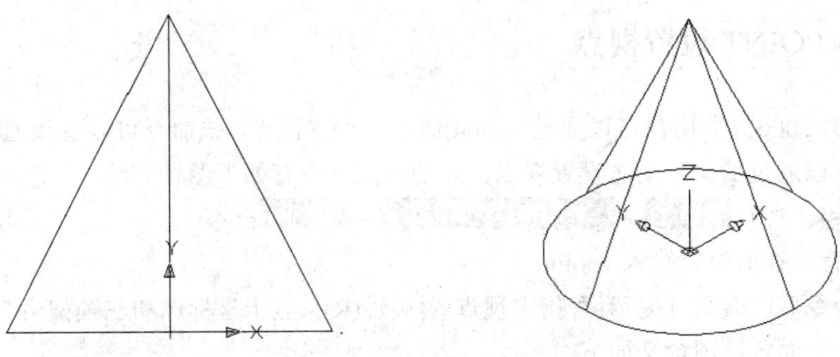

图 9.2.1　圆锥体在平面视图和三维视图中的显示效果

一、用 DDVPOINT 设置视点

设置视点即确定观察位置在 XY 平面上的角度以及与 XY 平面之间的夹角。启动视点预置命令有如下两种方法：

（1）菜单栏：选择 视图(V) → 三维视图(D) → 视点预置(I)... 命令。

（2）命令行：在命令行输入 ddvpoint。

执行视点预置命令后，系统弹出 视点预置 对话框，如图 9.2.2 所示。

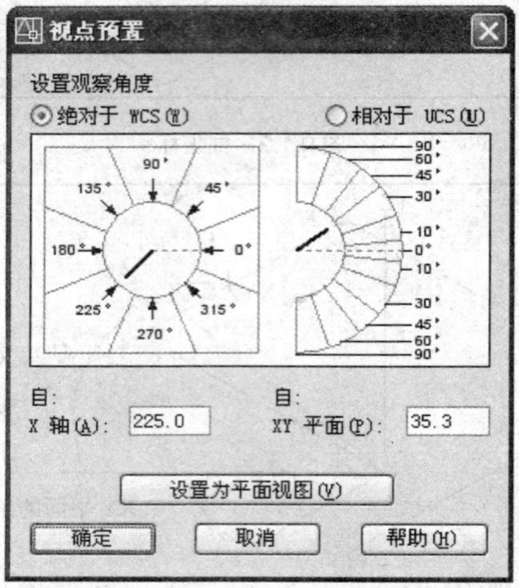

图 9.2.2 “视点预置”对话框

该对话框中各选项含义如下：

（1）绝对于 WCS (W) 单选按钮：选中此单选按钮指定视点的位置为相对于世界坐标系的方位。

（2）相对于 UCS (U) 单选按钮：选中此单选按钮指定视点的位置为相对于用户坐标系的方位。

（3）“观察角度”选项区：通过鼠标直接在对话框中设置 XY 平面上的角度以及相对于 XY 平面的角度。

（4）X 轴(A)：文本框：输入相应角度，显示中间左侧设置的角度。

（5）XY 平面(P)：文本框：输入相应角度，显示中间右侧设置的角度。

（6）设置为平面视图(V) 按钮：单击该按钮，可以恢复与 X 轴成 270° 和与 XY 平面成 90° 的视点。

二、用 VPOINT 设置视点

在 AutoCAD 2006 中，用户可以通过 vpoint 命令来设置视点。该命令可以直接通过键盘输入视点空间矢量，也可以通过罗盘来动态设置视点。启动视点命令有如下两种方法：

（1）菜单栏：选择 视图(V) → 三维视图(D) → 视点(V) 命令。

（2）命令行：在命令行输入 vpoint。

执行视点命令后，命令行提示：“指定视点或[旋转(R)]<显示坐标球和三轴架>:”，在屏幕上指定一点作为视点。上面各选项含义如下：

（1）“旋转(R)”：通过两个角度指定新的方向。

（2）“显示坐标球和三轴架”：显示坐标球和三轴架，在该提示下直接按回车键，AutoCAD 显示出如图 9.2.3 所示的坐标球和三轴架。

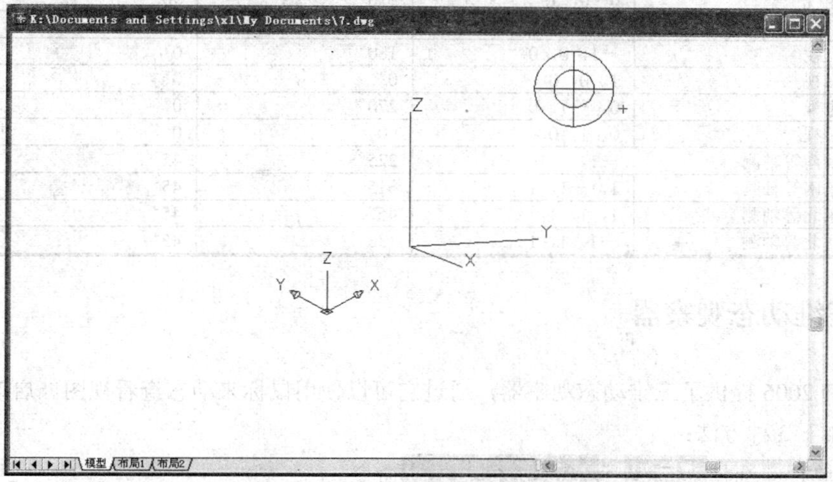

图 9.2.3　显示坐标球和三轴架

在屏幕右上角的坐标球是一个球体的二维显示。中心点是北极（0,0,1）相当于视点位于 Z 轴正方向；内环为赤道（n,n,0）；整个外环为北极（0,0,-1）。坐标球的右下侧是一个小十字光标，可以使用定点设备将十字光标移动到球体的任意位置上。当移动光标时，三轴架也随着变化，即视点位置也发生变化。确定视点位置后按回车键，AutoCAD 将按该视点显示对象。

提示

（1）由 VPOINT 命令设置视点后得到的投影图为轴测投影图，不是透视投影图。

（2）视点只确定方向，没有距离含义。也就是说，在视点与原点连线及其延长线上选任意一点作为视点，观察效果一样。

三、设置特殊视点

用户可以选择 视图(V) → 三维视图(D) 中的子菜单来快速地设置一些特殊的视点，如图 9.2.4 所示。

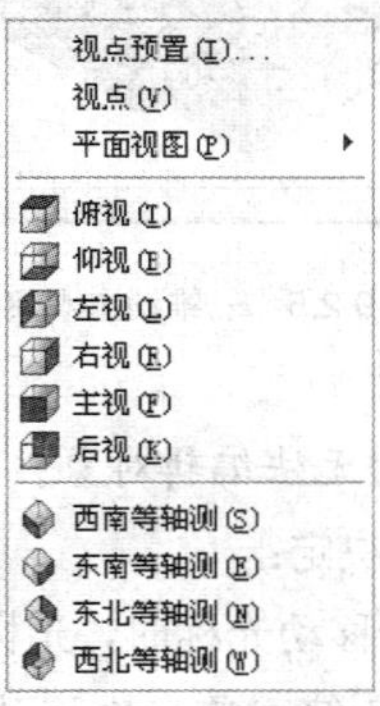

图 9.2.4　“三维视图”子菜单

表 9.1 列出了“三维视图”子菜单中特殊视点对应的参数设置。

表 9.1　特殊视点及其参数设置

菜单选项	视点方向矢量	与 X 轴夹角	与 XY 平面夹角
俯视	0，0，1	270°	90°
仰视	0，0，−1	270°	90°
左视	−1，0，0	180°	0°
右视	1，0，0	0°	0°
主视	0，−1，0	270°	0°
后视	0，1，0	90°	0°
西南等轴测	−1，−1，−1	225°	45°
东南等轴测	1，−1，1	315°	45°
东北等轴测	1，1，1	45°	45°
西北等轴测	−1，1，1	135°	45°

四、三维动态观察器

AutoCAD 2006 提供了三维动态观察器，通过它可以使用鼠标来动态查看视图。启动三维动态观察器命令有如下 3 种方法：

（1）菜单栏：选择 视图(V) → 三维动态观察器(B) 命令。

（2）工具栏：单击“三维动态观察”中的“三维动态观察器”按钮。

（3）命令行：在命令行输入 3dorbit。

执行三维动态观察器命令后，绘图区将显示一个弧线球，如图 9.2.5 所示，它由一个圆被几个小圆划分成 4 个象限表示。此时在绘图区中单击左键并拖动光标就可以旋转视图。当 3dorbit 处于活动状态时，查看的目标保持不动，而相机的位置（或查看点）围绕目标移动。目标点是转盘的中心，而不是被查看对象的中心。

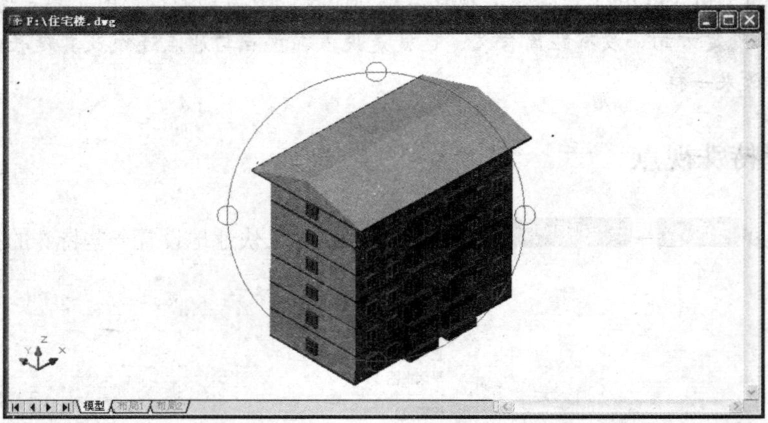

图 9.2.5　三维动态观察器

注意：3dorbit 命令处于活动状态时无法编辑对象。

视图的旋转由下列光标的外观和位置决定：

（1）两条直线环绕的球状：在转盘中移动光标时，光标的形状变为外面环绕两条直线的小球状。如果在绘图区域中单击并拖动光标，则可围绕对象自由移动，就像光标拖动环绕对象的球体，围绕目标点进行旋转一样。用此方法可以在水平、垂直或对角方向上拖动。

（2）圆形箭头：在转盘外部移动光标时，光标的形状变为圆形箭头。在转盘外部单击并围绕转盘拖动光标，将使视图围绕延长线通过转盘的中心并垂直于屏幕的轴旋转。

如果将光标拖到转盘内部，它将变为外面环绕两条线的球状，并且视图可以自由移动。如果将光标向后移动到转盘之外，可以恢复滚动。

（3）水平椭圆：当光标在转盘左右两边的小圆上移动时，光标的形状变为水平椭圆。从这些点开始单击并拖动光标将使视图围绕通过转盘中心的垂直轴或Y轴旋转。

（4）垂直椭圆：当光标在转盘上下两边的小圆上移动时，光标的形状变为垂直椭圆。从这些点开始单击并拖动光标将使视图围绕通过转盘中心的水平轴或X轴旋转。

五、平面视图

用户可以通过 plan 命令从平面视图查看图形。选择的平面视图可以基于当前用户坐标系、以前保存的用户坐标系或世界坐标系。启动平面视图命令有如下两种方法：

（1）菜单栏：选择 视图(V) → 三维视图(D) → 平面视图(P) 下的子命令。

（2）命令行：在命令行输入 plan。

执行平面视图命令后，命令行提示："输入选项[当前 UCS(C)/UCS(U)/世界(W)] <当前 UCS>："。各选项含义如下：

（1）"当前 UCS(C)"：在当前用户坐标系的当前视口中重新生成平面视图并使图形布满当前视口。

（2）"UCS(U)"：修改为当前保存的用户坐标系平面视图并重生成该平面视图。

（3）"世界(W)"：在世界坐标系屏幕重生成平面视图并布满当前视口。

六、其他显示效果变量

对于曲面立体图，其显示效果和一些变量的设置值有关。其中介绍两个变量：facetres 和 isolines。

1. FACETRES 变量

facetres 变量控制表达曲面的小平面数。在使用消除和渲染命令时，实体的每一面均由很小的平面来代替。当代替的平面数越多时，显示就越平滑。facetres 缺省值为 0.5，可选范围为 0.01～10，数值越高，显示的小平面越多，同时生成时间也越长，如图 9.2.6 所示。

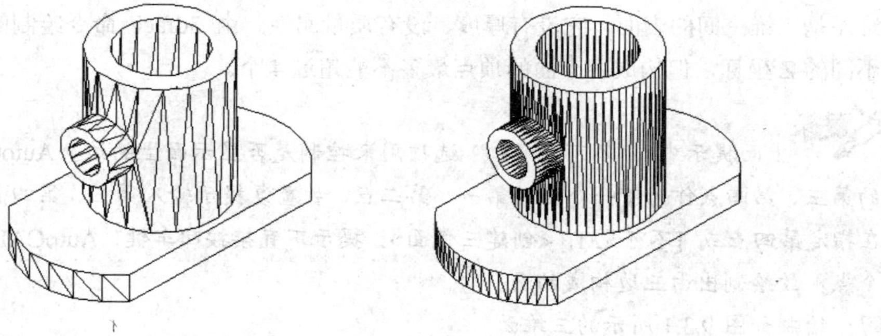

（a）　　（b）

图 9.2.6　设置 facetres 变量

（a）facetres=1；（b）facetres=10

2．ISOLINES 变量

isolines 变量控制显示曲面的线条数，其有效范围为 0～2 047，缺省值为 4。增加条数使得三维立体看上去更接近实物，同时会增加生成的时间，如图 9.2.7 所示。

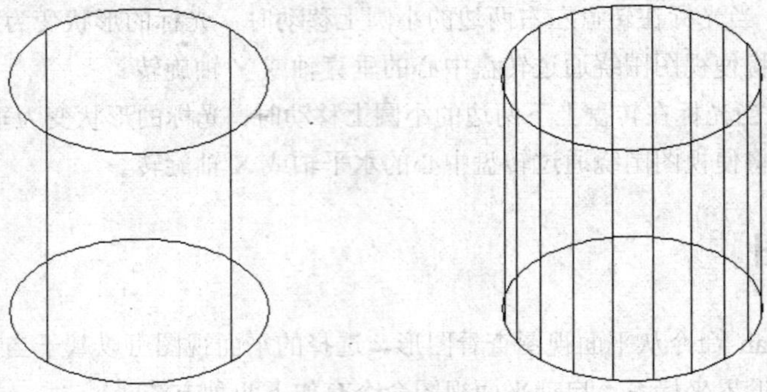

（a）　　　　　　　　　　　　（b）

图 9.2.7　设置 isolines 变量

（a）isolines=4；（b）isolines=20

第三节　创建基本三维曲面

在 AutoCAD 2006 中，用户可以绘制各种形式的三维曲面。

一、绘制三维面

三维面用于创建具有三边或四边的平面，启动三维面命令有如下 3 种方法：

（1）菜单栏：选择 绘图(D) → 曲面(F) → 三维面(F) 命令。

（2）工具栏：单击“曲面”工具栏中的“三维面”按钮。

（3）命令行：在命令行输入 3dface。

执行三维面命令后，命令行提示：“指定第一点或[不可见(I)]:”，指定第一点，继续提示：“指定第二点或[不可见(I)]:”，指定第二点，继续提示：“指定第三点或[不可见(I)] <退出>:”，指定第三点，继续提示：“指定第四点或 [不可见(I)] <创建三侧面>:”，指定第四点。

三维面是三维空间的表面，它没有厚度、没有质量属性。由 3dface 命令绘制的每个面的各顶点可以有不同的 Z 坐标，但构成各个面的顶点最多不能超过 4 个。

提示

上面提示中，“不可见（I）”选项用来控制是否显示面上的边。AutoCAD 总是将前一个面上的第三、第四点作为下一个面的第一、第二点，故重复提示输入第三、第四点，以继续绘制其他面。在指定第四点或 [不可见(I)] <创建三侧面>: 提示下直接按回车键，AutoCAD 将第三、第四点合成一个点，故绘制出由三边构成的面。

练习：绘制如图 9.3.1 所示的三维面。

（1）命令：3dface↙。

（2）指定第一点或 [不可见(I)]: 捕捉 A 点。

（3）指定第二点或 [不可见(I)]：捕捉 B 点。

（4）指定第三点或 [不可见(I)] <退出>：捕捉 C 点。

（5）指定第四点或 [不可见(I)] <创建三侧面>：捕捉 D 点。

（6）指定第三点或 [不可见(I)] <退出>：捕捉 E 点。

（7）指定第四点或 [不可见(I)] <创建三侧面>：捕捉 F 点。

（8）指定第三点或 [不可见(I)] <退出>：↙。

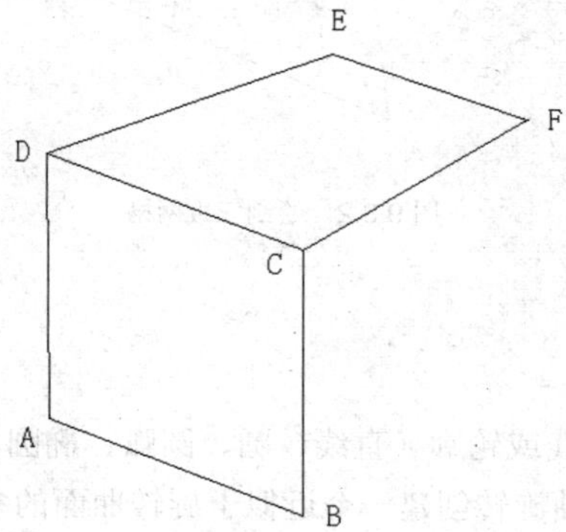

图 9.3.1 绘制三维面

二、三维网格

三维网格用于创建任意造型的三维多边形网格对象，启动三维网格命令有如下 3 种方法：

（1）菜单栏：选择 绘图(D) → 曲面(F) → 三维网格(M) 命令。

（2）工具栏：单击“曲面”工具栏中的“三维网格”按钮。

（3）命令行：在命令行输入 3dmesh。

执行三维网格命令后，命令行提示：“输入 M 方向上的网格数量：”，指定 M 方向上网格面的顶点数，继续提示：“输入 N 方向上的网格数量：”，指定 N 方向上网格面的顶点数，继续提示：“指定顶点(0,0)的位置：”，指定第 1 行第 1 列顶点的位置，继续提示：“指定顶点(0,1)的位置：”，指定第 1 行第 2 列顶点的位置，继续提示：“指定顶点(1,0)的位置：”，指定第 2 行第 1 列顶点的位置，继续提示：“指定顶点 (1, 1) 的位置：”，指定第 2 行第 2 列顶点的位置，依此类推。

注意 （1）顶点的行、列序号均从零开始。

（2）顶点的数量是 M×N 个，M 和 N 的最小值为 2，所以顶点数最少为 4 个，最多为 256 个。

（3）可以用 pedit 命令编辑多边形网格。

练习：绘制三维网格，如图 9.3.2 所示。

（1）命令：3dmesh↙。

（2）输入 M 方向上的网格数量：2↙。

（3）输入 N 方向上的网格数量：2↙。

（4）指定顶点 (0, 0) 的位置：捕捉 A 点。

（5）指定顶点 (0, 1) 的位置：捕捉 B 点。

（6）指定顶点 (1, 0) 的位置：捕捉 C 点。

（7）指定顶点（1, 1）的位置：捕捉 D 点。

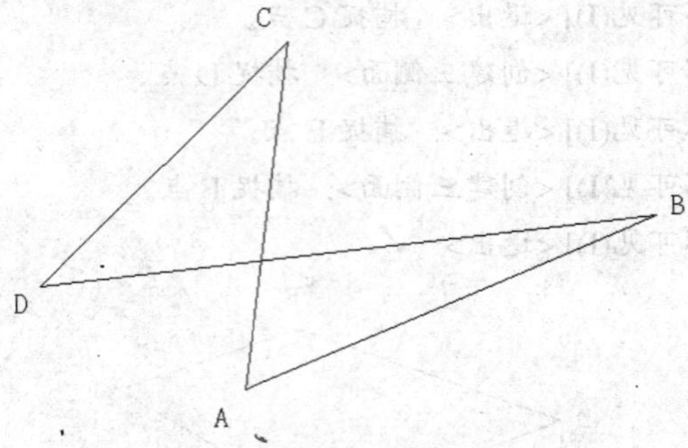

图 9.3.2　绘制三维网格

三、旋转曲面

旋转曲面用于通过将路径曲线或轮廓（直线、圆、圆弧、椭圆、椭圆弧、闭合多段线、多边形、闭合样条曲线或圆环）绕指定的轴旋转创建一个近似于旋转曲面的多边形网格。启动旋转曲面命令有如下 3 种方法：

（1）菜单栏：选择 绘图(D) → 曲面(F) → 旋转曲面(S) 命令。

（2）工具栏：单击“曲面”工具栏中的“旋转曲面”按钮。

（3）命令行：在命令行输入 revsurf。

执行旋转曲面命令后，命令行提示：“选择要旋转的对象：”，选择旋转对象，继续提示：“选择定义旋转轴的对象：”，选择一个对象作为旋转轴，继续提示：“指定起点角度<0>：”，确定旋转时的起始角度，继续提示：“指定包含角(+ =逆时针，– =顺时针)<360>：”，输入要旋转的角度，其中，加号将沿逆时针方向旋转；负号沿顺时针方向旋转，默认为 360。

提示 旋转方向的分段数由系统变量 SURFTAB1 确定，旋转轴方向的分段数由系统变量 SURFTAB2 确定。

练习：将如图 9.3.3 所示的多段线绕直线旋转 360° 后，得到如图 9.3.4 所示的结果。

图 9.3.3　多段线与直线

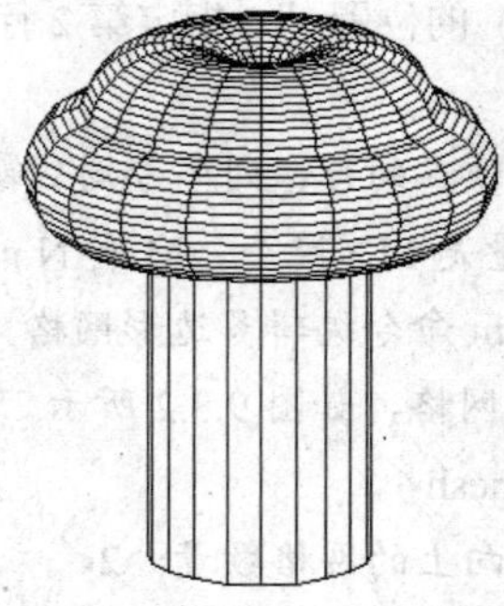

图 9.3.4　旋转曲面

四、平移曲面

平移曲面用于创建多边形网格，该网格表示通过指定的方向和距离（称为方向矢量）拉伸直线或曲线（称为路径曲线）定义的常规平移曲面。启动平移曲面命令有如下 3 种方法：

（1）菜单栏：选择 绘图(D) → 曲面(F) → 平移曲面(T) 命令。

（2）工具栏：单击“曲面”工具栏中的“平移曲面”按钮。

（3）命令行：在命令行输入 tabsurf。

执行平移曲面命令后，命令行提示：“选择用作轮廓曲线的对象：”，选择路径曲线，作为路径曲线的对象可以是线段、圆弧、圆、样条曲线、二维多段线、三维多段线等对象。继续提示：“选择用作方向矢量的对象：”，选择方向矢量，作为方向矢量的对象可以是直线段（LINE）或非闭合的二维多段线、三维多段线等对象。

注意 当选择多段线作为方向矢量时，平移方向沿着多段线两端点的连线方向。AutoCAD 在方向矢量对象上远离拾取点的端点方向绘制平移曲面。平移曲面的分段数由系统变量 SURFTAB1 确定。

练习：将如图 9.3.5 所示的圆沿多段线方向平移，得到如图 9.3.6 所示的平移曲面。

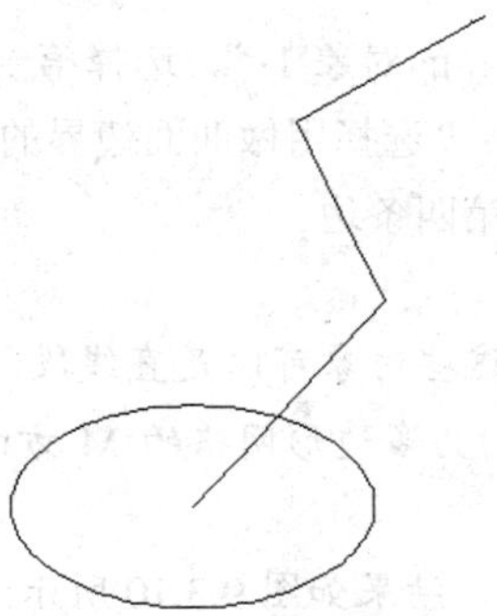

图 9.3.5　圆和多段线

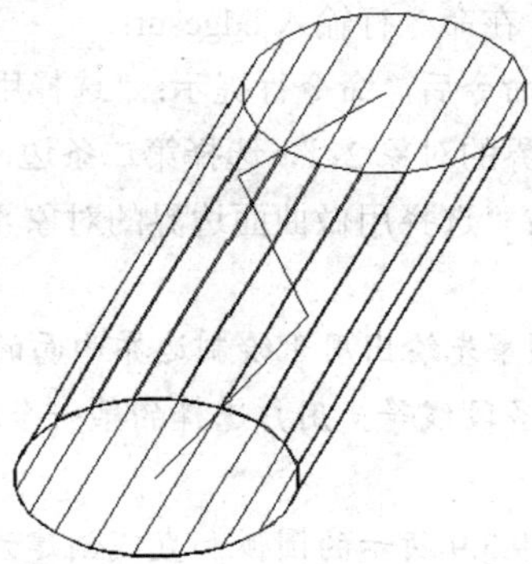

图 9.3.6　平移曲面

五、直纹曲面

直纹曲面用于在两条直线或曲线之间创建一个表示直纹曲面的多边形网格。启动直纹曲面命令有如下 3 种方法：

（1）菜单栏：选择 绘图(D) → 曲面(F) → 直纹曲面(R) 命令。

（2）工具栏：单击“曲面”工具栏中的“直纹曲面”按钮。

（3）命令行：在命令行输入 rulesurf。

执行直纹曲面命令后，命令行提示：“选择第一条定义曲线：”，选择第一条曲线，继续提示：“选择第二条定义曲线：”，选择第二条曲线。用于作为曲线的对象可以是直线段、矩形、圆弧、圆、样条曲线、二维多段线、三维多段线等对象。

练习：将如图 9.3.7 所示的圆和矩形绘制成如图 9.3.8 所示的直纹曲面。

六、边界曲面

边界曲面用于创建一个多边形网格，此多边形网格近似于一个由四条邻接边定义的孔斯曲面片网格。孔斯曲面片网格是一个在四条邻接边（这些边可以是普通的空间曲线）之间插入的的双三次曲面。

启动边界曲面命令有如下 3 种方法：

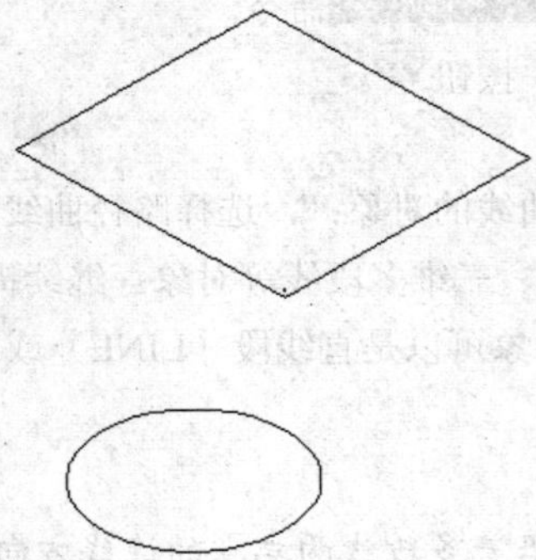

图 9.3.7 圆和矩形

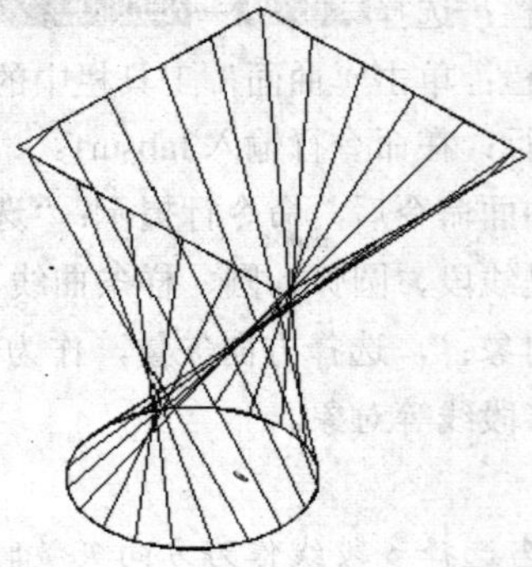

图 9.3.8 直纹曲面

（1）菜单栏：选择 绘图(D) → 曲面(F) → 边界曲面(D) 命令。

（2）工具栏：单击“曲面”工具栏中的“边界曲面”按钮。

（3）命令行：在命令行输入 edgesurf。

执行边界曲面命令后，命令行提示：“选择用做曲面边界的对象 1:”，选择第一条边，继续提示：“选择用做曲面边界的对象 2:”，选择第二条边，继续提示：“选择用做曲面边界的对象 3:”，选择第三条边，继续提示：“选择用做曲面边界的对象 4:”，选择第四条边。

注意 必须事先绘出用于绘制边界曲面的各对象，这些对象可以是直线段、圆弧、样条曲线、二维多段线、三维多段线等。用户选择的第一个对象的方向为多边形网格的 M 方向，它的邻边方向为网格的 N 方向。

练习：将如图 9.3.9 所示的圆弧和直线创建为边界曲面，结果如图 9.3.10 所示。

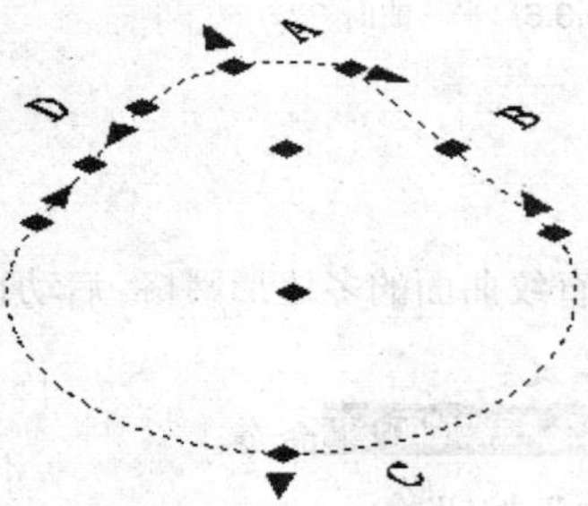

图 9.3.9 圆弧和直线

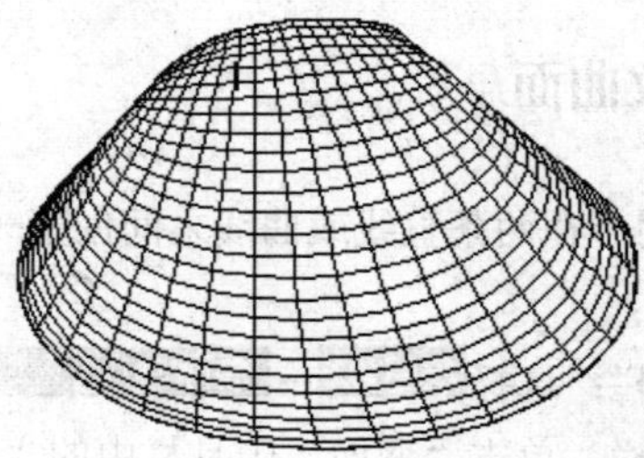

图 9.3.10 边界曲面

第四节 绘制特殊三维曲面

除了前面介绍的基本三维曲面以外，AutoCAD 2006 还可绘制特殊三维曲面，例如绘制长方体表面、楔体表面、棱锥面、圆锥面、球表面、上半球面、下半球面、圆环面以及网格表面等三维面。

选择 绘图(D) → 曲面(F) → 三维曲面(3)... 命令，系统弹出 三维对象 对话框，如图 9.4.1 所示，该对话框的左侧列出了 9 种可供选用的基本曲面名称，其右侧即为左侧各曲面选项所对应的预览直观图。

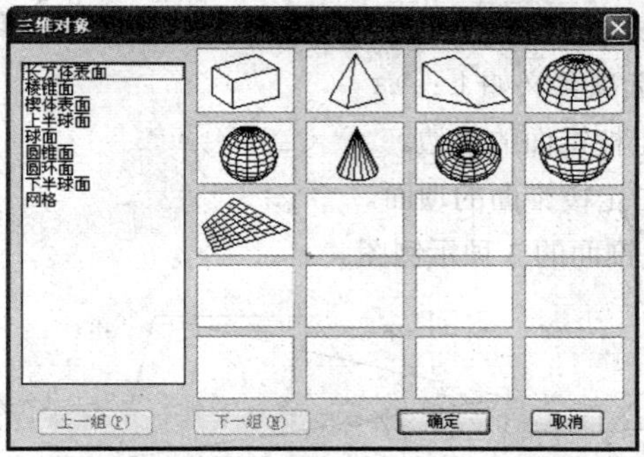

图 9.4.1 “三维对象”对话框

一、长方体表面

用于创建三维长方体表面多边形网格。启动长方体表面命令有如下两种方法：

（1）工具栏：单击“曲面”工具栏中的“长方体表面”按钮。

（2）命令行：在命令行输入 ai_box。

执行长方体表面命令后，命令行提示：“指定角点给长方体：”，在屏幕上指定长方体的角点位置，继续提示：“指定长度给长方体：”，输入长方体的长度，继续提示：“指定长方体表面的宽度或[立方体(C)]：”，输入长方体的宽度或输入 C，绘制立方体表面。

注意 提示中要求确定的长方体表面的长、宽、高分别沿着 X，Y，Z 轴的正方向，且 X,Y 不能为负值，绕 Z 轴的转角可正可负，其转向符合右手规则。

如图 9.4.2 所示为绘制长方体表面示例图。

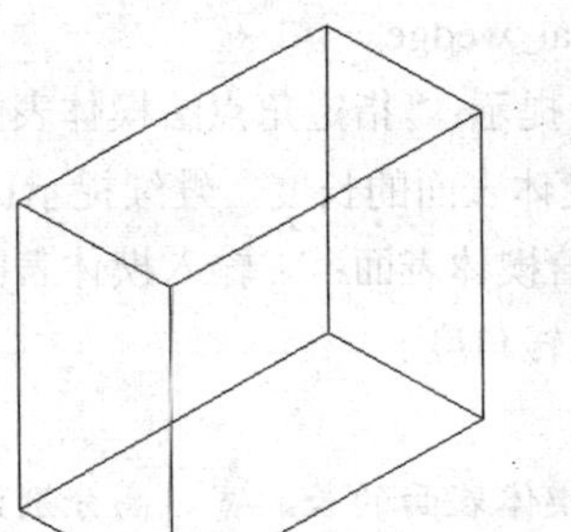

图 9.4.2 长方体表面示例图

二、棱锥面

棱锥面用于创建一个棱锥面或四面体表面，启动棱锥面命令有如下两种方法：

（1）工具栏：单击“曲面”工具栏中的“棱锥面”按钮。

（2）命令行：在命令行输入 ai_pyramid。

执行棱锥面命令后，命令行提示：“指定棱锥面底面的第一角点：”，输入棱锥面底面的第一个角点，继续提示：“指定棱锥面底面的第二角点：”，输入棱锥面底面的第二个角点，继续提示：“指定棱锥面底面的第三角点：”，输入棱锥面底面的第三个角点，继续提示：“指定棱锥面底面的第四角点或

[四面体(T)]:”，输入棱锥面底面的第四个角点，继续提示：“指定棱锥面的顶点或 [棱(R)/顶面(T)]:”，输入棱锥面的顶点，上面各选项含义如下：

（1）“棱(R)”：用于指定棱锥面的棱边。

（2）“顶面(T)”：用于指定棱锥面的顶面。

如图 9.4.3 所示为绘制棱锥面的 3 种示例图。

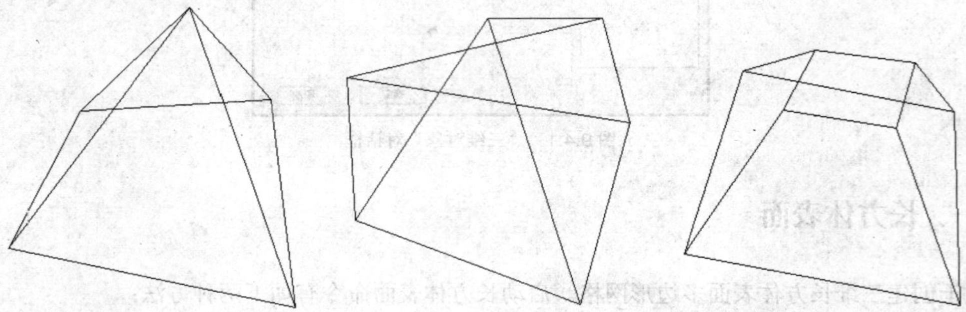

（a）　　　　（b）　　　　（c）

图 9.4.3　棱锥面示例图

（a）指定顶点；（b）指定棱边；（c）指定顶面

三、楔体表面

楔体表面用于创建一个直角楔状多边形网格，其斜面沿 X 轴方向倾斜。启动楔体表面命令有如下两种方法：

（1）工具栏：单击“曲面”工具栏中的“楔体表面”按钮。

（2）命令行：在命令行输入 ai_wedge。

执行楔体表面命令后，命令行提示：“指定角点给楔体表面:”，输入楔体表面的角点，继续提示：“指定长度给楔体表面:”，输入楔体表面的长度，继续提示：“指定楔体表面的宽度:”，输入楔体表面的宽度，继续提示：“指定高度给楔体表面:”，输入楔体表面的高度，继续提示：“指定楔体表面绕 Z 轴旋转的角度:”，输入楔体的旋转角度。

注意　提示中要求确定的楔体表面的长、宽、高分别沿着 X，Y，Z 轴的正方向，且 X，Y 不能为负值，绕 Z 轴的转角可正可负，其转向符合右手规则。

如图 9.4.4 所示为绘制楔体表面示例图。

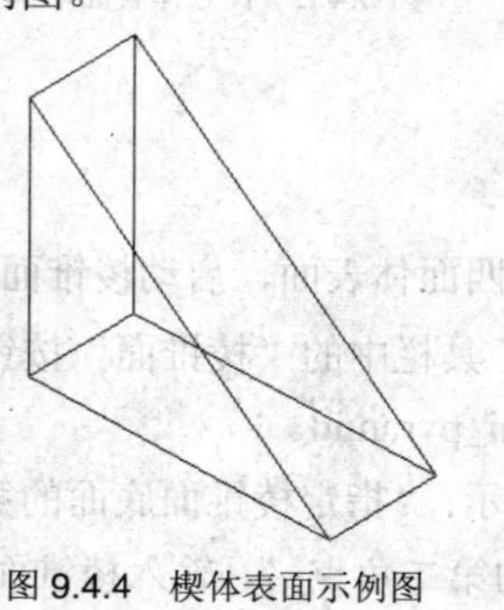

图 9.4.4　楔体表面示例图

四、球表面

球表面用于创建球状多边形网格，启动球表面命令有如下两种方法：

（1）工具栏：单击“曲面”工具栏中的“球表面”按钮。

（2）命令行：在命令行输入 ai_sphere。

执行球表面命令后，命令行提示：“指定中心点给球面：”，输入球面的中心点，继续提示：“指定球面的半径或 [直径(D)]：”，输入球面的半径或直径，继续提示：“输入曲面的经线数目给球面 <16>：”，输入球面的经线数目，继续提示：“输入曲面的纬线数目给球面 <16>：”，输入球面的纬线数目。

如图 9.4.5 所示为绘制球面示例图。

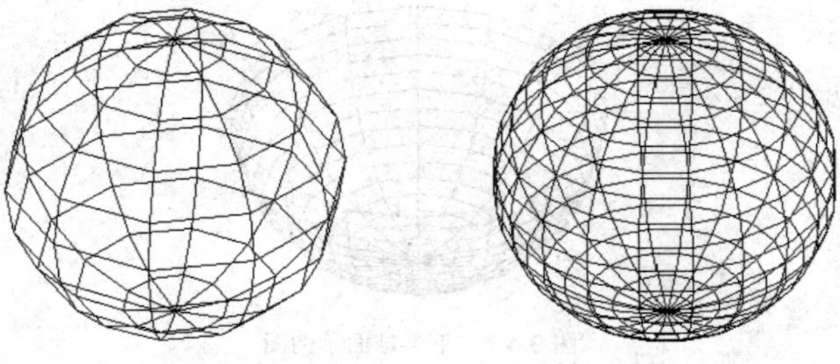

（a）　　（b）

图 9.4.5　球表面示例图

（a）经线和纬线数目为 10；（b）经线和纬线数目为 20

五、上半球面

上半球面用于创建球状多边形网格的上半部分。启动上半球面命令有如下两种方法：

（1）工具栏：单击“曲面”工具栏中的“上半球表面”按钮。

（2）命令行：在命令行输入 ai_dome。

执行上半球面命令后，命令行提示：“指定中心点给上半球面：”，输入上半球面的中心点，继续提示：“指定上半球面的半径或 [直径(D)]：”，输入上半球面的半径或直径，继续提示：“输入曲面的经线数目给上半球面 <16>：”，输入上半球面经线数目，继续提示：“输入曲面的纬线数目给上半球面 <8>：”，输入上半球面纬线数目。

如图 9.4.6 所示为绘制上半球面示例图。

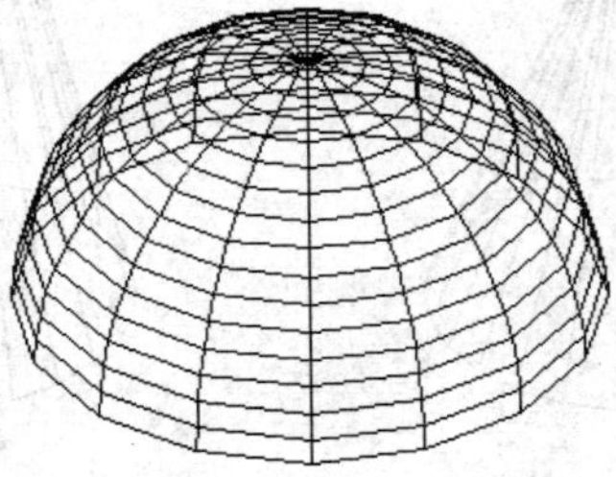

图 9.4.6　上半球面示例图

六、下半球面

下半球面用于创建球状多边形网格的下半部分。启动下半球面命令有如下两种方法：

（1）工具栏：单击“曲面”工具栏中的“下半球表面”按钮。

（2）命令行：在命令行输入 ai_dish。

执行下半球面命令后，命令行提示：“指定中心点给下半球面：”，输入下半球面的中心点，继续提示：“指定下半球面的半径或 [直径(D)]：”，输入下半球面的半径或直径，继续提示：“输入曲面的经线数目给下半球面 <16>：”，输入下半球面经线数目，继续提示：“输入曲面的纬线数目给下半球面 <8>：”，输入下半球面纬线数目。

如图 9.4.7 所示为绘制下半球面示例图。

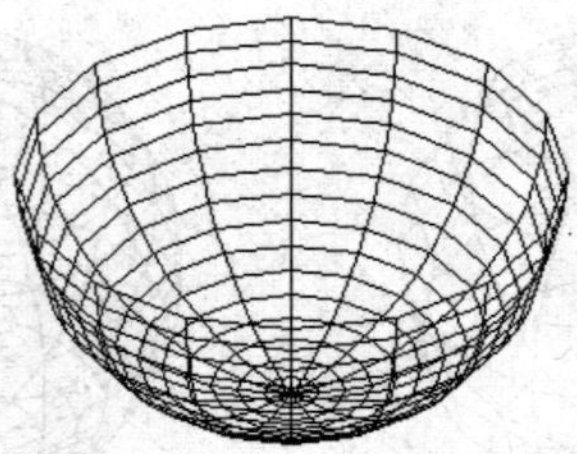

图 9.4.7　下半球面示例图

七、圆锥面

圆锥面用于创建圆锥状多边形网格。启动圆锥面命令有如下两种方法：

（1）工具栏：单击“曲面”工具栏中的“圆锥面”按钮。

（2）命令行：在命令行输入 ai_cone。

执行圆锥面命令后，命令行提示：“指定圆锥面底面的中心点：”，输入圆锥面底面的中心点，继续提示：“指定圆锥面底面的半径或 [直径(D)]：”，输入圆锥面底面的半径或直径，继续提示：“指定圆锥面的高度：”，输入圆锥面的高度，继续提示：“输入圆锥面曲面的线段数目 <16>：”，输入圆锥面曲面线段数目。

如果在“指定圆锥面顶面的半径或[直径(D)]<0>：”提示下直接按回车键，可得到如图 9.4.8（a）所示结果。如果输入相应的半径或直径，则得到如图 9.4.8（b）所示结果。

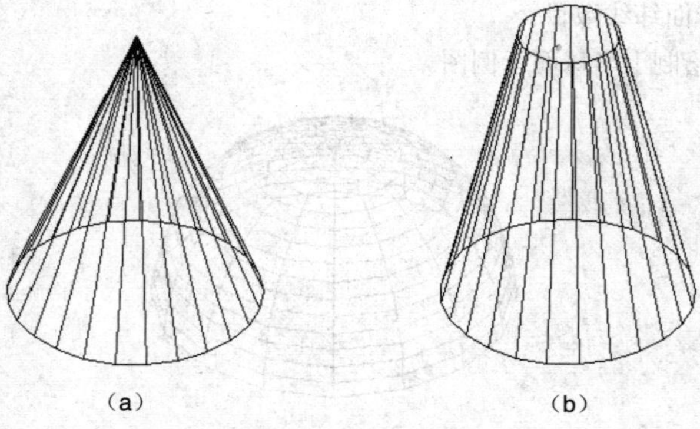

（a）　　（b）

图 9.4.8　圆锥面示例图

八、圆环体表面

圆环体表面用于创建与当前 UCS 的 XY 平面平行的圆环状多边形网格。启动圆环体表面命令有如下两种方法：

（1）工具栏：单击“曲面”工具栏中的“圆环体表面”按钮。

（2）命令行：在命令行输入 ai_torus。

执行圆环体表面命令后，命令行提示：“指定圆环面的中心点：”，输入圆环面的中心点，继续提示：“指定圆环面的半径或 [直径(D)]：”，输入圆环面的半径或直径，继续提示：“指定圆管的半径或 [直径(D)]：”，输入圆管的半径或直径，继续提示：“输入环绕圆管圆周的线段数目 <16>：”，指定圆管圆周的线段数目，继续提示：“输入环绕圆环面圆周的线段数目 <16>：”，指定圆环面圆周的线段数目。

如图 9.4.9 所示为绘制圆环面示例图。

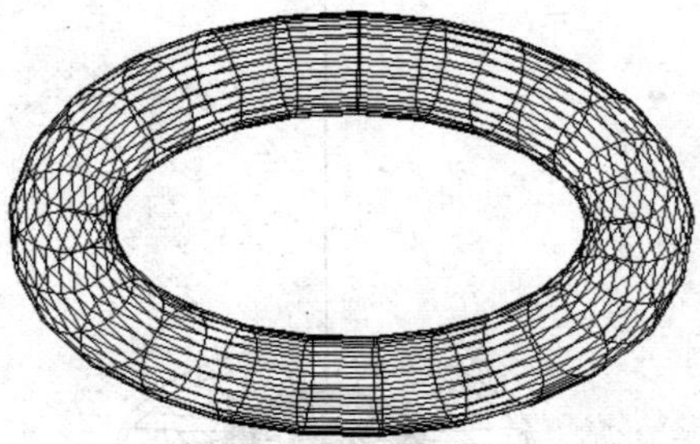

图 9.4.9　圆环面示例图

第五节　上机实战——台灯

本节通过一个典型实例使用户进一步了解基本三维曲面的使用方法与技巧。

（1）选择视图(V)→三维视图(D)→西南等轴测(S)命令，转换视图为西南等轴测，然后单击“圆柱体”按钮或者在命令行输入 cylinder，在原点处绘制一个半径为 50，高为 5 的圆柱体，如图 9.5.1 所示。

（2）选择视图(V)→三维视图(D)→主视(F)命令，转换视图为主视图，然后再单击“多段线”按钮或者在命令行输入 pline，以点（0,10）为起点，依次输入（20,10）和（50,5），如图 9.5.2 所示。

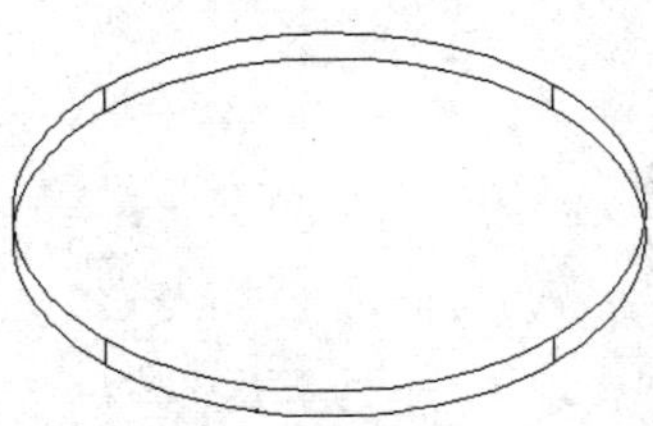

图 9.5.1

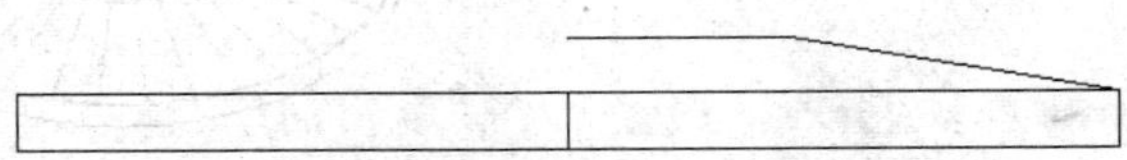

图 9.5.2

（3）单击“圆角”按钮或者在命令行输入 fillet，将上步绘制的多段线进行圆角处理，圆角半径为 50，然后再利用直线命令，绘制一条竖直直线，如图 9.5.3 所示。

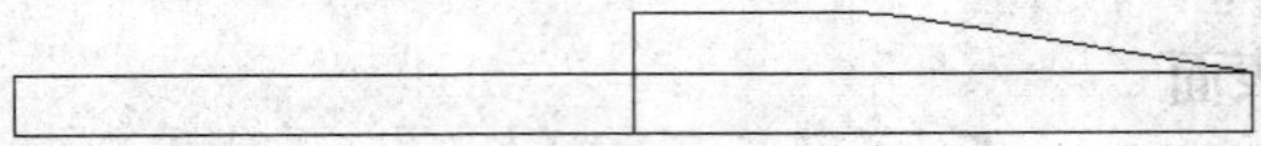

图 9.5.3

（4）单击“旋转曲面”按钮或者在命令行输入 revsurf，将绘制的多段线以直线为旋转轴进行旋转，如图 9.5.4 所示。

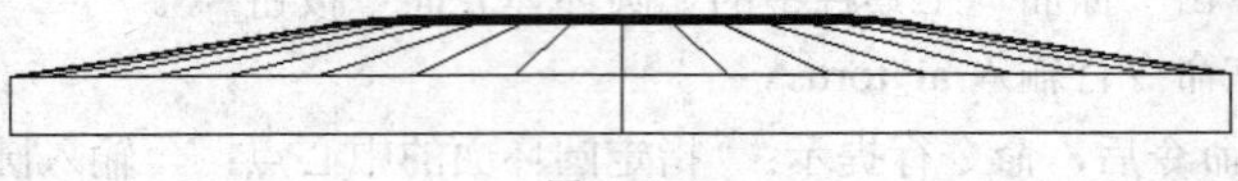

图 9.5.4

（5）单击“圆”按钮或者在命令行输入 circle，以原点圆心，绘制一个半径为 5 的圆。

（6）在命令行输入 ucs，将坐标系沿 X 轴旋转 90°，以原点为起点，绘制一条垂直的直线，长度为 150，如图 9.5.5 所示。

图 9.5.5

（7）单击“直纹曲面”按钮或者在命令行输入 tabsurf，利用上步绘制的圆和直线创建直纹曲面，如图 9.5.6 所示。

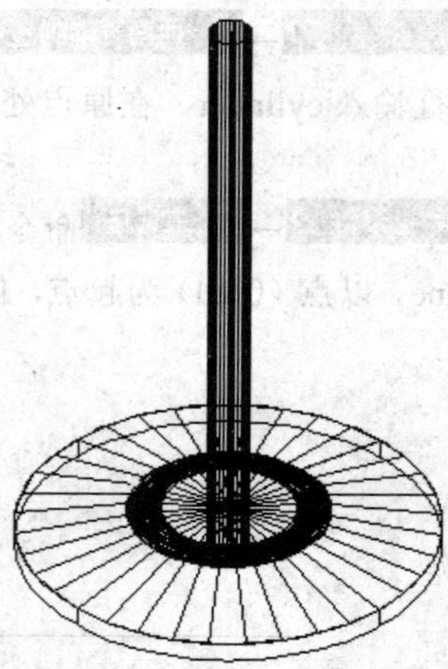

图 9.5.6

（8）恢复坐标系为世界坐标系，再次将视图转换为主视图，重复多段线和直线命令，分别以上步创建的直纹曲面的上顶面中心为起点，绘制一条多段线和直线，如图 9.5.7 所示。

（9）再次利用旋转曲面命令，将上步绘制的多段线以直线为旋转轴进行旋转，如图 9.5.8 所示。

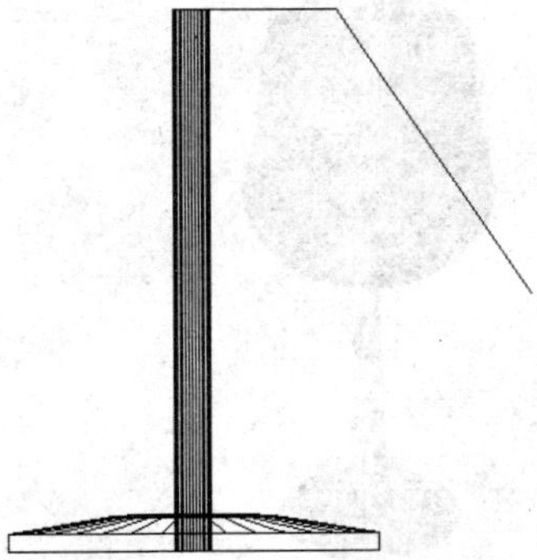

图 9.5.7

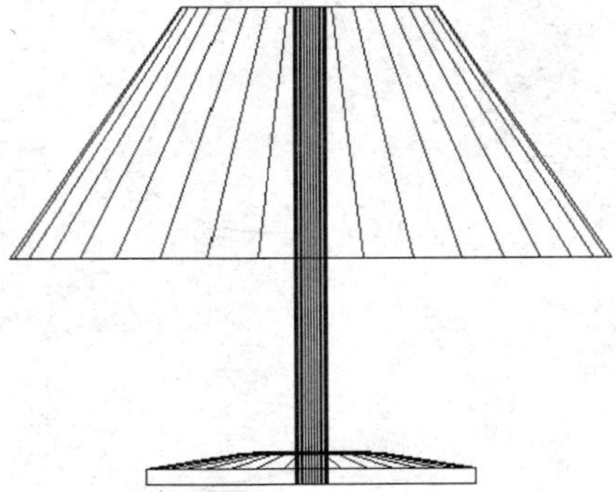

图 9.5.8

（10）选择 视图(V) → 三维视图(D) → 西南等轴测(S) 命令，转换视图为西南等轴测，然后利用三维动态观察命令旋转图形，如图 9.5.9 所示。

（11）单击“渲染”按钮或者在命令行输入 render，选择合适的材质，对图形进行渲染处理，最终效果如图 9.5.10 所示。

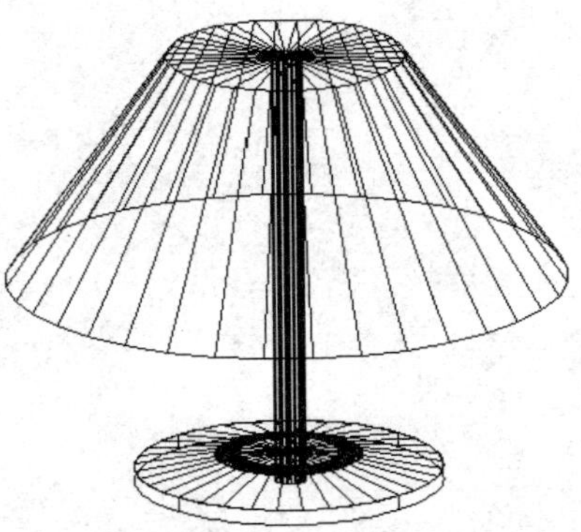

图 9.5.9

图 9.5.10

习 题 九

一、填空题

1．在绘制三维图形时，可以使用________、________和________来定位空间点。

2. 在 AutoCAD 2006 中，不仅可以绘制长方体表面和棱锥面，还可以绘制________、________、________、________、________和________。

二、简答题

1．简要介绍几种设置视点的方法？

2．在 AutoCAD 2006 中，用户可以通过哪些方式创建基本的三维曲面？

三、上机操作题

利用多段线命令绘制如题图 9.1 所示的图形，然后利用旋转曲线命令将其旋转得到如题图 9.2 所示效果。

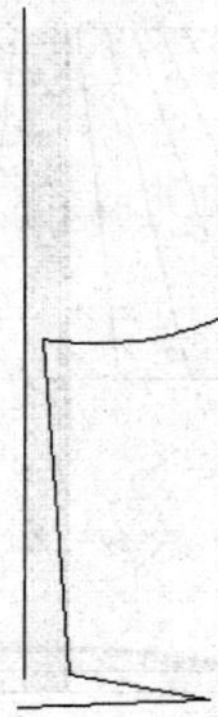

题图 9.1

题图 9.2

第十章 绘制与编辑三维实体

- ☑ 三维实体的绘制
- ☑ 特殊三维实体的绘制
- ☑ 编辑三维实体
- ☑ 消隐和渲染

实体不仅可以进行消隐和渲染。用户除了可以直接使用系统提供的命令绘制长方体、圆柱体、圆环体和圆锥体等实体外，还可以通过拉伸和旋转二维对象创建三维图形，用户还可以对实体进行并集、交集和差集等布尔运算创建更为复杂的三维图形，然后为创建的三维图形进行消隐和渲染。

本章主要介绍三维实体的创建、编辑与渲染等方面的知识。

第一节　三维实体的绘制

三维实体实际上可以看成是一种具有均匀材质的真实物体。AutoCAD 提供了长方体、球体、圆柱体、圆锥体、楔体和圆环体等 6 种基本三维实体的绘制方法。下面具体介绍这几种实体的绘制。

一、长方体

该命令用于创建实体长方体，长方体的底面总与当前 UCS 的 XY 平面平行。启动长方体命令有如下 3 种方法：

（1）菜单栏：选择 绘图(D) → 实体(I) → 长方体(B) 命令。

（2）工具栏：单击“实体”工具栏中的“长方体”按钮。

（3）命令行：在命令行输入 box。

执行长方体命令后，命令行提示：“指定长方体的角点或[中心点(CE)]<0,0,0>：”，指定长方体一顶点位置或指定长方体的中心点来绘制长方体，继续提示：“指定角点或[立方体(C)/长度(L)]：”，指定另一角点来绘制长方体。上面各选项含义如下：

（1）“立方体(C)”：用于绘制正立方体。

（2）“长度(L)”：通过指定长、宽、高的尺寸来绘制长方体。

提示

绘制长方体的长度、宽度和高度时，如果输入的值为正值，则系统将沿 X，Y 和 Z 轴的正方向绘制长方体，如果输入的值为负值，则系统将沿 X，Y 和 Z 轴的负方向绘制长方体。

如图 10.1.1 所示为绘制长方体示例图。

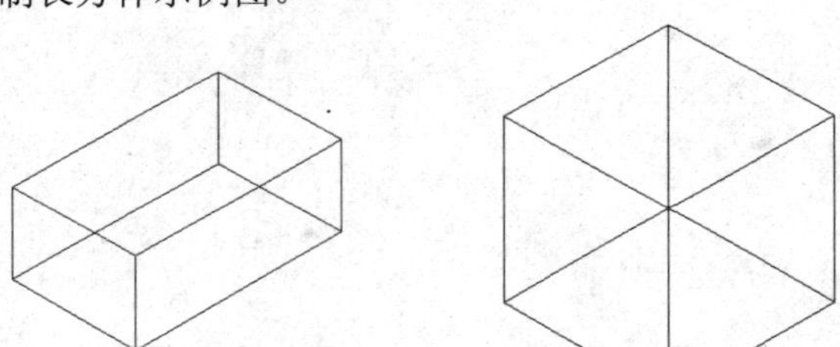

图 10.1.1　绘制长方体

二、球体

该命令用于创建实体球体，启动球体命令有如下 3 种方法：

（1）菜单栏：选择 绘图(D) → 实体(I) → 球体(S) 命令。

（2）工具栏：单击“实体”工具栏中的“球体”按钮。

（3）命令行：在命令行输入 sphere。

执行球体命令后，AutoCAD 提示：“指定球体球心<0,0,0>：”，在屏幕上指定一点作为球体的球心坐标，继续提示：“指定球体半径或[直径(D)]：”，输入球体的半径或直径。

提示

在 AutoCAD 2006 中，实体均是用线框的形式来显示的，线框的密度由系统变量 isolines 控制，默认值为 4，值越大，线框越密。

如图 10.1.2 所示为绘制球体示例图。

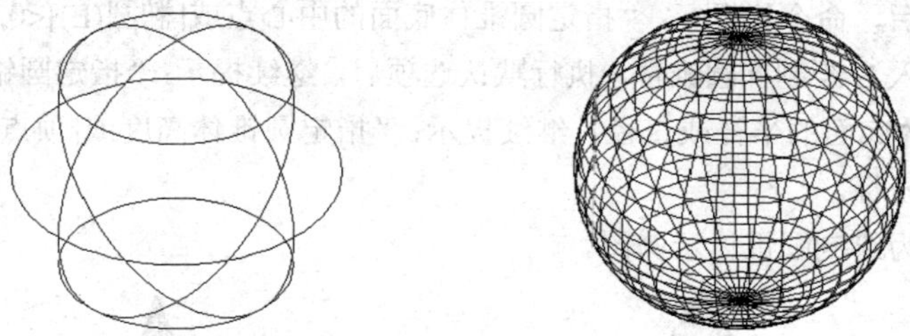

（a）　　　　　　　　　　　　（b）

图 10.1.2　绘制球体

（a）isolines=4；（b）isolines=30

三、圆柱体

该命令用于创建实体圆柱体，圆柱的底面位于当前 UCS 的 XY 平面上。启动圆柱体命令有如下 3 种方法：

（1）菜单栏：选择 绘图(D) → 实体(I) → 圆柱体(C) 命令。

（2）工具栏：单击“实体”工具栏中的“圆柱体”按钮。

（3）命令行：在命令行输入 cylinder。

执行圆柱体命令后，命令行提示：“指定圆柱体底面的中心点或[椭圆(E)]<0,0,0>：”，指定圆柱体底面的中心点或者输入 E 来绘制椭圆柱体，执行默认选项，继续提示：“指定圆柱体底面的半径或[直径(D)]：”，输入圆柱体底面的半径或者直径，继续提示：“指定圆柱体高度或[另一个圆心(C)]：”，输入圆柱体的高度或者输入 C，通过指定圆柱体的另一个圆心来绘制圆柱体。

如图 10.1.3 所示为绘制圆柱体示例图。

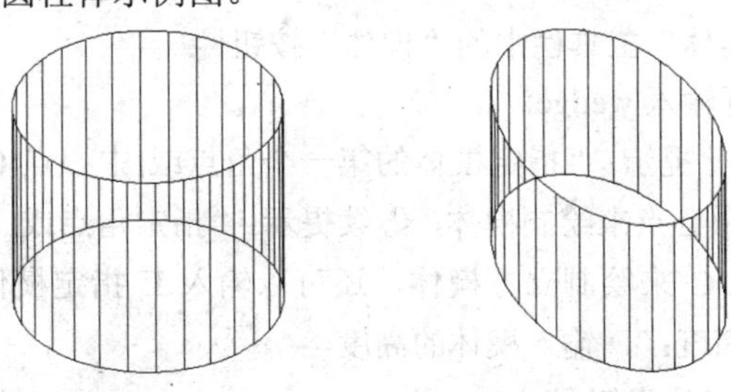

（a）　　　　　　　　　　　　（b）

图 10.1.3　绘制圆柱体

（a）圆柱体；（b）椭圆柱体

四、圆锥体

该命令用于创建实体圆锥体，圆锥体是由圆或椭圆底面以及顶点所定义的。默认情况下，圆锥体的底面位于当前 UCS 的 XY 平面上，高度可为正值或负值，且平行于 Z 轴，顶点确定圆锥体的高度和方向。启动圆锥体命令有如下 3 种方法：

（1）菜单栏：选择 绘图(D) → 实体(I) → 圆锥体(O) 命令。

（2）工具栏：单击“实体”工具栏中的“圆锥体”按钮。

（3）命令行：在命令行输入 cone。

执行圆锥体命令后，命令行提示：“指定圆锥体底面的中心点或[椭圆(E)]<0,0,0>:”，指定圆锥体底面的中心点或者输入 E 绘制椭圆锥体，执行默认选项后，继续提示：“指定圆锥体底面的半径或[直径(D)]:”，输入圆锥体底面的半径或直径，继续提示：“指定圆锥体高度或[顶点(A)]:”，输入圆锥体的高度或者指定顶点坐标。

如图 10.1.4 所示为绘制圆锥体示例图。

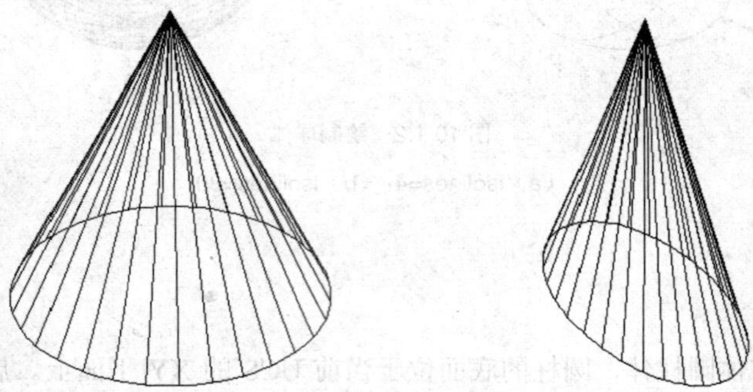

（a）　　（b）

图 10.1.4　绘制圆锥体

（a）圆锥体；（b）椭圆锥体

五、楔体

该命令用于创建实体楔体，楔体的底面平行于当前 UCS 的 XY 平面，斜面正对第一个角点，高度可以为正值或负值，且平行于 Z 轴。启动楔体命令有如下 3 种方法：

（1）菜单栏：选择 绘图(D) → 实体(I) → 楔体(W) 命令。

（2）工具栏：单击“实体”工具栏中的“楔体”按钮。

（3）命令行：在命令行输入 wedge。

执行楔体命令后，命令行提示：“指定楔体的第一个角点或[中心点(CE)]<0,0,0>:”，指定楔体的角点或者输入 CE 指定楔体中心点来绘制楔体，继续提示：“指定角点或[立方体(C)/长度(L)]:”，指定楔体的另一个角点或者输入 C 来绘制立方楔体，还可以输入 L 指定楔体的长度、宽度和高度来绘制楔体，继续提示：“指定高度:”，输入楔体的高度。

如图 10.1.5 所示为绘制楔体示例图。

六、圆环体

该命令用于创建实体圆环体，圆环体与当前 UCS 的 XY 平面平行且被该平面平分。圆环体由两个半径值定义，一个是圆管的半径，另一个是从圆环体中心到圆管中心的距离。启动圆环体命令有如下 3 种方法：

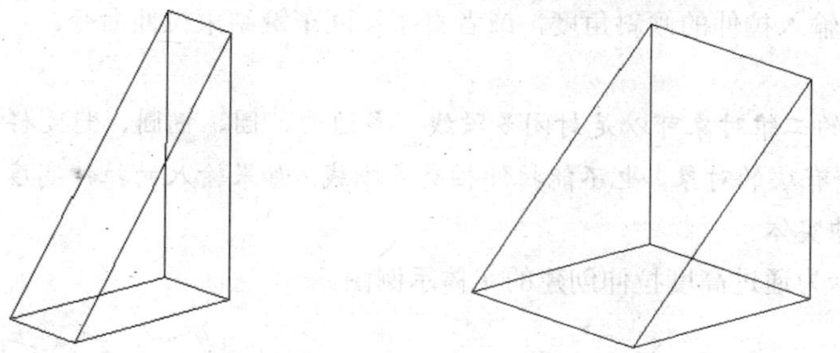

（a）　　　　　　　　　　　　（b）

图 10.1.5　绘制楔体

（a）长方楔体；（b）立方楔体

（1）菜单栏：选择 绘图(D) → 实体(I) → 圆环体(T) 命令。

（2）工具栏：单击“实体”工具栏中的“圆环体”按钮。

（3）命令行：在命令行输入 torus。

执行圆环体命令后，命令行提示：“指定圆环体中心<0,0,0>:”，指定圆环体的中心点，继续提示：“指定圆环体半径或[直径(D)]:”，输入圆环体内环的半径或直径，继续提示：“指定圆管半径或[直径(D)]:”，输入圆管的半径或直径。

如图 10.1.6 所示为绘制圆环体示例图。

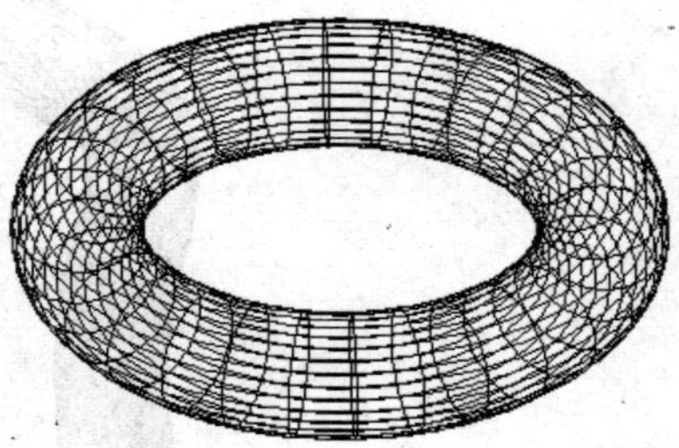

图 10.1.6　绘制圆环体

第二节　特殊三维实体的绘制

在绘制实体对象时，有一些结构比较复杂、截面轮廓也不规则的图形，使用前面介绍的创建基本实体的方法难以绘制。因此，用户可以通过拉伸和旋转等操作方法来创建一些不规则的三维实体。

一、通过拉伸创建实体

拉伸命令通过将二维对象按指定的高度或路径进行拉伸。启动拉伸命令有如下 3 种方法：

（1）菜单栏：选择 绘图(D) → 实体(I) → 拉伸(X) 命令。

（2）工具栏：单击“实体”工具栏中的“拉伸”按钮。

（3）命令行：在命令行输入 extrude。

执行拉伸命令后，命令行提示：“选择对象:”，选择要拉伸的二维对象，继续提示：“指定拉伸高度或[路径(P)]:”，输入要拉伸的高度或者输入 P 选择一个拉伸路径进行拉伸，继续提示：“指定拉伸的倾斜角度<0>：”，输入拉伸的倾斜角度，或者直接按回车键结束拉伸命令。

注意 拉伸的二维对象可以是封闭多段线、多边形、圆、椭圆、封闭样条曲线、圆环及面域等，但不能拉伸包含有块的对象，也不能拉伸相交多段线。如果输入的拉伸高度太大或者倾斜角度太大，则不能产生拉伸实体。

如图 10.2.1 所示为通过高度拉伸创建的实体示例图。

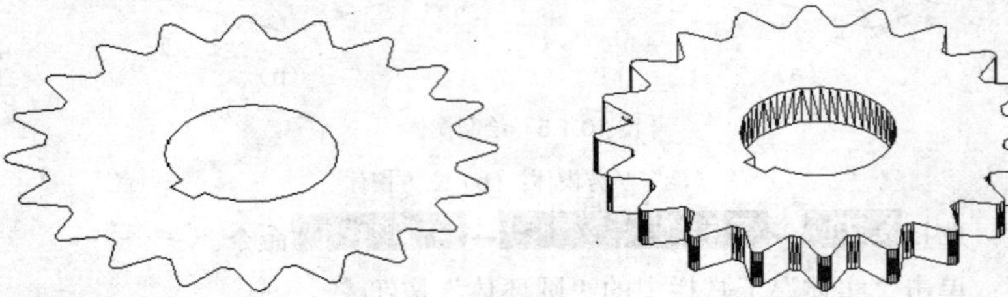

（a）　　（b）

图 10.2.1　通过高度拉伸创建三维实体示例图

（a）拉伸前的二维对象；（b）拉伸后的三维实体

如图 10.2.2 所示为通过路径拉伸后的实体示例图。

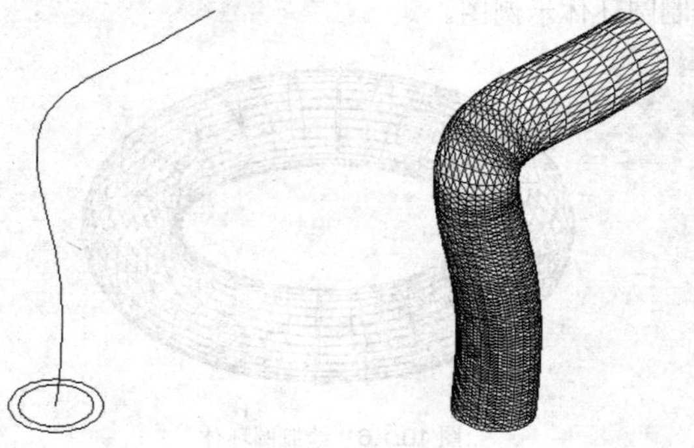

（a）　　（b）

图 10.2.2　通过路径拉伸后的实体示例图

（a）拉伸前的二维对象；（b）拉伸后的三维实体

二、通过旋转创建实体

旋转命令可以通过将一个闭合对象围绕当前 UCS 的 X 轴或 Y 轴旋转一定角度来创建实体。启动旋转命令有如下 3 种方法：

（1）菜单栏：选择 绘图(D) → 实体(I) → 旋转(R) 命令。

（2）工具栏：单击“实体”工具栏中的“旋转”按钮。

（3）命令行：在命令行输入 revolve。

执行旋转命令后，命令行提示：“选择对象：”，选择要旋转的二维图形对象，继续提示：“指定旋转轴的起点或定义轴依照[对象(O)/X 轴(X)/Y 轴(Y)]：”，指定一个旋转轴或者选择旋转轴的两个端点进行旋转，继续提示：“指定轴端点：”，指定旋转轴的另一个端点，继续提示：“指定旋转角度<360>：”，输入要旋转的角度。上面提示中各选项含义如下：

（1）“对象(O)”：指定一条直线作为旋转轴。

（2）“X 轴(X)/Y 轴(Y)”：选择 X 轴或 Y 轴作为旋转轴。

注意 旋转的二维对象可以是多边形、圆、椭圆、多边形、闭合多段线和样条曲线以及面域等，但不包含块中的对象和不能相交的线段，并且一次只能旋转一个对象。

如图 10.2.3 所示为通过旋转创建实体示例图。

（a）　　（b）

图 10.2.3　通过旋转创建三维实体示例图

（a）旋转前的二维对象；（b）旋转－210° 后的三维实体

第三节　编辑三维实体

对三维实体可以进行并集、差集、交集、剖切、切割、抽壳、分割等编辑操作。下面分别进行具体介绍。

一、并集

并集运算是指将两个或多个实体进行合并组合成一个实体。启动并集命令有如下 3 种方法：

（1）菜单栏：选择 修改(M) → 实体编辑(N) → 并集(U) 命令。

（2）工具栏：单击“实体并集”工具栏中的“并集”按钮。

（3）命令行：在命令行输入 union。

执行并集命令后，命令行提示：“选择对象：”，选择要进行合并的实体。

如图 10.3.1 所示为并集运算示例图。

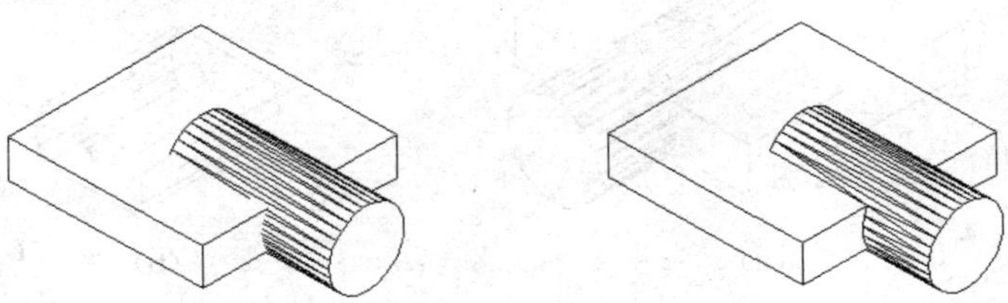

（a）　　（b）

图 10.3.1　并集运算

（a）并集运算前的实体；（b）并集运算后的实体

二、差集

差集运算实质上就是从一个实体中减去一个或多个实体而生成一个新实体。启动差集命令有如下3种方法：

（1）菜单栏：选择 修改(M) → 实体编辑(N) → 差集(S) 命令。

（2）工具栏：单击“实体并集”工具栏中的“差集”按钮。

（3）命令行：在命令行输入 subtract。

执行差集命令后，命令行提示：“选择要从中减去的实体或面域...”，选择从中减去的实体，继续提示：“选择要减去的实体或面域...”，选择减去的实体。

如图 10.3.2 所示为差集运算示例图。

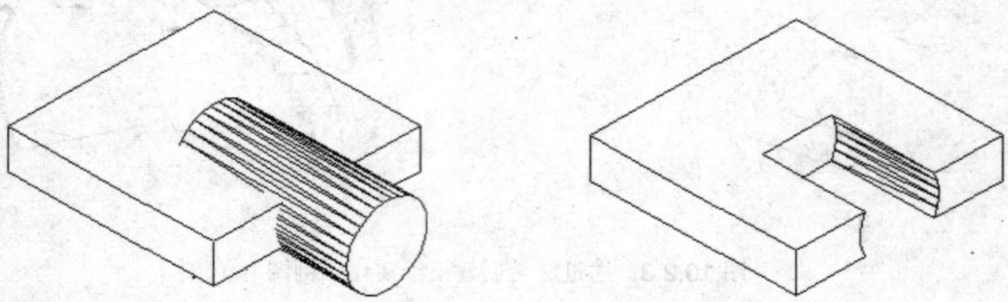

（a）　　　　（b）

图 10.3.2　差集运算

（a）差集运算前的实体；（b）差集运算后的实体

三、交集

交集运算是对两个或两个以上的实体进行求交运算而得到实体的公共部分。启动交集命令有如下3种方法：

（1）菜单栏：选择 修改(M) → 实体编辑(N) → 交集(I) 命令。

（2）工具栏：单击“实体并集”工具栏中的“交集”按钮。

（3）命令行：在命令行输入 intersect。

执行交集命令后，命令行提示：“选择对象：”，选择要进行交集运算的实体。

如图 10.3.3 所示为交集运算示例图。

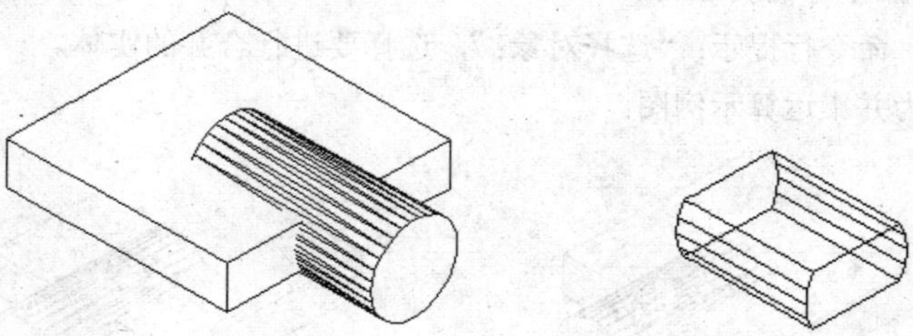

（a）　　　　（b）

图 10.3.3　交集运算

（a）交集运算前的实体；（b）交集运算后的实体

四、圆角

三维实体的圆角命令与二维图形基本相同，利用该命令可以切去实体上的任何一处拐角，使其变成圆角。启动圆角命令有如下 3 种方法：

（1）菜单栏：选择 修改(M) → 圆角(F) 命令。

（2）工具栏：单击“修改”工具栏中的“圆角”按钮。

（3）命令行：在命令行输入 fillet。

执行圆角命令后，命令行提示：“选择第一个对象或[多段线(P)/半径(R)/修剪(T)/多个(U)]:”，选择实体的一条边，继续提示：“输入圆角半径<10.0000>:”，输入圆角半径，继续提示：“选择边或[链(C)/半径(R)]:”，指定需要进行圆角的边。上面提示中各选项含义如下：

（1）“链(C)”：选择一条边后，所有与此边相接的边均被选中并进行圆角处理。

（2）“半径(R)”：输入圆角半径。

如图 10.3.4 所示为对实体进行圆角处理示例图。

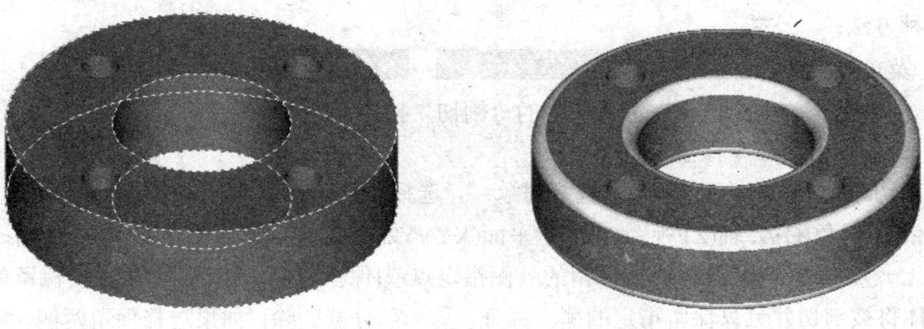

（a）　　（b）

图 10.3.4　圆角处理

（a）圆角处理前的图形；（b）圆角处理后的图形

五、倒角

三维实体的倒角命令与二维绘图基本相同，利用该命令可以将实体上的拐角切去，使之变成斜角。启动倒角命令有如下 3 种方法：

（1）菜单栏：选择 修改(M) → 倒角(C) 命令。

（2）工具栏：单击“修改”工具栏中的“倒角”按钮。

（3）命令行：在命令行输入 chamfer。

执行倒角命令后，命令行提示：“选择第一条直线或[多段线(P)/距离(D)/角度(A)/修剪(T)/方式(M)/多个(U)]:”，选择实体上第一条要倒角的边，继续提示：“基面选择...　输入曲面选择选项[下一个(N)/当前(OK)]<当前>:”，选择该边下的一个面，继续提示：“指定基面的倒角距离:”，输入基面的倒角距离，继续提示：“指定其他曲面的倒角距离<10.0000>:”，输入与基面相邻的另一个面上的倒角距离，继续提示：“选择边或[环(L)]:”，选择基面上的一条边或基面上的所有边。

如图 10.3.5 所示为对实体进行倒角处理示例图。

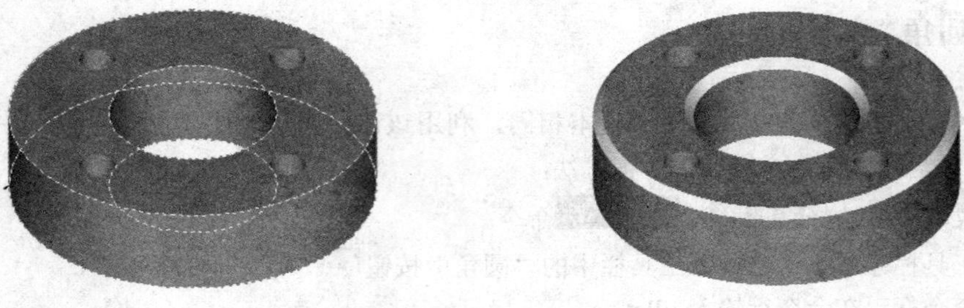

（a） （b）

图 10.3.5 倒角处理

（a）倒角处理前的图形；（b）倒角处理后的图形

六、剖切

剖切命令可以用平面剖切一组实体从而将该组实体分成两部分或去掉其中一部分。启动剖切命令有如下 3 种方法：

（1）菜单栏：选择 绘图(D) → 实体(I) → 剖切(L) 命令。

（2）工具栏：单击“实体”工具栏中的“剖切”按钮。

（3）命令行：在命令行输入 slice。

执行剖切命令后，命令行提示：“选择对象：”，选择要剖切的实体，继续提示：“指定切面上的第一个点，依照[对象(O)/Z 轴(Z)/视图(V)/XY 平面(XY)/YZ 平面(YZ)/ZX 平面(ZX)/三点(3)]<三点>:”，指定切面上一点，继续提示：“在要保留的一侧指定点或[保留两侧(B)]:”，如果在要保留的一侧指定一点，实体将被剖切并且只保留指定的那一部分，另一部分被删除；如果选择保留两侧，则实体被剖切为两部分。上面各选项含义如下：

（1）“对象(O)”：以指定对象所在的平面作为剖切平面。

（2）“Z 轴(Z)”：通过指定剖切面上的任一点和垂直于剖切面的直线上的任一点来确定剖切面。

（3）“视图(V)”：将剖切平面与当前视口的视图平面对齐。

（4）“XY 平面(XY)/YZ 平面(YZ)/ZX 平面(ZX)”：表示剖切平面将通过指定点且与当前用户坐标系的 XOY/YOZ/ZOX 平面对齐。

（5）“三点(3)”：表示在绘图窗口中指定三点来定义剖切平面。

如图 10.3.6 所示为对实体进行剖切处理示例图。

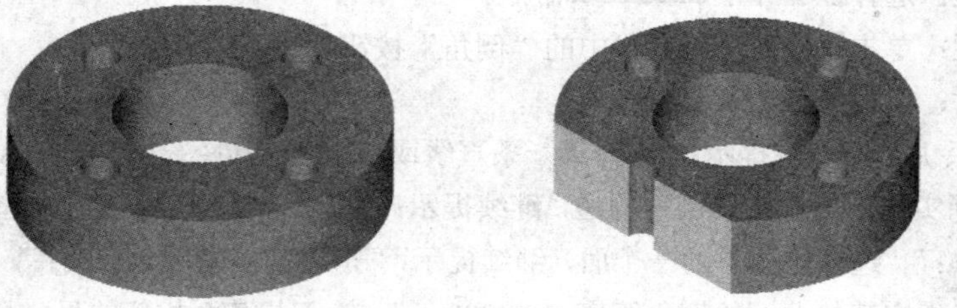

（a） （b）

图 10.3.6 剖切处理

（a）剖切处理前的实体；（b）剖切处理后的实体

七、切割

切割命令可以在指定的位置获得立体的断面。启动切割命令有如下 3 种方法：

（1）菜单栏：选择 绘图(D) → 实体(I) → 截面(E) 命令。

（2）工具栏：单击“实体”工具栏中的“切割”按钮。

（3）命令行：在命令行输入 setion。

执行切割命令后，命令行提示：“选择对象：”，选择要切割的实体，继续提示：“指定截面上的第一个点，依照[对象(O)/Z 轴(Z)/视图(V)/XY 平面(XY)/YZ 平面(YZ)/ZX 平面(ZX)/三点(3)]<三点>：”，选择剖切平面 YZ，继续提示：“指定 YZ 平面上的点<0,0,0>：”，在选择的切割面上指定一点。

上面提示中的选项含义与剖切命令选项含义基本相同，此处不再赘述。

如图 10.3.7 所示为对实体进行切割处理示例图。

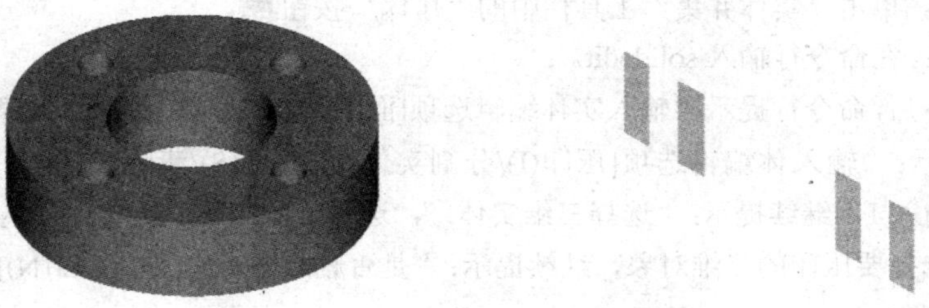

（a）　　　　（b）

图 10.3.7　切割处理

（a）切割处理前的实体；（b）切割处理后的面域

八、抽壳

抽壳命令用于从三维实体对象中以指定的厚度创建壳体或中空的墙体。启动抽壳命令有如下 3 种方法：

（1）菜单栏：选择 修改(M) → 实体编辑(N) → 抽壳(H) 命令。

（2）工具栏：单击“实体并集”工具栏中的“抽壳”按钮。

（3）命令行：在命令行输入 solidedit。

执行抽壳命令后，命令行提示：“输入实体编辑选项[面(F)/边(E)/体(B)/放弃(U)/退出(X)]<退出>：”，输入 B，继续提示：“输入体编辑选项[压印(I)/分割实体(P)/抽壳(S)/清除(L)/检查(C)/放弃(U)/退出(X)]<退出>：”，输入 S，继续提示：“选择三维实体：”，选择要进行抽壳的三维实体，继续提示：“删除面或[放弃(U)/添加(A)/全部(ALL)]：”，直接按回车键，继续提示：“输入抽壳偏移距离：”，输入抽壳要偏移的距离。

如图 10.3.8 所示为对实体进行抽壳处理示例图。

九、压印

压印命令用于将圆、圆弧、椭圆、直线和样条曲线等二维多段线与三维实体进行压印处理。启动压印命令有如下 3 种方法：

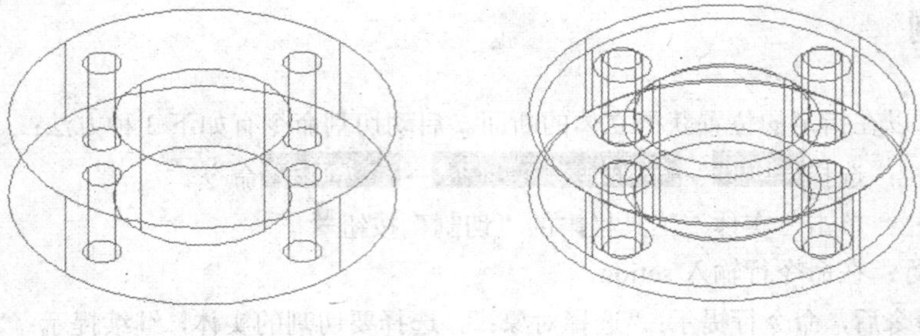

（a）　　　　　　　　　　（b）

图 10.3.8　抽壳处理

（a）抽壳处理前的实体；（b）抽壳处理后的实体

（1）菜单栏：选择 修改(M) → 实体编辑(N) → 压印(I) 命令。

（2）工具栏：单击“实体并集”工具栏中的“压印”按钮。

（3）命令行：在命令行输入 solidedit。

执行压印命令后，命令行提示：“输入实体编辑选项[面(F)/边(E)/体(B)/放弃(U)/退出(X)]<退出>:”，输入 B，继续提示：“输入体编辑选项[压印(I)/分割实体(P)/抽壳(S)/清除(L)/检查(C)/放弃(U)/退出(X)]<退出>:”，输入 I，继续提示：“选择三维实体:”，选择要压印的三维实体，继续提示：“选择要压印的对象:”，选择要压印的二维对象，继续提示：“是否删除源对象[是(Y)/否(N)]<N>:”，输入 Y，确定压印对象被删除。

如图 10.3.9 所示为对实体进行压印处理示例图。

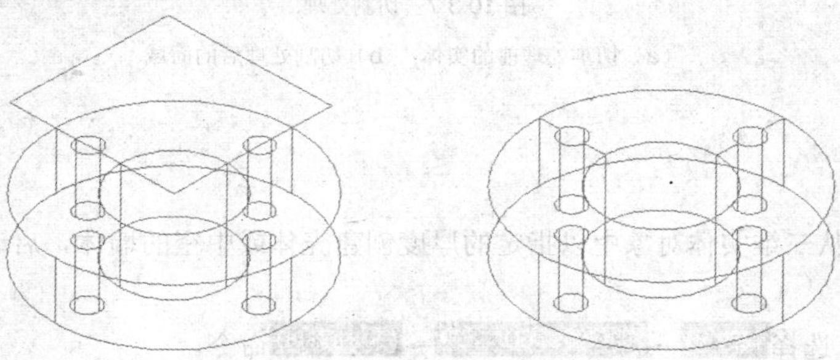

（a）　　　　　　　　　　（b）

图 10.3.9　压印处理

（a）压印处理前的实体；（b）压印处理后的实体

十、分割

分割命令用于将组合的实体分割成单个实体。启动分割命令有如下 3 种方法：

（1）菜单栏：选择 修改(M) → 实体编辑(N) → 分割(S) 命令。

（2）工具栏：单击“实体并集”工具栏中的“分割”按钮。

（3）命令行：在命令行输入 solidedit。

执行分割命令后，命令行提示：“输入实体编辑选项[面(F)/边(E)/体(B)/放弃(U)/退出(X)]<退出>:”，输入 B，继续提示：“输入体编辑选项[压印(I)/分割实体(P)/抽壳(S)/清除(L)/检查(C)/放弃(U)/退出(X)]<退出>:”，输入 P，继续提示：“选择三维实体:”，选择要分割的三维实体。

十一、清除

清除命令用于将三维实体上所有多余的边、顶点和压印删除。启动清除命令有如下 3 种方法：

（1）菜单栏：选择修改(M)→实体编辑(N)→清除(N)命令。

（2）工具栏：单击“实体并集”工具栏中的“清除”按钮。

（3）命令行：在命令行输入 solidedit。

执行分割命令后，命令行提示：“输入实体编辑选项[面(F)/边(E)/体(B)/放弃(U)/退出(X)]<退出>：”，输入 B，继续提示：“输入体编辑选项[压印(I)/分割实体(P)/抽壳(S)/清除(L)/检查(C)/放弃(U)/退出(X)]<退出>：”，输入 L，继续提示：“选择三维实体：”，选择要清除的三维实体。

十二、检查

检查命令用于检查实体对象是否是有效的三维实体对象。如果是有效的三维实体，则进行修改时不会导致出现失败错误信息。如果三维实体无效，则不能编辑对象。启动检查命令有如下 3 种方法：

（1）菜单栏：选择修改(M)→实体编辑(N)→检查(K)命令。

（2）工具栏：单击“实体并集”工具栏中的“检查”按钮。

（3）命令行：在命令行输入 solidedit。

执行检查命令后，命令行提示：“输入实体编辑选项[面(F)/边(E)/体(B)/放弃(U)/退出(X)]<退出>：”，输入 B，继续提示：“输入体编辑选项[压印(I)/分割实体(P)/抽壳(S)/清除(L)/检查(C)/放弃(U)/退出(X)]<退出>：”，输入 C，继续提示：“选择三维实体：”，选择要检查的三维实体。

第四节　编辑特殊三维实体

在中文版 AutoCAD 2006 中，用户可以对实体在三维空间中进行阵列、镜像、旋转以及对齐操作。

一、三维阵列

三维阵列命令用于在三维空间中按矩形阵列或环形阵列的方式创建对象的多个副本。启动三维阵列命令有如下两种方法：

（1）菜单栏：选择修改(M)→三维操作(3)→三维阵列(3)命令。

（2）命令行：在命令行输入 3darray。

执行三维阵列命令后，命令行提示：“选择对象：”，选择三维阵列对象，继续提示：“输入阵列类型 [矩形(R)/环形(P)] <矩形>：”，选择阵列类型，如果输入 R，则将创建一个三维矩形阵列，命令提示：“输入行数 (---) <1>：”，输入阵列的行数，继续提示：“输入列数 (|||) <1>：”，输入阵列的列数，继续提示：“输入层数 (...) <1>：”，输入阵列的层数，继续提示：“指定行间距 (---)：”，输入阵列的行间距，继续提示：“指定列间距 (|||)：”，输入阵列的列间距，继续提示：“指定层间距 (...)：”，输入阵列的层间距。

如果输入 P，则将创建三维环形阵列，命令行提示：“输入阵列中的项目数目：”，输入环形阵列的数目，继续提示："指定要填充的角度 (+=逆时针，-=顺时针) <360>："，输入阵列对象的填充角度，继续提示："旋转阵列对象？[是(Y)/否(N)] <Y>："，确定是否旋转阵列对象，继续提示："指定阵列的中心点："，指定环形阵列的中心点。

如图 10.4.1 所示为三维阵列示例图。其中，(a) 为矩形阵列，(b) 为环形阵列。

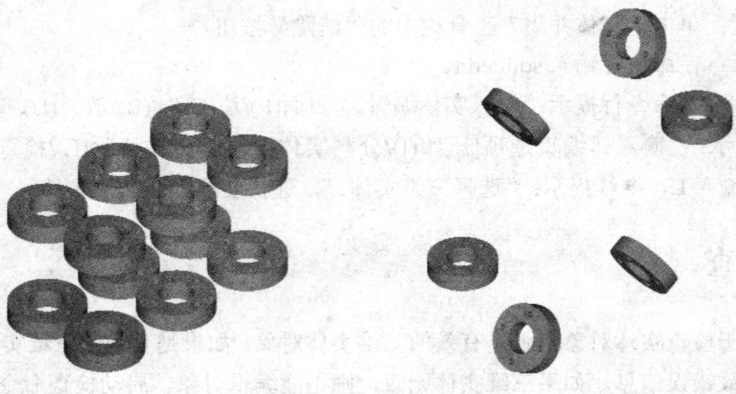

(a)　　　　(b)

图 10.4.1　三维阵列示例图

(a) 矩形阵列；(b) 环形阵列

二、三维镜像

三维镜像命令用于沿指定的镜像平面创建对象的镜像。启动三维镜像命令有如下两种方法：

(1) 菜单栏：选择 修改(M) → 三维操作(3) → 三维镜像(M) 命令。

(2) 命令行：在命令行输入 mirror3d。

执行三维镜像命令后，命令行提示："选择对象："，选择要镜像的对象，继续提示："指定镜像平面(三点)的第一个点或[对象(O)/最近的(L)/Z 轴(Z)/视图(V)/XY 平面(XY)/YZ 平面(YZ)/ZX 平面(ZX)/三点(3)]<三点>："，指定镜像平面，输入 ZX，继续提示："指定 ZX 平面上的点<0,0,0>："，指定镜像平面上的任意一点，继续提示："是否删除源对象？[是(Y)/否(N)]<否>："，确定是否删除源对象。上面各选项含义如下：

(1) "三点(3)"：通过指定的三个点来定义镜像平面。

(2) "对象(O)"：使用指定的平面对象作为镜像平面。

(3) "最近的(L)"：使用最后一次定义的镜像平面。

(4) "Z 轴(Z)"：根据平面上的一个点和平面法线上的一个点定义镜像平面。

(5) "视图(V)"：通过指定点，并与当前视图平面平行的平面。

(6) "XY 平面(XY)/YZ 平面(YZ)/ZX 平面(ZX)"：通过指定点并与 XY/YZ/ZX 平面平行的平面。

如图 10.4.2 所示为三维镜像示例图。其中，(a) 为源对象，(b) 为将源对象沿圆镜像的结果。

三、三维旋转

三维旋转命令能使三维对象绕三维空间定义的任何轴（X 轴、Y 轴或 Z 轴）、视图、对象或两点旋转。启动三维旋转命令有如下两种方法：

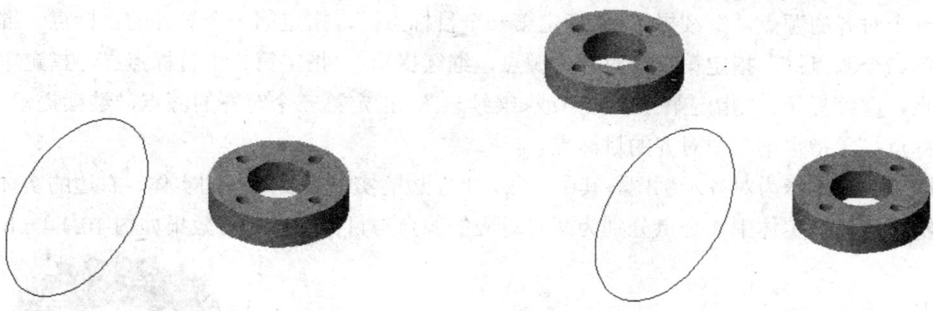

（a）　　（b）

图 10.4.2　三维镜像示例图

（a）源对象；（b）镜像效果

（1）菜单栏：选择 修改(M) → 三维操作(3) → 三维旋转(R) 命令。

（2）命令行：在命令行输入 rotate3d。

执行三维旋转命令后，命令行提示："选择对象："，选择要旋转的对象，继续提示："指定轴上的第一个点或定义轴依据[对象(O)/最近的(L)/视图(V)/X 轴(X)/Y 轴(Y)/Z 轴(Z)/两点(2)]："，指定旋转轴，输入 X，继续提示："指定 X 轴上的点<0,0,0>："，指定旋转轴上的任意一点，继续提示："指定旋转角度或[参照(R)]："，输入旋转角度。上面各选项含义如下：

（1）"对象(O)"：将旋转轴与某个现有对象对齐。

（2）"最近的(L)"：使用最后一次定义的旋转轴。

（3）"视图(V)"：定义通过指定点并与当前视图平面垂直的直线方向为旋转轴。

（4）"X 轴(X)/Y 轴(Y)/Z 轴(Z)"：定义通过指定点并于 X/Y/Z 轴平行的直线方向为旋转轴。

（5）"两点(2)"：通过指定两个点来定义旋转轴。

如图 10.4.3 所示为旋转示例图。其中，（a）为源对象，（b）为将源对象沿 Y 轴旋转 60°之后的效果。

（a）　　（b）

图 10.4.3　三维旋转示例

（a）源对象；（b）旋转效果

四、对齐

对齐命令用于在三维空间中移动和旋转对象而不考虑当前用户坐标系的位置。启动对齐命令有如下两种方法：

（1）菜单栏：选择 修改(M) → 三维操作(3) → 对齐(L) 命令。

（2）命令行：在命令行输入 align。

执行对齐命令后，命令行提示："选择对象："，选择要对齐的对象，继续提示："指定第一个源点："，指定第一个对齐的源点，继续提示：“指定第一个目标点：”，指定第一个对齐的目标点，继续提示：“指定第二个源点：”，指定第二个对齐的源点，继续提示：“指定第二个目标点：”，指定第二个对齐的目标点，继续提示：“指定第三个源点或<继续>：”，指定第三个对齐的源点，继续提示：“指定第三个目标点：”，指定第三个对齐的目标点。

如图 10.4.4 所示为对齐示例图。其中，(a) 中左边的实体为要对齐的实体，右边的实体为要对齐的目标实体，两个实体中 4 个点分别为两对对应的源点与目标点，对齐效果如图 10.4.4 (b) 所示。

(a)　　(b)

图 10.4.4　对齐示例图

(a) 源对象；(b) 对齐效果

第五节　消隐与渲染

在中文版 AutoCAD 2006 中，用户可以通过消隐和渲染等功能观察三维图形。

一、消隐

在创建或编辑三维图形时，往往处理的是对象或表面的线框图形，有时对于复杂的图形可能会显得十分混乱，以至于无法表达正确的图形信息，如果这时对图形进行消隐处理，将使图形显示变得简捷和清晰，启动消隐命令有如下 3 种方法：

（1）菜单栏：选择 视图(V) → 消隐(H) 命令。

（2）工具栏：单击“渲染”工具栏中的“消隐”按钮。

（3）命令行：在命令行输入 hide。

由于该命令是用于图形的显示观察，而不是对图形的编辑进行修改，因此，执行“消隐”命令后，并不对当前图形做任何实质性修改，而是直接显示消隐后的图形效果。如图 10.5.1 (a) 所示为消隐前的实体，如图 10.5.1 (b) 所示为对其进行消隐后的效果。

(a)　　(b)

图 10.5.1　消隐效果

(a) 消隐前的实体；(b) 消隐后的实体

提示 如果将系统变量 dispsilh 设置为开状态（即数值为“1”），系统将不再显示网格图，而是显示轮廓线图，如图 10.5.2 所示。

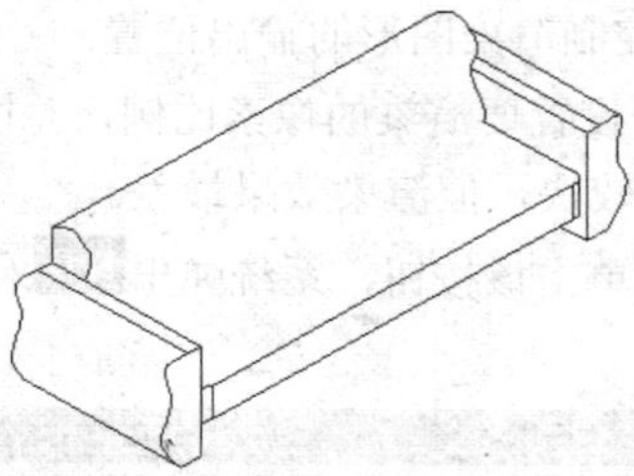

图 10.5.2　设置系统变量 dispsilh=1 的显示效果

二、渲染

渲染是一种将三维线框和实体模型处理成照片级真实图像效果的操作。目前，在传统的建筑、机械、园林工程以及展览宣传效果图形等方面，AutoCAD 的渲染功能和技术已经得到了较为广泛的应用。启动渲染命令有如下 3 种方法：

（1）菜单栏：选择 视图(V) → 渲染(E) → 渲染(R)... 命令。

（2）工具栏：单击“渲染”工具栏中的“渲染”按钮。

（3）命令行：在命令行输入 render。

执行渲染命令后，系统弹出 渲染 对话框，如图 10.5.3 所示。

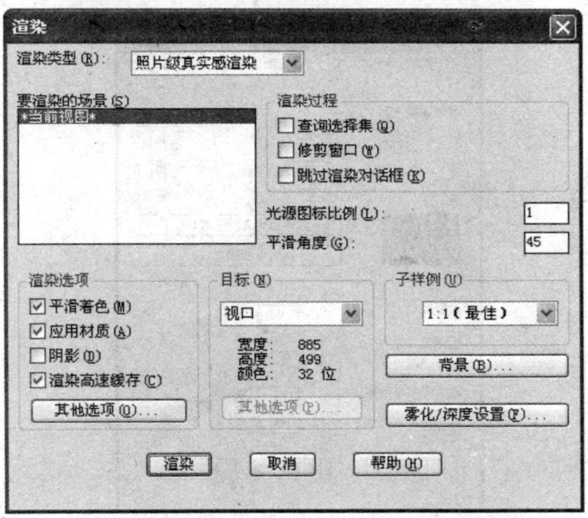

图 10.5.3　“渲染”对话框

该对话框中各选项含义如下：

（1）渲染类型(R): 下拉列表框：该下拉列表提供了 3 种渲染类型：一般渲染、照片级真实感渲染和照片级跟踪渲染。

（2）渲染过程 选项区：用于确定渲染范围。

（3）光源图标比例(L): 文本框：用于控制图形中光源块的大小。其值为图形中渲染块的当前比例因子。

（4）平滑角度(G): 文本框：用于设置一个临界角度，系统将按这个角度辨认是否为一条边。平滑角度的默认值为 45° 。当角度大于 45° 时，系统将其按边处理；当角度小于 45° 时，系统对边做平滑处理。

（5）渲染选项选项区：用于控制渲染的显示效果。

（6）目标(N)下拉列表框：用于控制渲染图形的输出位置。

（7）子样例(U)下拉列表框：用于设置要渲染的像素比例，并控制图形的渲染速度。比例为 1:1 的渲染效果最佳，比例为 8:1 渲染速度较快，但渲染效果最差。

（8）背景(B)...按钮：单击该按钮，系统弹出背景对话框，如图 10.5.4 所示。利用该对话框可以设置渲染背景。

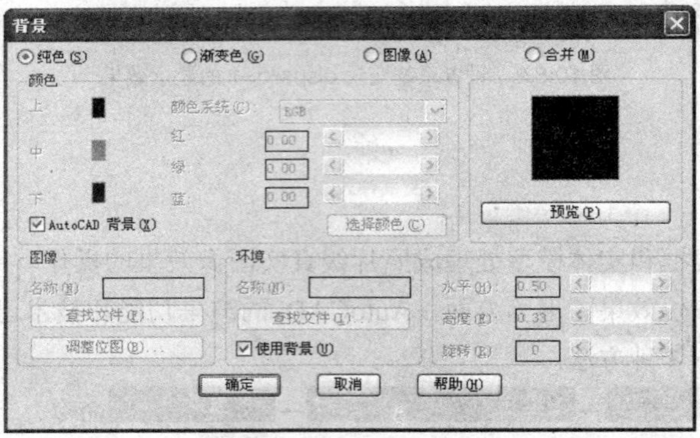

图 10.5.4 “背景”对话框

（9）雾化/深度设置(F)...按钮：单击该按钮，系统弹出雾化/深度设置对话框，如图 10.5.5 所示，利用该对话框设置近处和远处的雾化百分率，范围是从零雾化到百分之百雾化。

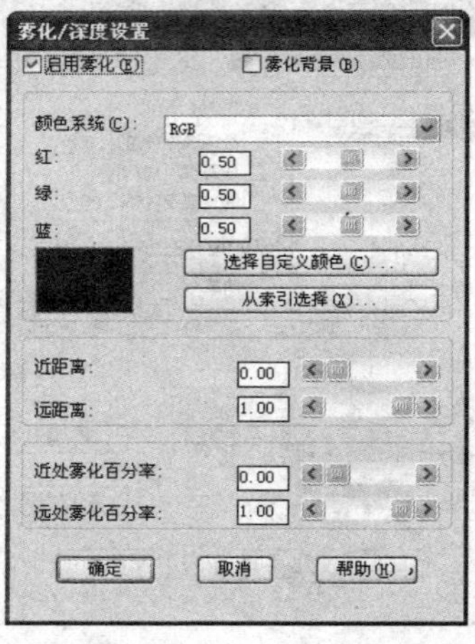

图 10.5.5 “雾化/深度设置”对话框

用户可以通过“渲染”子菜单中的相应选项对实体进行场景、光源和材质设置。

1. 设置场景

场景由光线和视图组成，用来衬托实体效果，使之更加具有真实感。启动场景命令有如下 3 种方法：

（1）菜单栏：选择视图(V)→渲染(E)→场景(S)...命令。

（2）工具栏：单击“渲染”工具栏中的“场景”按钮。

（3）命令行：在命令行输入 scene。

执行场景命令后，系统弹出**场景**对话框，如图 10.5.6 所示。

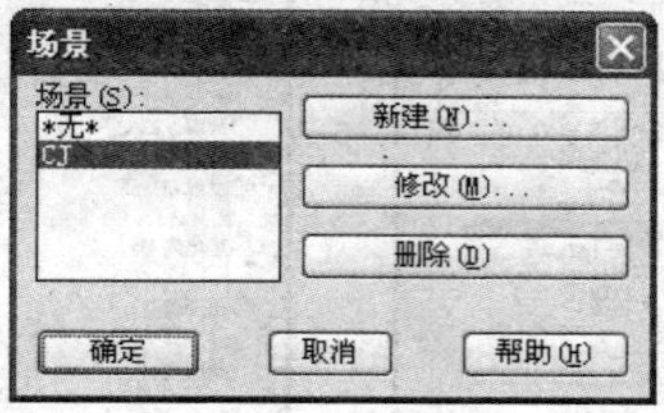

图 10.5.6 “场景”对话框

该对话框中各选项含义如下：

（1）“场景”列表框：用于显示所有已创建的场景名称。

（2）新建(N)... 按钮：单击该按钮，系统弹出**新建场景**对话框，利用该对话框创建新场景。

（3）修改(M)... 按钮：单击该按钮，系统弹出**修改场景**对话框，利用该对话框修改当前正在使用的场景。

（4）删除(D) 按钮：单击该按钮可以将场景从“场景”列表框中删除。

2. 设置材质

材质是真实物体的重要属性，为了给被渲染的实体对象提供更多的真实感，可以在模型的表面应用材质信息。启动材质命令有如下 3 种方法：

（1）菜单栏：选择 视图(V) → 渲染(E) → 材质(M)... 命令。

（2）工具栏：单击“渲染”工具栏中的“材质”按钮。

（3）命令行：在命令行输入 rmat。

执行材质命令后，系统弹出**材质**对话框，如图 10.5.7 所示。

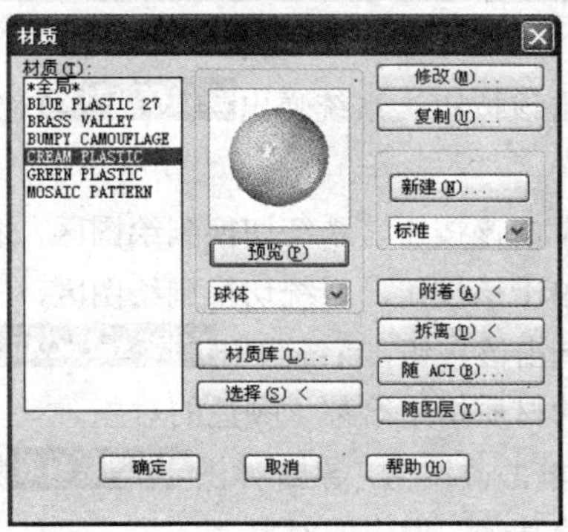

图 10.5.7 “材质”对话框

该对话框中各选项含义如下：

（1）“材质”列表框：显示当前图形文件中的材质名称。

（2）球体 下拉列表框：通过“球体”或“立方体”的方式预览材质。

（3）材质库(L)... 按钮：单击该按钮，系统弹出**材质库**对话框，如图 10.5.8 所示，利用该对话框可以添加新材质。

（4）选择(S) < 按钮：单击该按钮可以指出附着材质的名称和附着方式。

（5）修改(M)... 按钮：单击该按钮，系统弹出**修改标准材质**对话框，如图 10.5.9 所示。利用该对话框修改当前选择的材质。

图 10.5.8 “材质库”对话框

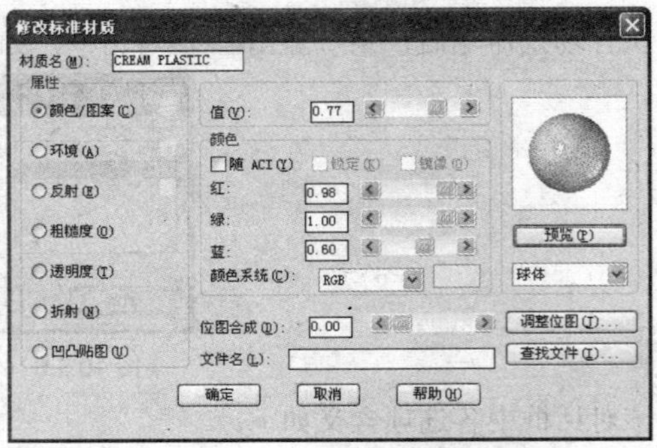

图 10.5.9 “修改标准材质”对话框

（6）复制(U)... 按钮：单击该按钮，系统弹出**新建标准材质**对话框，如图 10.5.10 所示，利用该对话框可以为新材质命名并定义其属性。

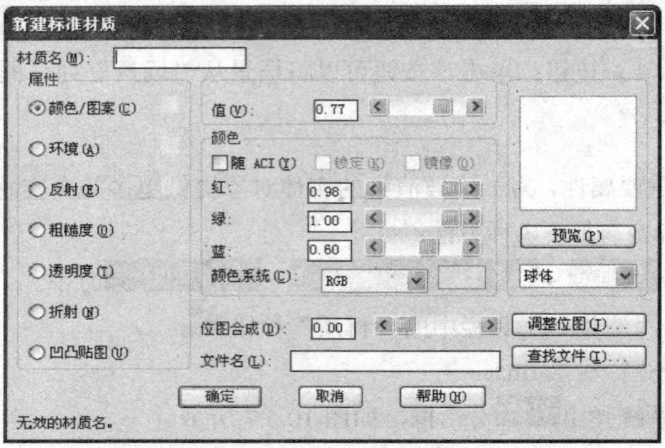

图 10.5.10 “新建标准材质”对话框

（7）新建(N)... 按钮：单击该按钮，系统弹出**新建标准材质**对话框，利用该对话框可以创建新的材质。

（8）附着(A) < 按钮：单击该按钮，系统切换到绘图区，将材质应用到选择的对象上。

（9）拆离(D) < 按钮：单击该按钮，系统切换到绘图区，去除材质对象。

（10）随 ACI(B)... 按钮：单击该按钮，系统弹出**根据 AutoCAD 颜色索引附着**对话框，如图 10.5.11 所示，利用该对话框可以将选择的材质指定给某一颜色的对象。

（11）随图层(Y)... 按钮：单击该按钮，系统弹出**根据图层附着**对话框，如图 10.5.12 所示，利用该对话框可以将选择的材质指定给某一图层中的对象。

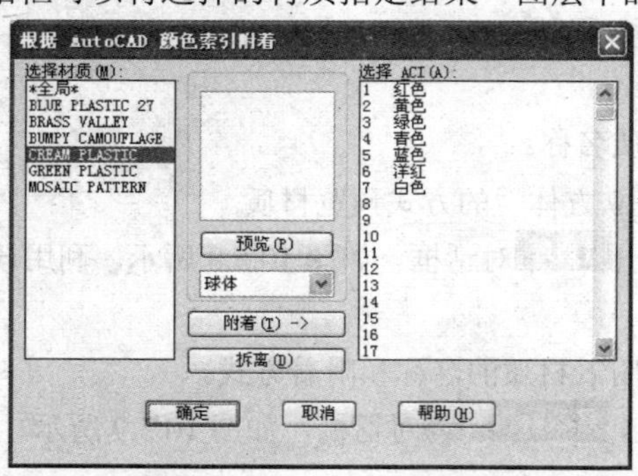

图 10.5.11 “根据 AutoCAD 颜色索引附着”对话框

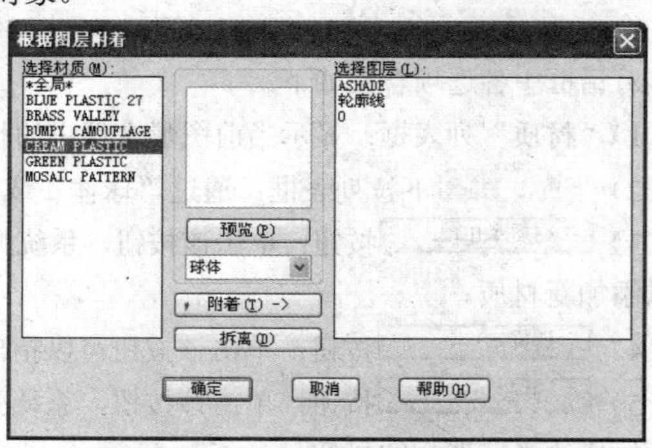

图 10.5.12 “根据图层附着”对话框

为实体添加材质的示例图，如图 10.5.13 所示。

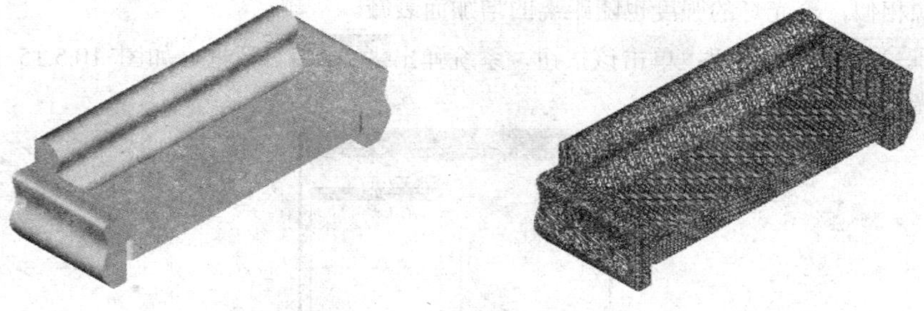

（a）　　　　　　　　　　　　　　（b）

图 10.5.13　为实体添加材质

（a）添加材质前的实体；（b）添加材质后的实体

3．设置光源

对于一个三维实体来讲，设置光源是很重要的。在场景中设置合适的光源，可以影响到实体各个表面的明暗情况。启动光源命令有如下 3 种方法：

（1）菜单栏：选择 视图(V) → 渲染(E) → 光源(L)... 命令。

（2）工具栏：单击“渲染”工具栏中的“光源”按钮。

（3）命令行：在命令行输入 light。

执行光源命令后，系统弹出 光源 对话框，如图 10.5.14 所示。

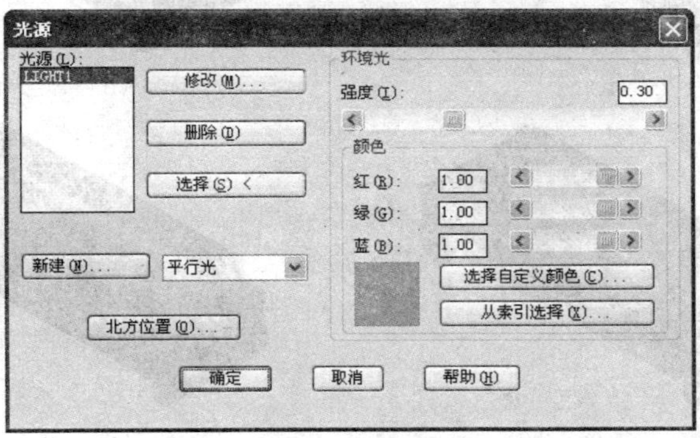

图 10.5.14　“光源”对话框

该对话框中各选项含义如下：

（1）“光源”列表框：显示当前图形已建立的光源名称。

（2）修改(M)... 按钮：单击该按钮，可以修改已经设置好的光源。

（3）删除(D) 按钮：单击该按钮，可以删除已经存在的光源。

（4）选择(S) < 按钮：单击该按钮，可以选择设置好的光源。

（5）新建(N)... 按钮：单击该按钮可以创建新的光源。选择该按钮右侧的下拉列表中的“点光源”、“平行光”和“聚光灯”选项，系统将弹出不同的对话框，用来创建不同的光源。

1）“点光源”：它是从其所在位置方向向外发射的光线，因此，新建点光源不涉及方向，而只需确定点光源的位置。点光源的强度随着距离的增加以一定的衰减率衰减。

2）“平行光”：它可以照射每一个目标，光线互相平行，是来自同一方向且光线强度相同的光。

3）“聚光灯”：它发射的是有方向的圆锥形光线，在圆锥形光线内，有一光线最亮处即是光源点。与点光源相似，聚光灯的强度也随距离的增加而衰减。

（6）北方位置(Q)...按钮：单击该按钮，系统弹出北方位置对话框，如图 10.5.15 所示，利用该对话框设置光源的北方位置。

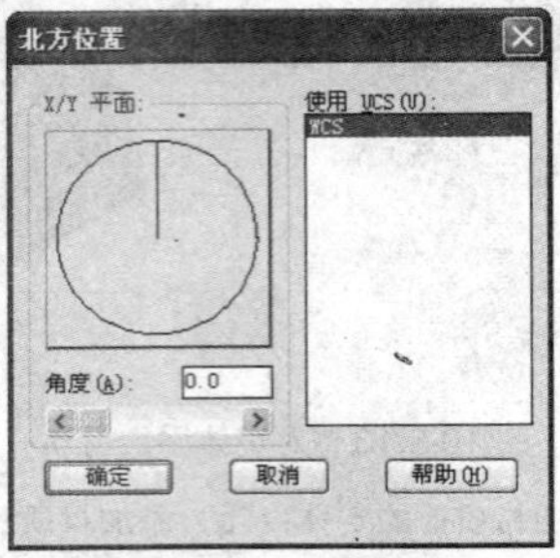

图 10.5.15 “北方位置”对话框

（7）环境光选项区：用于设置渲染环境的背景光，包括强度值和颜色。

如图 10.5.16 所示为实体添加光源示例图。

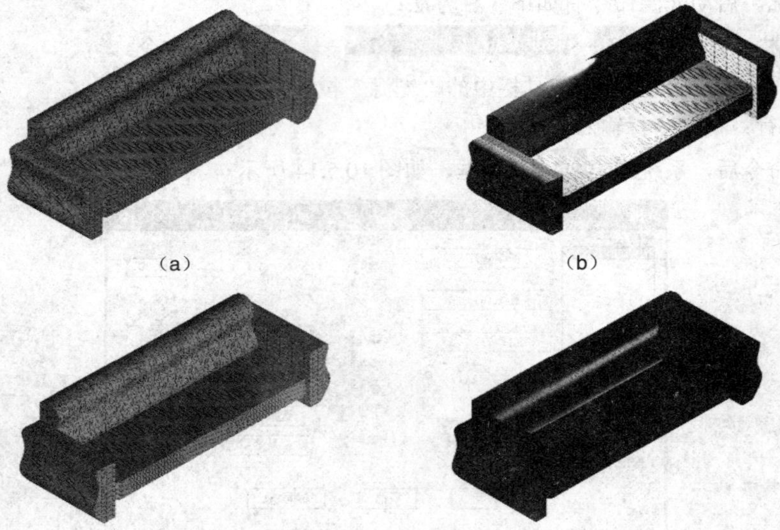

（a） （b） （c） （d）

图 10.5.16 添加光源

（a）添加光源前的实体；（b）添加点光源；（c）添加平行光；（d）添加聚光灯

第六节 上机实战——油箱

本节通过一个典型实例使用户进一步了解三维实体的绘制、编辑与渲染方法。

（1）单击“矩形”按钮或者在命令行输入 rectang，以原点为角点，绘制一个长为 60，宽为 20 的矩形，如图 10.6.1 所示。

（2）单击“正多边形”按钮或者在命令行输入 polygon，捕捉矩形左边线的中点，利用内接法绘制一个正六边形，如图 10.6.2 所示。

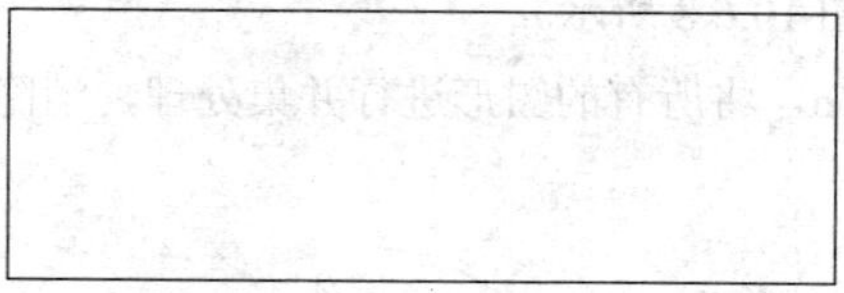

图 10.6.1

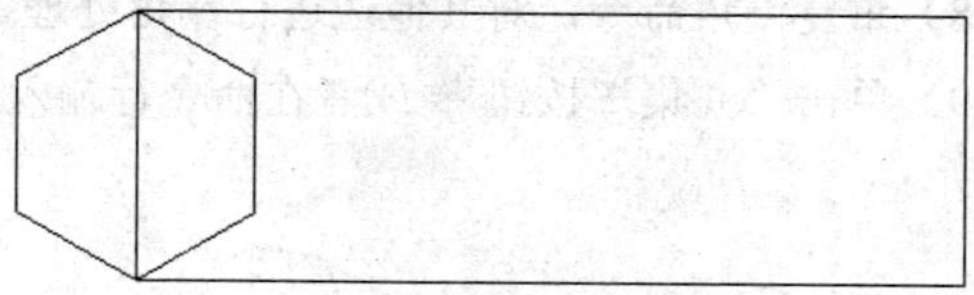

图 10.6.2

（3）单击“镜像”按钮或者在命令行输入 mirror，捕捉步骤（1）绘制矩形的上下边中点，将上步绘制的正六边形进行镜像复制，如图 10.6.3 所示。

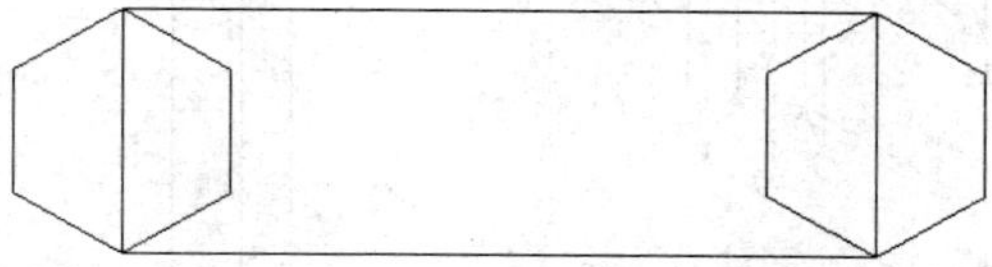

图 10.6.3

（4）选择视图(V)→三维视图(D)→西南等轴测(S)命令，转换视图为西南等轴测，然后单击“拉伸”按钮或者在命令行输入 extrude，拉伸绘制的所有图形，拉伸高度为 80，如图 10.6.4 所示。

（5）在命令行输入 ucs，将坐标系移动到如图 10.6.5 所示的位置。

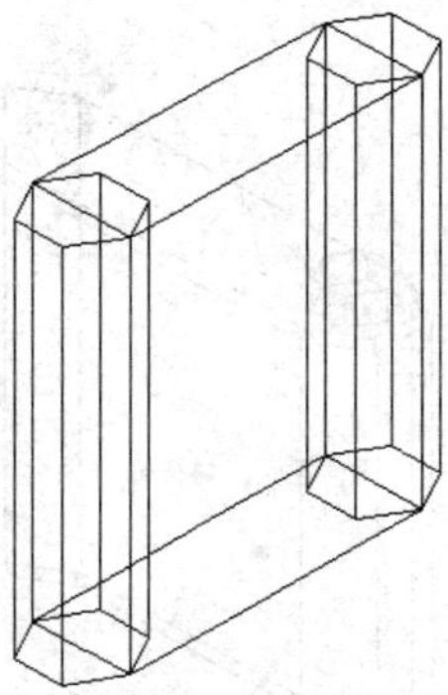

图 10.6.4

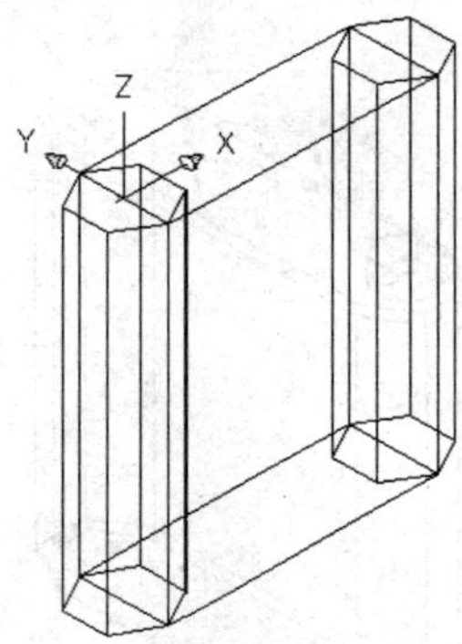

图 10.6.5

（6）重复正多边形命令，以原点为中心点，利用外切法绘制一个半径为 5 的正六边形，然后再利用拉伸命令，拉伸正六边形，拉伸高度为 5，如图 10.6.6 所示。

（7）单击“倒角”按钮或者在命令行输入 chamfer，选择拉伸后实体的一条边对其进行倒角处理，倒角距离为 1.2，如图 10.6.7 所示。

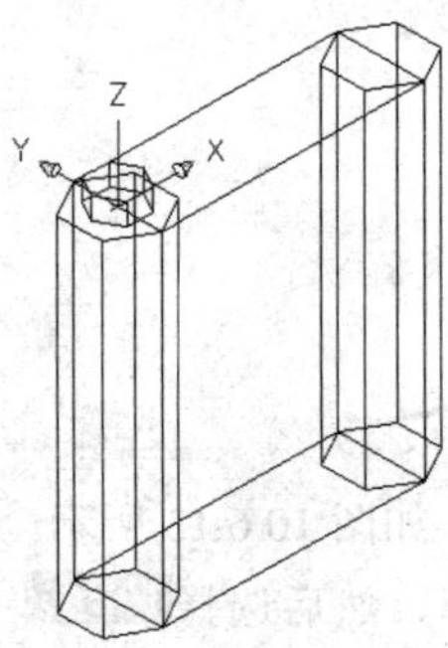

图 10.6.6

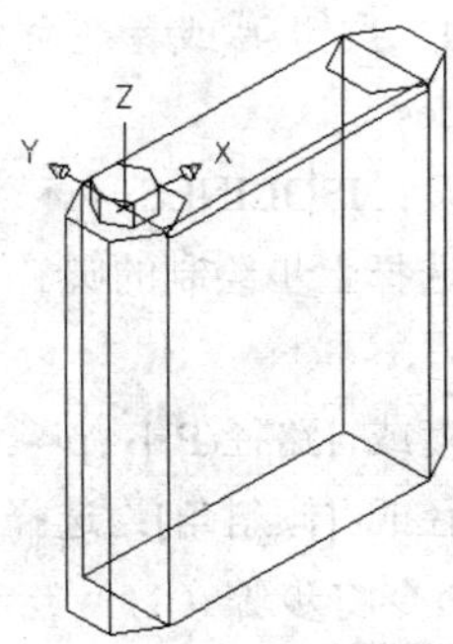

图 10.6.7

（8）重复倒角命令，对其他边进行倒角处理，如图 10.6.8 所示。

（9）单击“并集”按钮或者在命令行输入 union，将所有的图形进行并集处理，消隐后如图 10.6.9 所示。

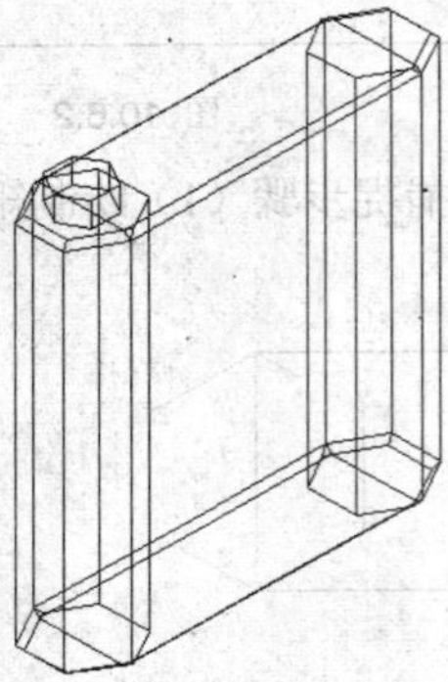

图 10.6.8

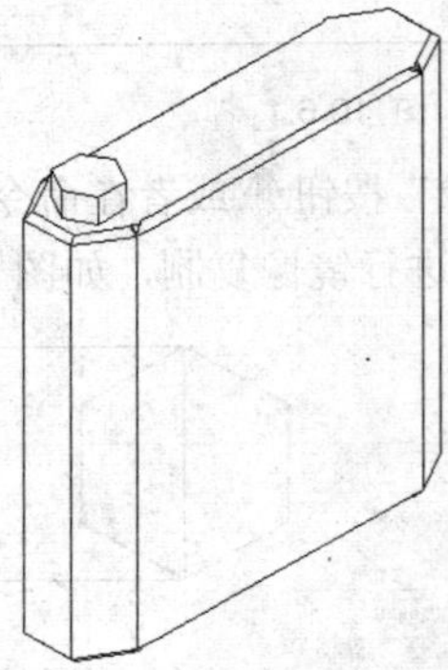

图 10.6.9

（10）在命令行输入 ucs，将 X 轴旋转 90°，然后单击“圆”按钮或者在命令行输入 circle，以点（30,0,0）为圆心，绘制一个半径为 12 的圆，如图 10.6.10 所示。

（11）利用直线命令连接圆的左右两个象限点，然后单击“修剪”按钮修剪绘制的圆，如图 10.6.11 所示。

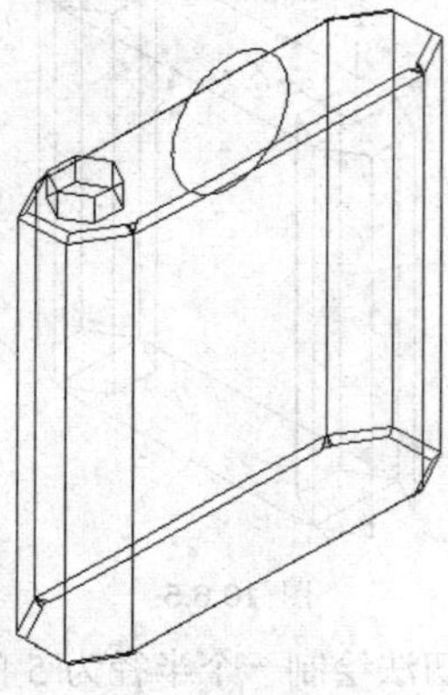

图 10.6.10

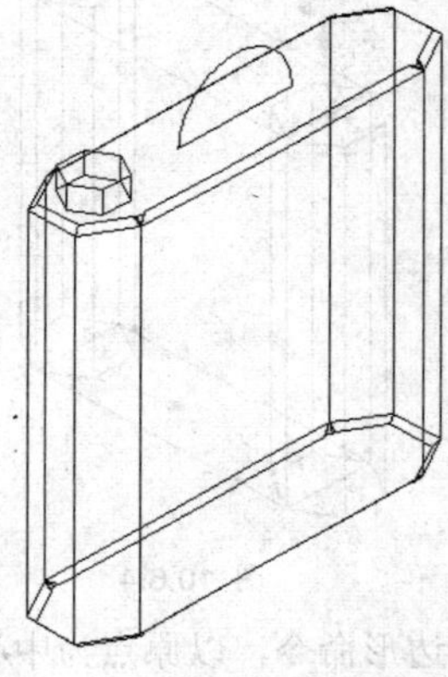

图 10.6.11

（12）恢复坐标系为世界坐标系，利用圆命令，捕捉左象限点，绘制一个半径为 2 的圆，如图 10.6.12 所示。

（13）单击“拉伸”按钮或者在命令行输入 extrude。

1）命令：extrude↙。

2）当前线框密度：ISOLINES=4。

3）选择对象：选择上步绘制的圆。

4）选择对象：↙。

5）指定拉伸高度或 [路径(P)]：p↙。

6）选择拉伸路径或 [倾斜角]：选择修剪后的半圆，如图 10.6.13 所示。

（14）利用删除命令将步骤（11）绘制的直线删除掉，然后选择 视图(V) → 渲染(E) → 材质(M)... 命令，弹出 材质 对话框，在该对话框中单击 材质库(L)... 按钮，系统弹出 材质库 对话框，在该对话框中选择合适的材质，如图 10.6.14 所示。

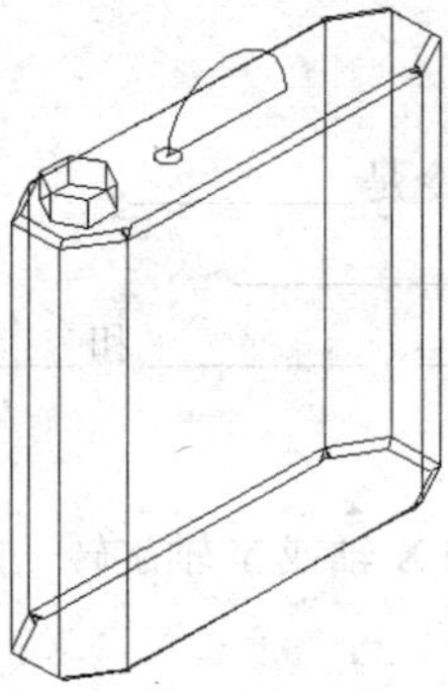

图 10.6.12

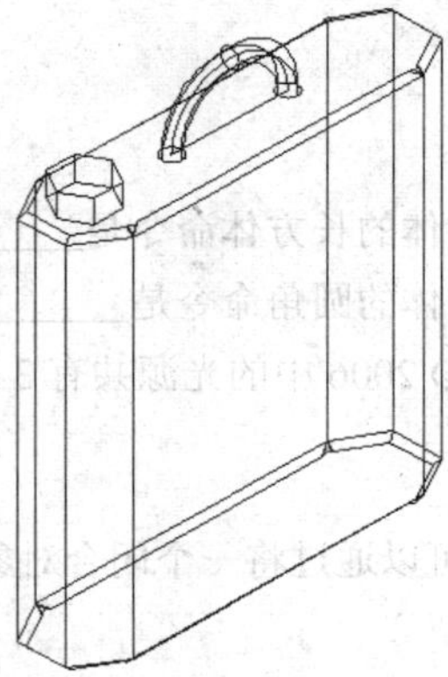

图 10.6.13

（15）选择材质，单击 确定 按钮系统返回到 材质 对话框，在该对话框中单击 拆离(D) < 按钮，系统切换到绘图窗口，选择需要赋予材质的图形。然后再单击“渲染”按钮或者在命令行输入 render，对图形进行渲染处理，如图 10.6.15 所示。

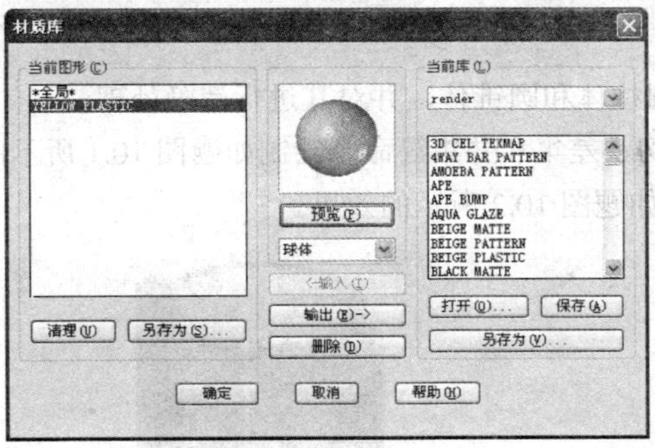

图 10.6.14 “材质库”对话框

图 10.6.15

（16）选择 视图(V) → 渲染(E) → 光源(L)... 命令，系统弹出 光源 对话框，在该对话框中选择“平行光”选项，然后单击 新建(N)... 按钮，系统弹出 新建平行光 对话框，在该对话框中设置合适的平行光，如图 10.6.16 所示。

（17）创建完光源以后，单击“渲染”按钮或者在命令行输入 render，对图形进行渲染处理，最终效果如图 10.6.17 所示。

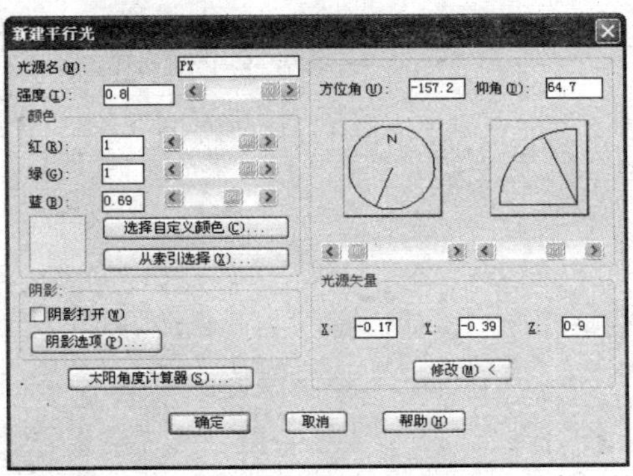

图 10.6.16 “新建平行光”对话框

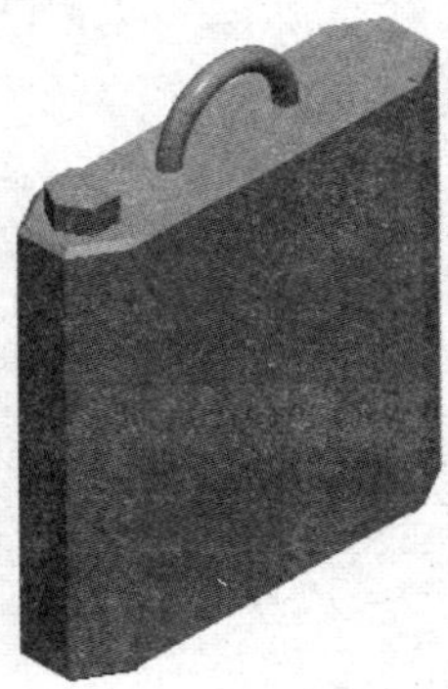

图 10.6.17

习 题 十

一、填空题

1．绘制三维实体的长方体命令是＿＿＿＿＿＿，圆柱体命令是＿＿＿＿＿＿。

2．编辑三维实体的圆角命令是＿＿＿＿＿＿，切割命令是＿＿＿＿＿＿。

3．在 AutoCAD 2006 中的光源共有 3 种类型：＿＿＿＿＿＿、＿＿＿＿＿＿和＿＿＿＿＿＿。

二、选择题

1．（　）命令可以通过将一个闭合对象围绕当前 UCS 的 X 轴或 Y 轴旋转一定角度来创建实体。

A．拉伸　　B．镜像

C．旋转　　D．阵列

2．将两个或多个实体进行合并组合成一个实体，即是进行三维实体的（　）。

A．并集　　B．差集

C．交集　　D．对齐

三、上机操作题

1．绘制一个半径为 20，高为 50 的圆柱体和圆锥体，并对其进行消隐处理。

2．利用圆柱体、长方体、抽壳、剖切、差集和并集等命令绘制如题图 10.1 所示的图形。

3．对题图 10.1 进行渲染处理，得到如题图 10.2 所示的效果。

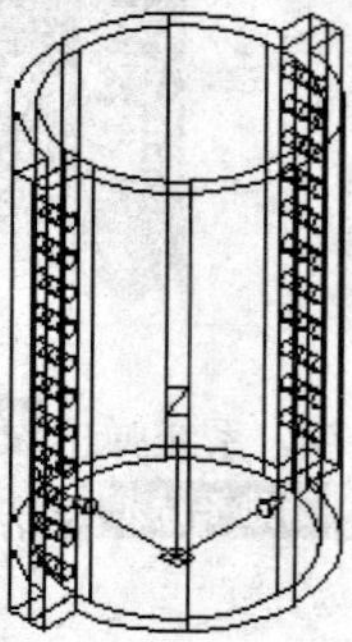

题图 10.1

题图 10.2

第十一章 CAD 图形的输出与网络功能

☑ 布局

☑ 页面设置

☑ 图纸打印输出

☑ AutoCAD 的网络功能

AutoCAD 2006 提供了图形的输出功能，在打印输出图纸时，可以选择合适的打印设备以及设置打印设备、图纸比例、单位、范围等。另外，本章还介绍了 AutoCAD 的网络功能，利用此功能，用户可以实现资源共享。

第一节　模型空间与图纸空间

利用前面学过的有关知识和命令绘制完图形以后，最终的目标就是要将所绘制的图形完整地打印出来。在 AutoCAD 2006 中，提供了使用模型空间和图纸空间对图形文件进行输出设置与打印的功能。利用如图 11.1.1 所示绘图窗口左下角的“模型”或“布局”选项卡，即可实现模型空间和图纸空间的切换。

图 11.1.1　“模型”或“布局”选项卡

模型空间是指在其中完成二维和三维图形绘制与设计工作的空间，创建和编辑图形的大部分工作都是在模型空间中完成的。在模型空间中，用户不仅可以使用所有 AutoCAD 命令创建视图模型，实现二维或三维物体的造型，而且还可以根据实际需要，通过绘制多个二维或三维视图来表达物体，如图 11.1.2 所示。

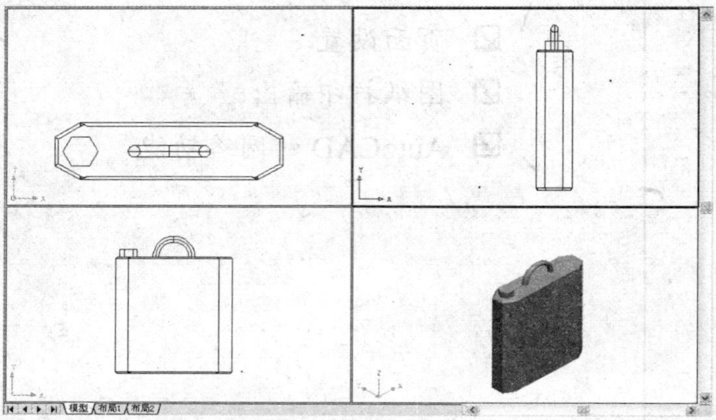

图 11.1.2　模型空间

图纸空间是为绘制二维图形提供的一张虚拟图纸，即在输出图形之前组织视图和模拟图纸真实打印效果的地方。图纸空间主要用于将模型空间中所绘制的图形对象进行排布，设置成不同的视图，如图 11.1.3 所示。

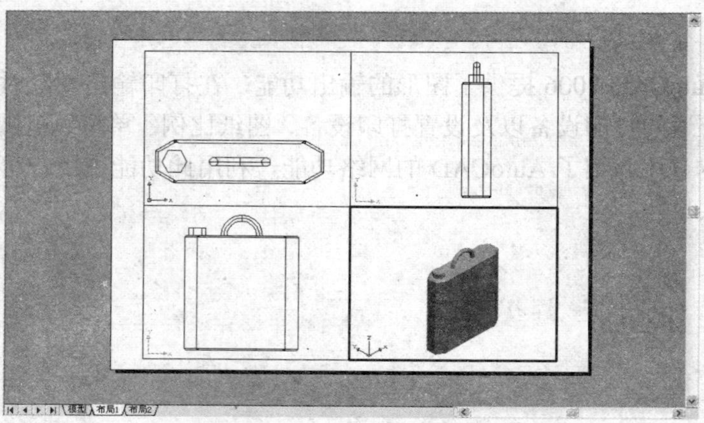

图 11.1.3　图纸空间

第二节 布 局

布局是指图形在图纸上的布置。为了使图形能够合理地输出在图纸上，用户在打印输出图形之前，应该进行布局的设置。

一、创建布局

通过布局向导可以创建新布局。在创建布局的过程中，可以设置打印样式，如打印的比例、方向和图纸大小等。启动创建布局向导命令有如下两种方法：

（1）菜单栏：选择 工具(T) → 向导(Z) → 创建布局(C)... 命令。

（2）命令行：在命令行输入 layoutwizard。

执行创建布局命令后，系统弹出 创建布局 － 开始 对话框，如图 11.2.1 所示。利用该对话框可以创建布局。

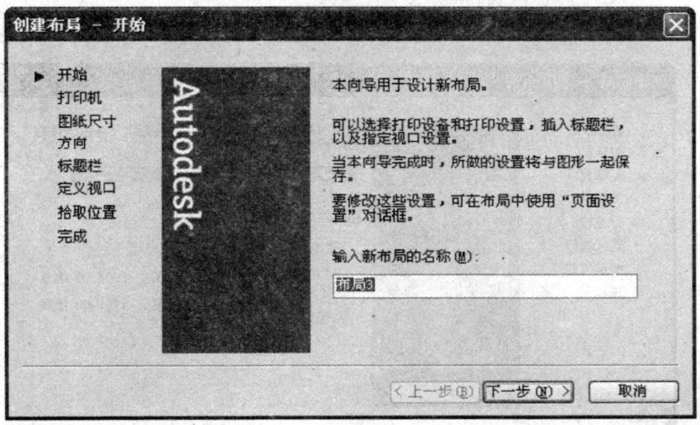

图 11.2.1 “创建布局-开始”对话框

使用布局向导为如图 11.2.2 所示的“吊钩”创建布局，其操作步骤如下：

（1）选择 工具(T) → 向导(Z) → 创建布局(C)... 命令，弹出 创建布局 － 开始 对话框，在 输入新布局的名称(M)： 文本框中输入创建布局的名称，例如“吊钩”。

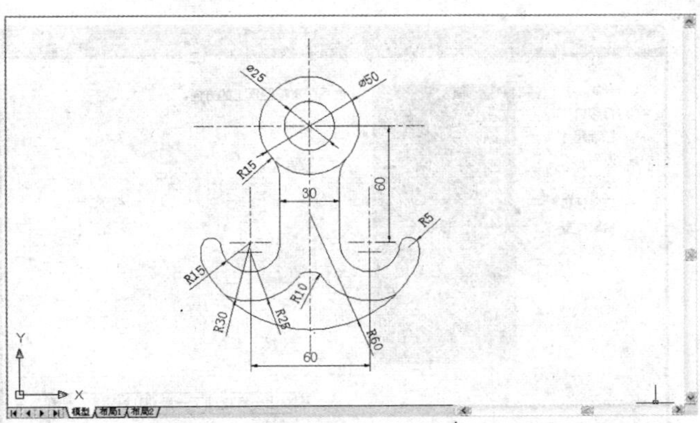

图 11.2.2 “吊钩”平面图

（2）单击 下一步(N) > 按钮，弹出 创建布局 - 打印机 对话框，在该对话框中选择当前系统配置的打印机，如“PublishToWeb PHG.pc3”，如图 11.2.3 所示。

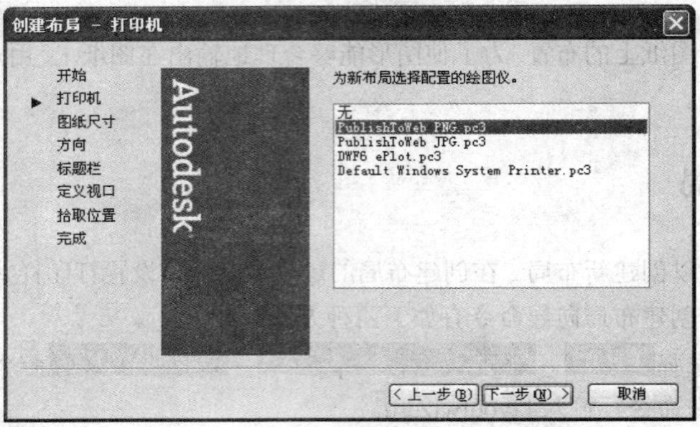

图 11.2.3　“创建布局-打印机”对话框

（3）单击 下一步(N) > 按钮，弹出 创建布局 - 图纸尺寸 对话框，在该对话框中选择打印图纸的大小和单位，这里选择图纸尺寸为 Sun Hi-Res，图纸单位为像素，如图 11.2.4 所示。

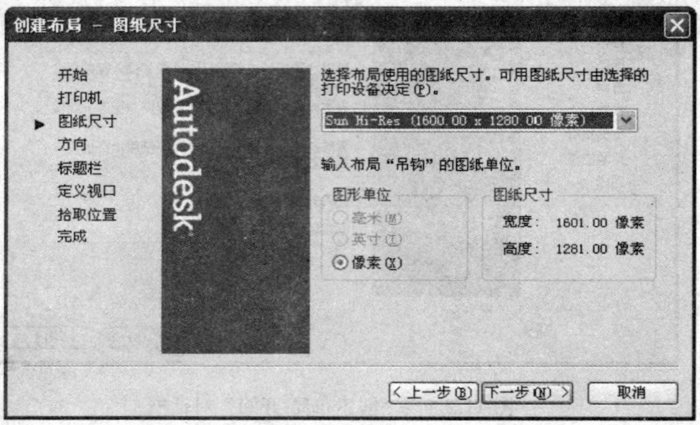

图 11.2.4　“创建布局-图纸尺寸”对话框

（4）单击 下一步(N) > 按钮，弹出 创建布局 - 方向 对话框，在该对话框中设置打印的方向，这里选择图纸的方向为“横向”，如图 11.2.5 所示。

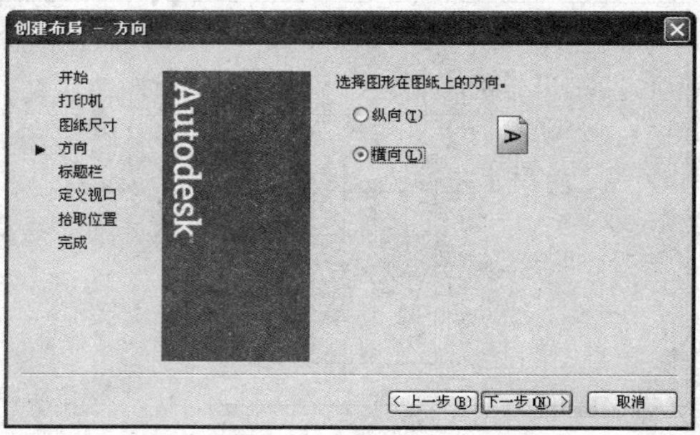

图 11.2.5　“创建布局-方向”对话框

（5）单击 下一步(N) > 按钮，弹出 创建布局 - 标题栏 对话框，在该对话框中选择图纸的边框和标题栏样式。这里选择默认选项，如图 11.2.6 所示。

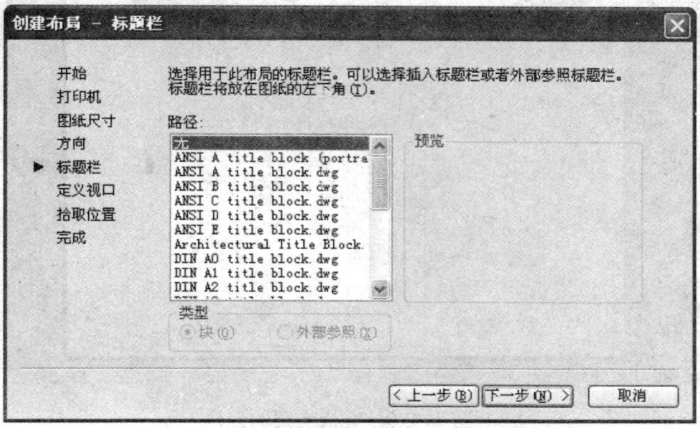

图 11.2.6 “创建布局-标题栏”对话框

（6）单击 下一步(N) > 按钮，弹出 创建布局 - 定义视口 对话框，在该对话框中可以对视口进行比例设置，这里选择默认选项，如图 11.2.7 所示。

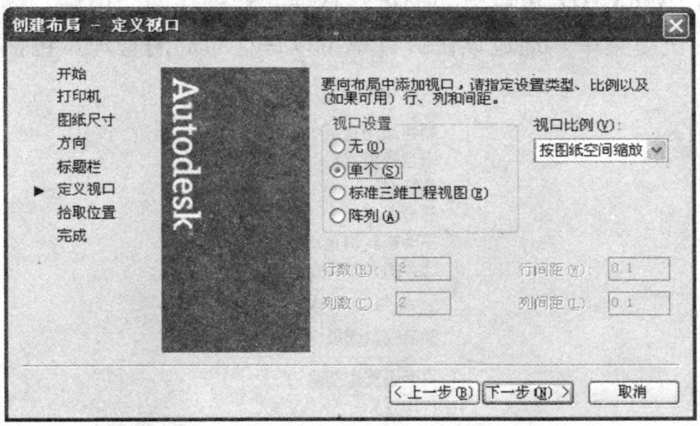

图 11.2.7 “创建布局-定义视口”对话框

（7）单击 下一步(N) > 按钮，弹出 创建布局 - 拾取位置 对话框，如图 11.2.8 所示。在该对话框中单击 选择位置(L) < 按钮，系统切换到绘图窗口，在绘图窗口中指定视口的大小和位置后，系统返回到 创建布局 - 完成 对话框，在该对话框中单击 完成 按钮，即可完成新布局的创建，如图 11.2.9 所示。

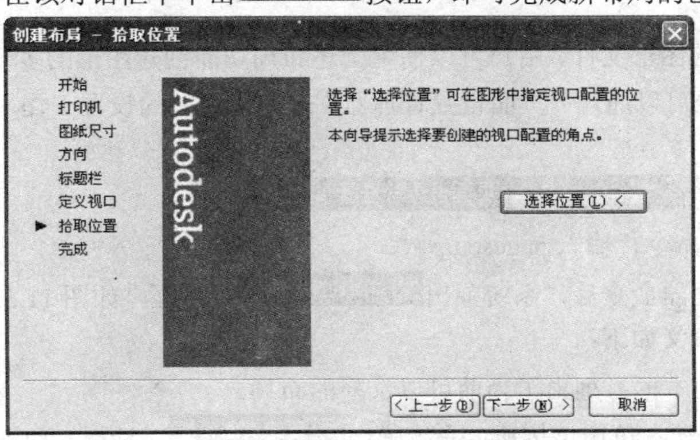

图 11.2.8 “创建布局-拾取位置”对话框

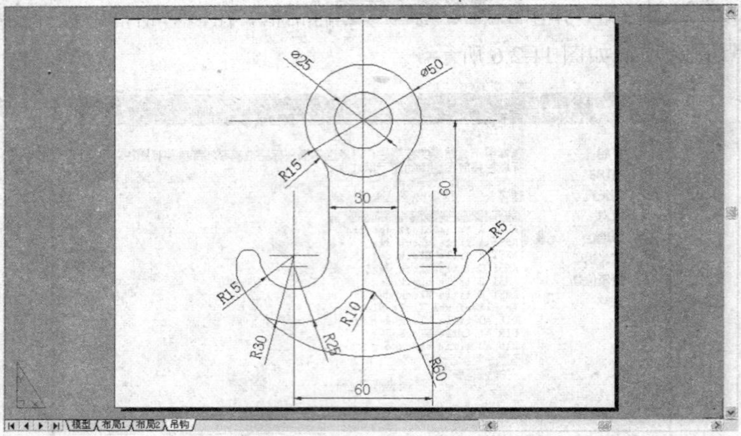

图 11.2.9　完成布局的创建

二、管理布局

创建好布局以后，AutoCAD 可以对布局进行管理。在创建的“吊钩”标签上单击鼠标右键，弹出如图 11.2.10 所示的快捷菜单。通过该快捷菜单可以进行布局的管理，包括复制、删除、新建、重命名等操作。

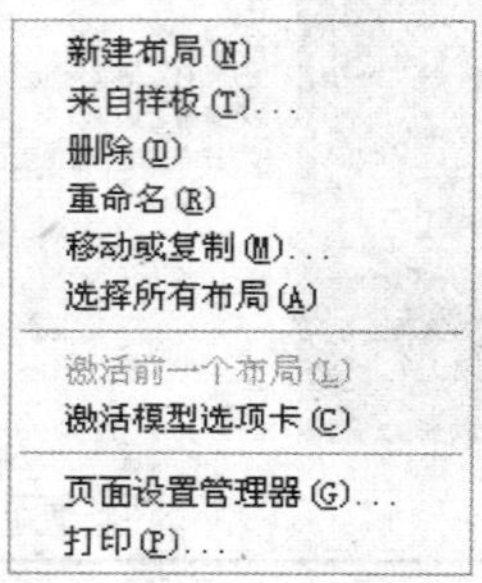

图 11.2.10　快捷菜单

第三节　页面设置

对准备打印输出的图形文件，用户可以使用上述布局功能创建图形的多个视图布局，以设置需要的图形输出。另外，也可以通过“页面设置管理器”来完成有关的设置工作，启动页面设置管理器命令有如下两种方法：

（1）菜单栏：选择 文件(F) → 页面设置管理器(G)... 命令。

（2）命令行：在命令行输入 pagesetup。

执行页面设置管理器命令后，系统弹出 页面设置管理器 对话框，如图 11.3.1 所示。

该对话框中选项含义如下：

（1）页面设置(P) 文本框：列出了当前可以选择的布局。

（2）新建(N)... 按钮：单击该按钮，系统弹出 新建页面设置 对话框，如图 11.3.2 所示。利用该对话框可以创建新的布局。

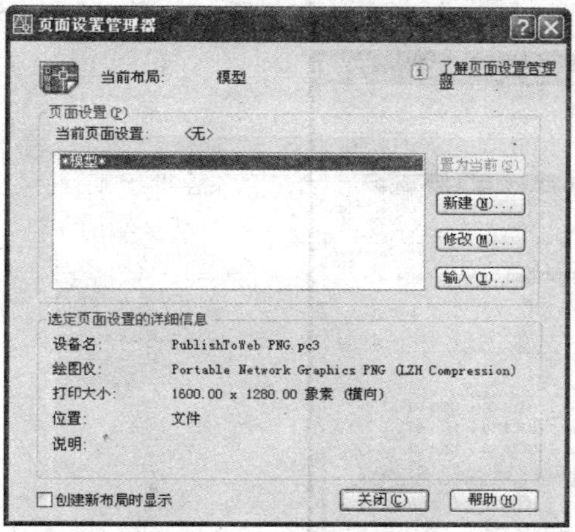

图 11.3.1 “页面设置管理器”对话框

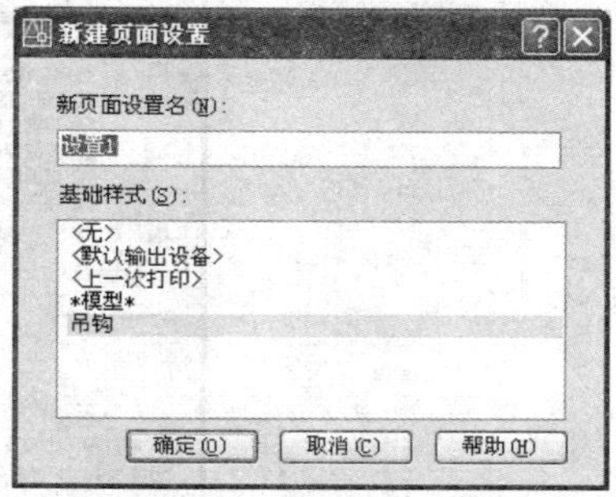

图 11.3.2 “新建页面设置”对话框

（3）置为当前(S)按钮：单击该按钮，将选中的布局设置为当前布局。

（4）取消按钮：单击该按钮，修改选中的布局。

（5）输入(I)...按钮，单击该按钮，系统弹出从文件选择页面设置对话框，利用该对话框可以选择已经设置好的布局。

下面以前面创建的“吊钩”为例介绍布局的页面设置。单击新建页面设置对话框中的确定(O)按钮，系统弹出页面设置 - 吊钩对话框，如图 11.3.3 所示。利用该对话框可以设置打印机和布局的有关参数，如打印机/绘图仪的选择、图纸尺寸、打印区域、打印比例等。这样，不用进行实际的打印操作，用户就可以看到图纸的打印输出效果，该对话框中各选项含义如下：

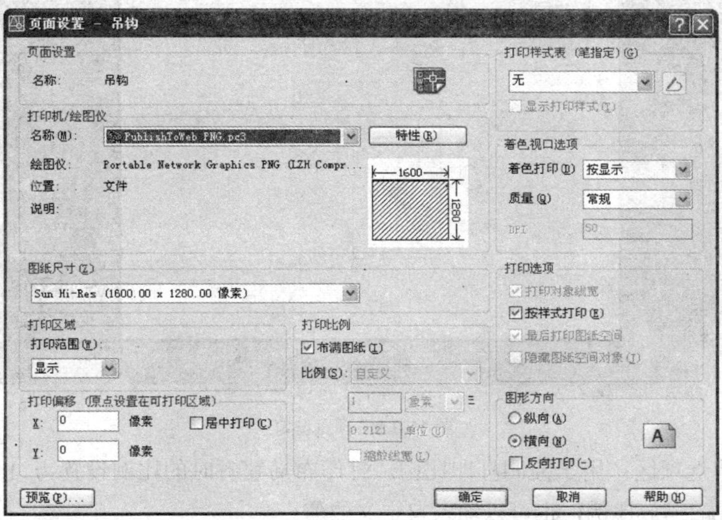

图 11.3.3 “页面设置-吊钩”对话框

（1）打印机/绘图仪选项区：用于指定打印机/绘图仪的名称、位置及有关说明。如果要修改打印机/绘图仪的配置信息，可以单击右侧的特性(R)按钮，在弹出的绘图仪配置编辑器 - PublishToWeb PNG.pc3对话框中进行设置，如图 11.3.4 所示。

（2）图纸尺寸(Z)下拉列表框：用于显示选定的打印设备可用的标准图纸尺寸。

（3）打印区域选项区：用于指定图形中实际要打印的区域。用户可以在打印范围(W):下拉列表中选择布局、窗口、范围和显示。

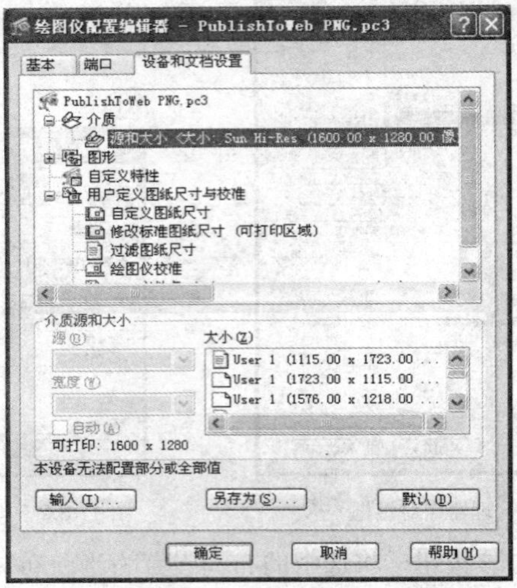

图 11.3.4 “绘图仪配置编辑器-PublishToWeb PNG.pc3”对话框

（4）打印偏移选项区：用于指定打印区域相对于图纸左下角的偏移值。用户可以分别在 X 和 Y 文本框中输入偏移量，如果选中☑居中打印(C)复选框，则打印图形置于图纸正中间。

（5）预览(P)...按钮：单击该按钮，系统打开预览窗口，如图 11.3.5 所示。

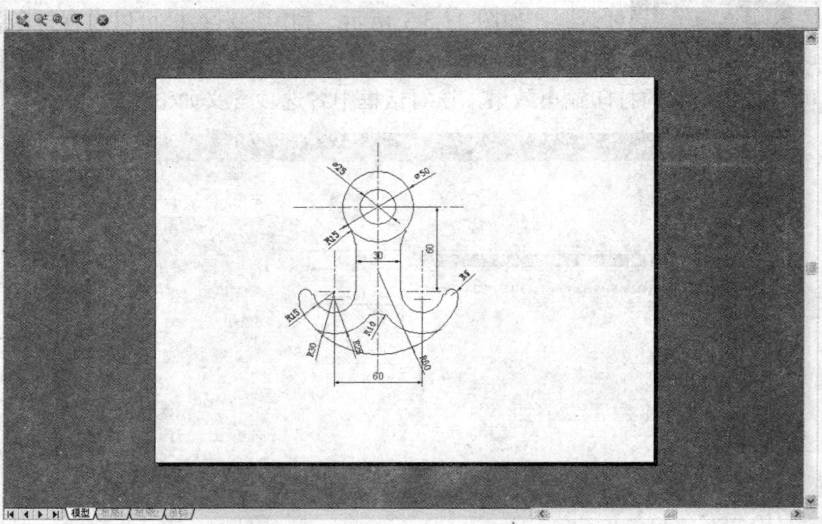

图 11.3.5 预览窗口

（6）打印比例选项区：用于控制打印比例。打印布局缺省时的比例设置为 1:1。用户可以选择比例(S):下拉列表中的缩放比例，也可以输入自定义的值。

（7）打印样式表选项组：用于指定当前分配给布局或视口的打印样式。用户可以在其下方的下拉列表中选择一种打印样式，例如选择“acad.ctb”样式时，单击其右侧的“编辑”按钮，系统弹出打印样式表编辑器 - acad.ctb对话框，如图 11.3.6 所示，用户可以在该对话框中查看或修改打印样式。

（8）着色视口选项选项区：用于设置着色视口的三维图形按哪种显示方式进行打印输出，并确定它们的质量和 dpi 值。

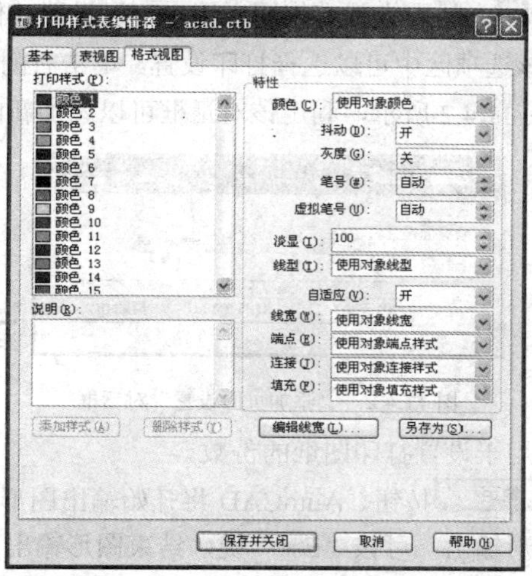

图 11.3.6 “打印样式表编辑器-acad.ctb”对话框

（9）打印选项选项区：用于设置打印的其他选项，如打印线宽和打印样式等。

（10）图形方向选项区：用于指定图形的方向是横向还是纵向。如果选中☑反向打印(-)复选框，还可以指定图形在图纸页上反向打印。

第四节 图纸打印输出

在页面设置 - 吊钩对话框中设置完有关参数后，将该图形打印到图纸上。AutoCAD 2006 提供的打印功能可以将图形打印输出，启动打印命令有如下 3 种方法：

（1）菜单栏：选择文件(F)→打印(P)...命令。

（2）工具栏：单击“标准”工具栏中的“打印”按钮。

（3）命令行：在命令行输入 plot。

执行打印命令后，系统弹出打印 - 模型对话框，如图 11.4.1 所示。

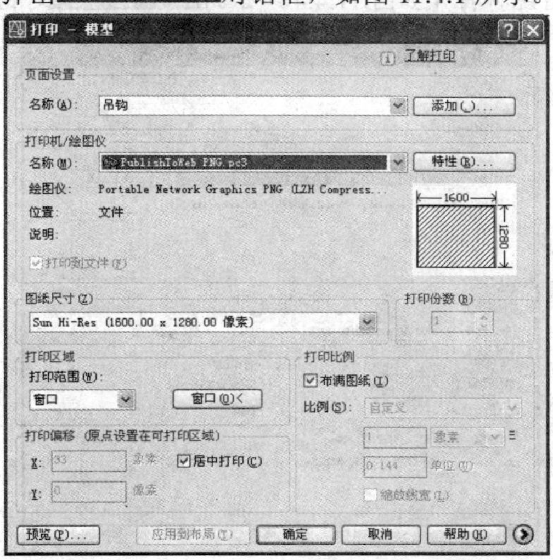

图 11.4.1 “打印-模型”对话框

该对话框与页面设置 - 吊钩中的内容基本相同，用户可以设置其他的选项。

（1）页面设置选项区：在该选项区中可以选择打印设置。单击右侧的添加(.)...按钮，系统弹出添加页面设置对话框，如图 11.4.2 所示，利用该对话框可以添加新的页面设置。

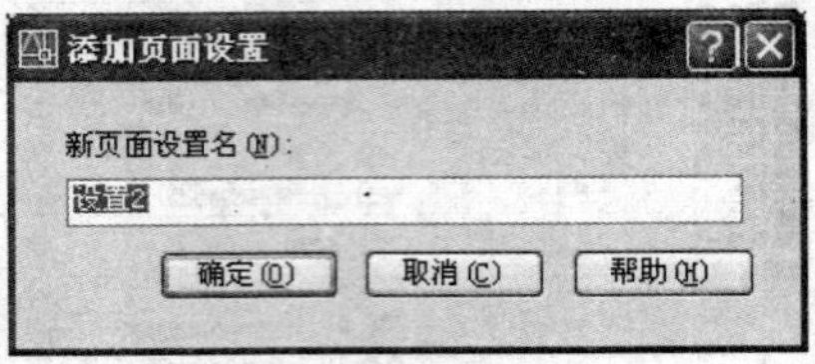

图 11.4.2 “添加页面设置”对话框

（2）打印份数(B)文本框：用于设置打印图纸的份数。

参数设置完成后，单击确定按钮，AutoCAD 将开始输出图形并显示打印进度。如果图形输出时出现错误或用户要中断图形输出，可按“Esc”键，结束图形输出。

练习：将如图 11.4.3 所示的“电脑桌立面图”在模型空间进行打印，并用“完全预览”的方式预览打印效果。

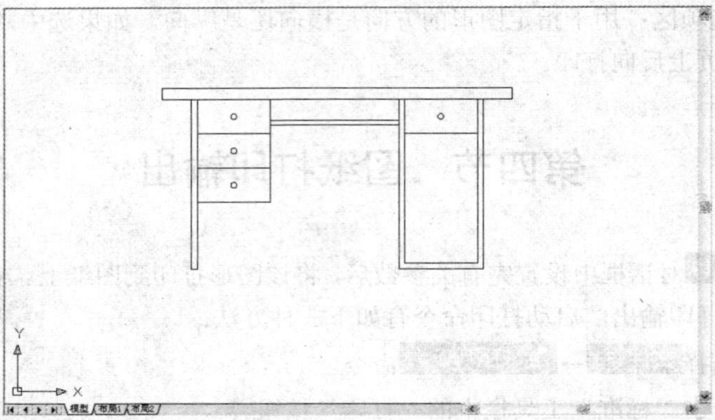

图 11.4.3 电脑桌立面图

（1）执行 Plot 命令，系统将打开如图 11.4.4 所示的打印 - 模型对话框。

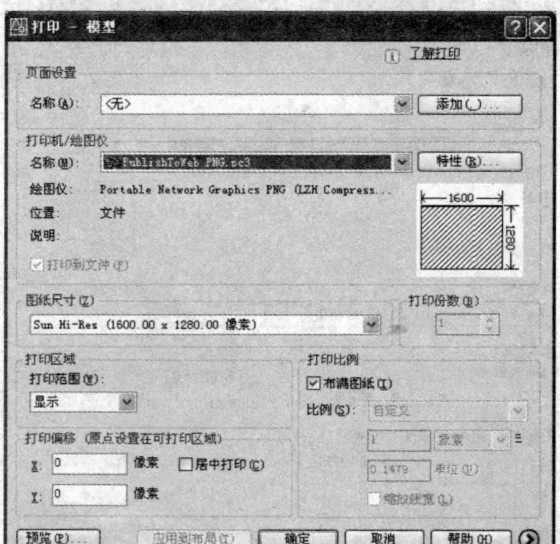

图 11.4.4 “打印-模型”对话框

（2）在打印机/绘图仪选项区中选择“PublishToWeb PNG.pc3”选项。

（3）在图纸尺寸(Z)下拉列表中选择“Sun Hi-Res”图纸。

（4）在打印区域下拉列表中选中“窗口”选项。

（5）在打印偏移选项区中选中☑居中打印(C)复选项。

（6）单击预览(P)...按钮，弹出如图 11.4.5 所示的图形预览效果，单击鼠标右键，在弹出的快捷菜单中选择“退出”选项，返回如图 11.4.4 所示的打印 - 模型对话框。

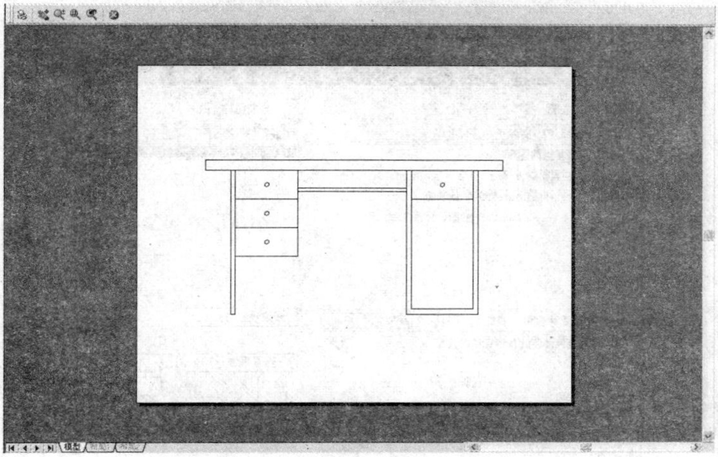

图 11.4.5　打印预览效果

（7）单击确定按钮即可完成打印。

第五节　AutoCAD 的网络功能

网络的最大功能就是传递信息和实现资源共享。用户可以通过 Internet 打开或下载图形文件。因为 AutoCAD 2006 的文件处理命令可以识别 URL 路径，能够通过 Internet 将 AutoCAD 图形文件下载到自己的计算机中。

一、使用浏览器

在 AutoCAD 2006 中，使用 browser 命令可以在 AutoCAD 中启动 Web 浏览器。在命令行输入 browser 命令，并输入 URL 或者接受默认站点，按回车键即可启动默认的浏览器浏览网页。用户也可以打开 Web 工具栏，单击“浏览 Web”按钮，浏览默认网页，如图 11.5.1 所示。

图 11.5.1　“Web”工具栏

二、电子传递

在将图形发送给其他人时，常见的一个问题是忽略了图形的相关文件，例如外部参照和字体文件。

某些情况下，没有这些关联文件将使接收者无法使用原来的图形。使用电子传递，这些相关文件会自动包含在传递包内，从而降低了出错的可能性。另外，用户也可以指定一个用于存放传递集中的各个文件或者创建自解压可执行文件或 Zip 文件的文件夹。启动电子传递命令有如下两种方法：

（1）菜单栏：选择 文件(F) → 电子传递(T)... 命令。

（2）命令行：在命令行输入 etransmit。

执行电子传递命令，系统弹出 创建传递 对话框，如图 11.5.2 所示。利用该对话框可以创建电子传递。

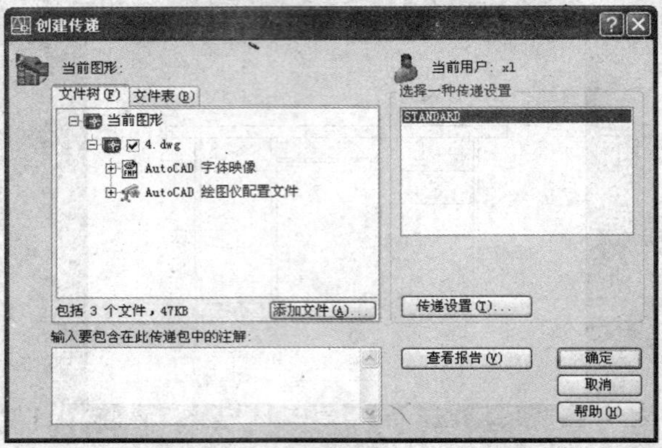

图 11.5.2 “创建传递”对话框

（1）“文件树”选项卡：以树状形式列出了传递集中所包括的文件。

（2）“文件表”选项卡：用于显示图形文件的具体存储位置、版本、日期等信息，如图 11.5.3 所示。

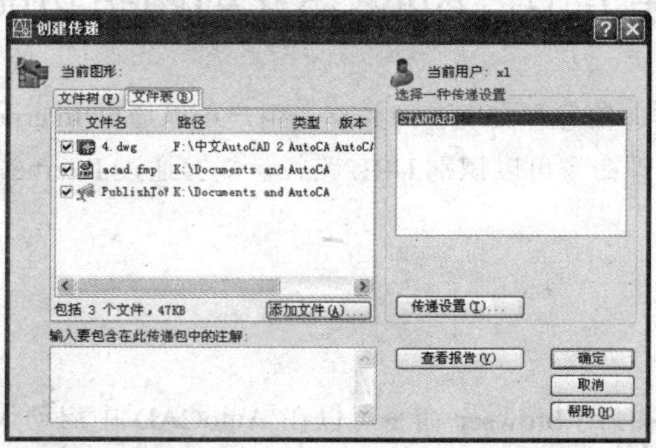

图 11.5.3 “文件表”选项卡

设置完毕后，单击 确定 按钮，弹出 指定 Zip 文件 对话框，在该对话框中设置 Zip 文件的保存路径，单击 保存(S) 按钮即可电子传递图形。

注意 要使用电子传递功能，必须将图形保存为 dwg 或 dwt 文件。

三、超链接

AutoCAD 可以在图形中添加超链接，以跳转到特定的文件或网站，超链接提供一种简单而有效的方法使 AutoCAD 图形和其他各种文件迅速联系在一起，启动超链接命令有如下两种方法：

（1）菜单栏：选择插入(I)→超链接(H)...命令。

（2）命令行：在命令行输入 hyperlink。

执行超链接命令并根据提示选择对象后，弹出插入超链接对话框，如图 11.5.4 所示。利用该对话框可以设置超链接。

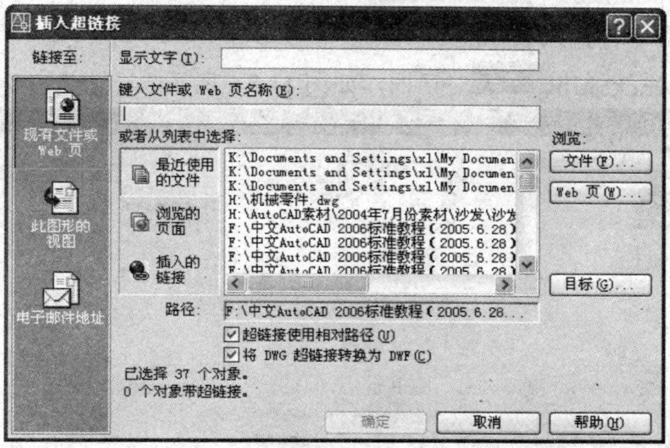

图 11.5.4 “插入超链接”对话框

该对话框中各选项含义如下：

（1）显示文字(T):文本框：用于为新生成的超链接确定一个描述。

（2）链接至:选项区：用于确定链接到的位置。包括 3 个选项：“现有文件或 Web 页”、“此图形的视图”和“电子邮件地址”，现分别介绍如下：

1）“现有文件或 Web 页”选项：用于指定要与超级链接关联的文件或 Web 页面。该文件可存储在本地网络驱动器或 Internet 上。

2）“此图形的视图”选项：用于指定当前图形中要链接的命名视图。用户可以从中选择相应的视图进行链接。

3）“电子邮件地址”选项：用于指定要链接的电子邮件地址。执行超级链接时，将使用缺省的系统邮件程序创建新邮件。

创建完毕，单击确定按钮即可。当光标指向含有超级链接的图形对象时，如果光标变成如图 11.5.5 所示的形状，表示该对象中包含超级链接。

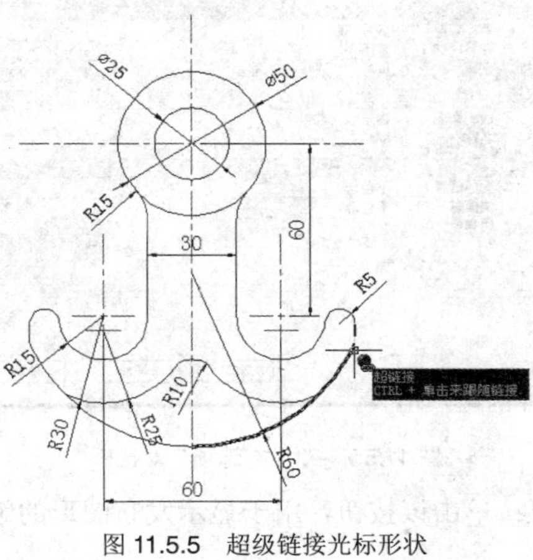

图 11.5.5 超级链接光标形状

四、发布图形

使用发布图形功能可以将 AutoCAD 图形发送到 DWF 文件或打印机上。启动发布功能有如下两种方法：

（1）菜单栏：选择 文件(F) → 发布(H)... 命令。

（2）命令行：在命令行输入 publish。

执行发布命令后，系统弹出 发布 对话框，如图 11.5.6 所示。

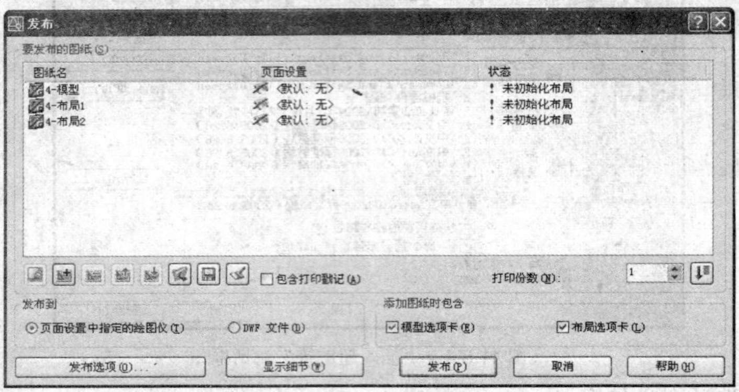

图 11.5.6 “发布”对话框

该对话框中选项含义如下：

（1）要发布的图纸(S) 选项区：显示了当前图形的图纸名、页面设置与状态，并且对页面上的图纸是否可以打印进行检查。

（2）发布到 选项区：用于将图纸发布到绘图仪或 DWF 文件中。

（3）添加图纸时包含 选项区：包含有“模型选项卡”和“布局选项卡”两个复选框。

（4）发布选项(O)... 按钮：单击该按钮，系统弹出 发布选项 对话框，如图 11.5.7 所示，利用该对话框可以对发布的一些参数进行设置。

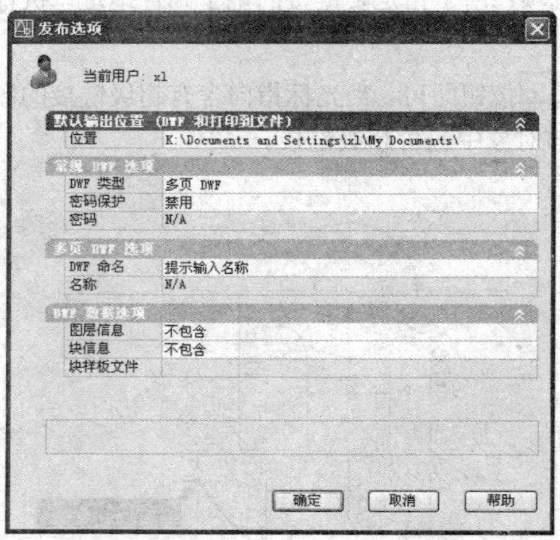

图 11.5.7 “发布选项”对话框

（5）显示细节(W) 按钮：单击该按钮，用于显示发布图形的细节，例如图纸信息和页面设置信息。

第六节　上机实战——输出卡圈图形

本节通过一个典型实例使用户进一步了解图形的输出功能。

（1）单击“直线”按钮或者在命令行输入 line，以原点为起点，绘制两条互相垂直的辅助线，长和宽约为 260，如图 11.6.1 所示。

（2）单击“圆”按钮或者在命令行输入 circle，捕捉上步绘制辅助线的交点，绘制两个半径分别为 100 和 50 的圆，如图 11.6.2 所示。

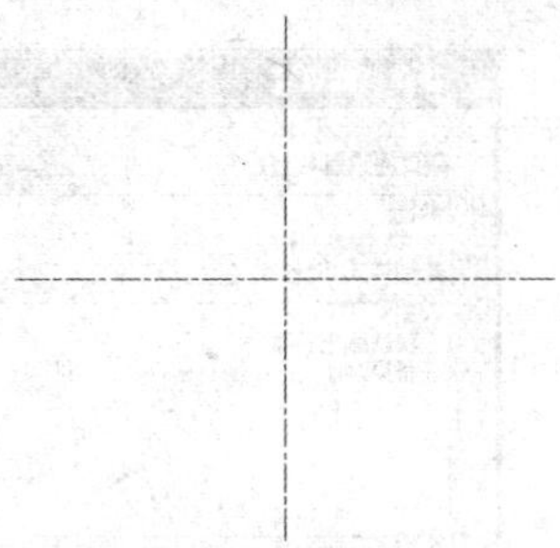
图 11.6.1

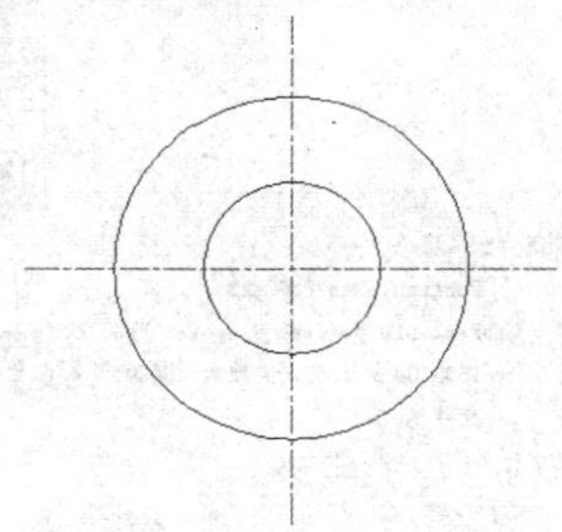
图 11.6.2

（3）单击“偏移”按钮或者在命令行输入 offset，向左偏移步骤（1）绘制的垂直辅助线，偏移距离为 70，然后再将水平辅助线向上向下分别进行同距离偏移，偏移距离为 15，如图 11.6.3 所示。

（4）单击“修剪”按钮或者在命令行输入 trim，修剪偏移后的直线，然后再将辅助线转换为实体，如图 11.6.4 所示。

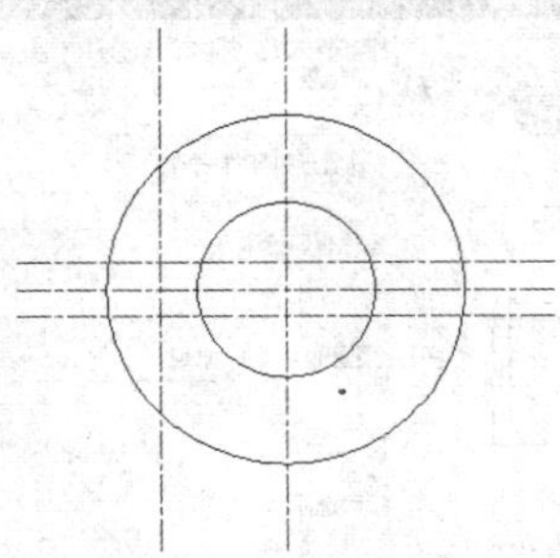
图 11.6.3

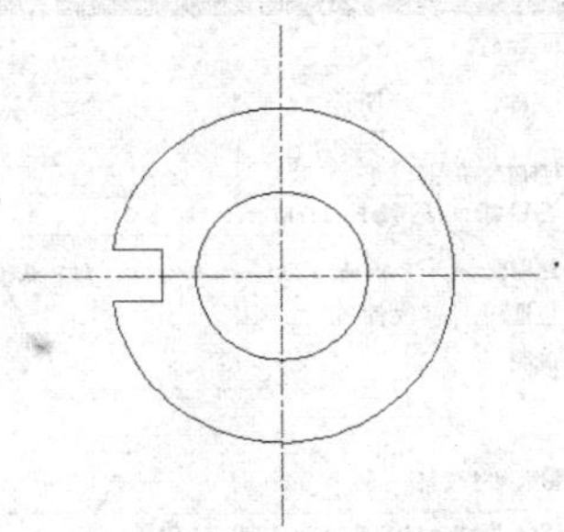
图 11.6.4

（5）重复利用偏移和修剪命令绘制其他的图形，如图 11.6.5 所示。

（6）利用尺寸标注命令对图形进行标注，如图 11.6.6 所示。

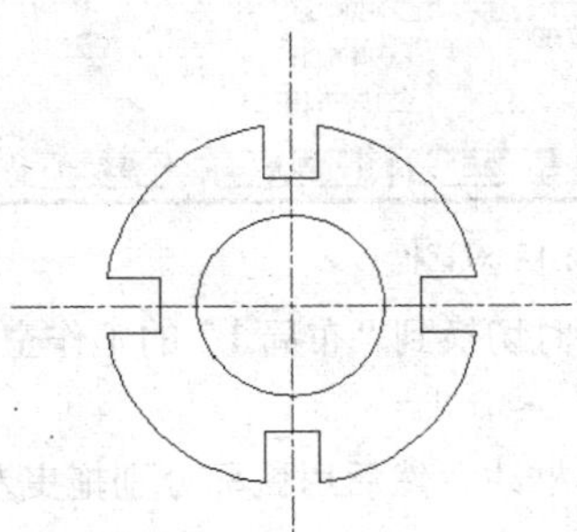
图 11.6.5

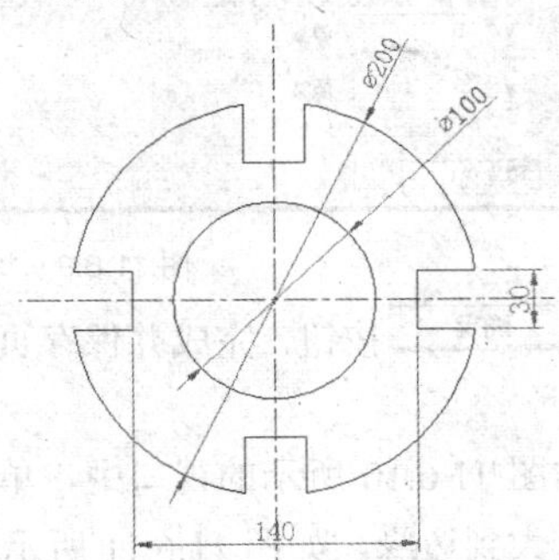

图 11.6.6

（7）单击绘图窗口下方的“布局 1”标签，将工作空间切换到图纸空间，再单击鼠标右键在弹出的快捷菜单中选择 页面设置管理器(G)... 命令，系统弹出 页面设置管理器 对话框，如图 11.6.7 所示，单击该对话框中的 新建(N)... 按钮，在弹出的 新建页面设置 对话框中的 新页面设置名(N): 文本框中输入新页面名称“卡圈”，如图 11.6.8 所示。

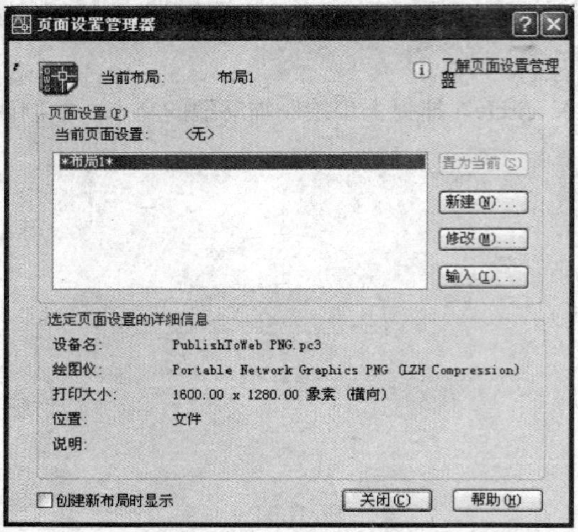

图 11.6.7 “页面设置管理器”对话框

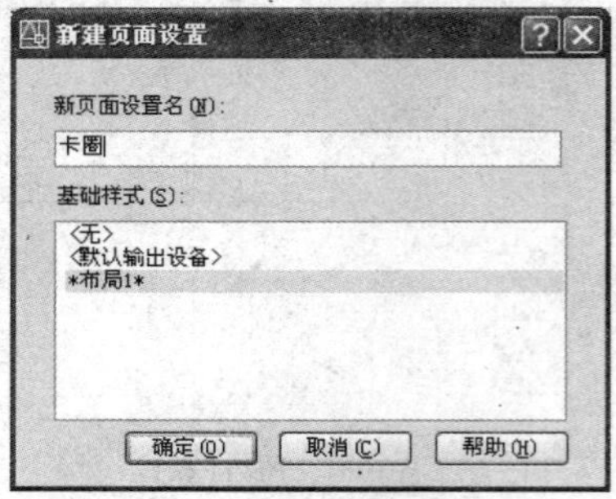

图 11.6.8 “新建页面设置”对话框

（8）单击 确定(O) 按钮，系统弹出 页面设置 - 布局1 对话框，在该对话框中，设置打印机和图纸大小的各类参数，如图 11.6.9 所示。

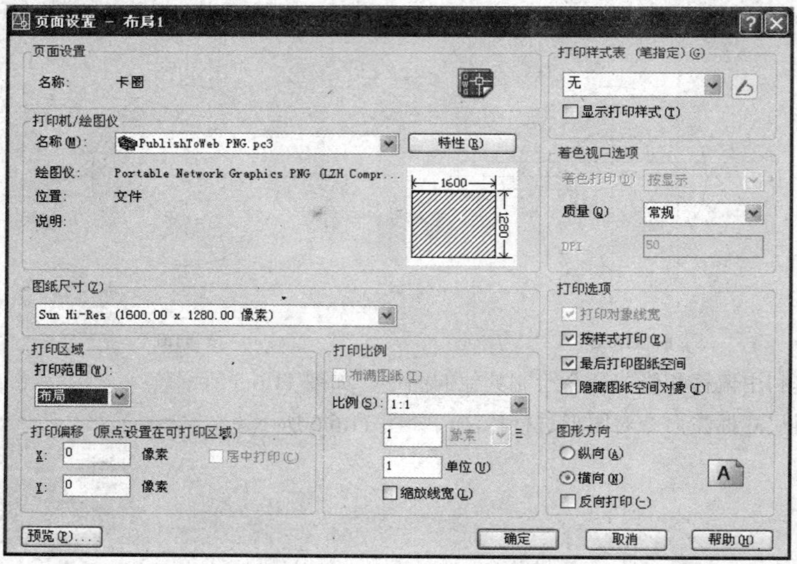

图 11.6.9 “页面设置-布局 1”对话框

（9）单击 确定 按钮，完成并保存页面设置，同时切换到“布局 1”的工作空间，如图 11.6.9 所示。

（10）在如图 11.6.10 所示的视口中，单击视口的边框线，然后用鼠标分别拖曳左下角和右上角夹点，将视口扩大到边缘，如图 11.6.11 所示。

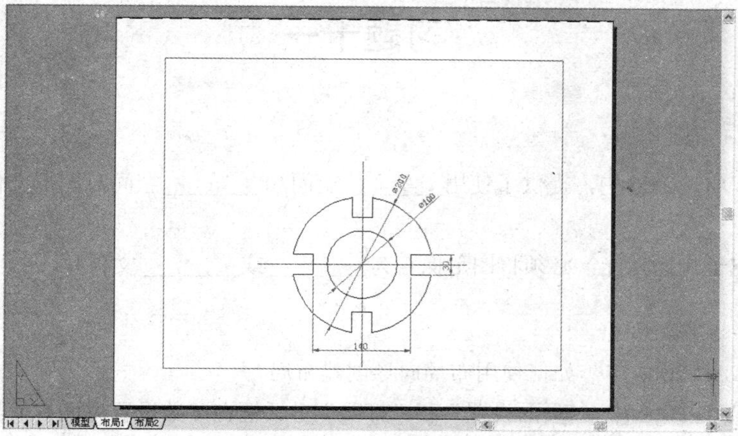

图 11.6.10 “布局 1”的工作空间

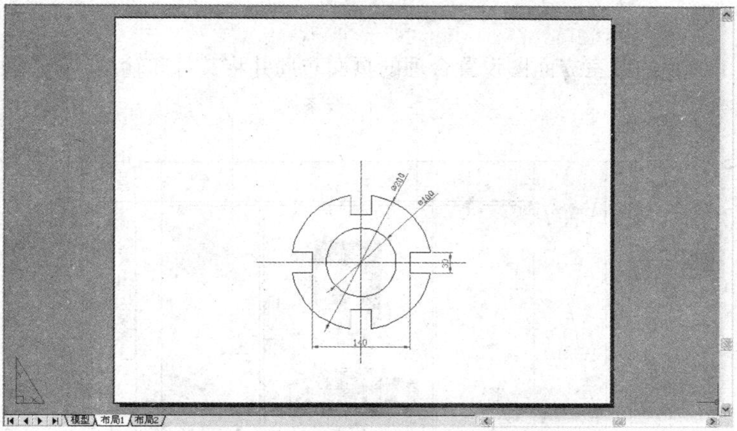

图 11.6.11 调整视口尺寸

（11）选择 文件(F) → 打印预览(V) 命令，系统弹出预览窗口，如图 11.6.12 所示。观察卡圈零件图的整体效果。

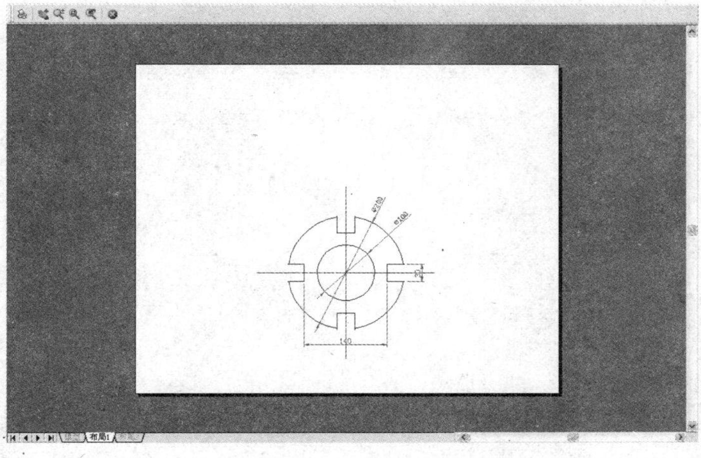

图 11.6.12 预览窗口

（12）最后，在命令行输入 plot 命令，即可将卡圈零件图打印输出。

习题十一

一、填空题

1．在 AutoCAD 2006 中，提供了使用________空间和________空间对图形文件进行输出设置与打印的功能。

2．要使用电子传递功能，必须将图形保存为________或________文件。

二、简答题

1．在 AutoCAD 2006 中，如何使用布局向导创建布局？

2．在 AutoCAD 2006 中，“页面设置”和“打印”对话框在参数设置方面有何异同？两个对话框的主要作用分别是什么？

三、上机操作题

为如题图 11.1 所示的卧室立面图设置合理的页面布局并将其打印输出。

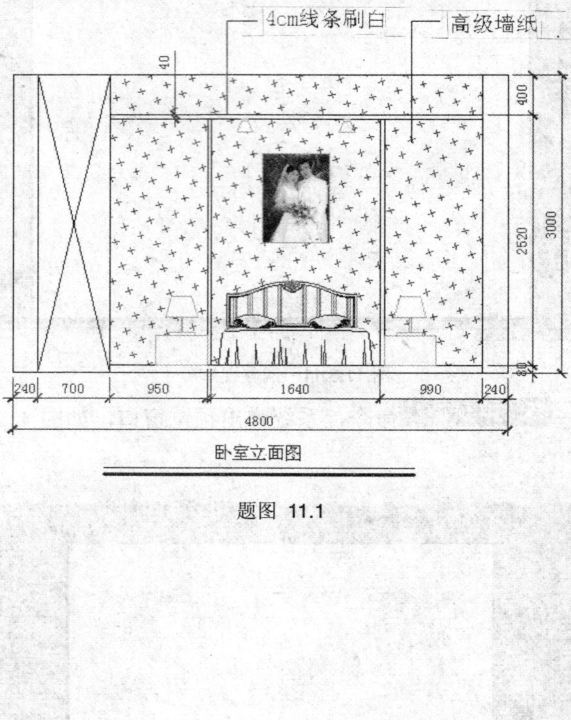

题图 11.1

第十二章
绘制机械图形

- ☑ 扳手
- ☑ 填料压盖
- ☑ 法兰盘
- ☑ 平键和齿轮的安装图

学习完 AutoCAD 2006 的绘图命令后，本章将利用前面所学过的知识来绘制一些机械实例图。

实例 1　扳　手

实现目标

练习绘制扳手，效果如图 12.1.1 所示。

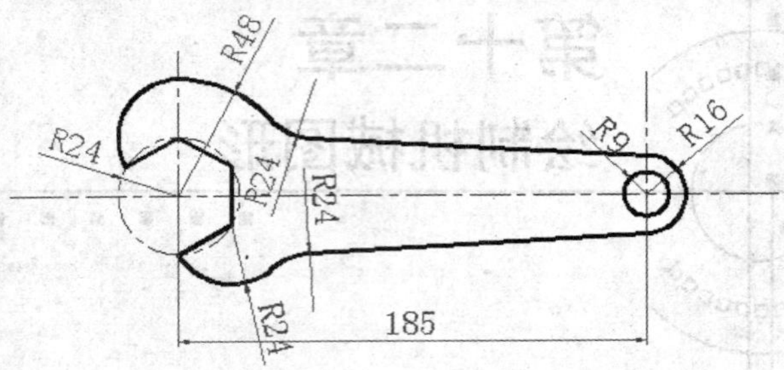

图 12.1.1　效果图

设计思路

在制作过程中，将用到直线、正多边形、圆、修剪、偏移和半径标注等命令。

操作步骤

（1）选择文件(F)→新建(N)...命令，系统弹出创建新图形对话框，如图 12.1.2 所示，选中⊙公制(M)单选按钮，然后单击确定按钮创建绘图窗口。

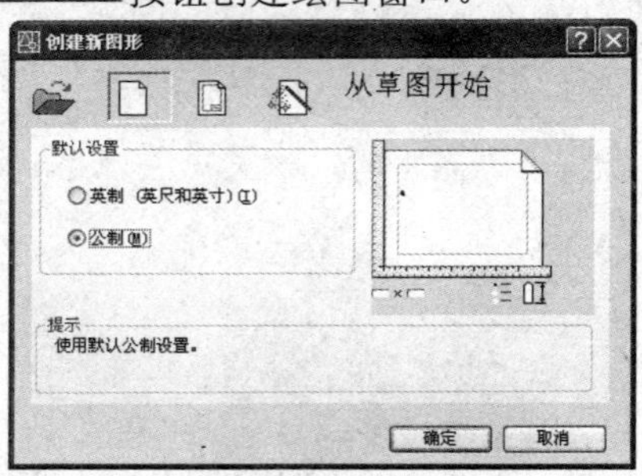

图 12.1.2　“创建新图形”对话框

（2）选择格式(O)→图形界限(A)命令或者在命令行输入 limits，设置图形界限，命令行提示如下：

1）命令：limits↙。

2）重新设置模型空间界限：

3）指定左下角点或 [开(ON)/关(OFF)] <0.0000,0.0000>：↙。

4）指定右上角点 <420.0000,297.0000>：297,210↙。

（3）在命令行输入 zoom，命令行提示如下：

1）命令：zoom↙。

2）指定窗口的角点，输入比例因子 (nX 或 nXP)，或者[全部(A)/中心(C)/动态(D)/范围(E)/上一个(P)/比例(S)/窗口(W)/对象(O)] <实时>：a↙。

3）正在重生成模型。

（4）选择格式(O)→图层(L)...命令，弹出图层特性管理器对话框，在该对话框中单击“新建图层”

按钮，创建 3 个图层，名称分别为“辅助”、“实体”和“尺寸标注”层，颜色分别为“红色”、“蓝色”和“品红”，设置“辅助”层的线型为“CENTER”，其余的为默认设置，将“辅助”层设置为当前图层，如图 12.1.3 所示。

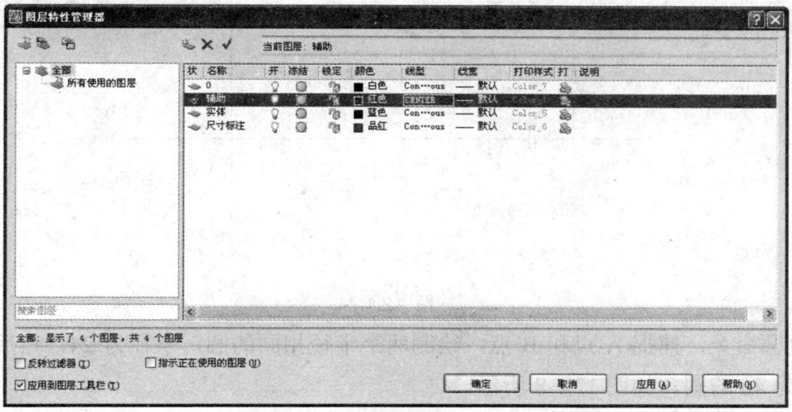

图 12.1.3 “图层特性管理器”对话框

（5）单击“直线”按钮或者在命令行输入 line，在屏幕上绘制两条互相垂直的辅助线，长度约为 300，宽度约为 150，如图 12.1.4 所示。

（6）单击“偏移”按钮或者在命令行输入 offset，将上步绘制的垂直辅助线向右偏移 185 个单位，如图 12.1.5 所示。

图 12.1.4

图 12.1.5

（7）设置“实体”层为当前图层，捕捉步骤（5）绘制的辅助线的交点，然后单击“圆”按钮或者在命令行输入 circle，绘制一个半径为 24 的圆，如图 12.1.6 所示。

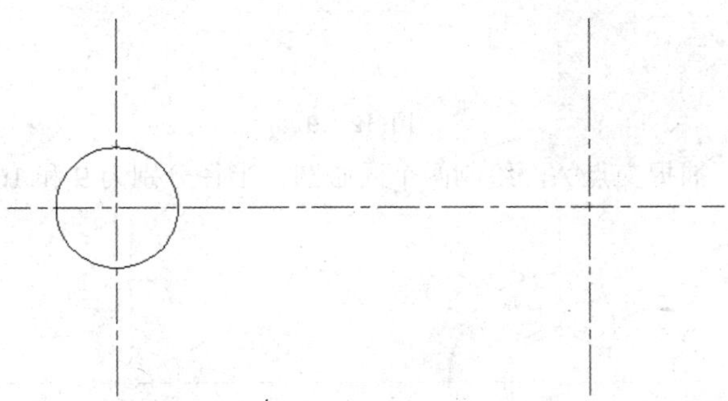
图 12.1.6

（8）单击“正多边形”按钮或者在命令行输入 polygon，命令行提示如下：

1）命令：polygon↙。

2）输入边的数目 <4>：6↙。

3）指定正多边形的中心点或 [边(E)]：捕捉上步绘制圆的圆心。

4）输入选项 [内接于圆(I)/外切于圆(C)] <I>：↙。

5）指定圆的半径：单击圆的上象限点，如图 12.1.7 所示。

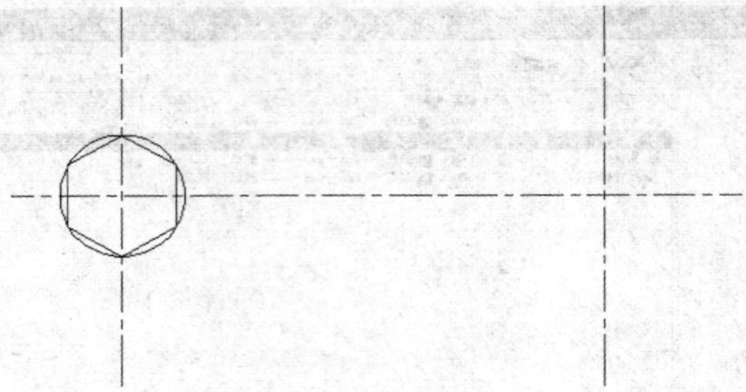

图 12.1.7

（9）重复圆命令，捕捉 A 点和 B 点，绘制两个半径相同的圆，半径为 24，然后再捕捉 C 点，绘制一个半径为 46 的圆，如图 12.1.8 所示。

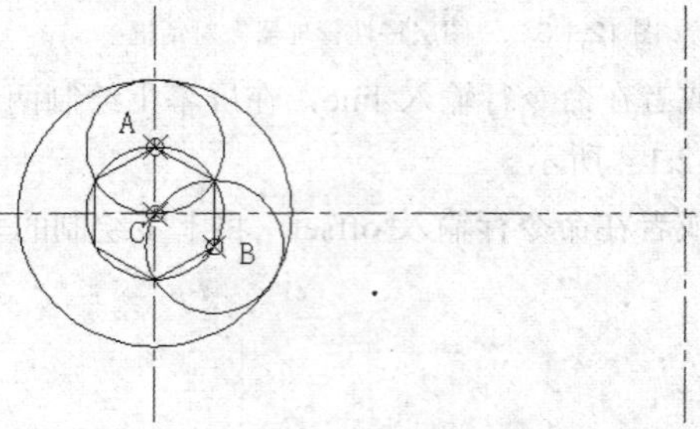

图 12.1.8

（10）单击“修剪”按钮或者在命令行输入 trim，修剪绘制的图形，结果如图 12.1.9 所示。

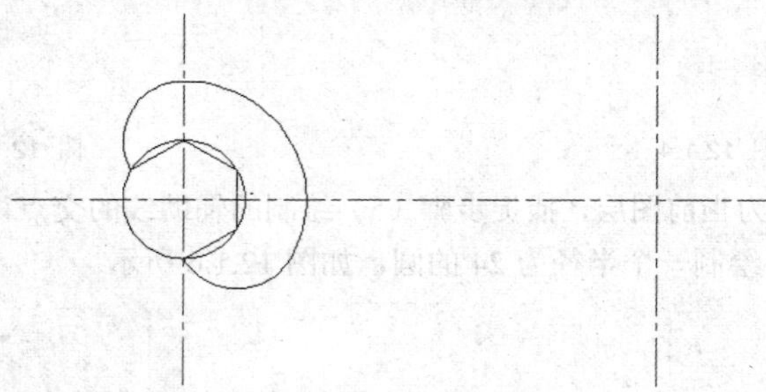

图 12.1.9

（11）利用圆命令，捕捉交点 A，绘制两个同心圆，半径分别为 9 和 16，如图 12.1.10 所示。

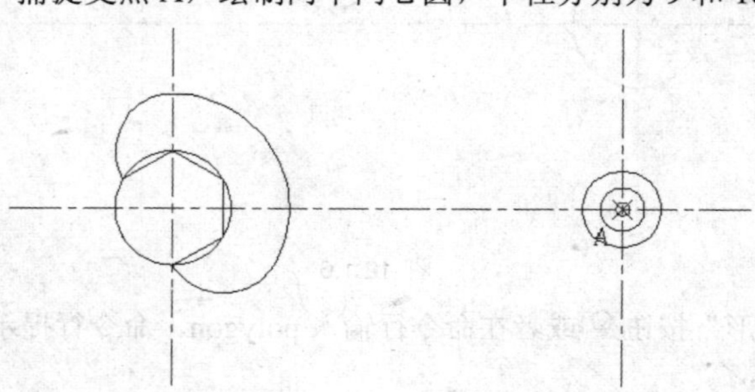

图 12.1.10

（12）利用偏移命令，将步骤（5）绘制的水平辅助线向上向下分别进行偏移，偏移距离为 24，如图 12.1.11 所示。

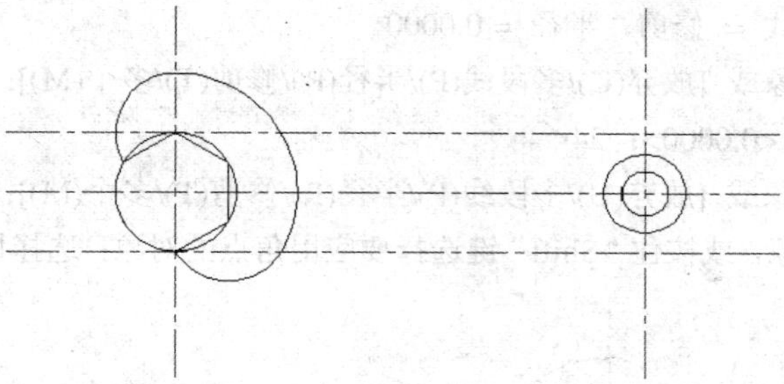

图 12.1.11

（13）利用直线命令，捕捉圆弧与辅助线的交点 A，绘制一条切线，如图 12.1.12 所示。

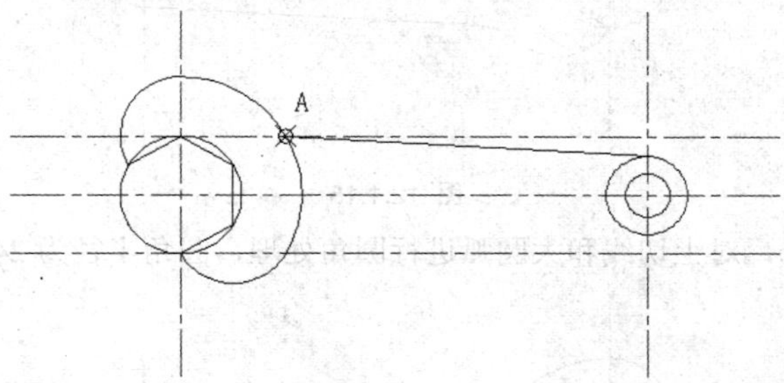

图 12.1.12

（14）重复直线命令，绘制另一条切线，如图 12.1.13 所示。

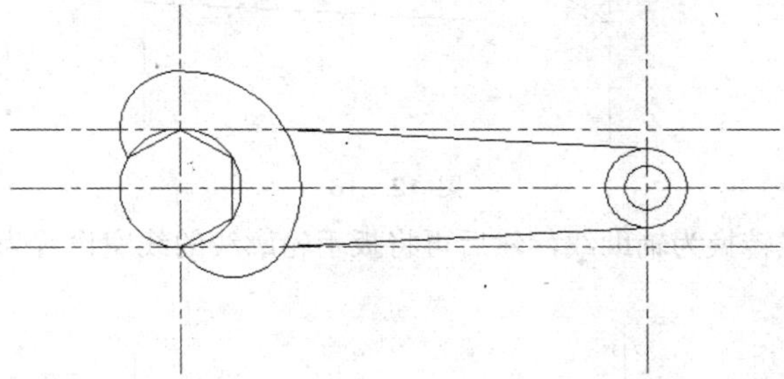

图 12.1.13

（15）利用修剪命令，修剪绘制的图形，然后再单击“删除”按钮，删除偏移的辅助线，如图 12.1.14 所示。

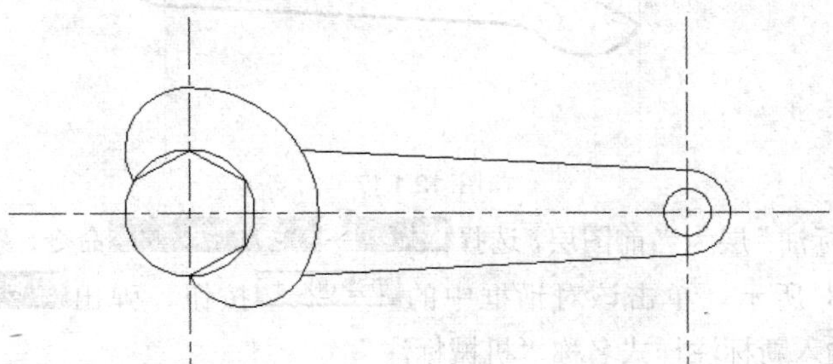

图 12.1.14

（16）单击“圆角”按钮或者在命令行输入 fillet，命令行提示如下：

1）命令：fillet↙。

2）当前设置：模式 = 修剪，半径 = 0.0000。

3）选择第一个对象或 [放弃(U)/多段线(P)/半径(R)/修剪(T)/多个(M)]：r↙。

4）指定圆角半径 <0.0000>：24↙。

5）选择第一个对象或 [放弃(U)/多段线(P)/半径(R)/修剪(T)/多个(M)]：选择小圆弧。

6）选择第二个对象，或按住“Shift”键选择要应用角点的对象：选择切线，如图 12.1.15 所示。

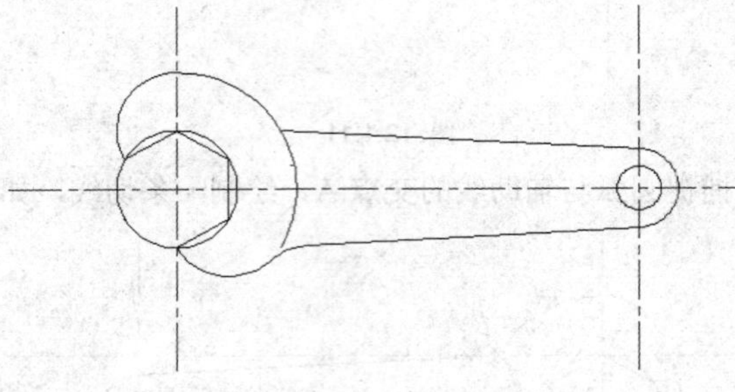

图 12.1.15

（17）重复圆角命令，对上切线和大圆弧进行圆角处理，圆角半径为 24，如图 12.1.16 所示。

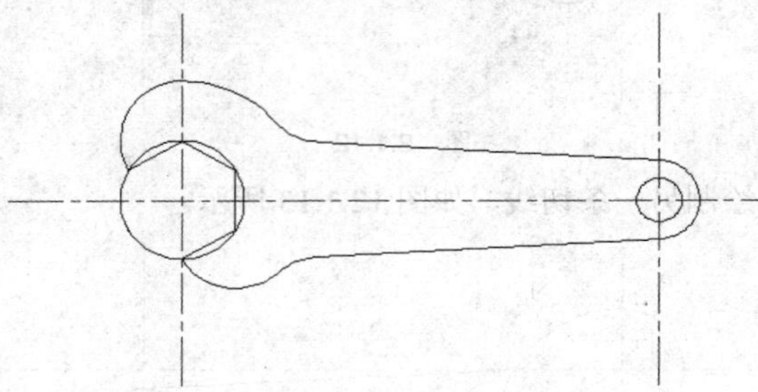

图 12.1.16

（18）将部分实体线转换为辅助线，然后再将扳手轮廓线的线宽设置为“0.30 mm”，结果如图 12.1.17 所示。

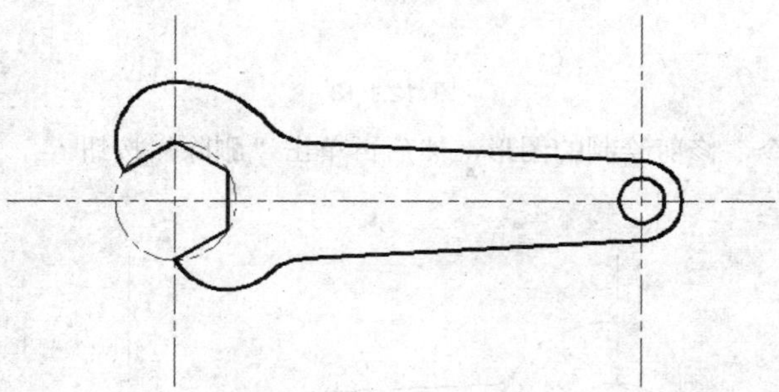

图 12.1.17

（19）设置“尺寸标注”层为当前图层，选择格式(O)→标注样式(D)...命令，系统弹出标注样式管理器对话框，如图 12.1.18 所示。单击该对话框中的新建(N)...按钮，弹出创建新标注样式对话框，在新样式名(N):文本框中输入新标注样式名称“机械标注”。

（20）单击继续按钮，系统弹出新建标注样式：机械标注对话框，如图 12.1.19 所示，利用该对话框设置标注样式参数。

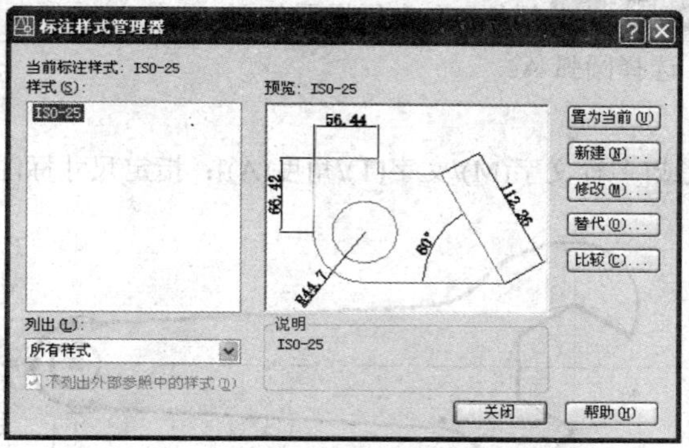

图 12.1.18 “标注样式管理器”对话框

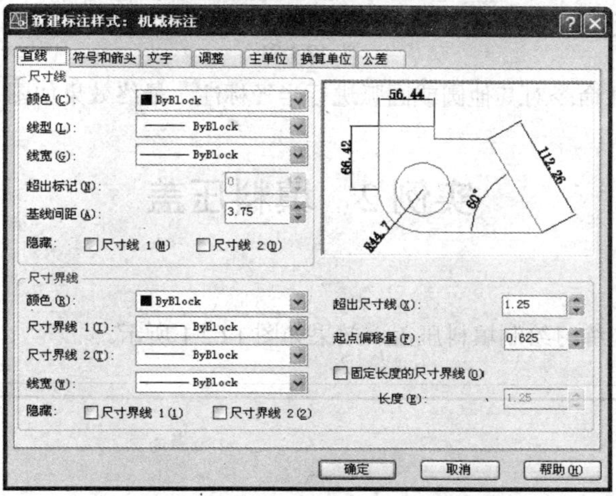

图 12.1.19 “新建标注样式：机械标注”对话框

（21）设置完标注样式，单击 确定 按钮，系统返回 标注样式管理器 对话框，单击该对话框中的 置为当前(U) 按钮，将新建的标注样式设置为当前标注样式。

（22）选择 标注(N) → 线性(L) 命令，命令行提示如下：

1）命令：_dimlinear↙。

2）指定第一条尺寸界线原点或 <选择对象>：捕捉 A 点。

3）指定第二条尺寸界线原点：捕捉 B 点。

4）指定尺寸线位置或[多行文字(M)/文字(T)/角度(A)/水平(H)/垂直(V)/旋转(R)]：↙。

5）标注文字 ＝185，如图 12.1.20 所示。

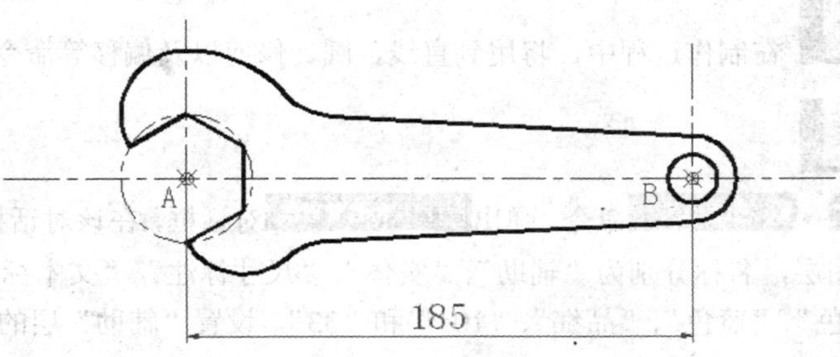

图 12.1.20

（23）选择 标注(N) → 半径(R) 命令，命令行提示如下：

1）选择圆弧或圆：选择圆弧 A。

2）标注文字 ＝16。

3）指定尺寸线位置或[多行文字(M)/文字(T)/角度(A)]：指定尺寸标注位置，如图 12.1.21 所示。

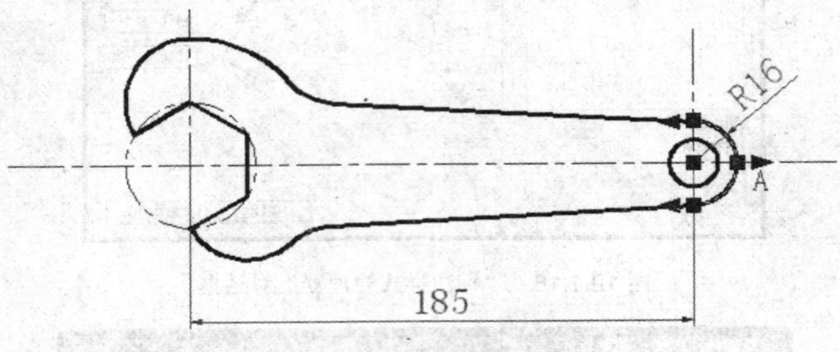

图 12.1.21

（24）重复半径标注命令对其他圆或圆弧进行半径标注，最终效果如图 12.1.1 所示。

实例 2　填料压盖

实现目标

练习绘制填料压盖，效果如图 12.2.1 所示。

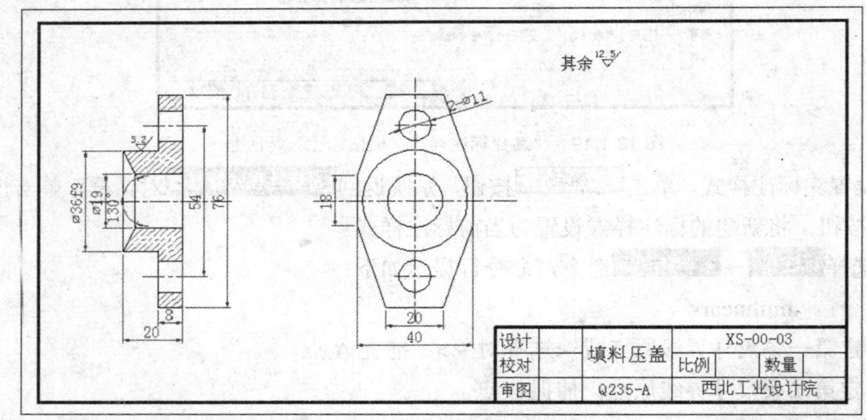

图 12.2.1　效果图

设计思路

在制作过程中，将用到直线、圆、修剪以及偏移等命令。

操作步骤

（1）选择 格式(O) → 图层(L)... 命令，弹出 图层特性管理器 对话框，在该对话框中单击“新建图层”按钮，创建 5 个图层，名称分别为“辅助”、“实体”、“尺寸标注”、“文本标注”和“图案填充”层，颜色分别为“红色”、“蓝色”、“品红”、“104”和“33”，设置“辅助”层的线型为“CENTER”，其余为默认设置，将“辅助”层设置为当前图层，如图 12.2.2 所示。

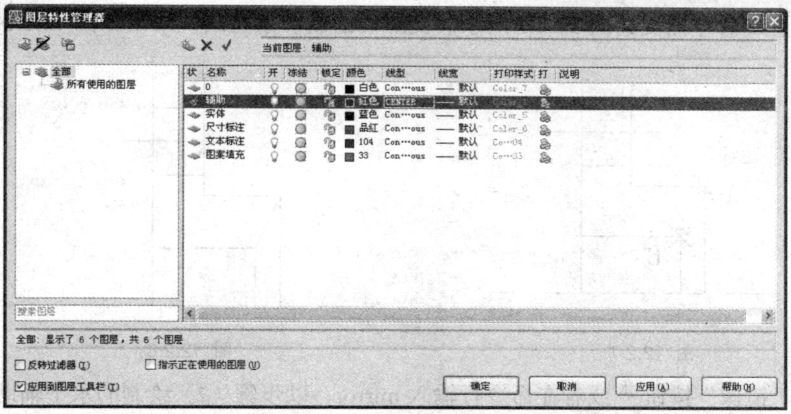

图 12.2.2 “图层特性管理器”对话框

（2）单击“直线”按钮或者在命令行输入 line，在屏幕上绘制两条互相垂直的辅助线，长度约为 200，宽度约为 150，如图 12.2.3 所示。

（3）单击“偏移”按钮或者在命令行输入 offset，将上步绘制的水平辅助线向上偏移，偏移距离分别为 9.5，18，21.5，27，32.5 和 38，如图 12.2.4 所示。

图 12.2.3

图 12.2.4

（4）重复偏移命令，将步骤（2）绘制的垂直辅助线向左偏移，偏移距离为 8，16 和 20，如图 12.2.5 所示。

（5）设置“实体”层为当前图层，然后单击“修剪”按钮或者在命令行输入 trim，修剪绘制的偏移的辅助线，然后再将部分辅助线转换为实体线，如图 12.2.6 所示。

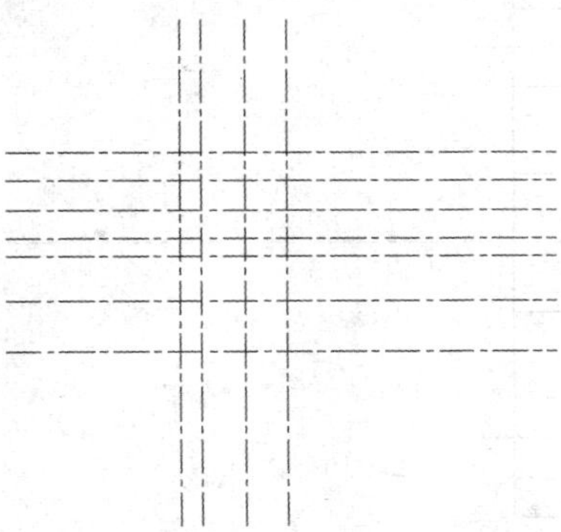

图 12.2.5

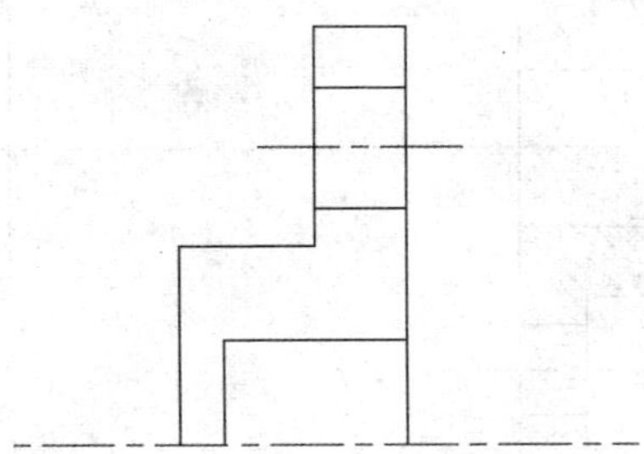

图 12.2.6

（6）利用直线命令捕捉如图 12.2.7 所示的交点，绘制一条直线，效果如图 12.2.8 所示。

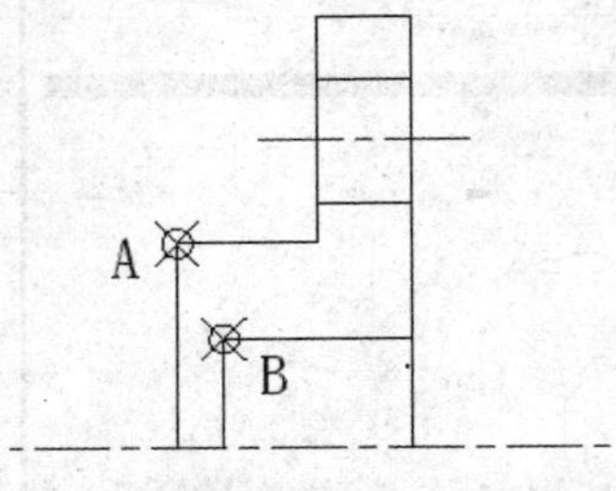

图 12.2.7

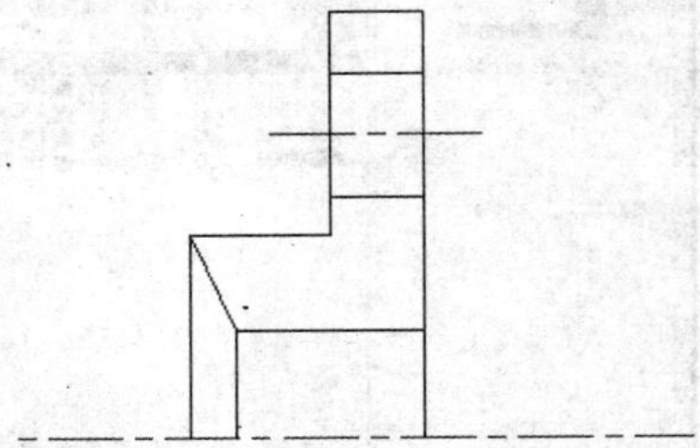

图 12.2.8

（7）单击“镜像”按钮或者在命令行输入 mirror，以步骤（2）绘制的水平辅助线的两个端点为镜像点，将水平辅助线以上的图形进行镜像复制，如图 12.2.9 所示。

（8）设置“图案填充”层为当前图层，选择 绘图(D) → 图案填充(H)... 命令，系统弹出 图案填充和渐变色 对话框，选择 ANSI31 图案，设置比例为 0.25，角度为 0，如图 12.2.10 所示，对填料压盖进行填充，效果如图 12.2.11 所示。

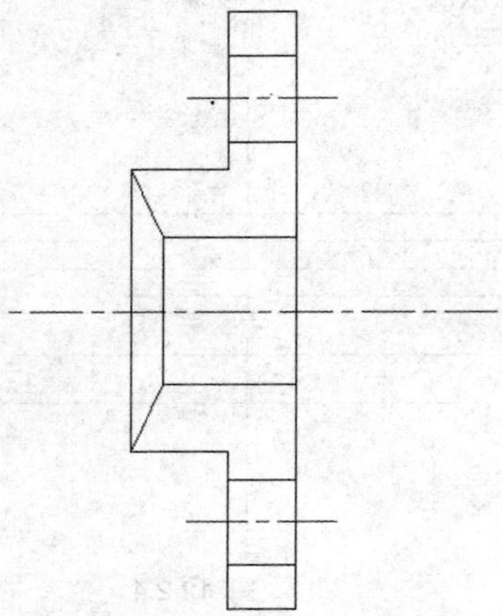

图 12.2.9

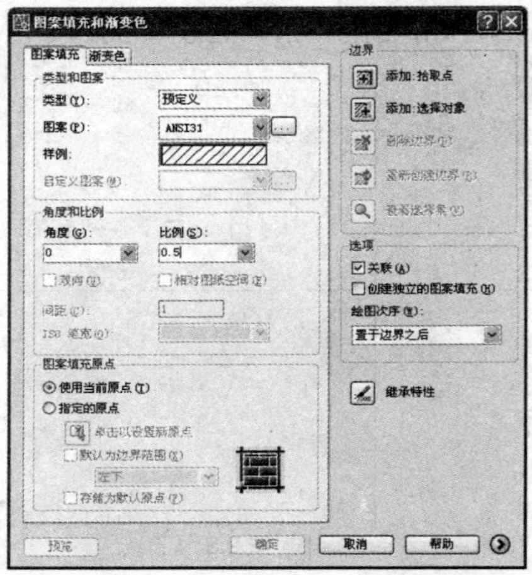

图 12.2.10 “图案填充和渐变色”对话框

（9）设置“实体”层为当前图层，然后单击“构造线”按钮或者在命令行输入 xline，捕捉如图 12.2.11 所示图形的最上边的直线的两个端点，绘制一条构造线，如图 12.2.12 所示。

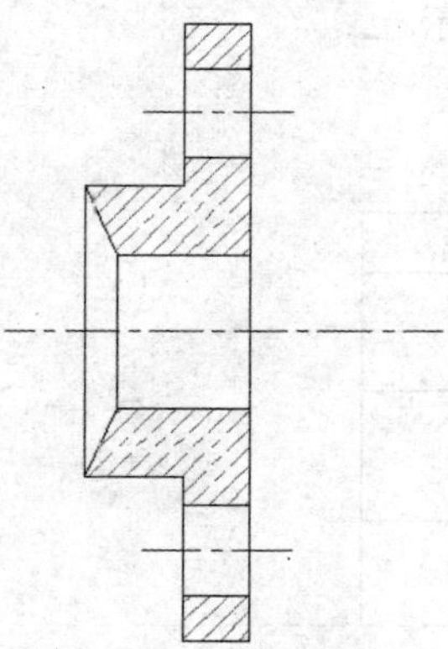

图 12.2.11

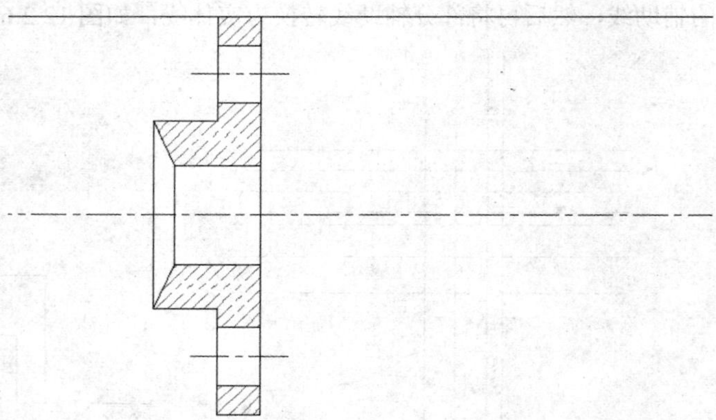

图 12.2.12

（10）重复构造线命令绘制其他的构造线如图 12.2.13 所示。

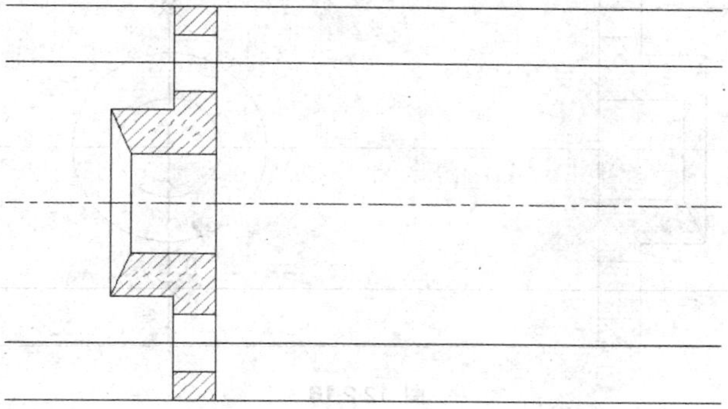

图 12.2.13

（11）重复偏移命令，将如图 12.2.11 中最右边的直线向右偏移 80，然后再将其转换为辅助线，如图 12.2.14 所示。

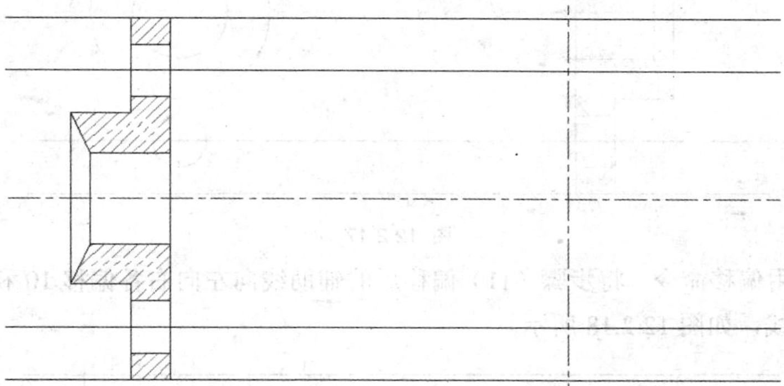

图 12.2.14

（12）单击“圆”按钮或者在命令行输入 circle，以偏移后的辅助线的交点为圆心，绘制两个半径分别为 9.5 和 18 的同心圆，如图 12.2.15 所示。

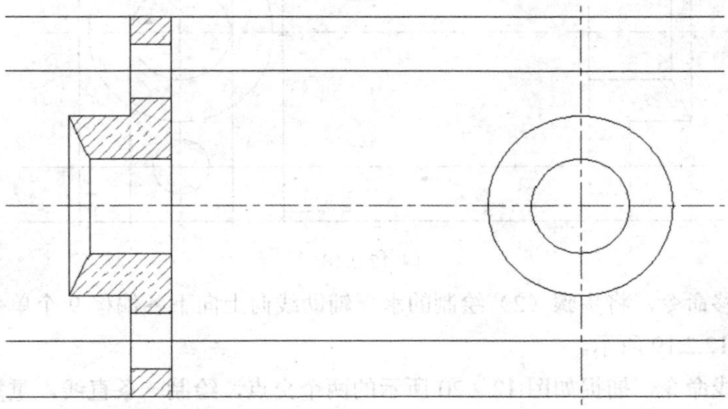

图 12.2.15

（13）重复圆命令，以如图 12.2.16 所示的两个交点为圆心，绘制相同大小的圆，圆的半径为 5.5，如图 12.2.17 所示。

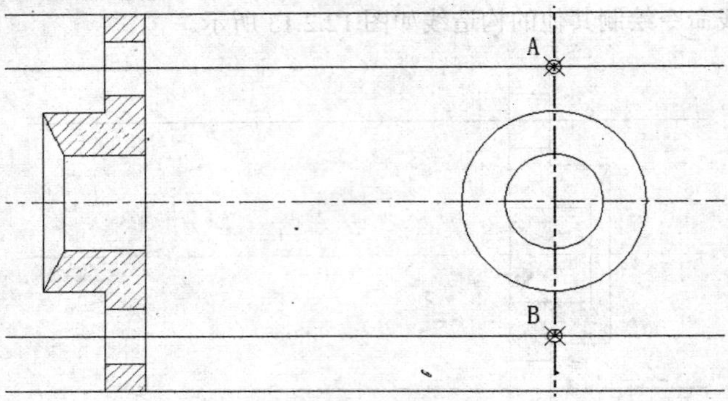

图 12.2.16

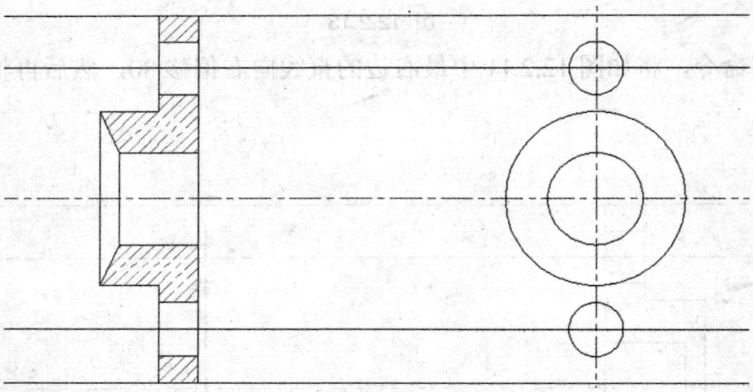

图 12.2.17

（14）再次利用偏移命令，将步骤（11）偏移后的辅助线向左向右各偏移 10 和 20 个单位，然后再将其转换为实体线，如图 12.2.18 所示。

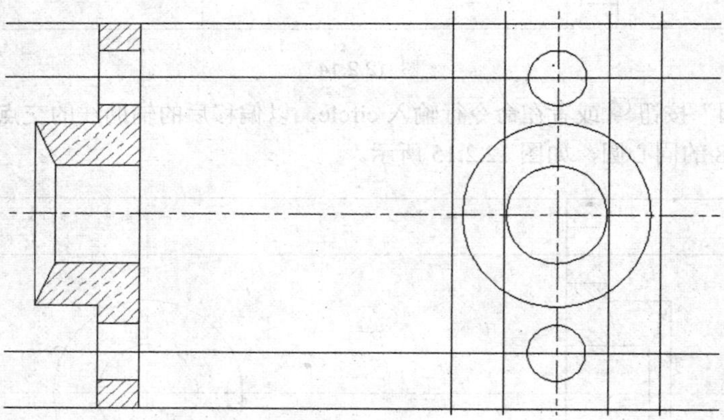

图 12.2.18

（15）重复偏移命令，将步骤（2）绘制的水平辅助线向上向下各偏移 9 个单位，然后再将其转换为实体线，如图 12.2.19 所示。

（16）利用直线命令，捕捉如图 12.2.20 所示的两个交点，绘制一条直线，重复这样的操作，绘制其他直线，如图 12.2.21 所示。

（17）利用修剪命令将绘制的图形进行修剪处理，然后再将部分实体线转换为辅助线，如图 12.2.22 所示。

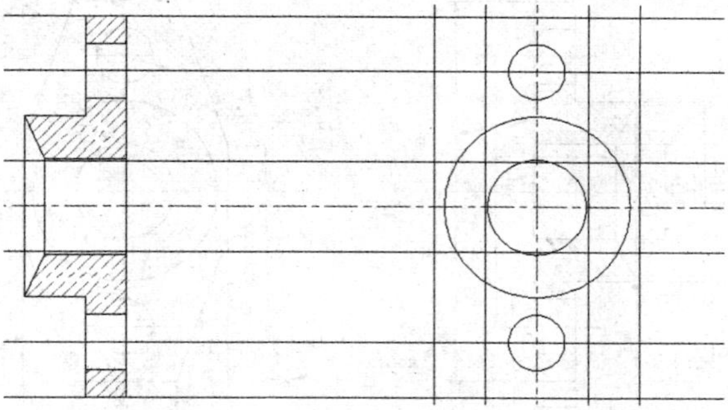

图 12.2.19

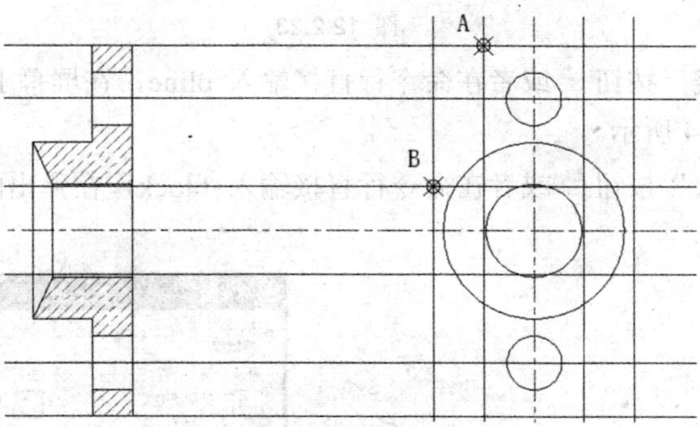

图 12.2.20

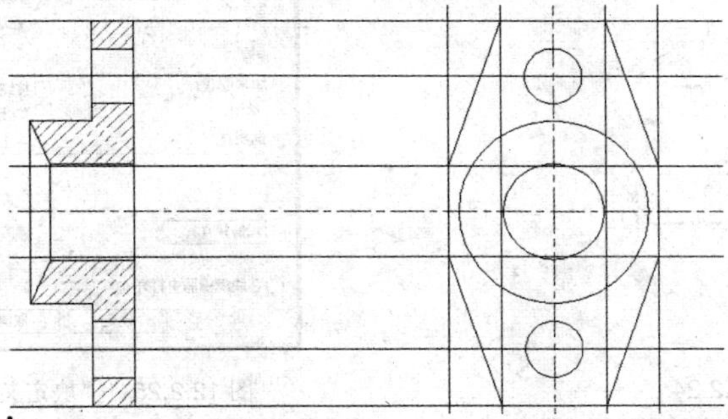

图 12.2.21

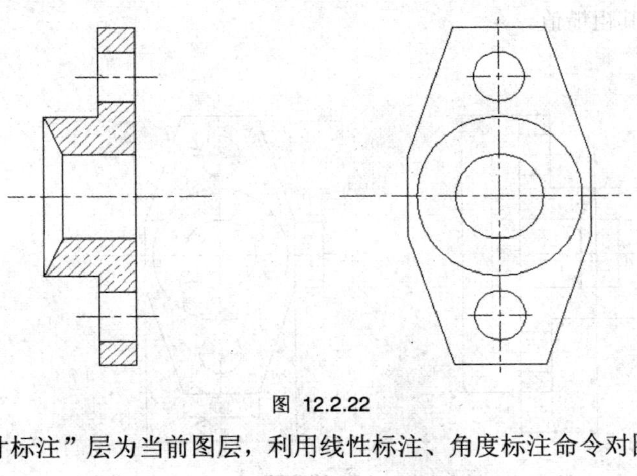

图 12.2.22

（18）设置“尺寸标注”层为当前图层，利用线性标注、角度标注命令对图形进行尺寸标注，如图 12.2.23 所示。

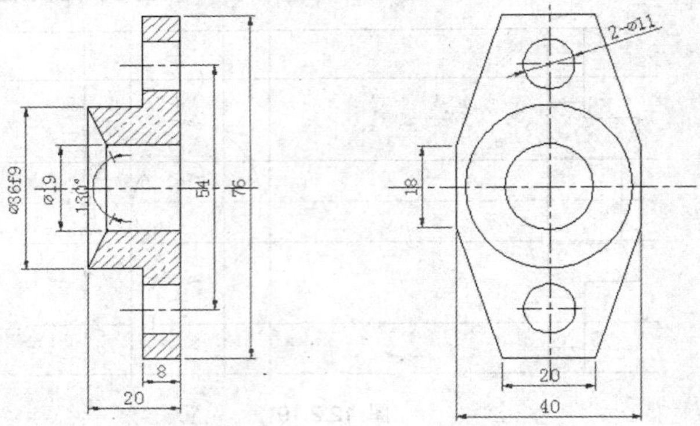

图 12.2.23

（19）单击“多段线”按钮或者在命令行直接输入 pline，在屏幕上任意捕捉一点，绘制一个粗糙度符号，如图 12.2.24 所示。

（20）单击“创建块”按钮或者在命令行直接输入 block，在弹出的块定义对话框中定义图块，如图 12.2.25 所示。

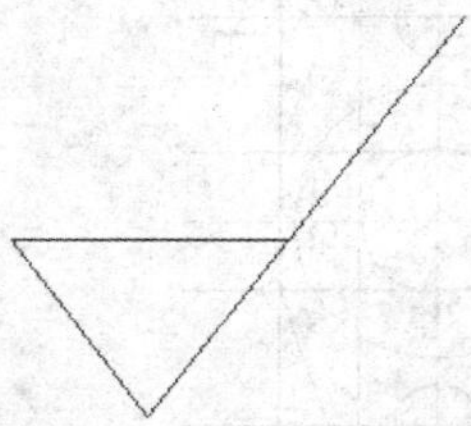

图 12.2.24

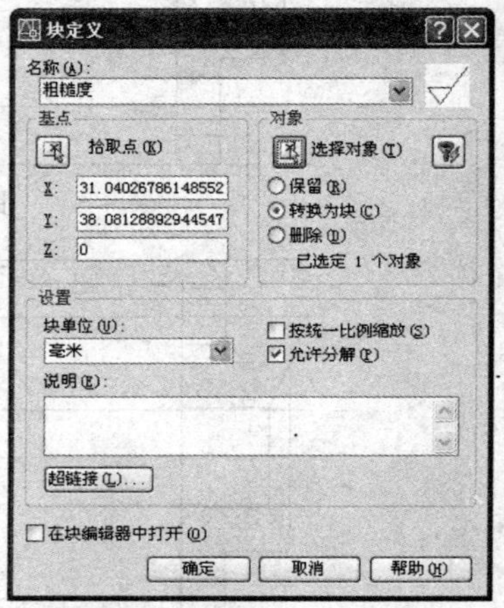

图 12.2.25 “块定义”对话框

（21）单击“插入块”按钮或者在命令行直接输入 insert，将上步创建的图块插入到如图 12.2.26 所示的位置，并添加其粗糙值。

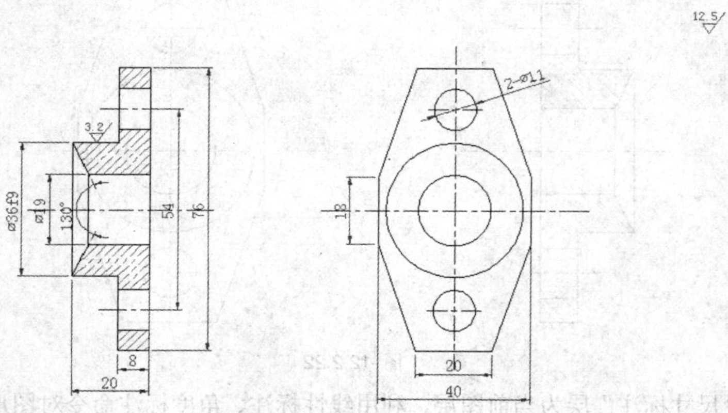

图 12.2.26

（22）设置“实体”层为当前图层，单击“矩形”按钮▭或者在命令行直接输入 rectang。在屏幕上绘制图形的图框线和标题栏的外框线，设置线宽为“0.30 mm”，如图 12.2.27 所示。

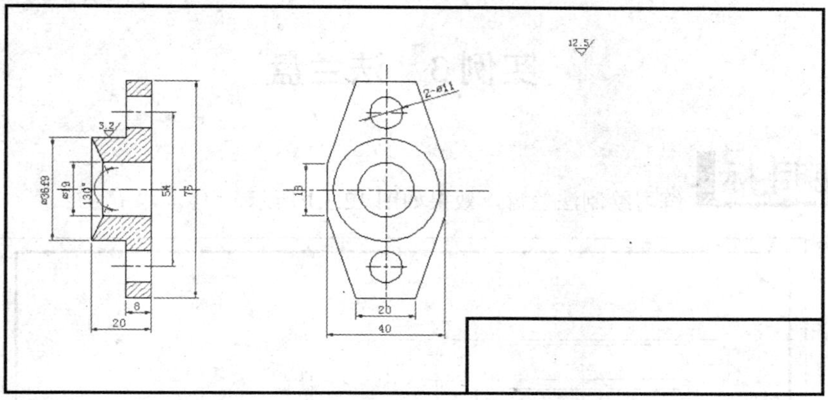

图 12.2.27

（23）重复执行直线命令和修剪命令绘制标题栏，如图 12.2.28 所示。

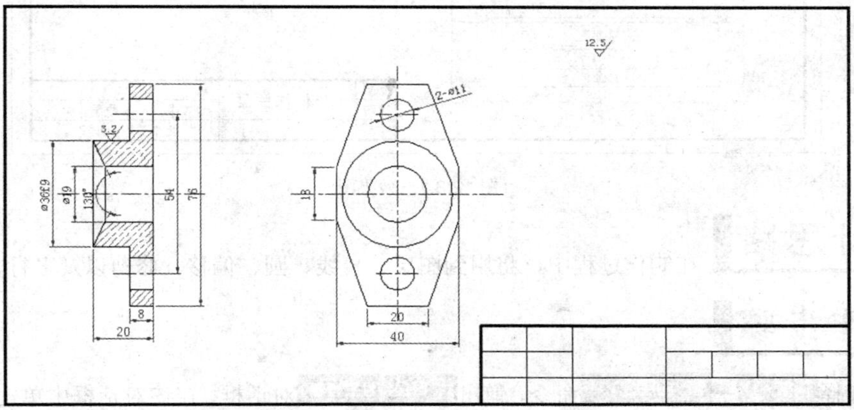

图 12.2.28

（24）设置“文本标注”层为当前图层，利用单行文本对标题栏进行文本说明，如图 12.2.29 所示。

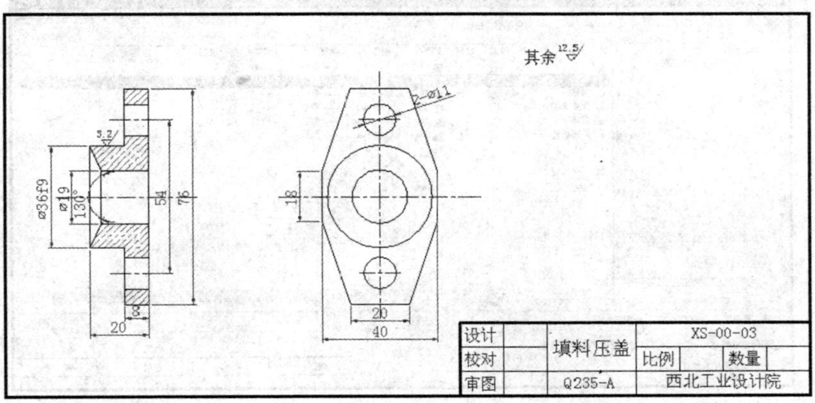

图 12.2.29

（25）设置“实体”层为当前图层，重复执行矩形命令，确定图形的边缘周边区，如图 12.2.1 所示。

实例 3　法兰盘

实现目标

练习绘制法兰盘，效果如图 12.3.1 所示。

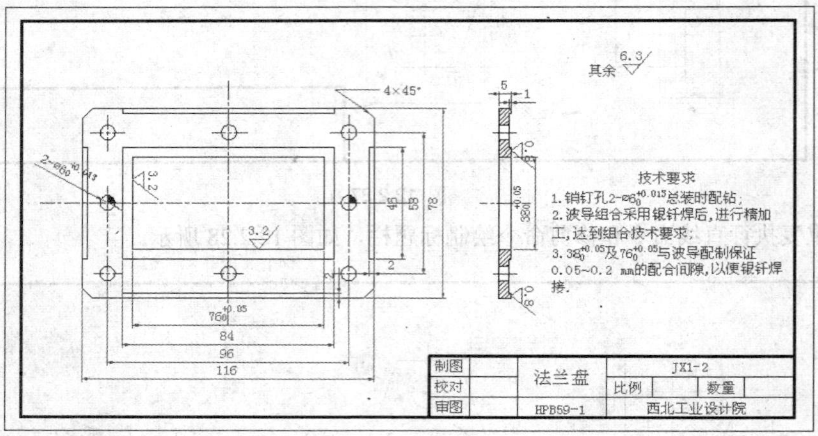

图 12.3.1　效果图

设计思路

在制作过程中，将用到图层、直线、圆、偏移、修剪以及多行文字等命令。

操作步骤

（1）选择 格式(O) → 图层(L)... 命令，弹出 图层特性管理器 对话框，在该对话框中单击“新建图层”按钮，创建 5 个图层，名称分别为“辅助”、“实体”、“尺寸标注”、“文本标注”和“图案填充”层，颜色分别为“红色”、“蓝色”、“品红”、“74”和“251”，设置“辅助”层的线型为“CENTER”，其余的为默认设置，将“辅助”层设置为当前图层，如图 12.3.2 所示。

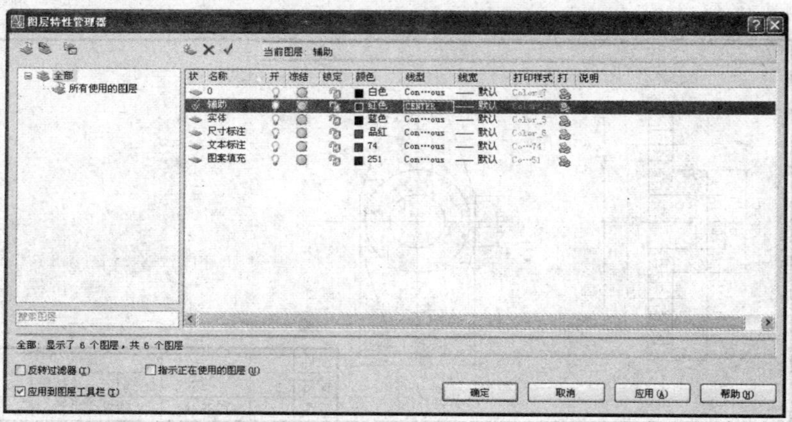

图 12.3.2　“图层特性管理器”对话框

（2）单击“直线”按钮或者在命令行输入 line，在屏幕上绘制两条互相垂直的辅助线，长度约为 150，宽度约为 100，如图 12.3.3 所示。

（3）单击“偏移”按钮或者在命令行输入 offset，将上步绘制的水平辅助线向上进行偏移，偏移距离分别为 19，23，29，37 和 39，如图 12.3.4 所示。

图 12.3.3

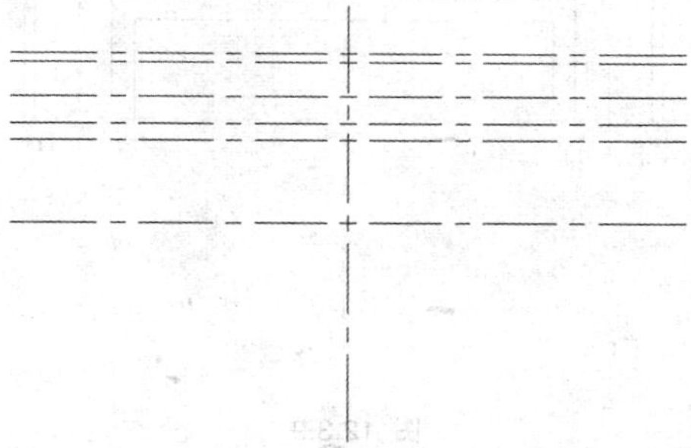

图 12.3.4

（4）重复偏移命令，将步骤（2）绘制的垂直辅助线向左向右进行偏移，偏移距离分别为 38，42，48，56 和 58，如图 12.3.5 所示。

（5）单击“修剪”按钮或者在命令行输入 trim，修剪偏移后的辅助线，如图 12.3.6 所示。

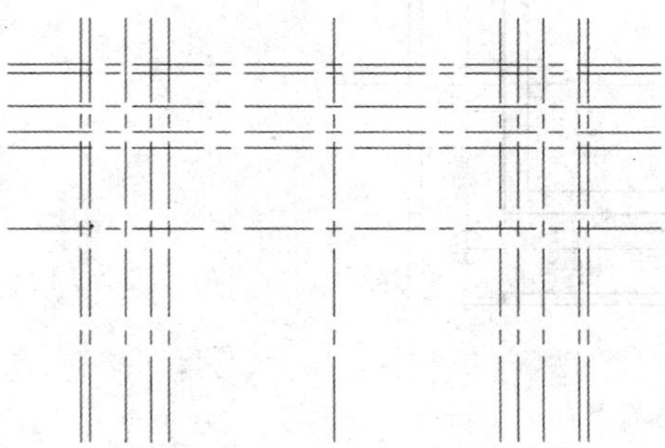

图 12.3.5

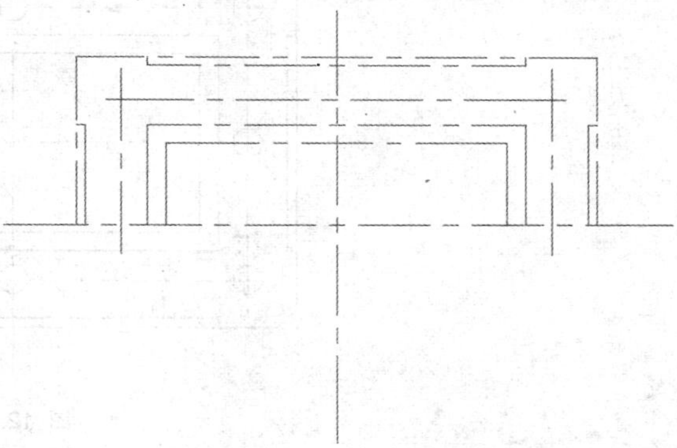

图 12.3.6

（6）设置“实体”层为当前图层，将部分辅助线转换为实体线，然后单击“倒角”按钮或者在命令行输入 chamfer，将如图 12.3.7 所示的交点 A 和交点 B 进行倒角处理，倒角距离为 4，如图 12.3.8 所示。

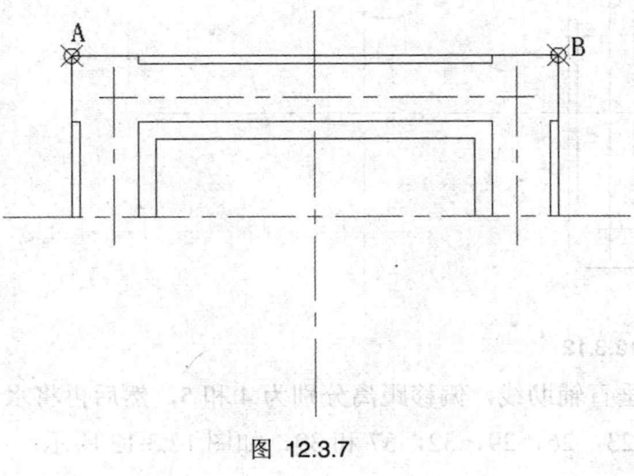

图 12.3.7

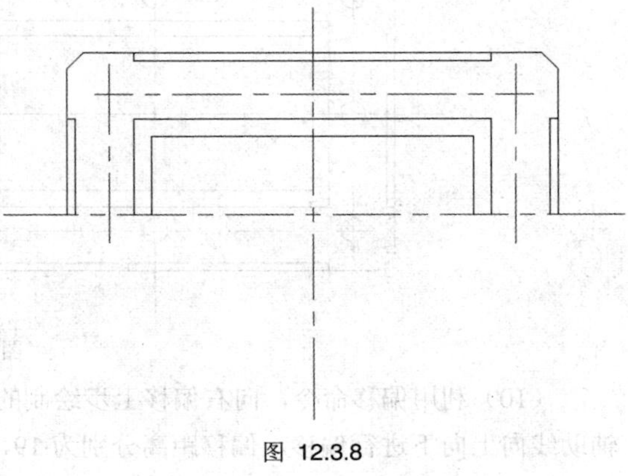

图 12.3.8

（7）单击“圆”按钮或者在命令行输入 circle，捕捉如图 12.3.9 所示的交点 A、交点 B、交点 C、交点 D 和交点 E，绘制 5 个半径为 3 的圆，如图 12.3.10 所示。

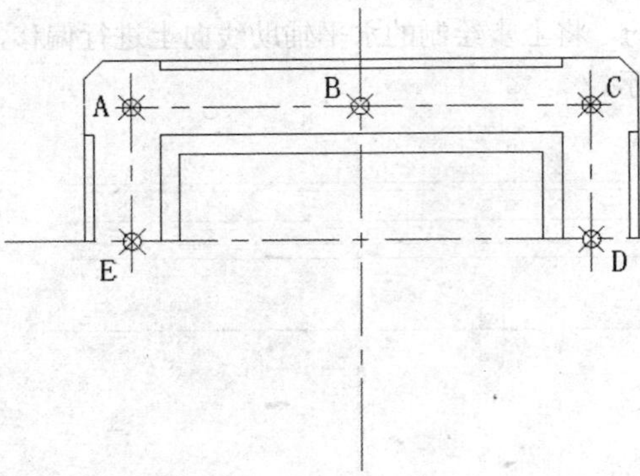

图 12.3.9

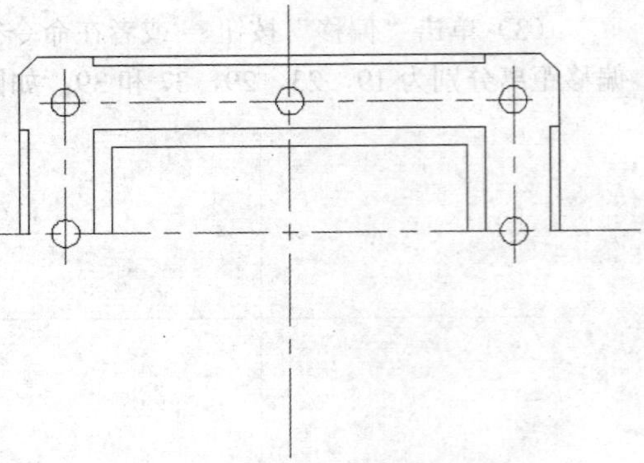

图 12.3.10

（8）单击“镜像”按钮或者在命令行输入 mirror，将水平辅助线以上的图形进行镜像复制，镜像点分别为水平辅助线的两个端点，如图 12.3.11 所示。

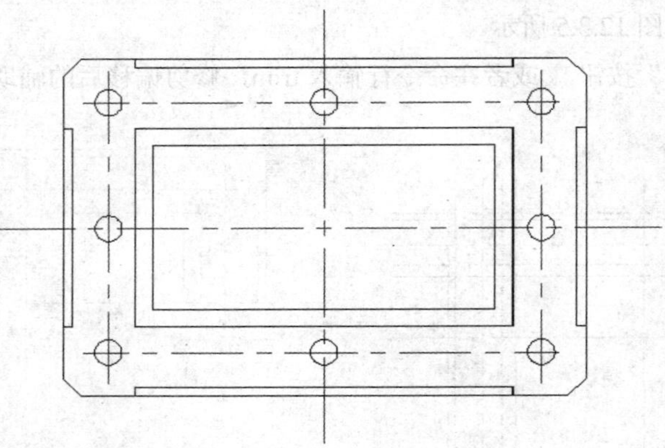

图 12.3.11

（9）设置“辅助”层为当前图层，捕捉水平辅助线的右端点，延长水平辅助线，然后再利用直线命令绘制一条长度约为 100 的垂直辅助线，如图 12.3.12 所示。

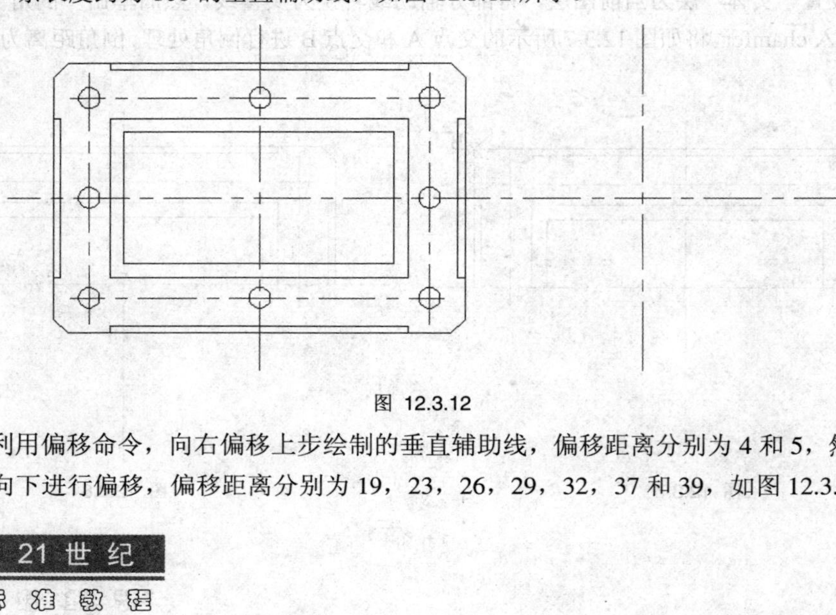

图 12.3.12

（10）利用偏移命令，向右偏移上步绘制的垂直辅助线，偏移距离分别为 4 和 5，然后再将水平辅助线向上向下进行偏移，偏移距离分别为 19，23，26，29，32，37 和 39，如图 12.3.13 所示。

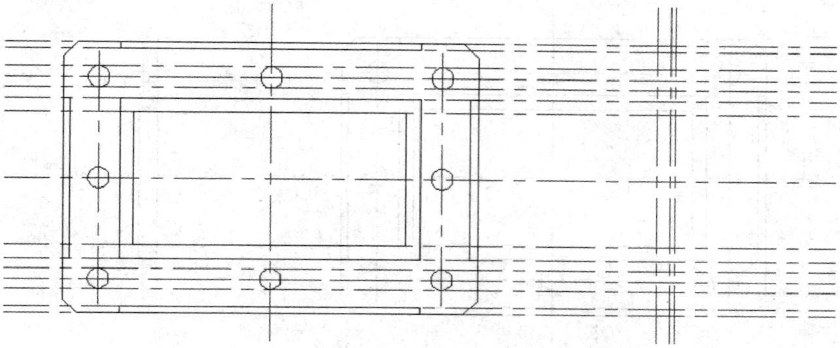

图 12.3.13

（11）设置“实体”层为当前图层，然后利用修剪命令修剪偏移后的辅助线，将部分辅助线转换为实体线，如图 12.3.14 所示。

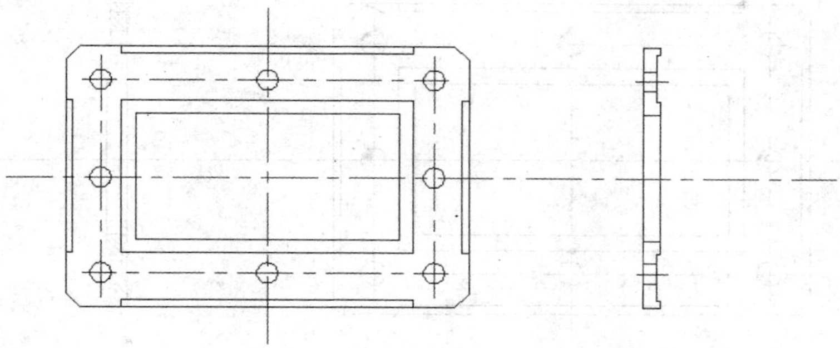

图 12.3.14

（12）设置“图案填充”层为当前图层，选择 绘图(D) → 图案填充(H) 命令，系统弹出 图案填充和渐变色 对话框，在该对话框中设置图案类型为 ANSI31，比例为 0.4，如图 12.3.15 所示。然后单击该对话框中的“拾取点”按钮，系统返回到绘图窗口，选择要填充的区域，填充效果如图 12.3.16 所示。

图 12.3.15 “图案填充和渐变色”对话框

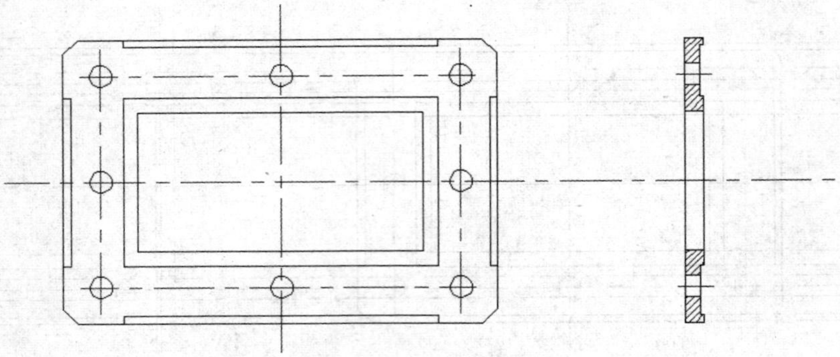

图 12.3.16

（13）重复图案填充命令，选择合适的图案填充其他区域，如图 12.3.17 所示。

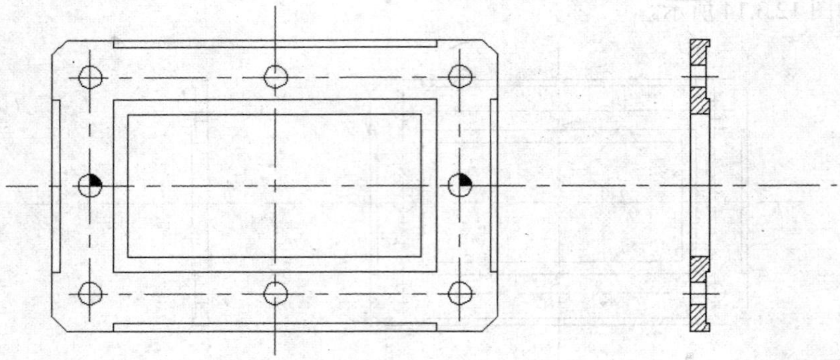

图 12.3.17

（14）设置“尺寸标注”层为当前图层，修剪水平辅助线，选择 标注(N) → 线性(L) 命令，对图形进行线性标注，如图 12.3.18 所示。

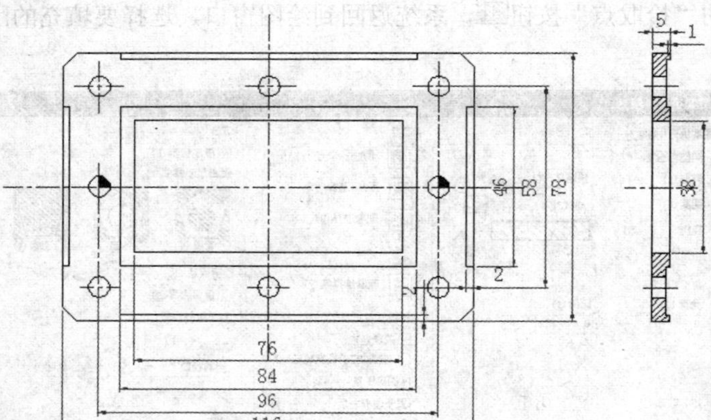

图 12.3.18

（15）利用直径标注命令和引线标注命令对图形进行其他标注，如图 12.3.19 所示。

（16）选择 修改(M) → 对象(O) → 文字(T) → 编辑(E)... 命令，在弹出的“文字格式”编辑器中对标注文字进行修改，效果如图 12.3.20 所示。

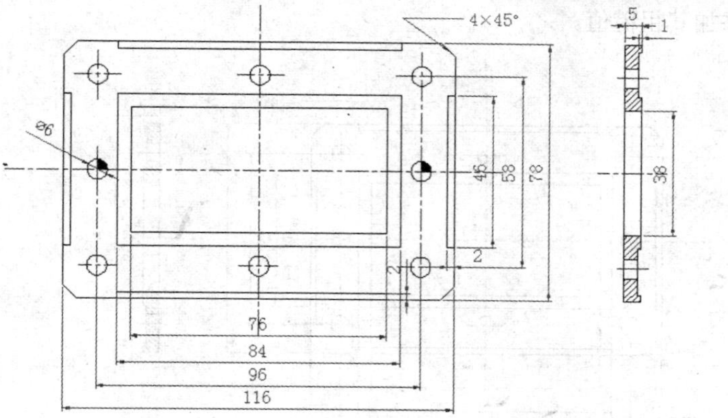

图 12.3.19

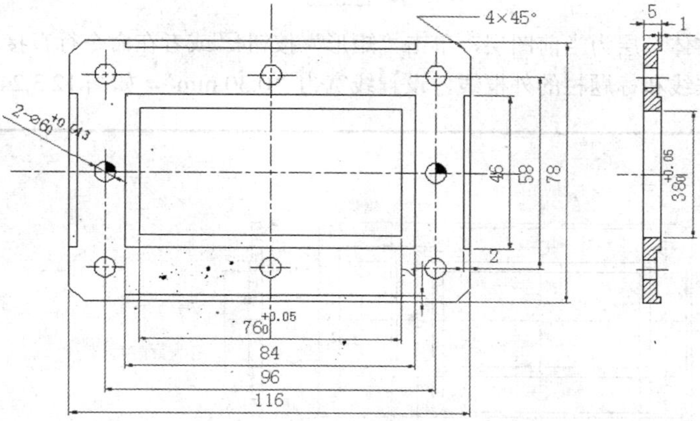

图 12.3.20

（17）单击“多段线”按钮或者在命令行直接输入 pline，在屏幕上任意捕捉一点，绘制一个粗糙度符号，如图 12.3.21 所示。

（18）单击“创建块”按钮或者在命令行直接输入 block，在弹出的块定义对话框中定义图块，如图 12.3.22 所示。

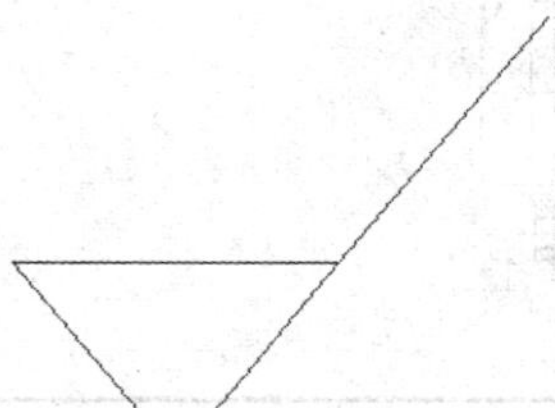

图 12.3.21

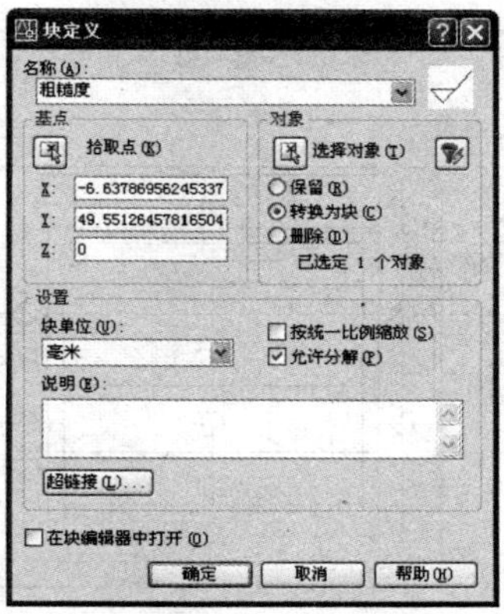

图 12.3.22 “块定义”对话框

（19）单击“插入块”按钮或者在命令行直接输入 insert，将上步创建的图块插入到如图 12.3.23

所示的位置，并添加其粗糙值。

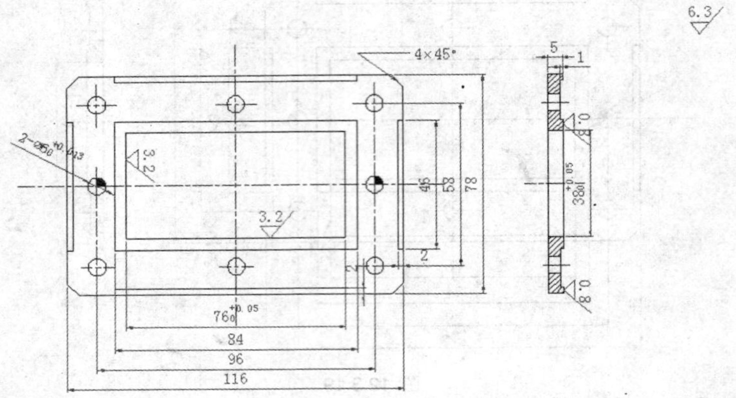

图 12.3.23

（20）设置“实体”层为当前图层，单击“矩形”按钮□或者在命令行直接输入 rectang。在屏幕上绘制图形的图框线和标题栏的外框线，设置线宽为“0.30 mm”，如图 12.3.24 所示。

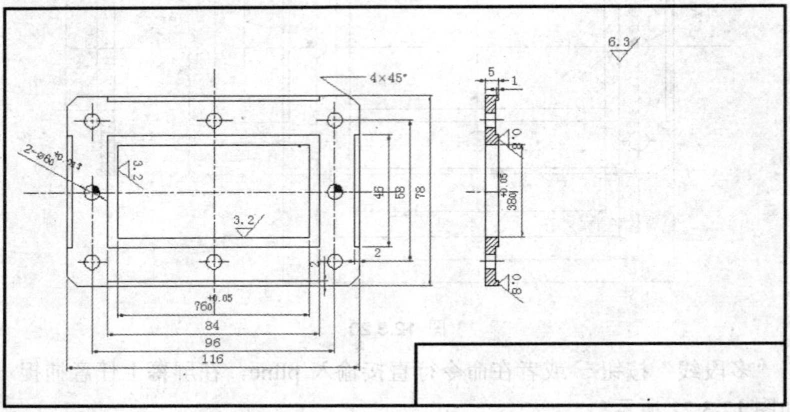

图 12.3.24

（21）重复执行直线命令和修剪命令绘制标题栏，如图 12.3.25 所示。

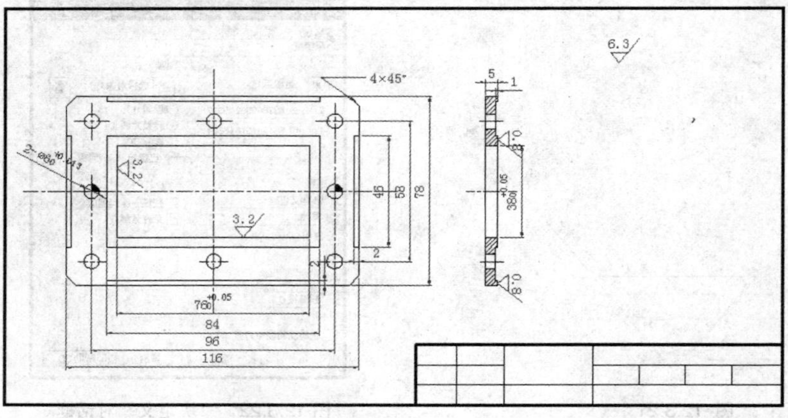

图 12.3.25

（22）设置“文本标注”层为当前图层，利用单行文字命令对标题栏进行文本说明，如图 12.3.26 所示。

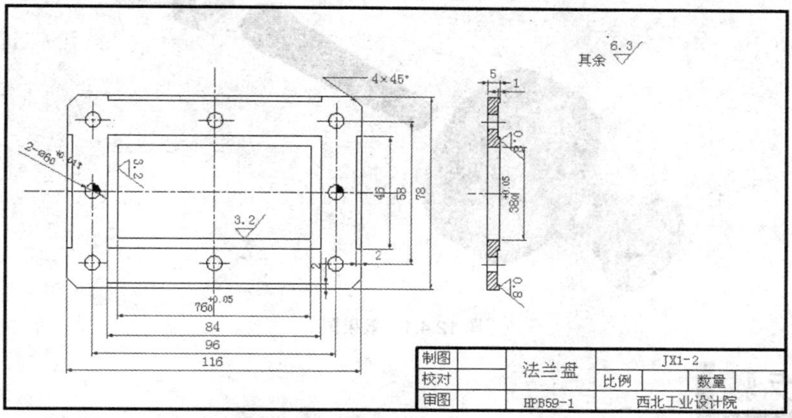

图 12.3.26

（23）单击“多行文字”按钮 A 或者在命令行输入 mtext，系统弹出“文字格式”编辑器，在该编辑器中对图形进行技术要求说明，如图 12.3.27 所示。

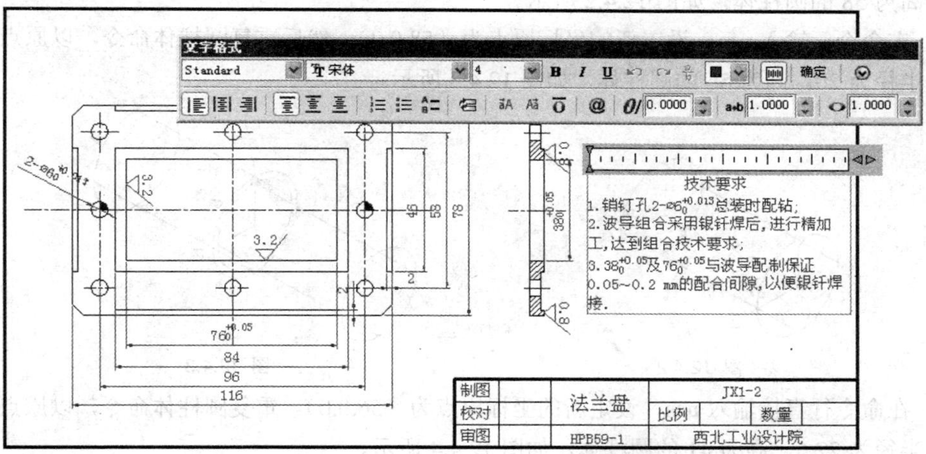

图 12.3.27

（24）设置“实体”层为当前图层，重复执行矩形命令，确定图形的边缘周边区，最终效果如图 12.3.1 所示。

实例 4　平键和齿轮安装图

实现目标　练习绘制平键和齿轮安装图，效果如图 12.4.1 所示。

设计思路　在制作过程中，将用到圆柱体、三维阵列、差集、并集等命令。

图 12.4.1　效果图

操作步骤

（1）制作平键轴。选择 视图(V) → 三维视图(D) → 西南等轴测(S) 命令，转换视图，然后在命令行直接输入 ucs，将坐标系绕 X 轴旋转 90°。

（2）单击“圆柱体”按钮或者在命令行输入 cylinder，以原点为底面中心点，绘制一个半径为 17.5，高为 58 的圆柱体，如图 12.4.2 所示。

（3）在命令行输入 ucs，设置新的坐标原点为（58,0,0），然后重复圆柱体命令，以原点为圆心，绘制一个半径为 20，高为 56 的圆柱体，如图 12.4.3 所示。

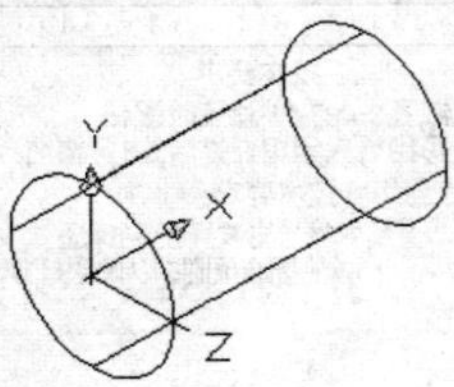

图 12.4.2

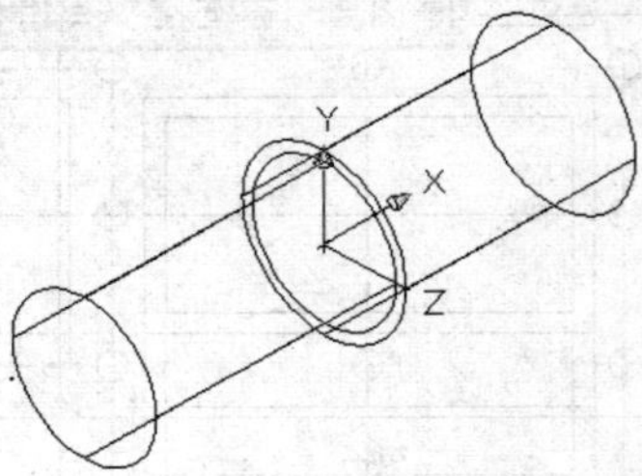

图 12.4.3

（4）在命令行直接输入 ucs，设定新的坐标原点为（56,0,0）。重复圆柱体命令，以原点为圆心，绘制一个半径为 22.5，高为 41 的圆柱体，如图 12.4.4 所示。

（5）在命令行直接输入 ucs，设定新的坐标原点为（41,0,0）。重复圆柱体命令，以原点为圆心，绘制一个半径为 24，高为 60 的圆柱体，如图 12.4.5 所示。

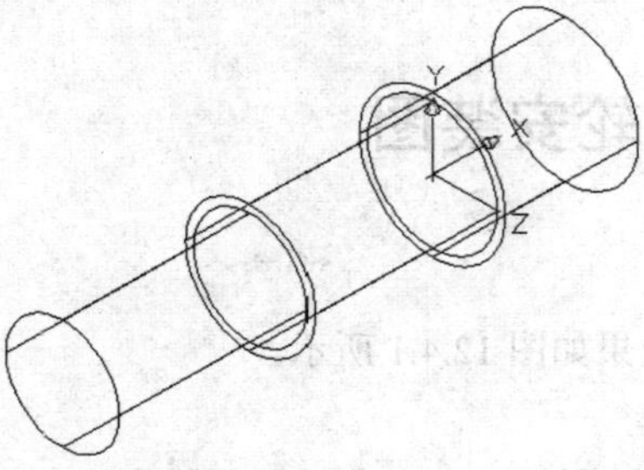

图 12.4.4

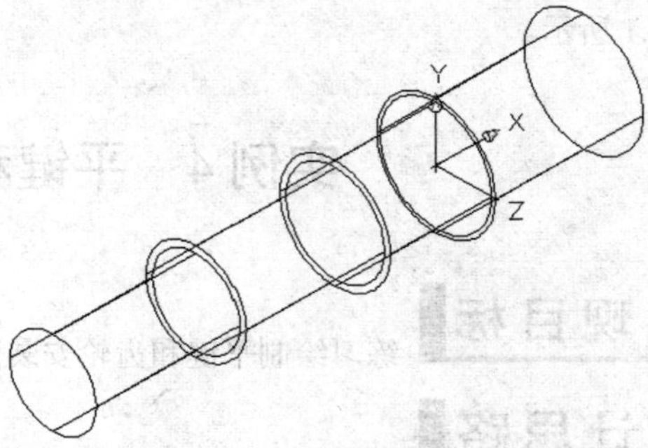

图 12.4.5

（6）在命令行直接输入 ucs，设定新的坐标原点为（60,0,0）。重复圆柱体命令，以原点为圆心，绘制一个半径为 27.5，高为 10 的圆柱体，如图 12.4.6 所示。

（7）在命令行直接输入 ucs，设定新的坐标原点为（10,0,0）。重复圆柱体命令，以原点为圆心，绘制一个半径为 26，高为 10 的圆柱体，如图 12.4.7 所示。

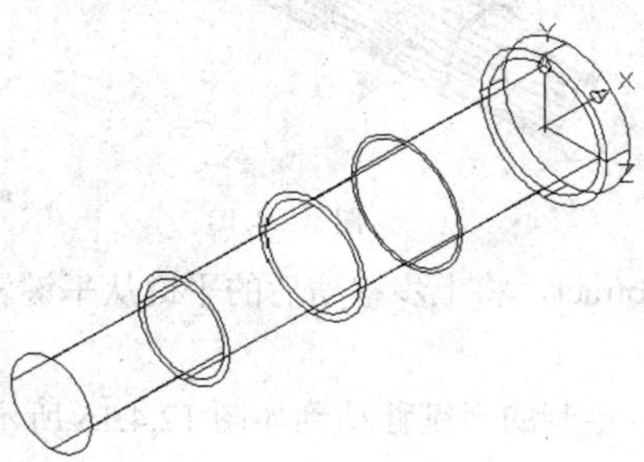

图 12.4.6

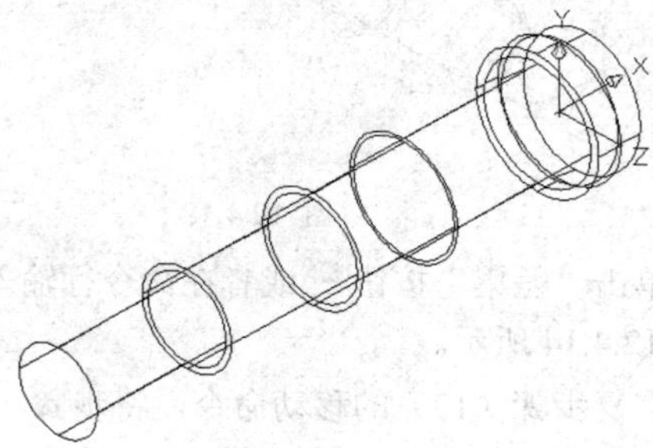

图 12.4.7

（8）在命令行直接输入 ucs，设定新的坐标原点为（10,0,0）。重复圆柱体命令，以原点为圆心，绘制一个半径为 22.5，高为 19 的圆柱体，如图 12.4.8 所示。

（9）单击“并集”按钮或者在命令行输入 union，合并所有绘制的圆柱体，消隐后如图 12.4.9 所示。

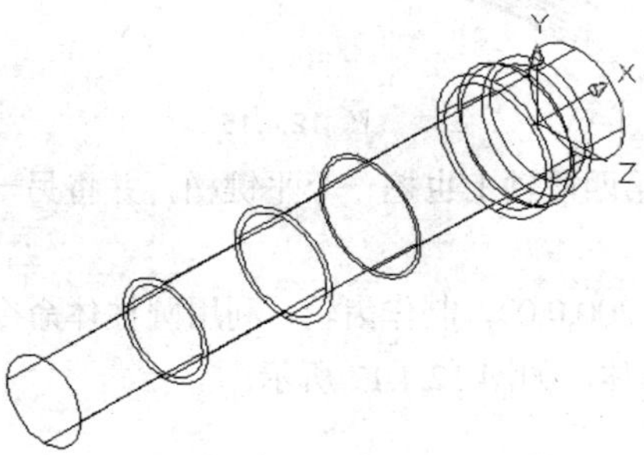

图 12.4.8

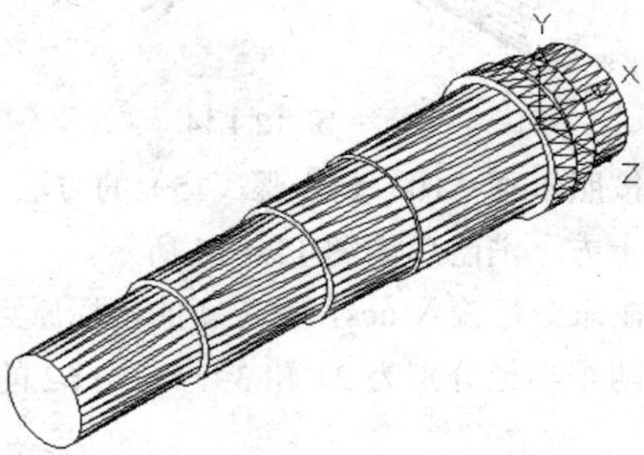

图 12.4.9

（10）制作平键。单击“长方体”按钮或者在命令行输入 box，以点（200,0,0）为角点，绘制一个长为 56，宽为 8，高为 10 的长方体，如图 12.4.10 所示。

（11）单击“圆角”按钮或者在命令行输入 fillet，将上述长方体的棱边进行圆角处理，圆角半径为 5，如图 12.4.11 所示。

图 12.4.10

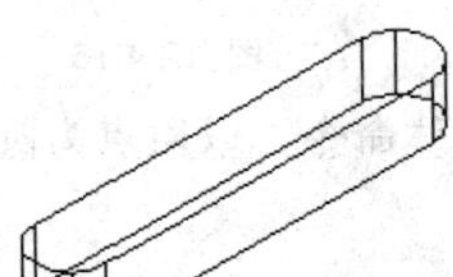
图 12.4.11

（12）单击“复制”按钮或者在命令行输入 copy，将圆角后的平键复制一份，然后在命令行输入 ucs，设置新的坐标原点为步骤（2）绘制的圆柱体的左端上方象限点，如图 12.4.12 所示。

（13）单击“移动”按钮或者在命令行输入 move，以平键左端底边圆弧的中点为基点，点（0,-5,-1）为第二点，移动平键，如图 12.4.13 所示。

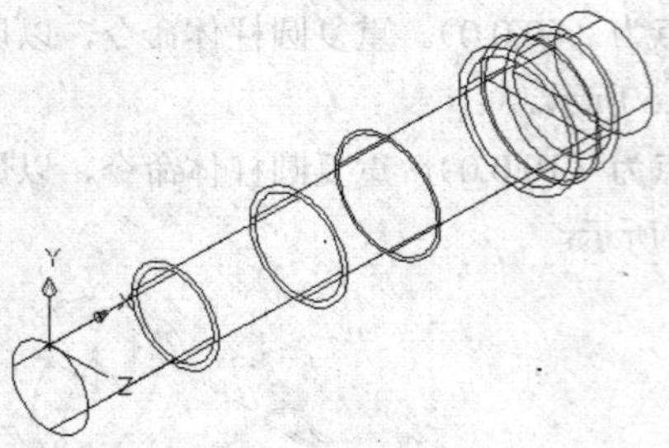

图 12.4.12

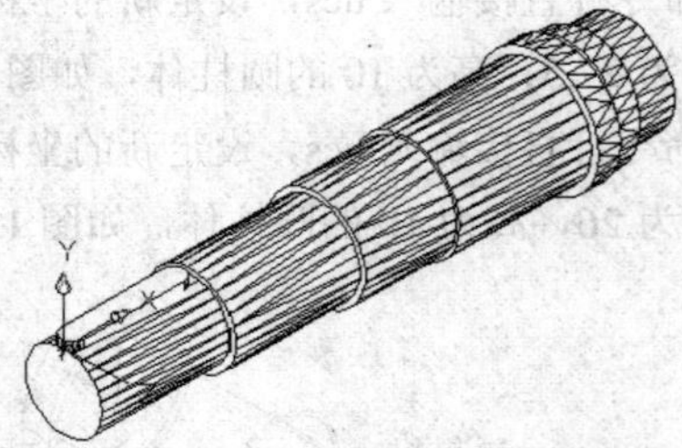

图 12.4.13

（14）单击“差集”按钮或者在命令行输入 subtract，将上步移动后的平键从平键轴中减去，消隐后如图 12.4.14 所示。

（15）重复步骤（13）的移动命令，将步骤（12）绘制的平键移动到如图 12.4.15 所示的位置。

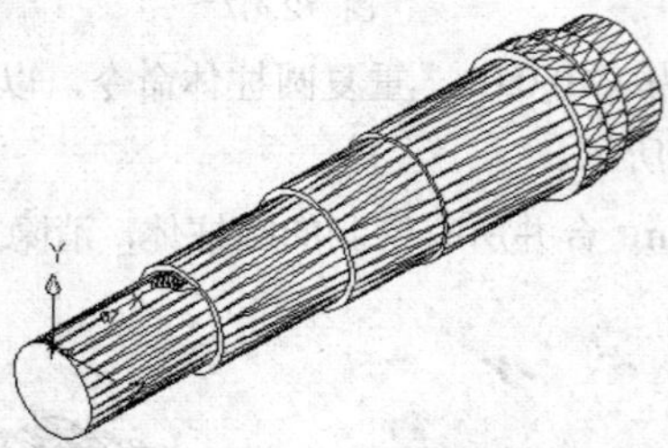

图 12.4.14

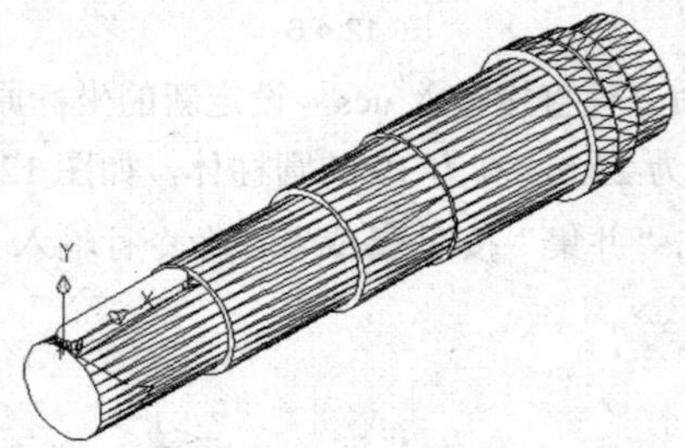

图 12.4.15

（16）按照步骤（10）到步骤（15）的方法，在第四段轴上也挖一个平键槽，并将另一个平键移动到平键槽上方，消隐后如图 12.4.16 所示。

（17）在命令行输入 ucs，设定新的坐标原点为（200,0,0），制作齿轮，利用圆柱体命令以原点为圆心，绘制两个半径分别为 24 和 39，高为 62 的圆柱体，如图 12.4.17 所示。

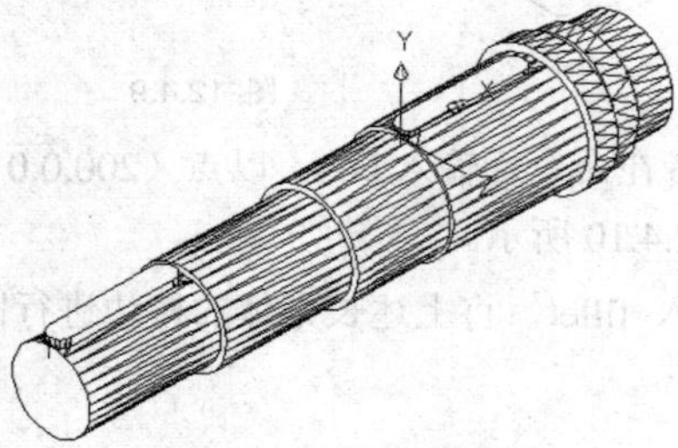

图 12.4.16

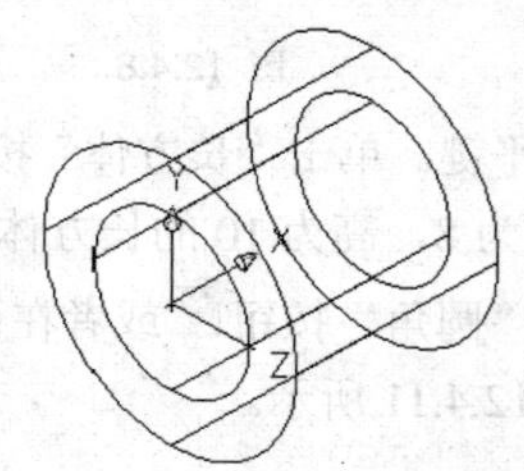

图 12.4.17

（18）重复圆柱体命令，以原点为圆心，绘制两个半径分别为 97.5 和 87.5，高为 62 的圆柱体，如图 12.4.18 所示。

（19）利用长方体命令，以点（0,0，-2.5）为角点，绘制一个长为 62，宽为 27.3，高为 5 的长方体，如图 12.4.19 所示。

（20）在命令行输入 ucs，设置新的坐标系为（400,0,0），以原点为圆心，绘制一个半径为 87.5，高为 20 的圆柱体。重复圆柱体命令以点（0,58.75,0）为圆心，绘制一个半径为 15，高为 20 的圆柱体，如图 12.4.20 所示。

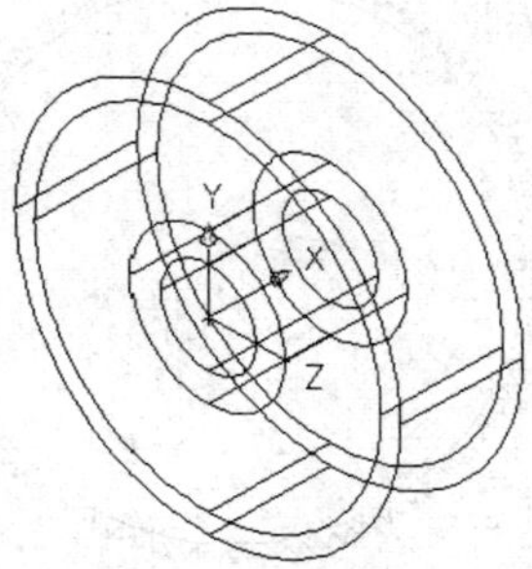

图 12.4.18

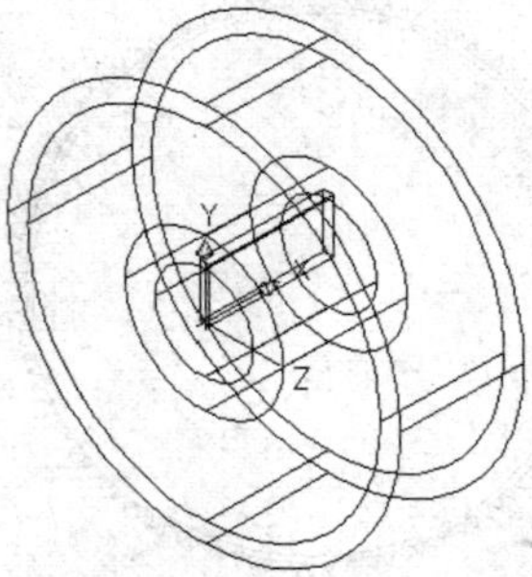

图 12.4.19

（21）选择 修改(M) → 三维操作(3) → 三维阵列(3) 命令，将上步绘制的小圆柱体进行环形阵列，阵列数目为 6，中心点为（0,0,0），如图 12.4.21 所示。

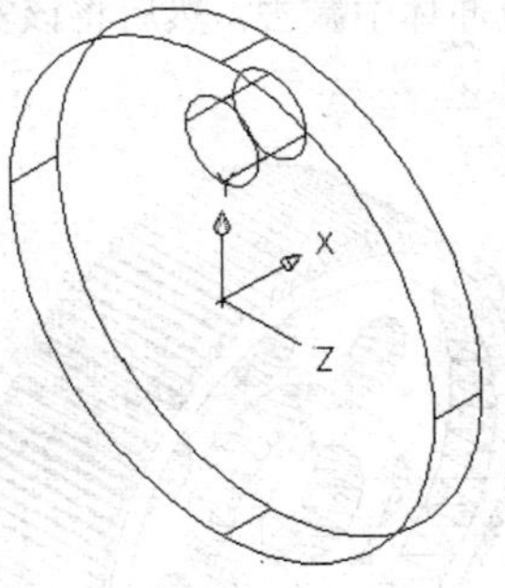

图 12.4.20

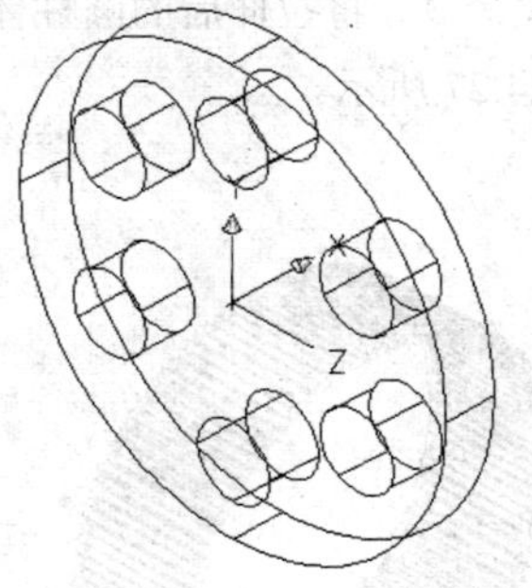

图 12.4.21

（22）单击“差集”按钮或者在命令行输入 subtract，将上步阵列后的小圆柱体从大圆柱体中减去，然后利用移动命令，将生成的实体移动到合适的位置。

（23）重复执行差集命令，对移动后的实体和步骤（17）至步骤（19）绘制的图形进行差集处理，然后再利用并集命令，并集实体，消隐后如图 12.4.22 所示。

（24）选择 视图(V) → 三维视图(D) → 主视(F) 命令，利用圆命令在屏幕上绘制一个半径为 100，102 和 97.5 的同心圆，如图 12.4.23 所示。

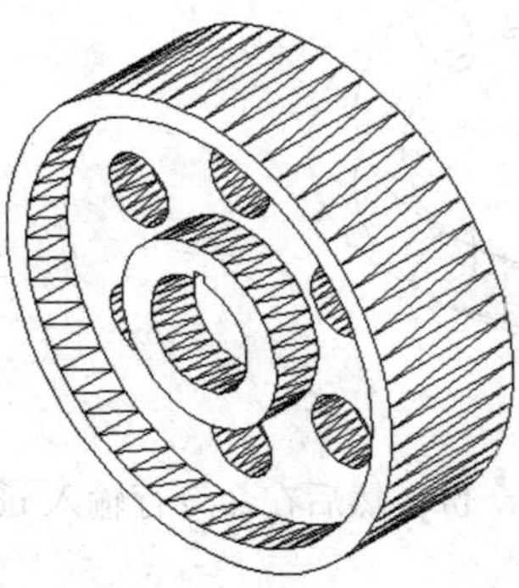

图 12.4.22

图 12.4.23

（25）单击“多段线”按钮或者在命令行直接输入 pline，制作生成齿轮雏形的多段线。然后利用阵列命令对生成的多段线进行环形阵列，阵列数目为 120，如图 12.4.24 所示。

（26）利用修剪命令，修剪阵列后的图形，然后对上述区域进行面域处理，如图 12.4.25 所示。

图 12.4.24

图 12.4.25

（27）转换视图为西南等轴测，然后单击“拉伸”按钮或者在命令行输入 extrude，拉伸上步面域后的图形，如图 12.4.26 所示。

（28）利用差集命令，将拉伸后的圆柱体从多段线拉伸体中减去，然后将该实体移动到合适的位置，消隐后如图 12.4.27 所示。

图 12.4.26

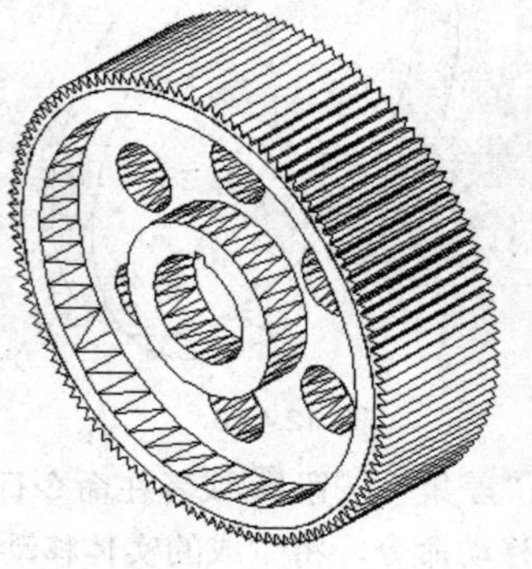

图 12.4.27

（29）制作滚动轴承。返回世界坐标系。单击“圆环”按钮或者在命令行直接输入 torus，以原点为中心点，绘制一个圆环半径为 32.5，圆管半径为 5 的圆环体，如图 12.4.28 所示。

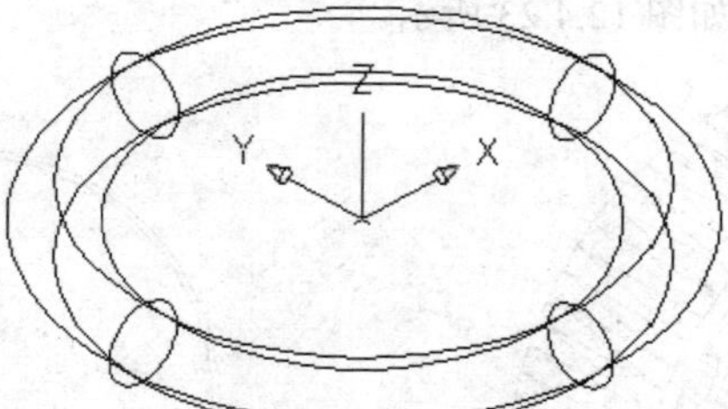

图 12.4.28

（30）利用复制对象命令，将上步绘制的圆环体复制一份，然后在命令行输入 ucs，设置新的坐标原点为（0,0,-9.5）。

（31）利用圆柱体命令以原点为底面圆心，绘制两个同心圆柱体，半径分别为 42.5 和 35，高为 19，如图 12.4.29 所示。

（32）利用差集命令将上步绘制的小圆柱体从大圆柱体中减去，消隐后如图 12.4.30 所示。

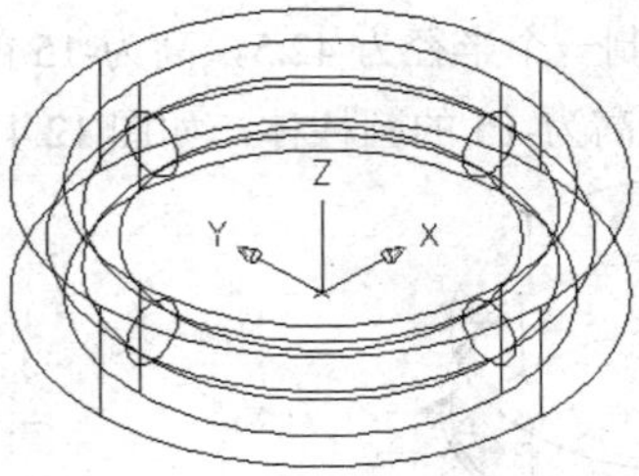

图 12.4.29

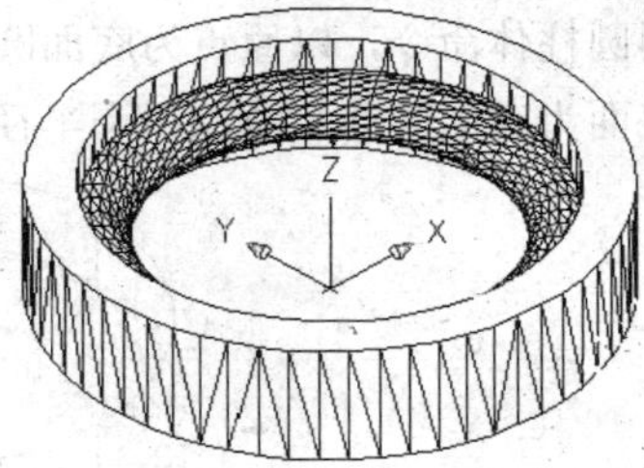

图 12.4.30

（33）重复差集命令，将圆环体从上步差集后的实体中减去，消隐后如图 12.4.31 所示。

（34）在命令行输入 ucs，将坐标系移动到步骤（30）复制的圆环体的中心点，然后设置新的坐标原点为（0,0,-9.5）。利用圆柱体命令，以原点为底面圆心，绘制两个半径为 30 和 22.5，高为 19 的圆柱体，如图 12.4.32 所示。

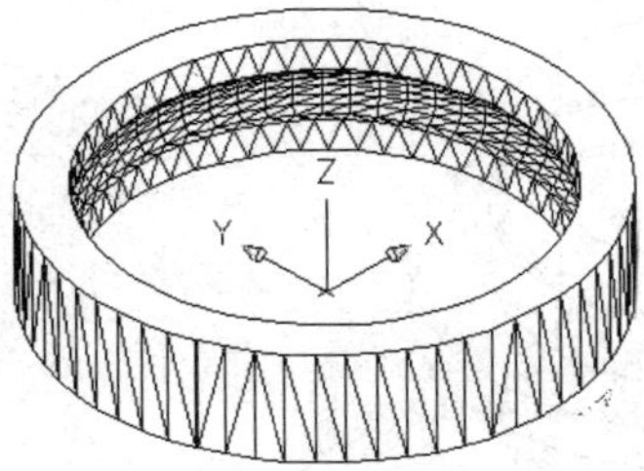

图 12.4.31

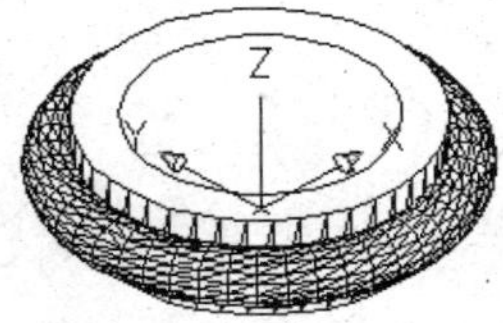

图 12.4.32

（35）利用差集命令，将上步绘制的圆环体和小圆柱体从大圆柱体中减去，消隐后如图 12.4.33 所示。

（36）在命令行输入 ucs，设置新的坐标原点为（0,0,9.5），然后单击“球体”按钮或者在命令行输入 sphere，以点（32.5,0,0）为球心，绘制一个半径为 5 的球体，如图 12.4.34 所示。

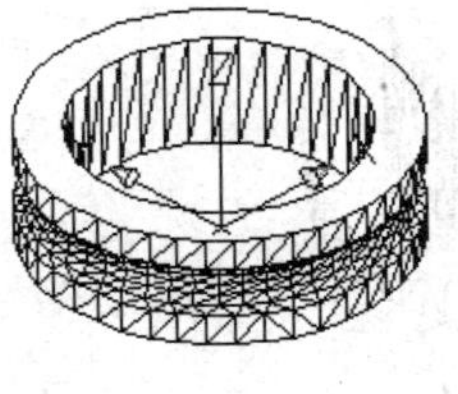

图 12.4.33

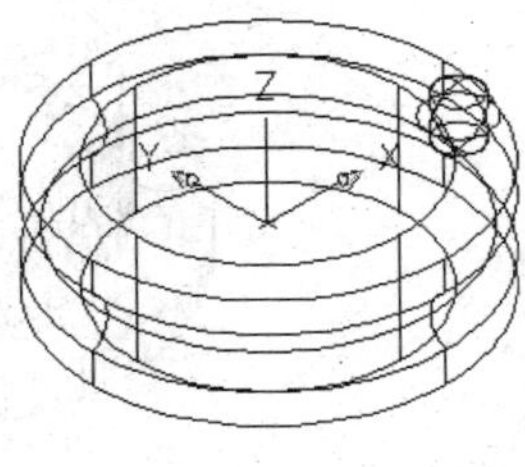

图 12.4.34

（37）选择 修改(M) → 三维操作(3) → 三维阵列(3) 命令，将上步绘制的球体进行环形阵列，阵列数目为 15，中心点为原点，消隐后如图 12.4.35 所示。

（38）利用移动命令，将上述实体移动到如图 12.4.36 所示的位置。

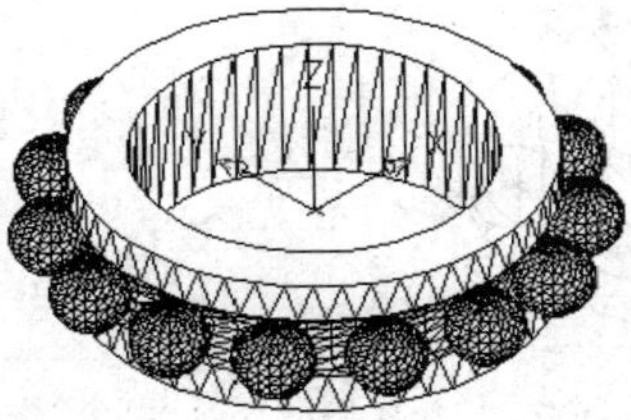

图 12.4.35

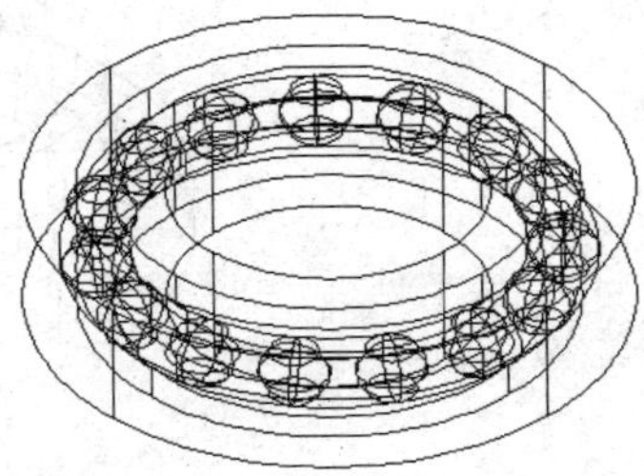

图 12.4.36

（39）利用圆柱体命令，以原点为底面圆心，绘制一个半径为 42.5，高为-15 的圆柱体，然后再以圆柱体的上底面为底面圆心，绘制一个半径为 41，高为-15 的圆柱体，如图 12.4.37 所示。

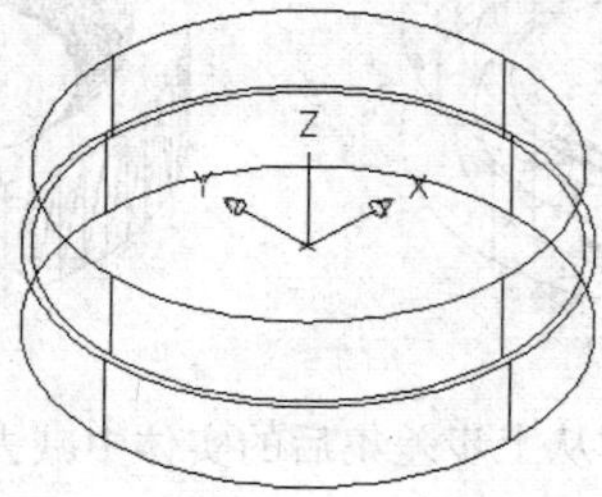

图 12.4.37

（40）在命令行输入 ucs，设置新的坐标原点为（0,0,-15）。然后再利用圆柱体命令，以原点为底面圆心，绘制一个半径为 57.5，高为-10 的圆柱体，如图 12.4.38 所示。

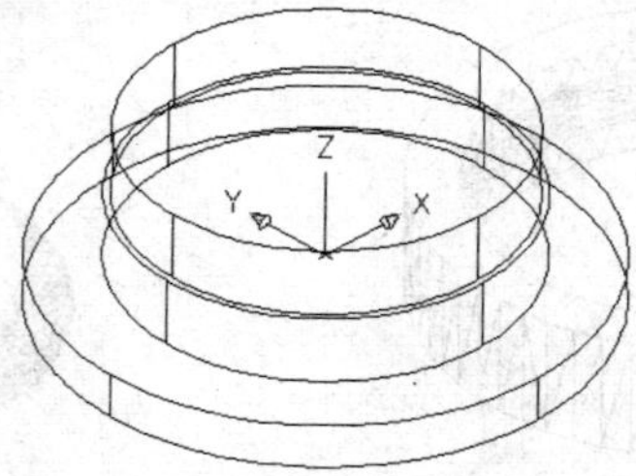

图 12.4.38

（41）重复圆柱体命令，以点（50,0,0）为底面圆心，绘制一个半径为 6.5，高为-10 的圆柱体，然后再利用三维阵列命令进行阵列绘制的圆柱体，阵列数目为 6，中心点为原点，消隐后如图 12.4.39 所示。

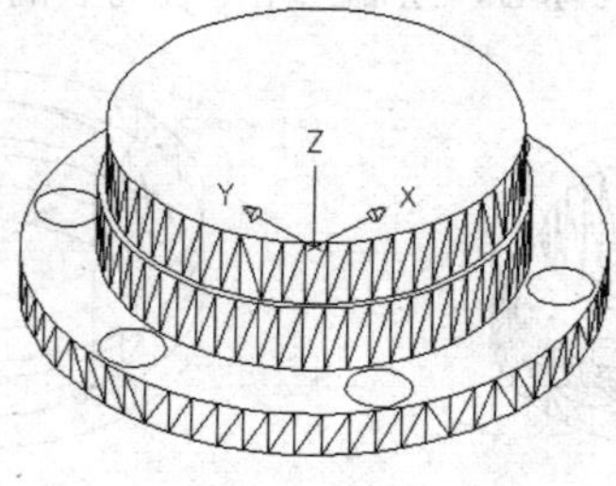

图 12.4.39

（42）利用圆命令，以半径为 41 的圆柱体的上底面为圆心，绘制一个半径为 35 的圆，然后利用拉伸命令将其进行拉伸，拉伸高度为-30，角度为 5°，如图 12.4.40 所示。

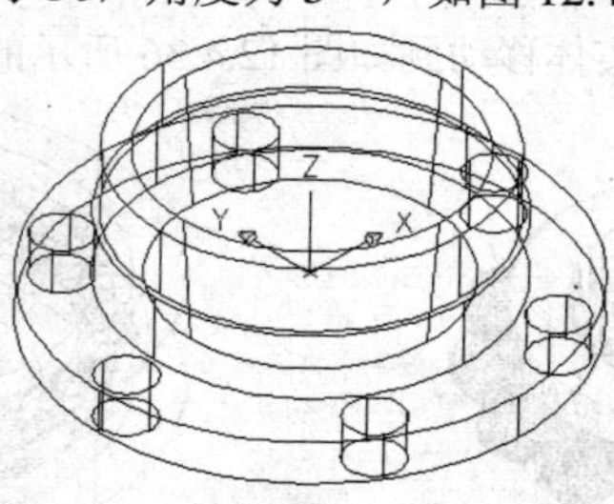

图 12.4.40

（43）利用差集命令，将 6 个小圆柱体和拉伸后的实体从底座中减去，消隐后如图 12.4.41 所示。

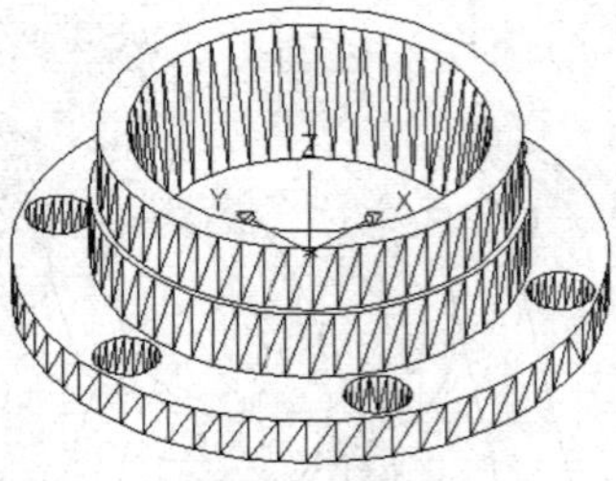

图 12.4.41

（44）利用复制命令，复制一个轴承和轴承盖子，然后再利用移动命令将其移动到如图 12.4.42 所示的位置，消隐后如图 12.4.42 所示。

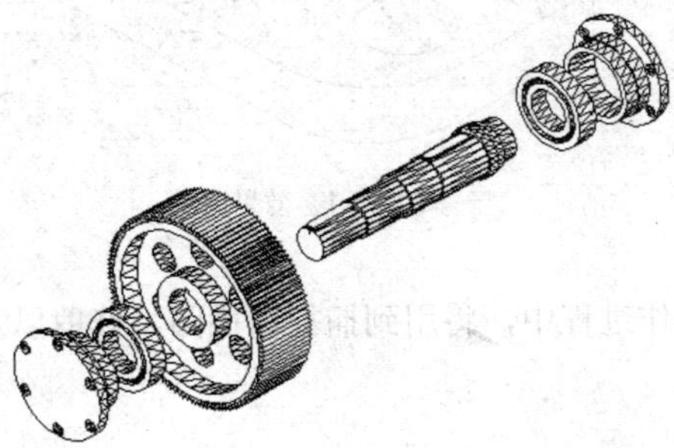

图 12.4.42

（45）选择视图(V)→渲染(E)→材质(M)...命令，弹出材质对话框，单击该对话框中的材质库(L)...按钮，系统弹出材质库对话框，利用该对话框选择合适的材质，渲染后效果如图 12.4.43 所示。

图 12.4.43

（46）为了增强图形的光效效果，用户可以选择视图(V)→渲染(E)→光源(L)...命令，在弹出的光源对话框中为图形创建合适的平行光，渲染后效果如图 12.4.1 所示。

实例 5　轴测图

实现目标 本例将制作轴测图，如图 12.5.1 所示。

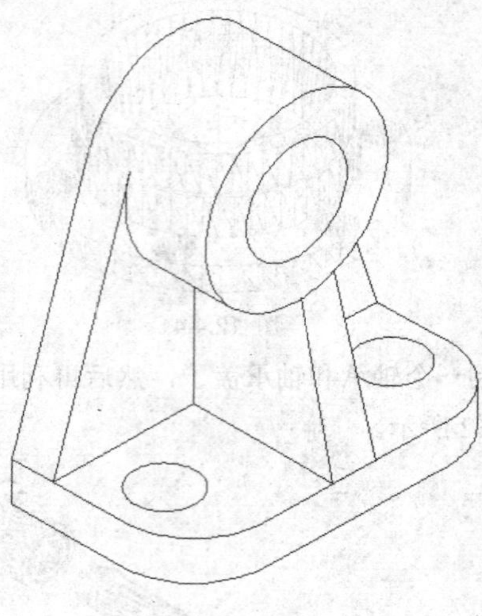

图 12.5.1　效果图

设计思路

在制作过程中，将用到捕捉、椭圆、修剪以及复制等命令。

操作步骤

（1）选择格式(O)→图层(L)...命令，弹出图层特性管理器对话框，单击“创建新图层”按钮，新建一个图层，名称为“实体”层，颜色为“红色”，其他为默认选项，如图 12.5.2 所示。

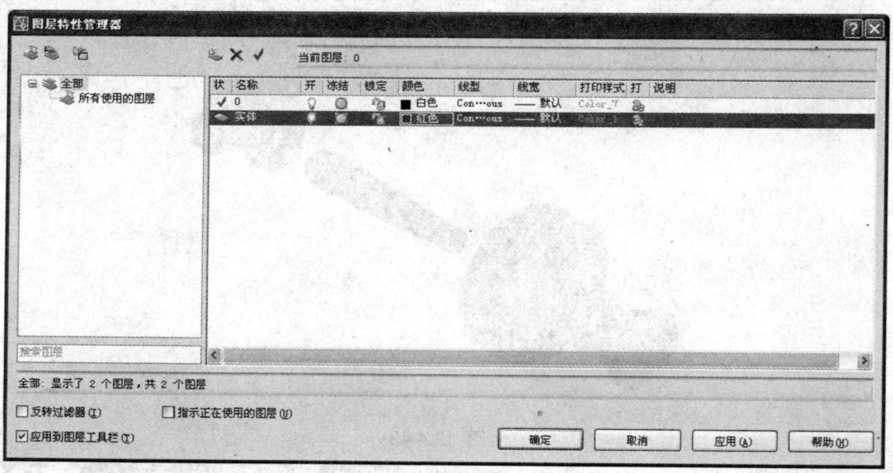

图 12.5.2　“图层特性管理器”对话框

（2）将“实体”层设置为当前图层，然后选择工具(T)→草图设置(F)...命令，弹出草图设置对话框，在该对话框中打开“捕捉和栅格”选项卡，在选项卡的捕捉类型和样式选项区选中等轴测捕捉(M)单选按钮，激活轴测投影模式，如图 12.5.3 所示。

（3）单击“状态栏”中的“正交”模式，按“F5”键，把轴测平面切换成顶轴测平面，然后单击“直线”按钮或者在命令行输入 line，以原点为起点，依次输入 36，64，36 和 C，在屏幕上绘制一条闭合的直线，如图 12.5.4 所示。

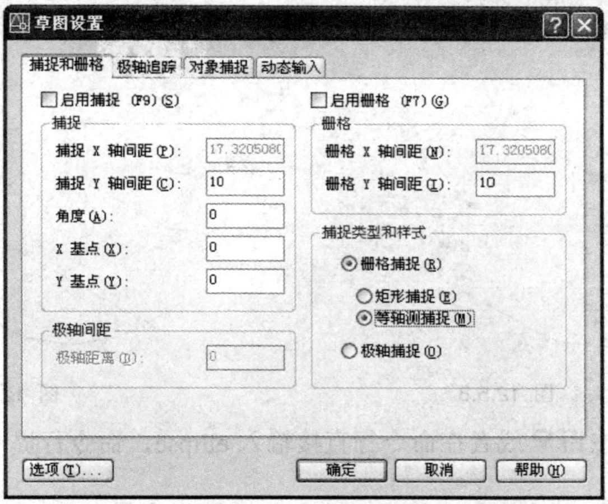

图 12.5.3 “草图设置”对话框

（4）重复直线命令，利用对象捕捉追踪功能捕捉原点，然后向左上偏移，偏移距离为 14，然后再向右上偏移同样的距离，如图 12.5.5 所示。

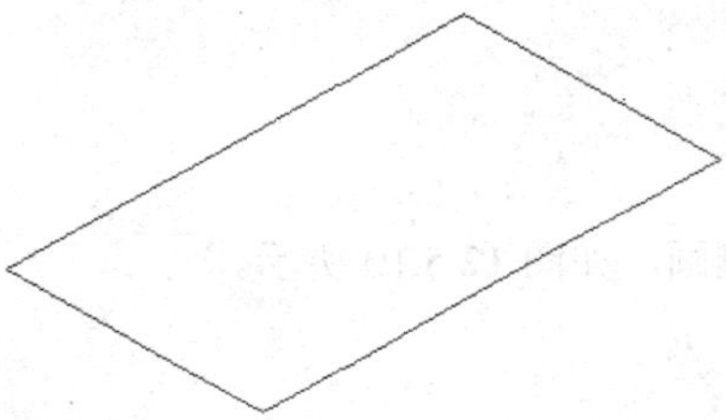

图 12.5.4

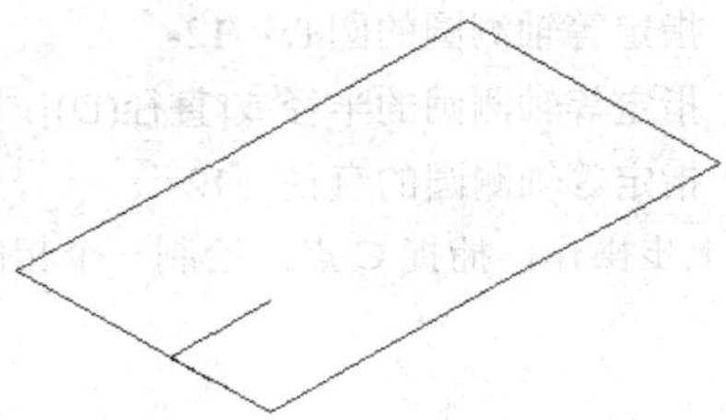

图 12.5.5

（5）重复上步操作，捕捉步骤（3）绘制的第 3 点，然后向左偏移，偏移距离为 14，然后再向左下偏移同样的距离，如图 12.5.6 所示。

（6）单击“椭圆”按钮或者在命令行直接输入 ellipse。

1）命令：ellipse↙。

2）指定椭圆轴的端点或[圆弧(A)/中心点(C)/等轴测圆(I)]：i↙。

3）指定等轴测圆的圆心：捕捉 A 点。

4）指定等轴测圆的半径或[直径(D)]：14↙。

重复椭圆命令，捕捉 B 点，绘制一个半径相同的等轴测圆，如图 12.5.7 所示。

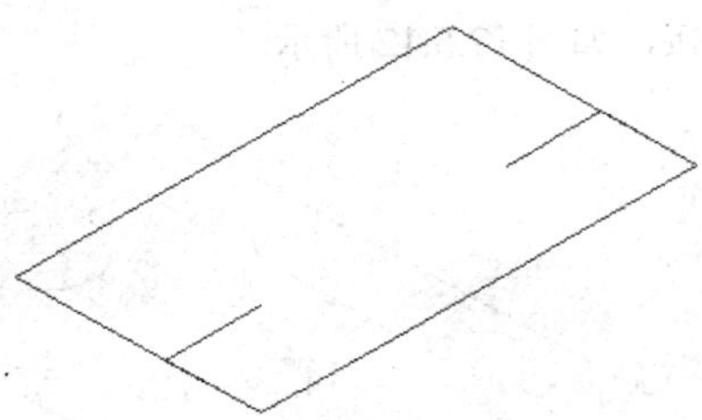

图 12.5.6

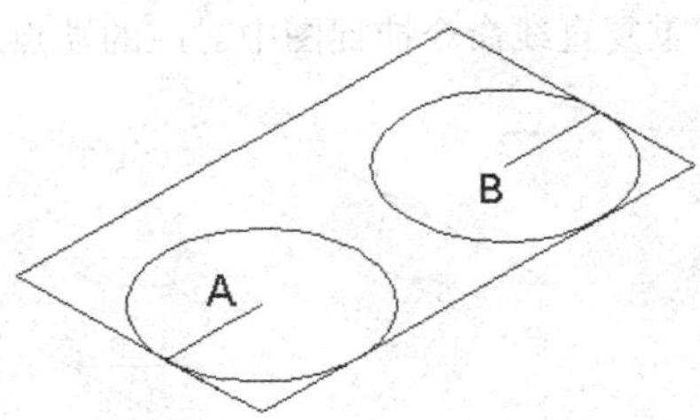

图 12.5.7

（7）单击“修剪”按钮或者在命令行直接输入 trim，修剪上一步绘制的等轴测圆，然后再单击“删除”按钮删除多余的线条，效果如图 12.5.8 所示。

（8）重复直线命令，利用对象捕捉追踪功能捕捉 A 点，向右下偏移，偏移距离为 20，然后再向左下偏移，偏移距离为 70，如图 12.5.9 所示。

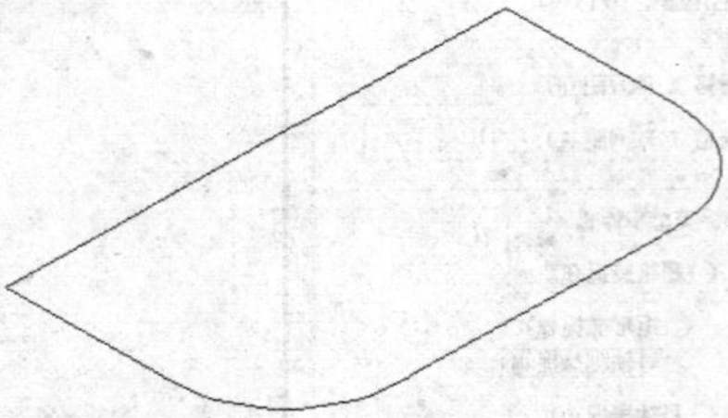

图 12.5.8

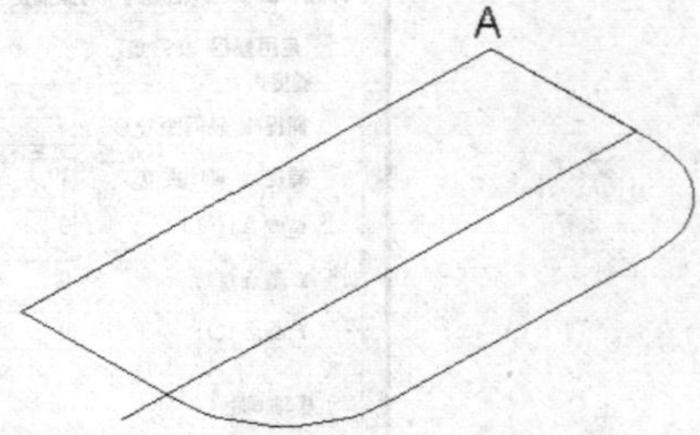

图 12.5.9

（9）单击“椭圆”按钮或者在命令行直接输入 ellipse，命令行提示如下：

1）命令：ellipse↙。

2）指定椭圆轴的端点或[圆弧(A)/中心点(C)/等轴测圆(I)]：i↙。

3）指定等轴测圆的圆心：tt↙。

4）指定临时对象追踪点：捕捉 B 点。

5）指定等轴测圆的圆心：12↙。

6）指定等轴测圆的半径或[直径(D)]：d↙。

7）指定等轴测圆的直径：12↙。

重复上步操作，捕捉 C 点，绘制一个相同的等轴测圆，如图 12.5.10 所示。

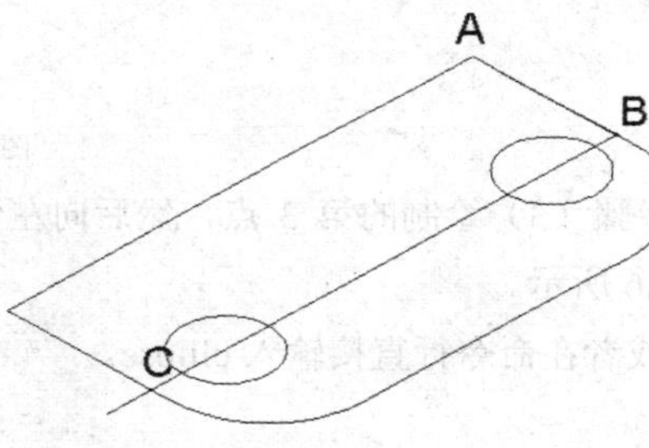

图 12.5.10

（10）利用删除命令删除多余的线条，按“F5”键将顶轴测平面切换到右轴测平面，然后单击“复制”按钮或者在命令行直接输入 copy，将绘制的图形向上复制一份，偏移距离为 8，如图 12.5.11 所示。

（11）重复直线命令捕捉图中对应的端点进行连接，如图 12.5.12 所示。

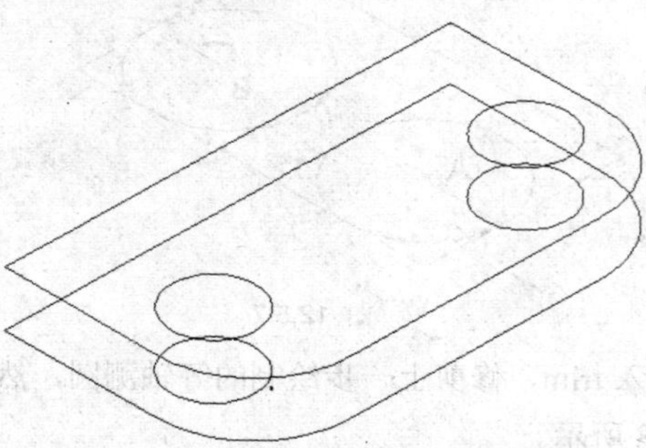

图 12.5.11

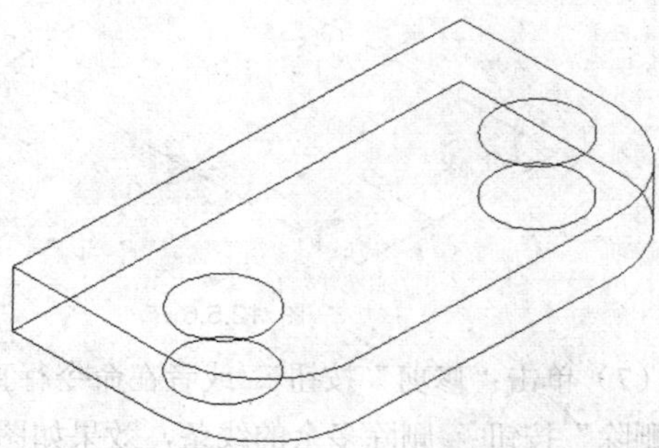

图 12.5.12

（12）单击“椭圆”按钮或者在命令行直接输入 ellipse，命令行提示如下：

1）命令: ellipse↙。

2）指定椭圆轴的端点或[圆弧(A)/中心点(C)/等轴测圆(I)]：i↙。

3）指定等轴测圆的圆心：tt↙。

4）指定临时对象追踪点：捕捉 AB 的中点。

5）指定等轴测圆的圆心：42↙。

6）指定等轴测圆的半径或[直径(D)]：d↙。

7）指定等轴测圆的直径：36↙，如图 12.5.13 所示。

（13）重复椭圆命令，捕捉上步绘制的等轴测圆圆心，绘制一个半径为 10 的等轴测圆，如图 12.5.14 所示。

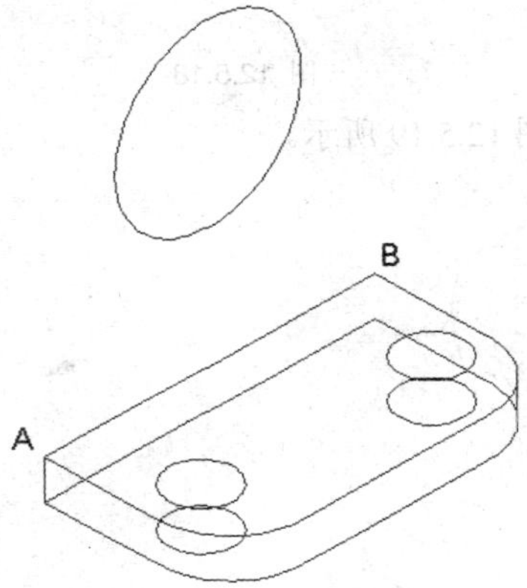

图 12.5.13

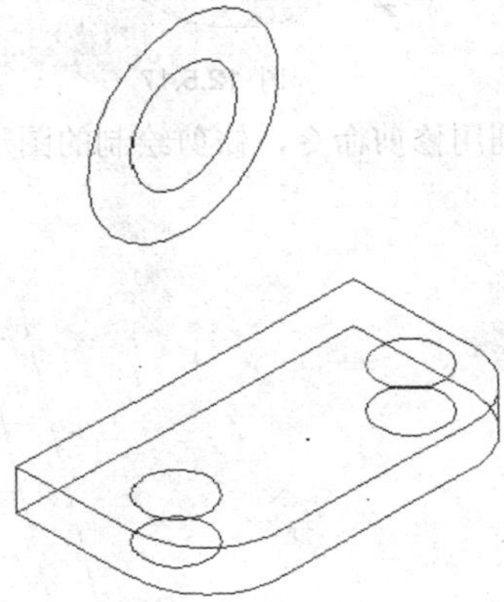

图 12.5.14

（14）按“F5”键将右轴测平面切换为左轴测平面，然后重复复制对象命令，将步骤（12）和步骤（13）绘制的图形向右复制一份，移动距离为 24，如图 12.5.15 所示。

（15）利用直线命令连接对应的端点，如图 12.5.16 所示。

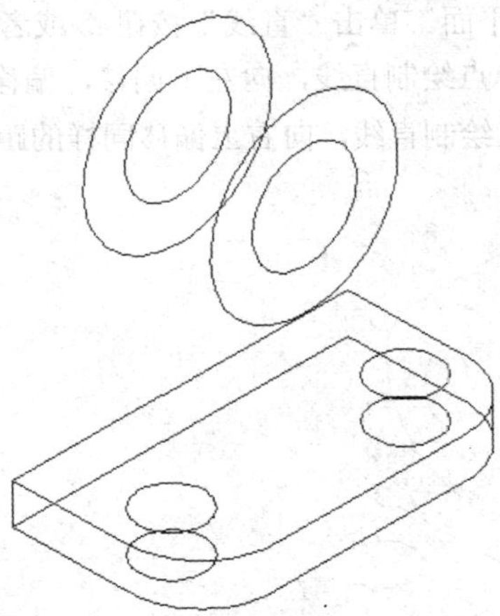

图 12.5.15

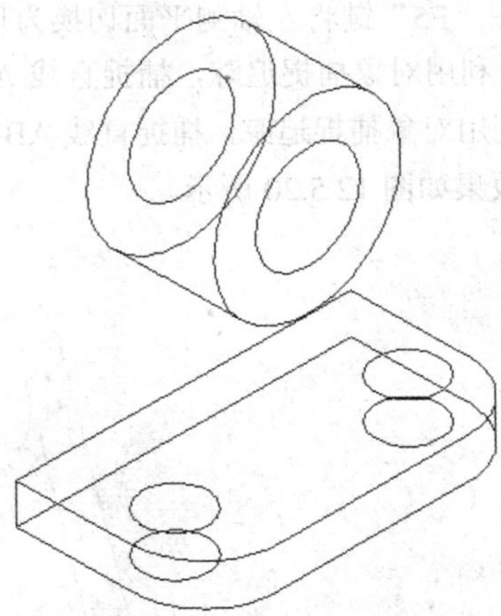

图 12.5.16

（16）关闭“正交”模式。利用直线命令，捕捉 A 点和 B 点，C 点和 D 点绘制两条直线，如图 12.5.17 所示。

（17）打开“正交”模式。再次重复复制对象命令，将直线 AB，AC，CD 和步骤（12）绘制的等轴测圆向右复制一份，偏移距离为 8，如图 12.5.18 所示。

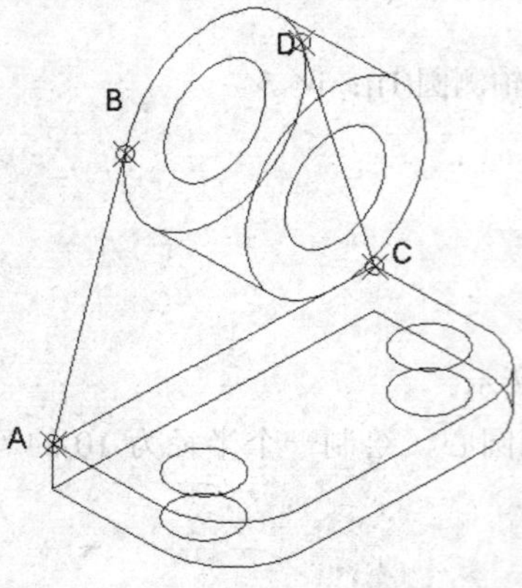

图 12.5.17

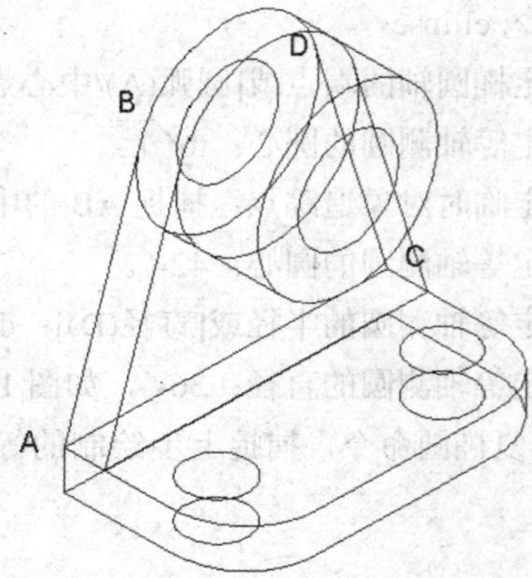

图 12.5.18

（18）利用修剪命令，修剪绘制的图形，效果如图 12.5.19 所示。

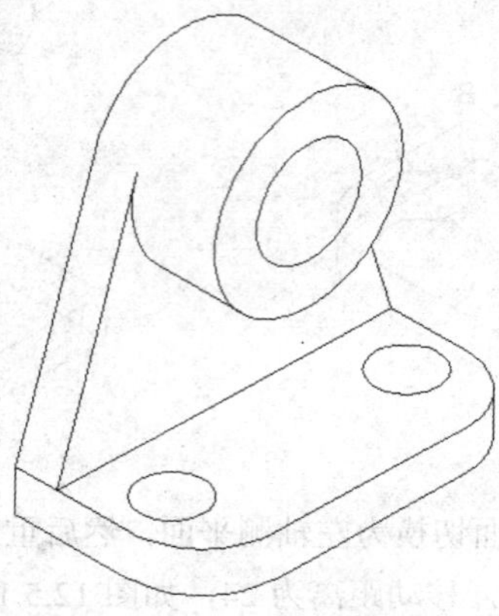

图 12.5.19

（19）按“F5”键将左轴测平面切换为顶轴测平面。单击“直线”按钮或者在命令行直接输入 line，然后利用对象捕捉追踪，捕捉直线 AB 的中点绘制直线，向左下偏移，偏移距离为 4。重复直线命令，利用对象捕捉追踪，捕捉直线 AB 的中点绘制直线，向右上偏移同样的距离，然后删除多余的线条，效果如图 12.5.20 所示。

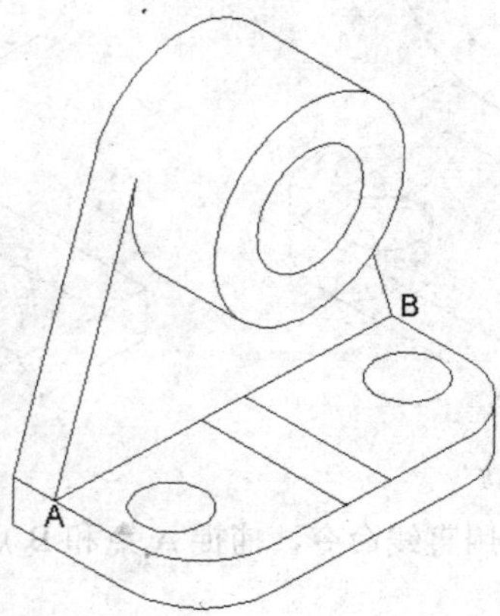

图 12.5.20

（20）按“F5”键将顶轴测平面切换为右轴测平面。单击“复制对象”按钮或者在命令行直接输入 copy 将上步绘制的两条直线和直线 AB 和 CD 同时向上复制一份，如图 12.5.21 所示。

（21）利用直线命令捕捉 A 点和 B 点，然后再用直线绘制其他两条直线，如图 12.5.22 所示。

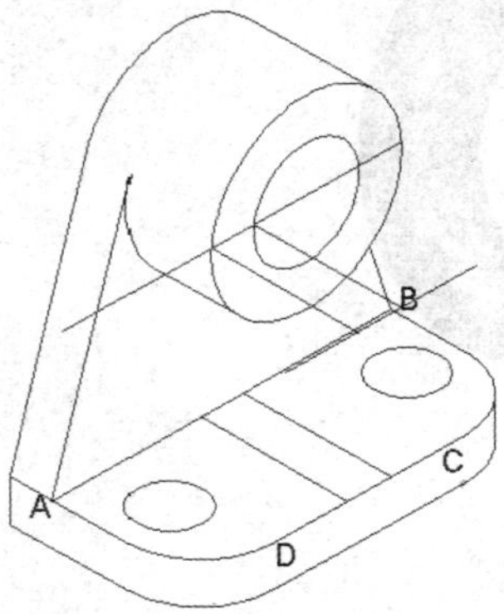

图 12.5.21

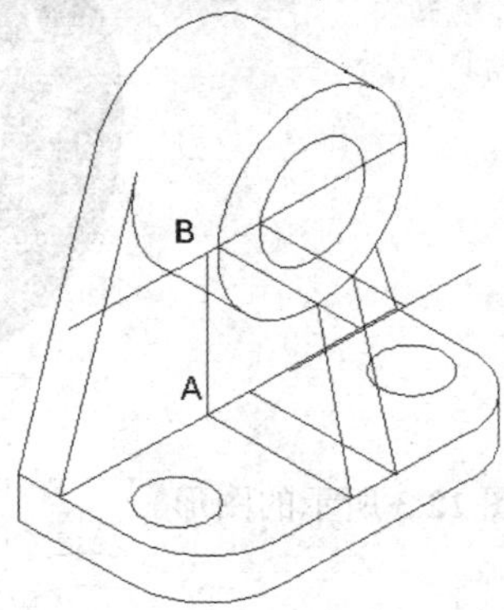

图 12.5.22

（22）重复修剪命令，修剪绘制的图形，然后再利用删除命令删除多余的线条，最终结果如图 12.5.1 所示。

习题十二

上机操作题

1．绘制如题图 12.1 所示的图形。

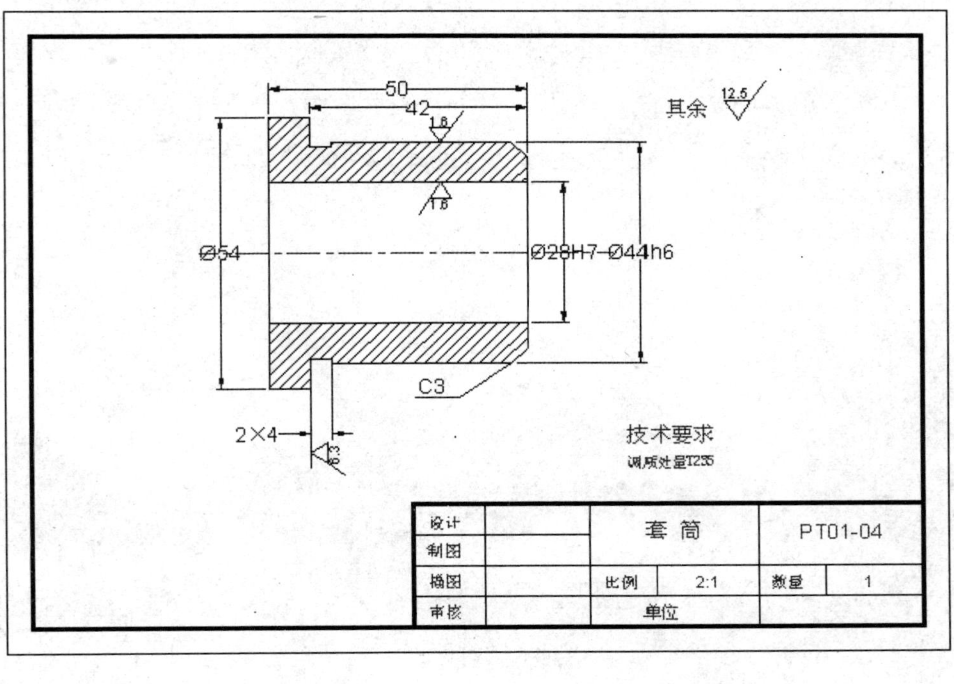

题图 12.1

2．绘制如题图 12.2 所示的图形。

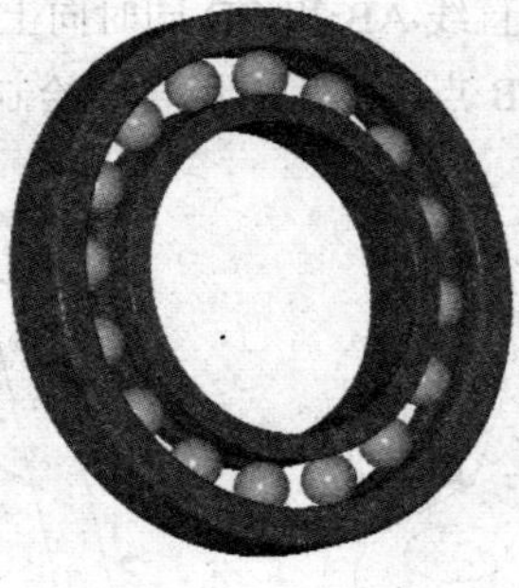

题图 12.2

3．绘制如题图 12.3 所示的图形。

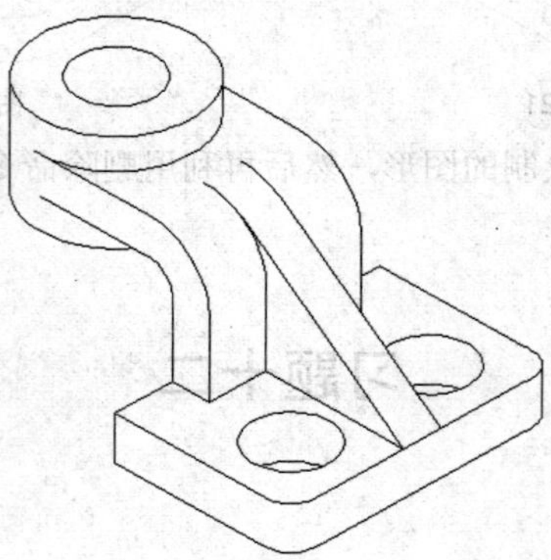

题图 12.3

第十三章

绘制建筑图形

- ☑ 卧室立面图
- ☑ 户型平面图
- ☑ 某别墅平面图
- ☑ 小亭造型

学习完 AutoCAD 2006 绘图命令后，本章将利用前面所学过的知识来绘制一些建筑实例图。

实例 1　卧室立面图

实现目标

练习绘制卧室立面图，效果如图 13.1.1 所示。

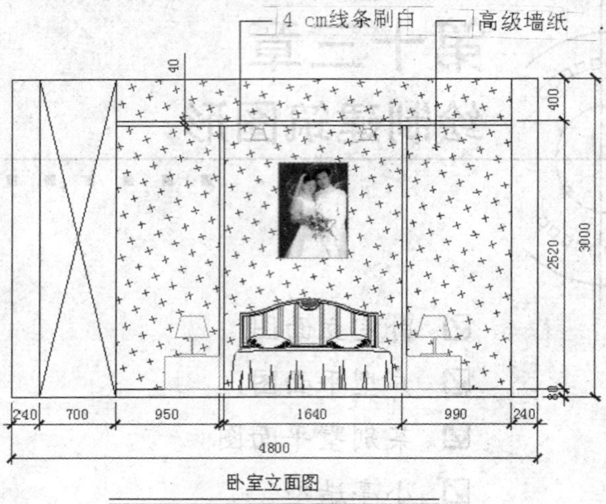

图 13.1.1　效果图

设计思路

在制作过程中，将用到矩形、修剪、偏移以及图案填充等命令。

操作步骤

（1）选择 格式(O) → 图层(L)... 命令，弹出 图层特性管理器 对话框，在该对话框中单击“新建图层”按钮，创建 5 个图层，名称分别为“实体”、“图案填充”、“室内装饰”、“尺寸标注”和“文本标注”，颜色分别为“蓝色”、“品红”、“40”、“红色”和“106”，设置“实体”层为当前图层，如图 13.1.2 所示。

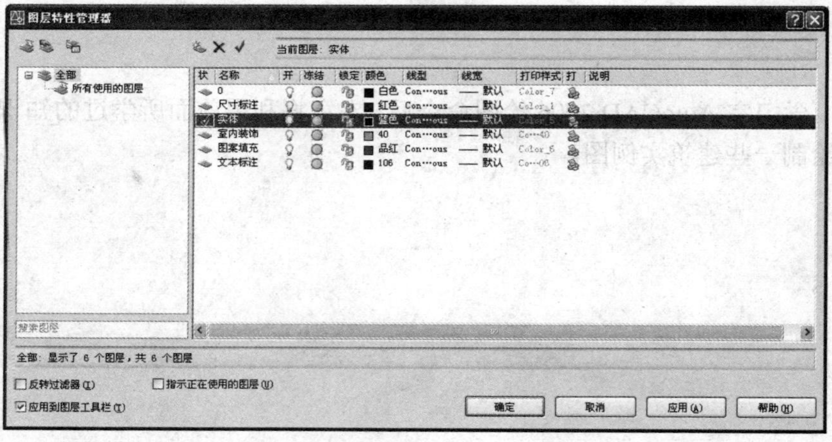

图 13.1.2　“图层特性管理器”对话框

（2）单击“矩形”按钮或者在命令行输入 rectang，以原点为第一角点，绘制一个长为 4 800，宽为 3 000 的矩形，如图 13.1.3 所示。

（3）单击“分解”按钮或者在命令行输入 explode，将上步绘制的矩形进行分解处理。

（4）单击“偏移”按钮或者在命令行输入 offset，将分解后的左边线和右边线分别向里侧偏移，偏移距离为 240，如图 13.1.4 所示。

图 13.1.3

图 13.1.4

（5）重复偏移命令，将上步偏移后的左边线向右偏移，偏移距离为 700，如图 13.1.5 所示。

（6）单击“直线”按钮或者在命令行输入 line，捕捉偏移直线的的对角点，绘制两条直线作为衣柜侧立面，如图 13.1.6 所示。

图 13.1.5

图 13.1.6

（7）利用偏移命令，向下偏移步骤（3）分解后的矩形上边线，距离分别为 400 和 440，如图 13.1.7 所示。

（8）再次利用偏移命令，向右偏移步骤（5）偏移后的直线，偏移距离分别为 950，990，2 630 和 2 670，如图 13.1.8 所示。

图 13.1.7

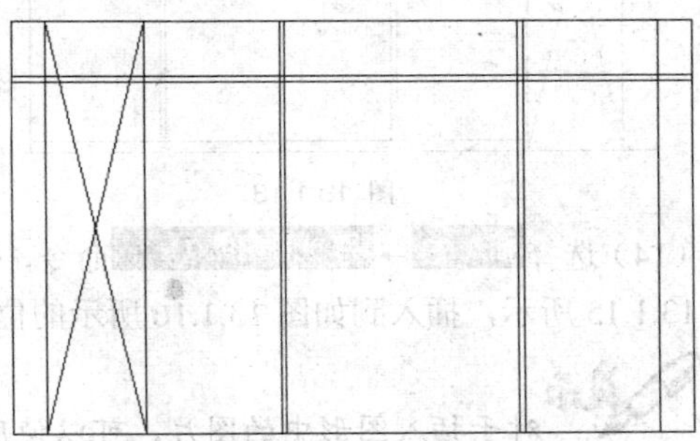

图 13.1.8

（9）单击“修剪”按钮或者在命令行输入 trim，修剪偏移后的直线，如图 13.1.9 所示。

（10）利用偏移命令将步骤（3）分解后的下边线向上偏移 80，然后再利用修剪命令，修剪偏移后的踢脚线，如图 13.1.10 所示。

图 13.1.9

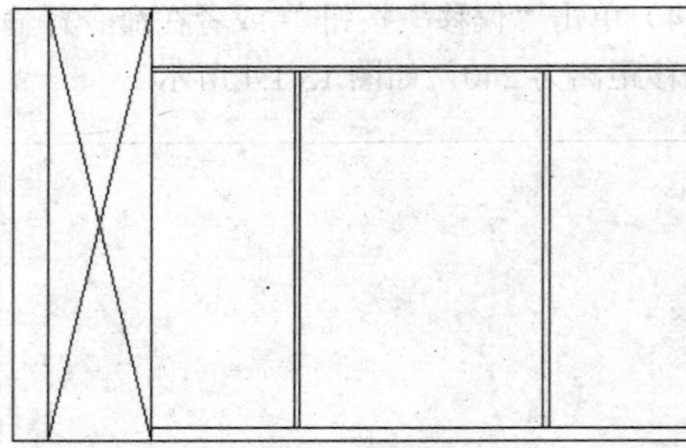

图 13.1.10

（11）将“室内装饰”层设置为当前图层，然后利用矩形命令，以点（1 890,80）为角点，绘制一个长为 500，宽为 300 的矩形，如图 13.1.11 所示。

（12）利用直线和矩形命令在如图 13.1.12 所示的位置绘制台灯立面图。

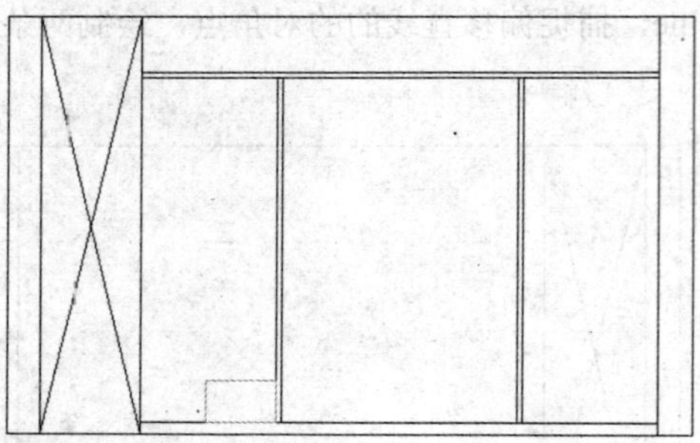

图 13.1.11

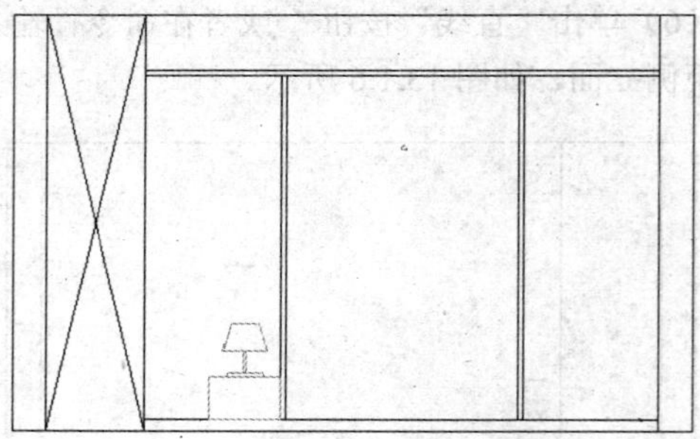

图 13.1.12

（13）单击“镜像”按钮或者在命令行输入 mirror，以如图 13.1.3 所示的两个点 A 和 B 为镜像点，复制步骤（10）和步骤（11）绘制的图形，结果如图 13.1.14 所示。

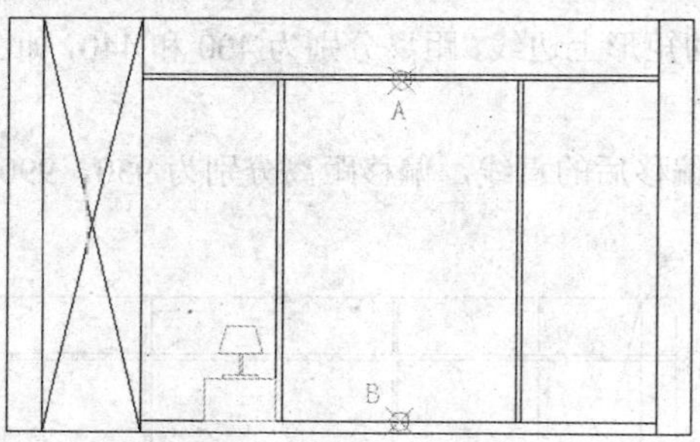

图 13.1.13

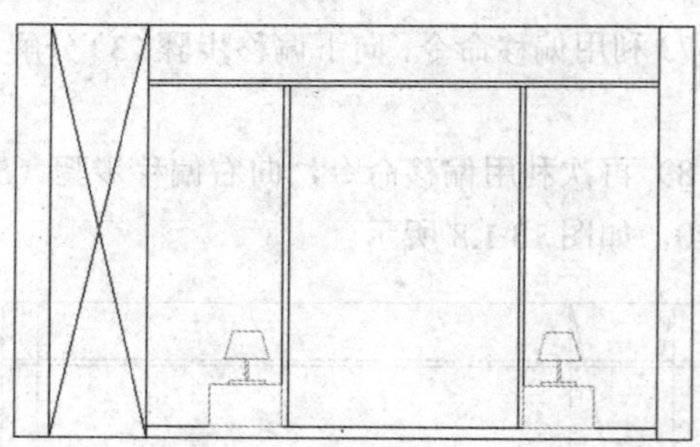

图 13.1.14

（14）选择 插入(I) → 光栅图像(I)... 命令，弹出 选择图像文件 对话框，在该对话框中选择一幅图片，如图 13.1.15 所示，插入到如图 13.1.16 所示的位置。

提示

对于插入图形中的图片，可以使用缩放命令（scale）进行适当缩放处理，以达到理想的效果。

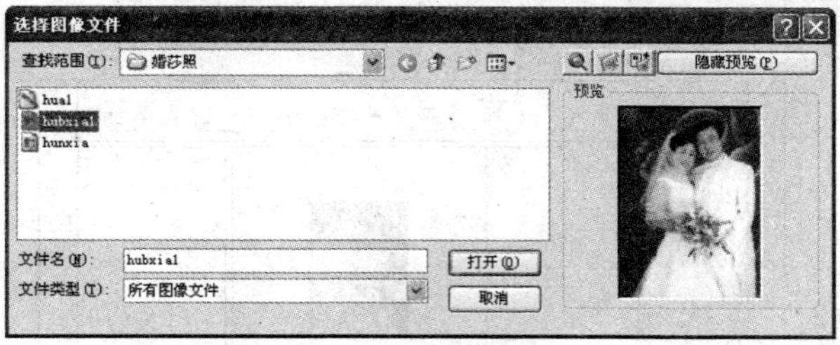

图 13.1.15 “选择图像文件”对话框

图 13.1.16

（15）打开“练习”文件夹下的“立面床模块.dwg”文件，将其插入到如图 13.1.17 所示的位置，并利用缩放命令进行适当缩放。

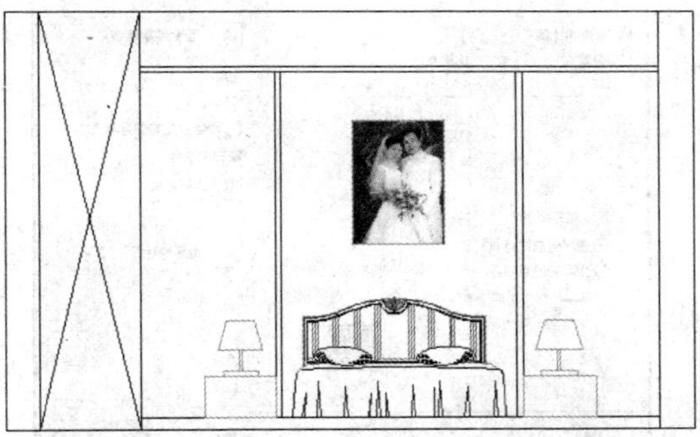

图 13.1.17

（16）利用直线和矩形命令，在如图 13.1.18 所示的位置绘制立面壁灯。

图 13.1.18

（17）重复镜像命令，以如图 13.1.13 所示的两点为镜像点，将上步绘制的壁灯进行镜像复制，如图 13.1.19 所示。

图 13.1.19

（18）设置“图案填充”层为当前图层，选择 绘图(D) → 图案填充(H)... 命令，弹出 图案填充和渐变色 对话框，选择 CROSS 图案，设置比例为 20，角度为 15，如图 13.1.20 所示，对立面图的床头背景进行填充，效果如图 13.1.21 所示。

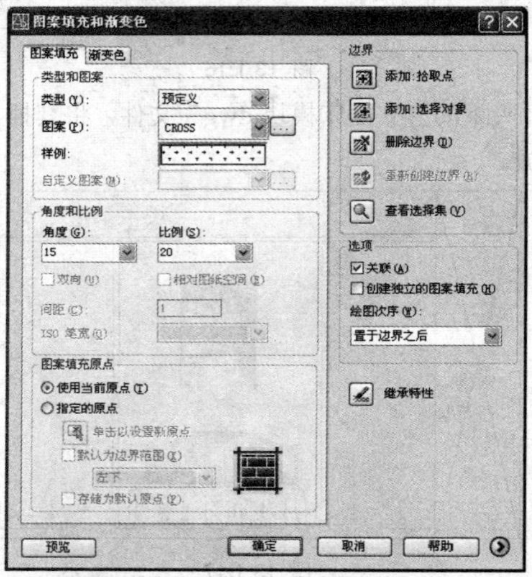

图 13.1.20 “图案填充和渐变色”对话框

图 13.1.21

（19）设置“尺寸标注”层为当前图层，选择 标注(N) → 线性(L) 命令，对图形进行线性标注，如图 13.1.22 所示。

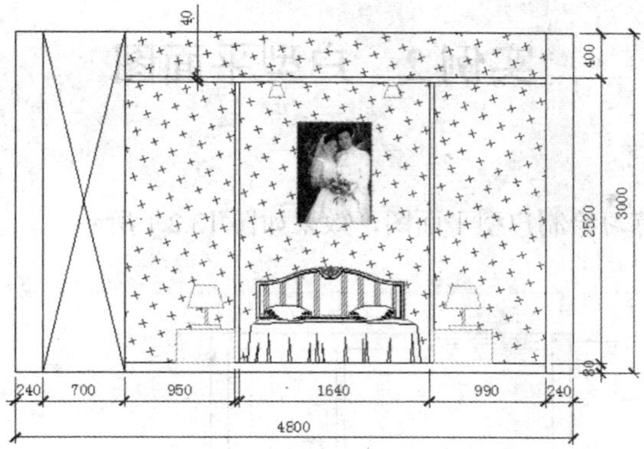

图 13.1.22

提示 如果在标注过程中的字体大小及位置不合适，用户可以选择格式(O)→标注样式(D)...命令，在弹出的标注样式管理器对话框中进行设置，如图 13.1.23 所示。

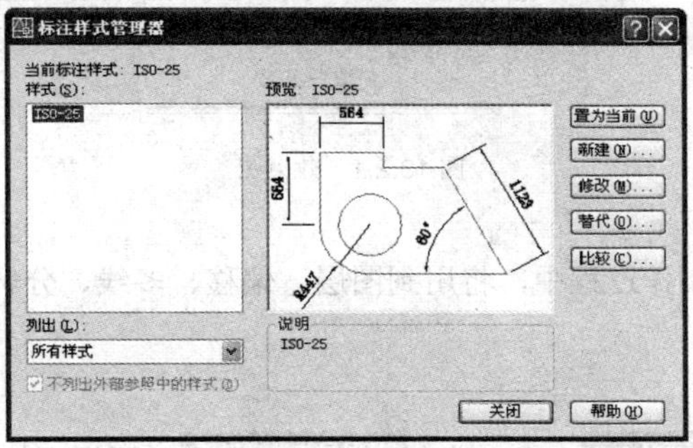

图 13.1.23 “标注样式管理器”对话框

（20）设置“文本标注”层为当前图层，利用直线命令绘制需要进行文本说明的图形引出线，然后在命令行输入 mtext,. 系统弹出文字格式窗口，在该窗口中输入文本，效果如图 13.1.24 所示。

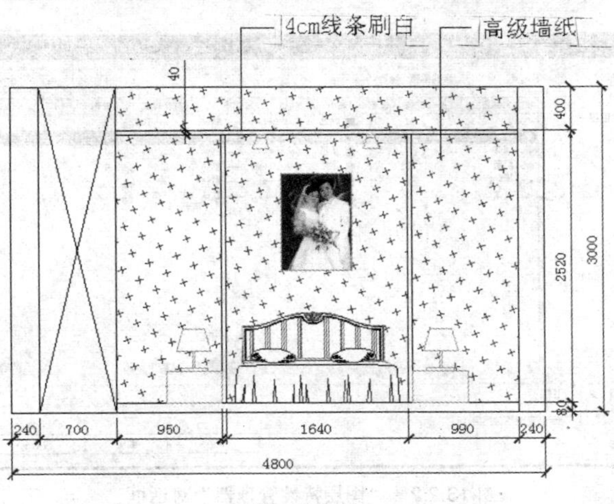

图 13.1.24

（21）再次利用直线命令绘制标题线，然后在命令行输入 dtext，利用单行文本命令添加标题，最终效果如图 13.1.1 所示。

实例 2　户型平面图

实现目标

练习绘制户型平面图，效果如图 13.2.1 所示。

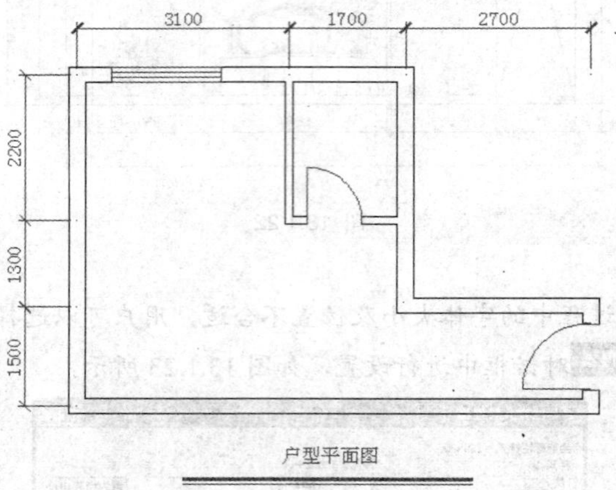

图 13.2.1　效果图

设计思路

在制作过程中，将用到图层、偏移、多线、分解以及尺寸标注等命令。

操作步骤

（1）选择 格式(O) → 图层(L)... 命令，弹出 图层特性管理器 对话框，在该对话框中单击“新建图层”按钮，创建 5 个图层，名称分别为“辅助”、“墙体”、“门窗”、“尺寸标注”和“文本标注”，颜色分别为“红色”、“蓝色”、“品红”、“86”和“220”，设置“辅助”层为当前图层，如图 13.2.2 所示。

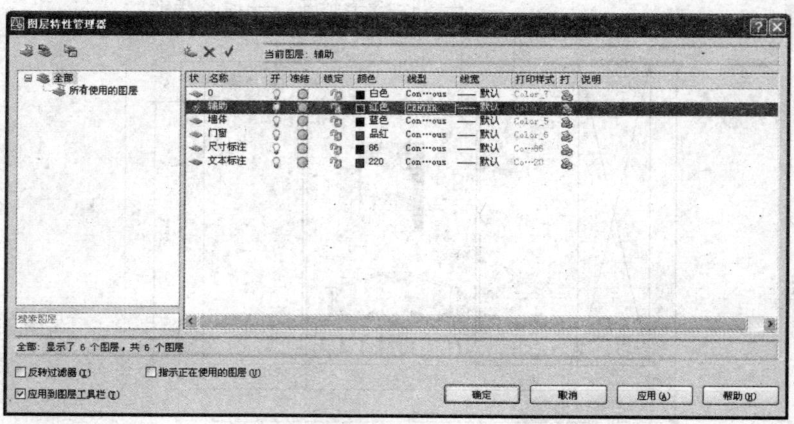

图 13.2.2　“图层特性管理器”对话框

（2）单击“直线”按钮或者在命令行输入 line，以原点为起点，绘制两条互相垂直的辅助线，长为 7 500，宽为 5 000，如图 13.2.3 所示。

图 13.2.3

（3）单击“偏移”按钮或者在命令行输入 offset，将上步绘制的水平辅助线向上进行偏移，偏移距离分别为 1 500，1 300 和 2 200，如图 13.2.4 所示。

图 13.2.4

（4）重复偏移命令，将步骤（2）绘制的垂直辅助线向右偏移，偏移距离分别为 3100，1700 和 2 700，如图 13.2.5 所示。

图 13.2.5

（5）设置“墙体”层为当前图层，在命令行输入 mline，命令行提示如下：

1）命令：mline↙。

2）当前设置：对正=无，比例=240.00，样式=STANDARD。

3）指定起点或 [对正(J)/比例(S)/样式(ST)]：捕捉 A 点。

4）指定下一点：捕捉 B 点。

5）指定下一点或 [放弃(U)]：捕捉 C 点。

6）指定下一点或 [闭合(C)/放弃(U)]：捕捉 D 点。

7）指定下一点或 [闭合(C)/放弃(U)]：捕捉 E 点。

8）指定下一点或 [闭合(C)/放弃(U)]：捕捉 F 点。

9）指定下一点或 [闭合(C)/放弃(U)]：c↙，如图 13.2.6 所示。

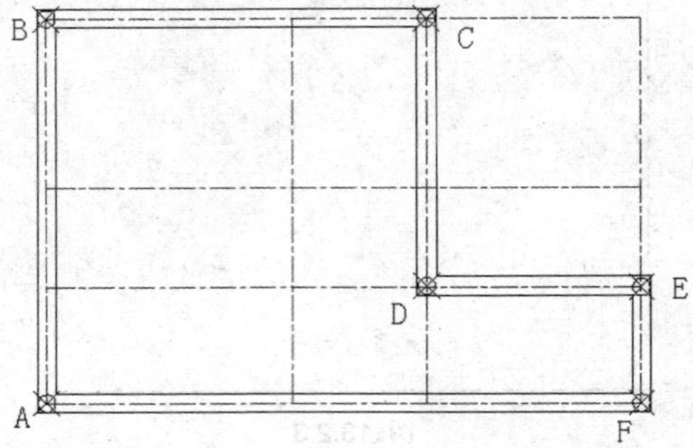

图 13.2.6

（6）重复多线命令，设置线型比例为 120，绘制内墙线，如图 13.2.7 所示。

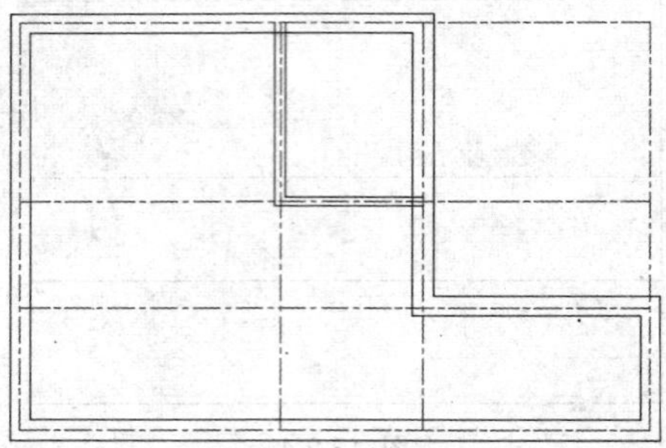

图 13.2.7

（7）选择 修改(M) → 对象(O) → 多线(M)... 命令，系统弹出 多线编辑工具 对话框，单击该对话框中的“T 型打开”按钮，如图 13.2.8 所示，然后单击 关闭(C) 按钮，编辑绘制的墙体线，编辑结果如图 13.2.9 所示。

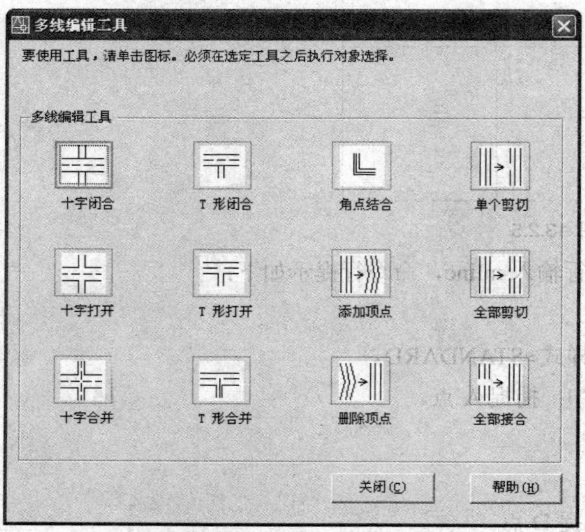

图 13.2.8 “多线编辑工具”对话框

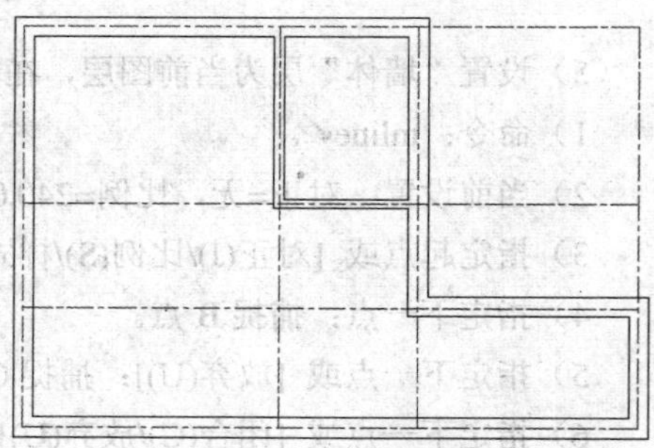

图 13.2.9

（8）设置“门窗”层为当前图层，然后利用直线命令绘制门洞和窗洞，如图 13.2.10 所示。

（9）单击“分解”按钮或者在命令行输入 explode，将墙体线进行分解处理，然后再单击“修剪”按钮或者在命令行输入 trim，修剪门洞和窗洞，如图 13.2.11 所示。

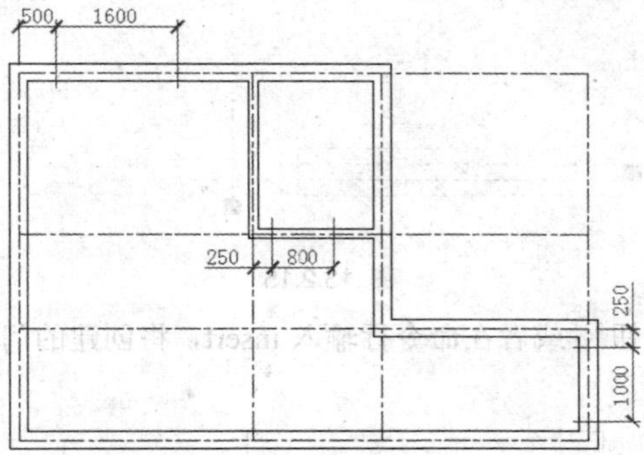

图 13.2.10

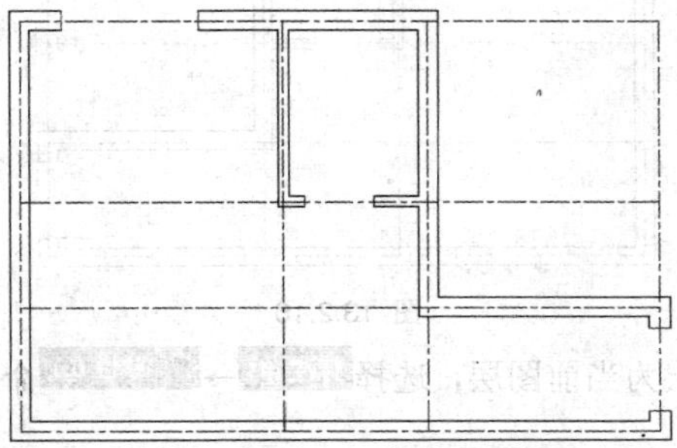

图 13.2.11

（10）单击“矩形”按钮或者在命令行输入 rectang，在屏幕上任取一点，绘制一个长为 1 600，宽为 240 的矩形，如图 13.2.12 所示。

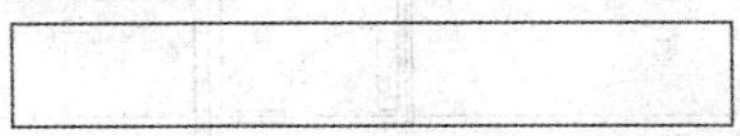

图 13.2.12

（11）利用分解命令分解矩形，然后再利用偏移命令，向下偏移两次矩形的上边线，偏移距离为 80，如图 13.2.13 所示。

图 13.2.13

（12）利用直线命令在屏幕上绘制一条垂直直线，然后单击“圆弧”按钮或者在命令行输入 circle，捕捉直线的端点，绘制一段圆弧，如图 13.2.14 所示。

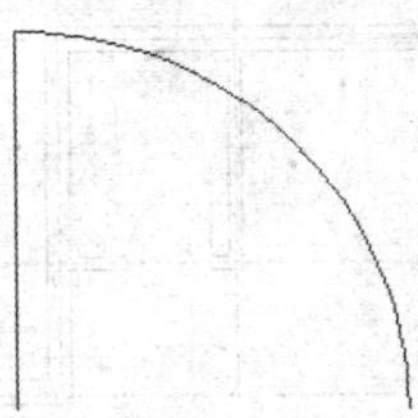

图 13.2.14

（13）单击“创建块”按钮或者在命令行输入 block，分别将绘制的门和窗创建为图块，如图 13.2.15 所示。

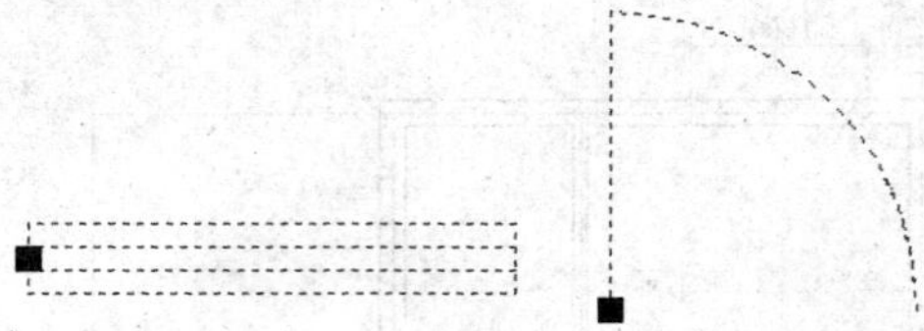

图 13.2.15

（14）单击“插入块”按钮或者在命令行输入 insert，将创建的门块和窗块插入到如图 13.2.16 所示的位置。

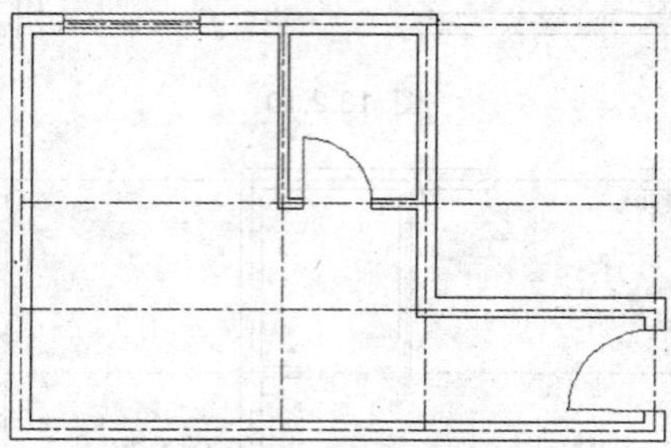

图 13.2.16

（15）设置“尺寸标注”层为当前图层，选择 标注(N) → 线性(L) 命令，对图形进行线性标注，如图 13.2.17 所示。

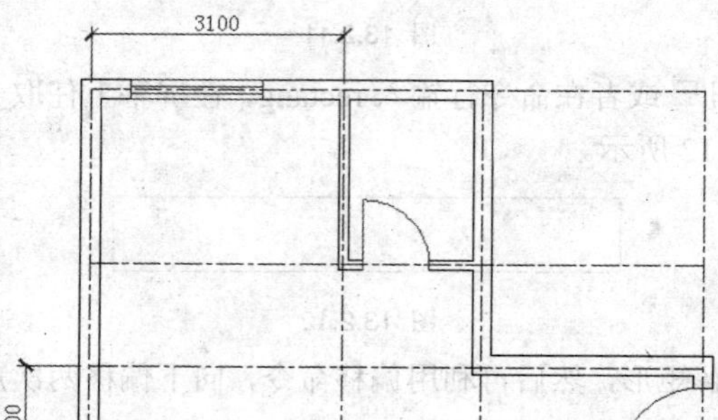

图 13.2.17

（16）选择 标注(N) → 连续(C) 命令，以上步的线性标注为基准，对图形进行连续标注，如图 13.2.18 所示。

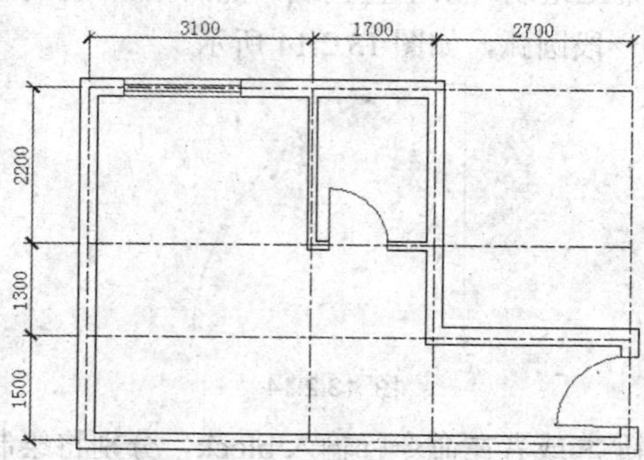

图 13.2.18

（17）隐藏辅助层，设置“文本标注”层为当前图层，利用单行文字对图形进行标题说明，如图 13.2.19 所示。

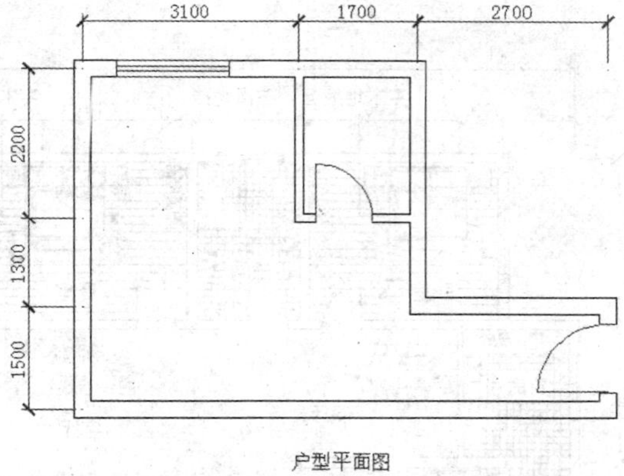

图 13.2.19

（18）单击“多段线”按钮或者在命令行输入 pline，绘制平面图文字标注下方的直线，如图 13.2.20 所示。

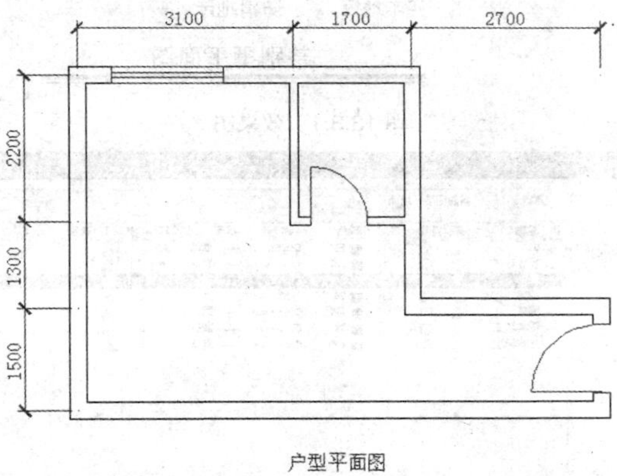

图 13.2.20

（19）利用直线命令在多段线的下方绘制一条直线，两条线段的距离为 80，最终效果如图 13.2.1 所示。

实例 3　某别墅平面图

实现目标　练习绘制某别墅平面图，效果如图 13.3.1 所示。

设计思路　在制作过程中，将用到图层、偏移、多线、修剪、以及多行文字等命令。

操作步骤

（1）选择格式(O)→图层(L)...命令，弹出图层特性管理器对话框，在该对话框中单击“新建图层”

按钮，创建 6 个图层，名称分别为“辅助”、“墙体”、“门窗”、“图案填充”、“尺寸标注”和“文本标注”，颜色分别为“红色”、“蓝色”、“96”、“37”、“222”和“149”，设置“辅助”层为当前图层，如图 13.3.2 所示。

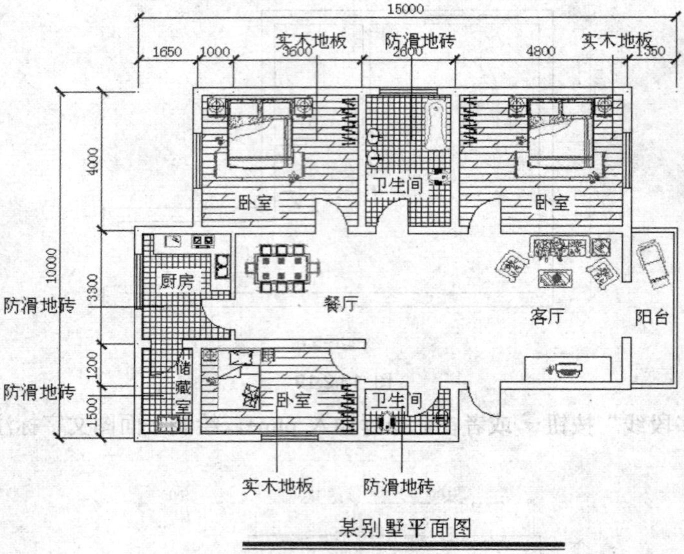

图 13.3.1　效果图

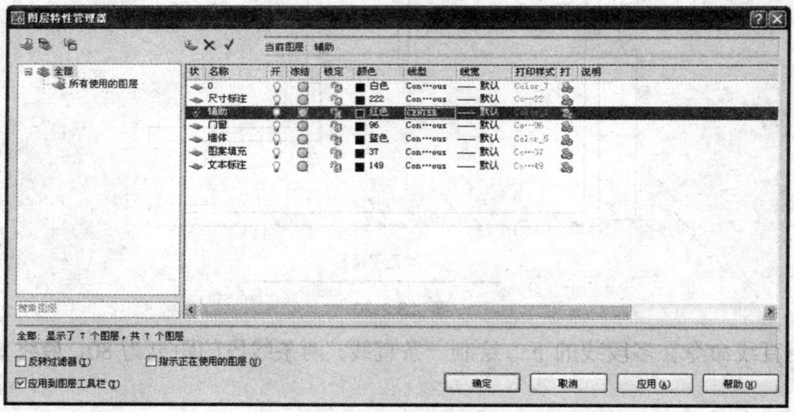

图 13.3.2　“图层特性管理器”对话框

（2）单击“直线”按钮或者在命令行输入 line，以原点为起点，绘制两条互相垂直的辅助线，长为 15 000，宽为 10 000，如图 13.3.3 所示。

图 13.3.3

（3）单击“偏移”按钮或者在命令行输入 offset，将上步绘制的水平辅助线向上进行偏移，偏移距离分别为 1 500，1 200，3 300 和 4 000，如图 13.3.4 所示。

图 13.3.4

（4）重复偏移命令，将步骤（2）绘制的垂直辅助线向右偏移，偏移距离分别为 1 650，4 600，2 600，4 800 和 1 350，如图 13.3.5 所示。

图 13.3.5

（5）设置“墙体”层为当前图层，在命令行输入 mline，命令行提示如下：

1）命令：mline↙。

2）当前设置：对正=无，比例=240.00，样式=STANDARD。

3）指定起点或 [对正(J)/比例(S)/样式(ST)]：捕捉 A 点。

4）指定下一点：捕捉 B 点。

5）指定下一点或 [放弃(U)]：捕捉 C 点。

6）指定下一点或 [闭合(C)/放弃(U)]：捕捉 D 点。

7）指定下一点或 [闭合(C)/放弃(U)]：捕捉 E 点。

8）指定下一点或 [闭合(C)/放弃(U)]：捕捉 F 点。

9）指定下一点或 [闭合(C)/放弃(U)]：捕捉 G 点。

10）指定下一点或 [闭合(C)/放弃(U)]：捕捉 H 点。

11）指定下一点或 [闭合(C)/放弃(U)]：c↙，如图 13.3.6 所示。

（6）重复多线命令，绘制其他的墙体线，如图 13.3.7 所示。

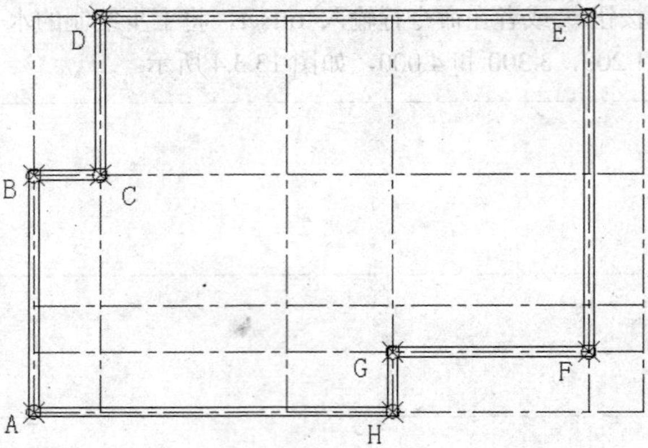

图 13.3.6

图 13.3.7

（7）单击“分解”按钮或者在命令行输入 explode，分解绘制的墙体线，然后再单击“修剪”按钮或者在命令行输入 trim，修剪绘制的墙体线，如图 13.3.8 所示。

图 13.3.8

（8）利用偏移命令，将如图 13.3.9 所示的辅助线向右偏移 1000 个单位，然后再利用多线命令绘制墙体线，设置多线的比例为 120，如图 13.3.10 所示。

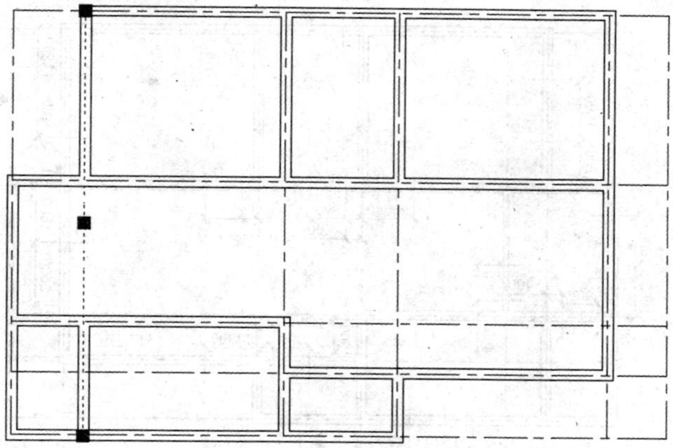

图 13.3.9

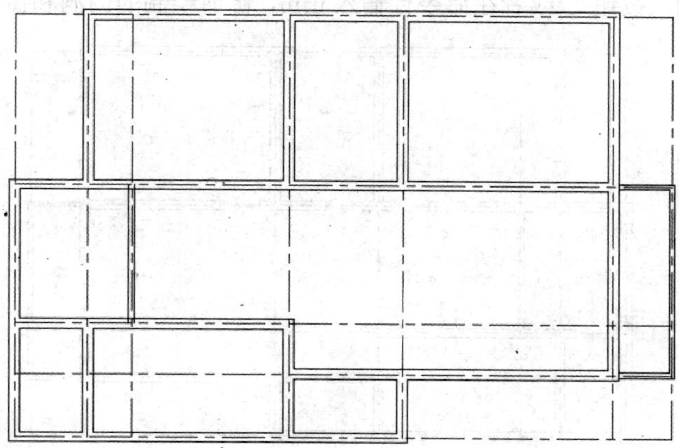

图 13.3.10

(9）利用分解命令分解上步绘制的墙体线，然后重复修剪命令，绘制墙体线，如图 13.3.11 所示。

图 13.3.11

（10）设置“门窗”层为当前图层，然后利用直线命令绘制门洞和窗洞，如图 13.3.12 所示。

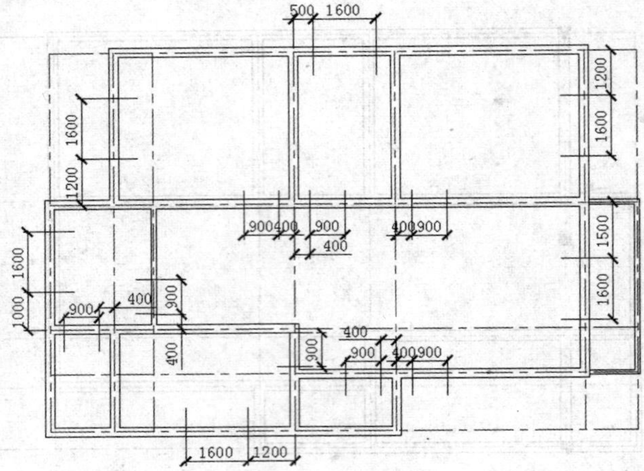

图 13.3.12

（11）单击“修剪”按钮或者在命令行输入 trim，修剪绘制的门洞和窗洞，如图 13.3.13 所示。

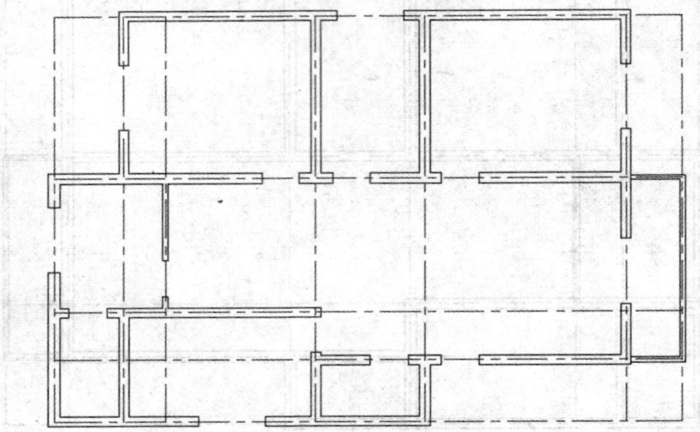

图 13.3.13

（12）单击“矩形”按钮或者在命令行输入 rectang，在屏幕上捕捉一点，绘制一个长为 1 600，宽为 240 的矩形，然后再利用分解和偏移命令，将矩形的上边线向下偏移 80 个单位，如图 13.3.14 所示。

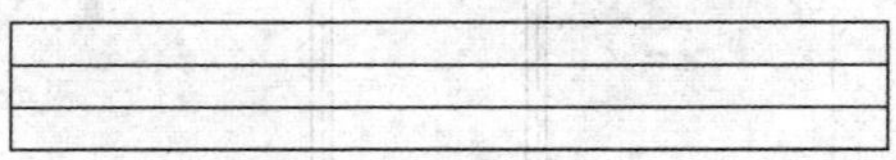

图 13.3.14

（13）利用直线命令在屏幕上绘制一垂直直线，然后单击“圆弧”按钮或者在命令行输入 arc，捕捉直线的端点，绘制一段圆弧，如图 13.3.15 所示。

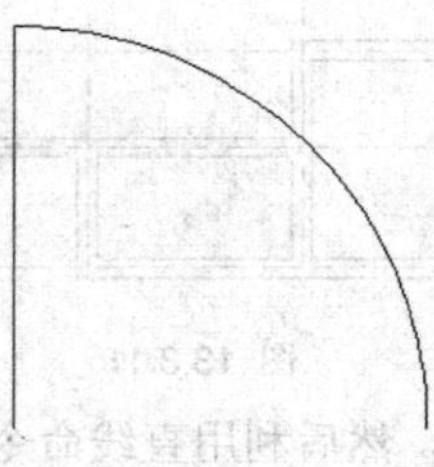

图 13.3.15

（14）单击“创建块”按钮或者在命令行输入 block，将绘制的窗和门分别创建为图块，如图 13.3.16 所示。

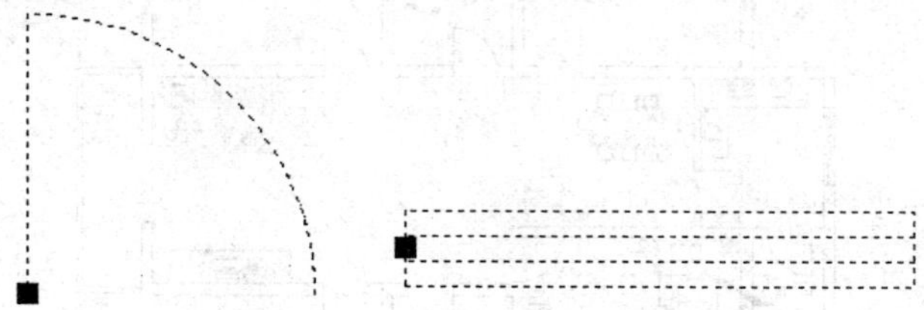

图 13.3.16

（15）单击“插入块”按钮或者在命令行输入 insert，将创建的门块和窗块插入到如图 13.3.17 所示的位置。

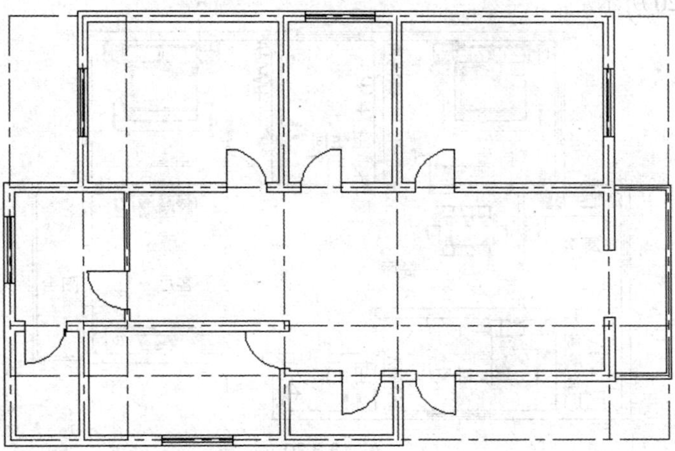

图 13.3.17

（16）隐藏“辅助”层，然后打开“练习文件”中的“室内设计模块库.dwg”文件，选择需要的模块，将其插入到如图 13.3.18 所示的位置。

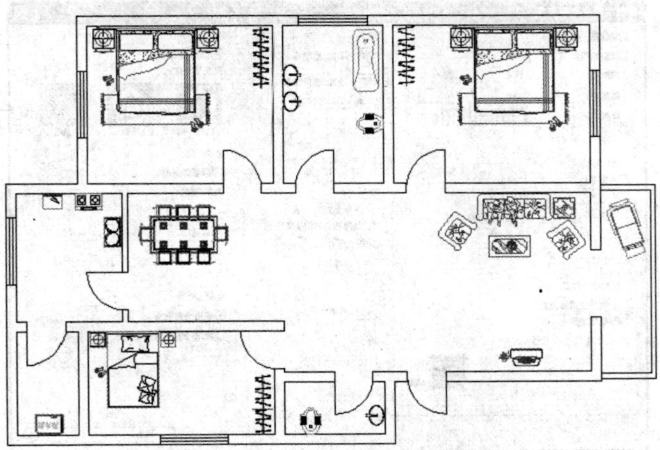

图 13.3.18

（17）利用矩形和修剪命令绘制电视柜和厨柜平面图，如图 13.3.19 所示。

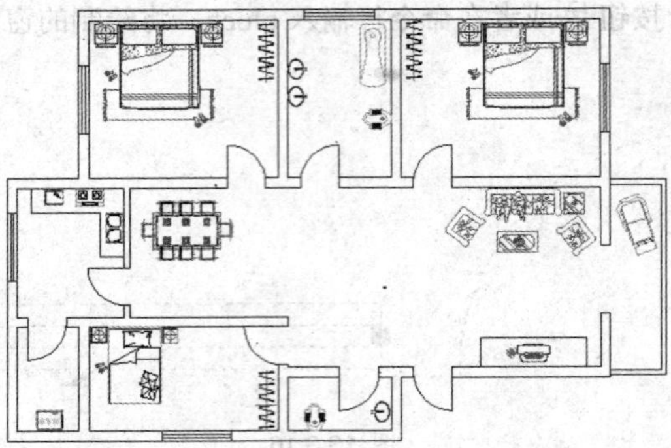

图 13.3.19

（18）设置“文本标注”层为当前图层，在命令行输入 dtext，利用单行文字命令对图形进行文本说明，如图 13.3.20 所示。

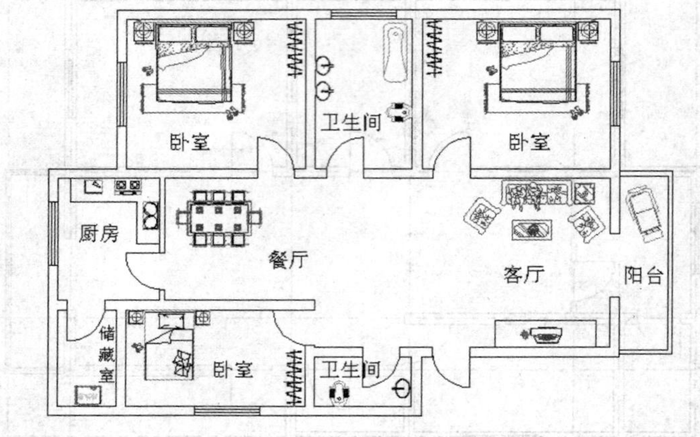

图 13.3.20

（19）设置“图案填充”层当前图层，然后选择 绘图(D) → 图案填充(H)... 命令，弹出 图案填充和渐变色 对话框，在该对话框中选择“NET”图案，设置比例为 50，如图 13.3.21 所示。填充效果如图 13.3.22 所示。

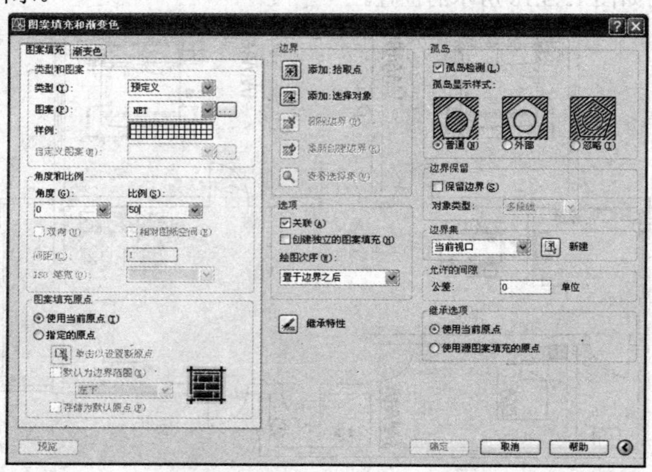

图 13.3.21 “图案填充和渐变色”对话框

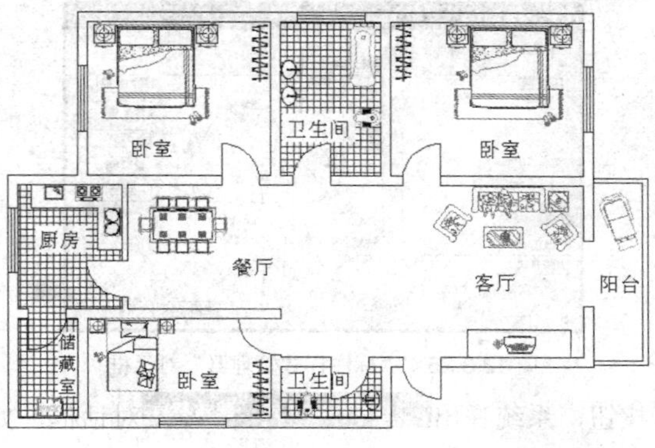

图 13.3.22

（20）重复图案填充命令，选择“DOLMIT”图案，设置比例为 30，对图形的其他部分进行填充，效果如图 13.3.23 所示。

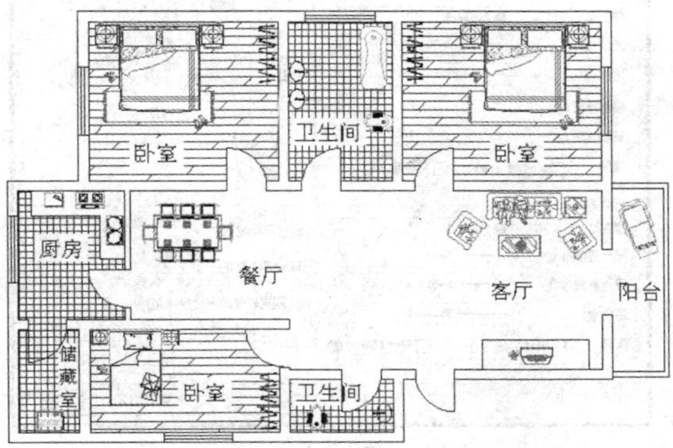

图 13.3.23

（21）设置“文本标注”层为当前图层，利用直线命令绘制需要进行文本说明的图形引出线，再利用多行文本标注命令，对图形进行文本说明，如图 13.3.24 所示。

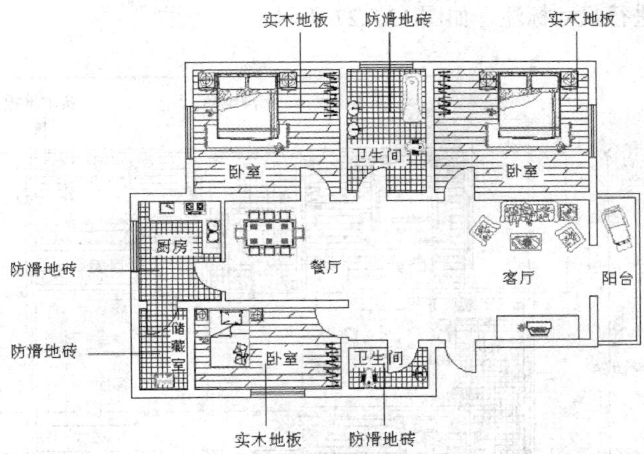

图 13.3.24

（22）显示“辅助”层，设置“尺寸标注”层为当前图层，选择格式(O)→标注样式(D)...命令，系统弹出标注样式管理器对话框，如图 13.3.25 所示。单击该对话框中的新建(N)...按钮，弹出创建新标注样式对话框，在新样式名(N):文本框中输入新标注样式名称“建筑标注”。

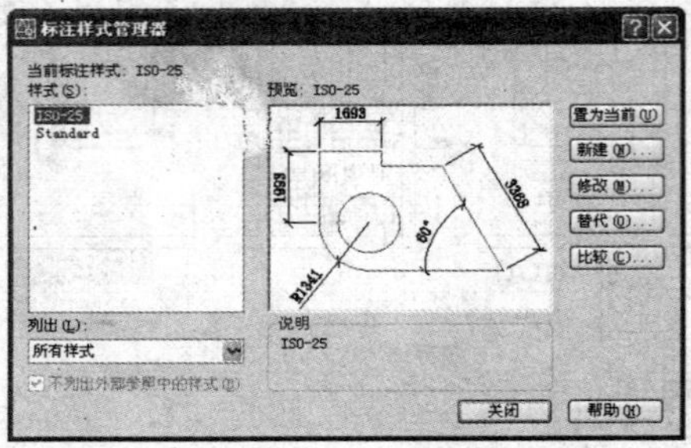

图 13.3.25 “标注样式管理器”对话框

（23）单击继续按钮，系统弹出新建标注样式：建筑标注对话框，如图 13.3.26 所示，利用该对话框设置标注样式参数。

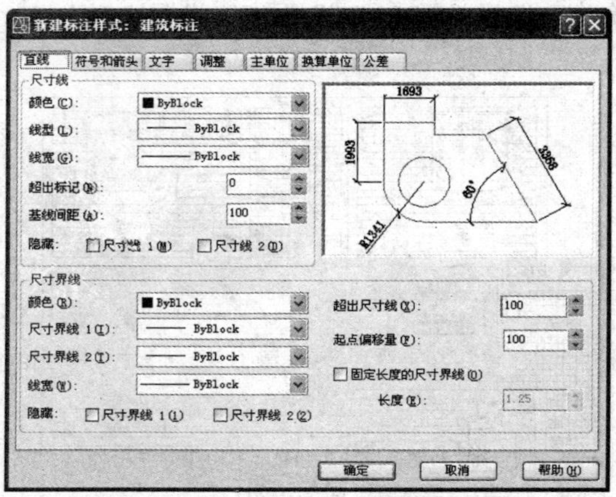

图 13.3.26 “新建标注样式：建筑标注”对话框

（24）设置完标注样式，单击确定按钮，系统返回标注样式管理器对话框，单击该对话框中的置为当前(U)按钮，将新建的标注样式设置为当前标注样式。然后选择标注(N)→线性(L)命令，利用线性标注命令对图形进行尺寸标注，如图 13.3.27 所示。

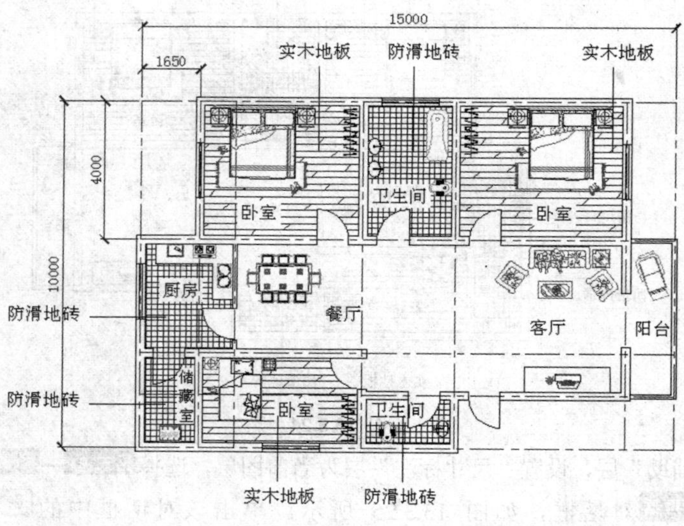

图 13.3.27

（25）选择 标注(N) → 连续(C) 命令，以上步的线性标注为基准对图形进行连续标注，如图 13.3.28 所示。

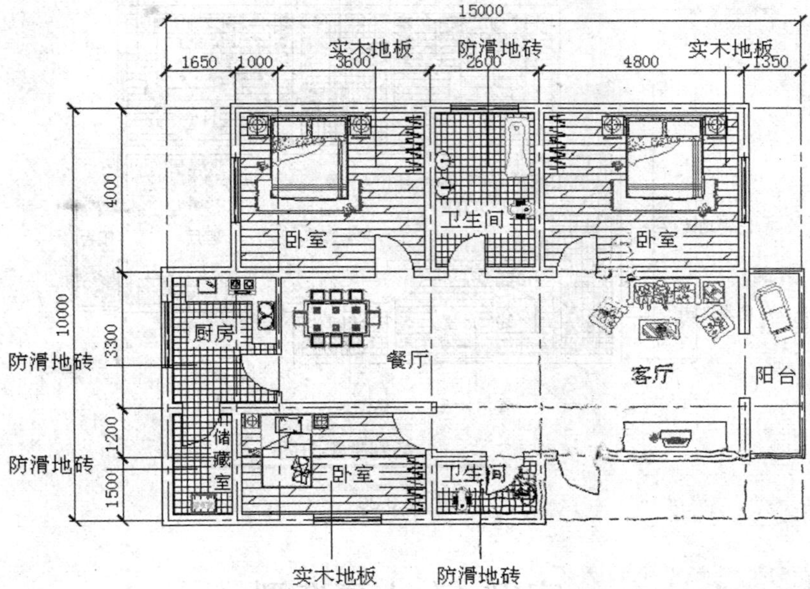

图 13.3.28

（26）隐藏“辅助”层，设置“文本标注”层为当前图层，利用单行文字对图形进行标题说明，如图 13.3.29 所示。

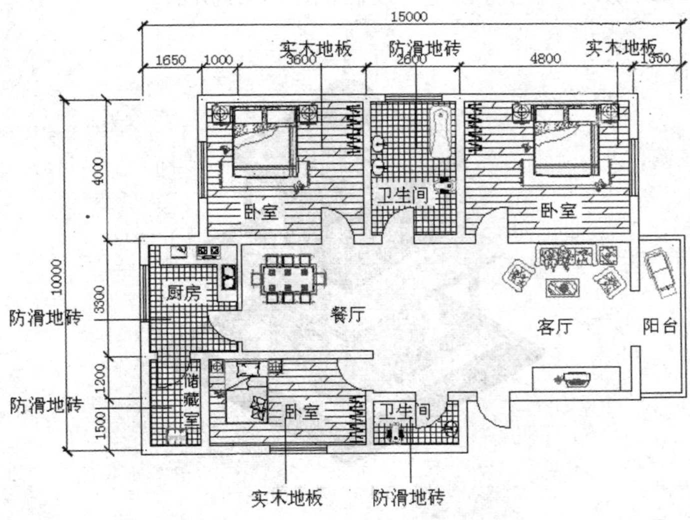

某别墅平面图

图 13.3.29

（27）单击“多段线”按钮 或者在命令行输入 pline，绘制平面图文字标注下方的直线，如图 13.3.30 所示。

（28）利用直线命令在多段线的下方绘制一条直线，两条线段的距离为 150，最终效果如图 13.3.1 所示。

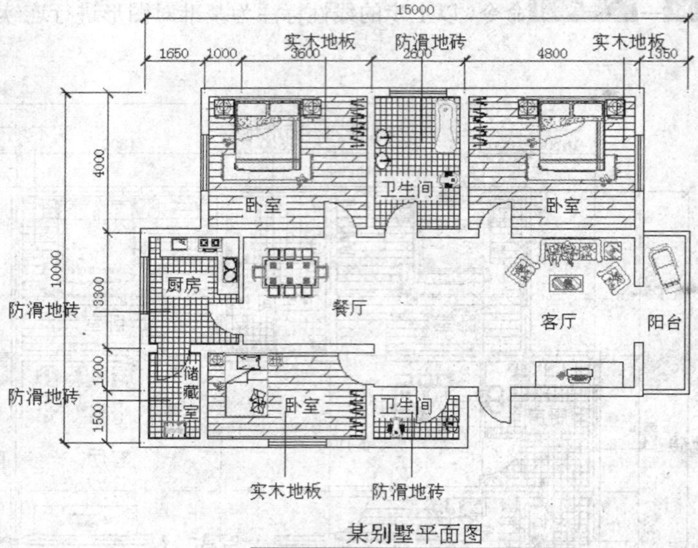

图 13.3.30

实例 4　小亭造型

实现目标

练习绘制小亭造型，效果如图 13.4.1 所示。

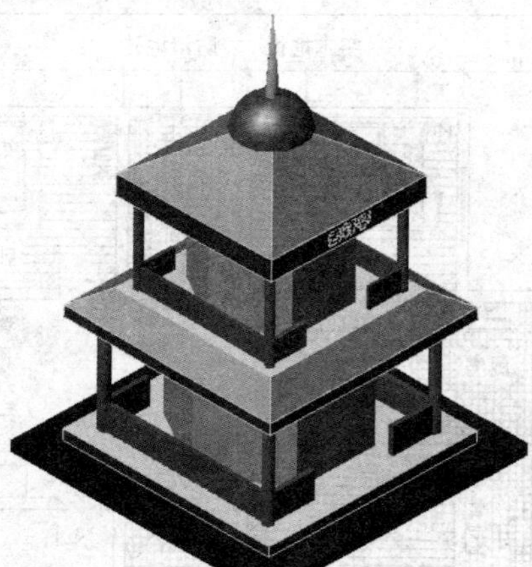

图 13.4.1　效果图

设计思路

在制作过程中，将用到长方体、圆柱体、边界曲面以及体着色等命令。

操作步骤

（1）选择 视图(V) → 三维视图(D) → 西南等轴测(S) 命令，转换视图。然后单击“长方体”按钮或者在命令行输入 box，以原点为起点，绘制一个长为 500，宽为 500，高为 20 的长方体，如图 13.4.2 所示。

（2）重复长方体命令，以点（50,50,20）为起点，绘制一个长为 400，宽为 400，高为 20 的长方体，如图 13.4.3 所示。

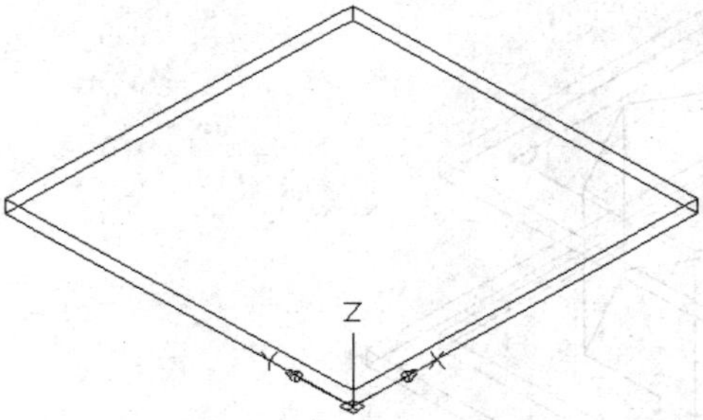

图 13.4.2

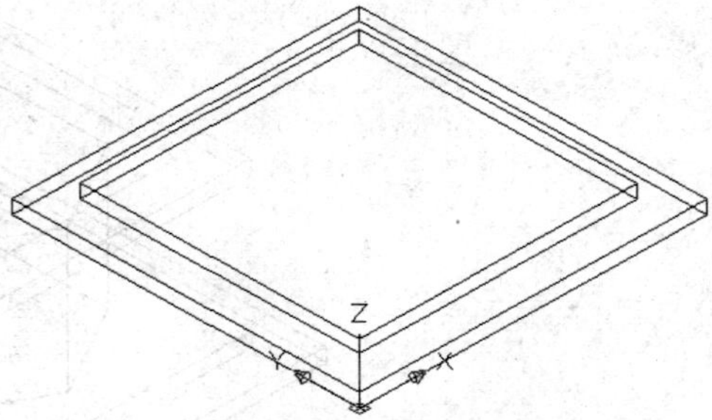

图 13.4.3

（3）单击“正多边形”按钮或者在命令行输入 polygon，命令行提示如下：

1）命令：polygon↙。

2）输入边的数目 <4>：6↙。

3）指定正多边形的中心点或 [边(E)]：250,250,40。

4）输入选项 [内接于圆(I)/外切于圆(C)] <I>：↙。

5）指定圆的半径：150↙，结果如图 13.4.4 所示。

（4）单击“拉伸”按钮或者在命令行输入 extrude，将上步绘制的正多边形进行拉伸，拉伸高度为 200，如图 13.4.5 所示。

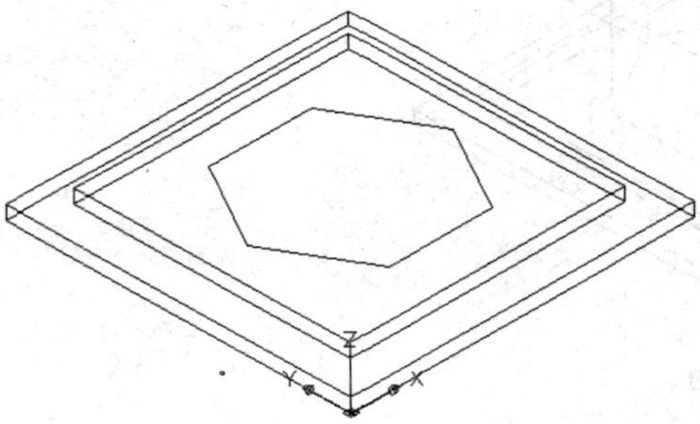

图 13.4.4

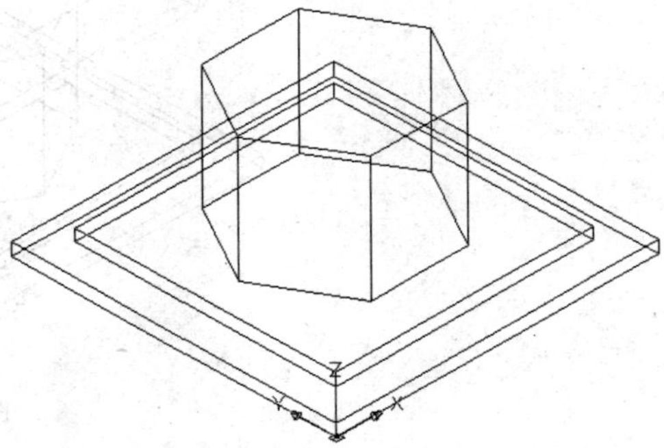

图 13.4.5

（5）单击“复制”按钮或者在命令行输入 copy，将步骤（2）绘制的长方体沿 Z 轴向上进行复制，复制距离为 210，如图 13.4.6 所示。

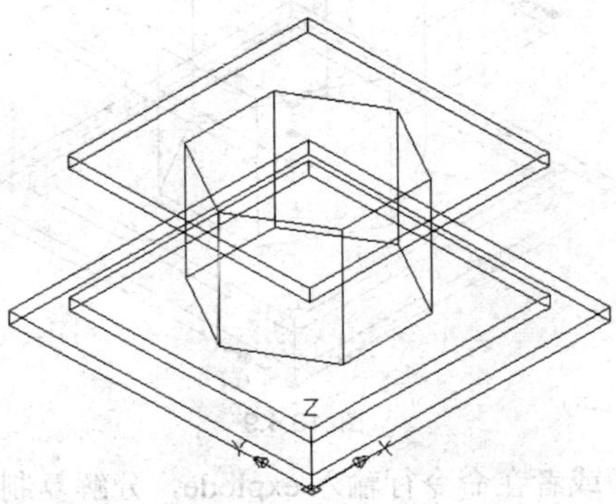

图 13.4.6

（6）单击“矩形”按钮或者在命令行输入 rectang，以点（100,100,250）为起点，绘制一个边长为 300 的正方形，如图 13.4.7 所示。

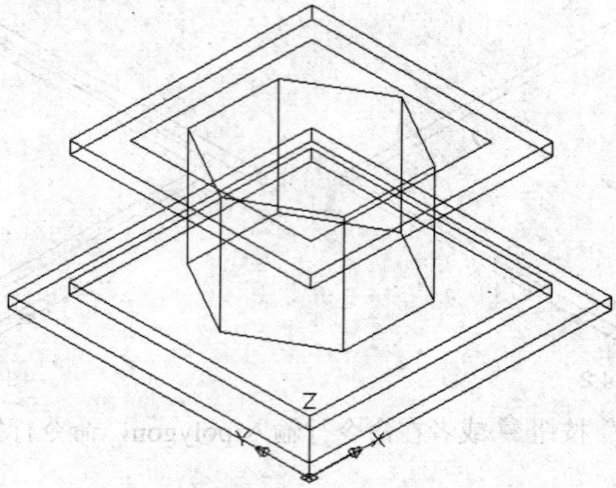

图 13.4.7

（7）单击“移动”按钮或者在命令行输入 move，将上步绘制的正方形沿 Z 轴向上移动 30 个单位，如图 13.4.8 所示。

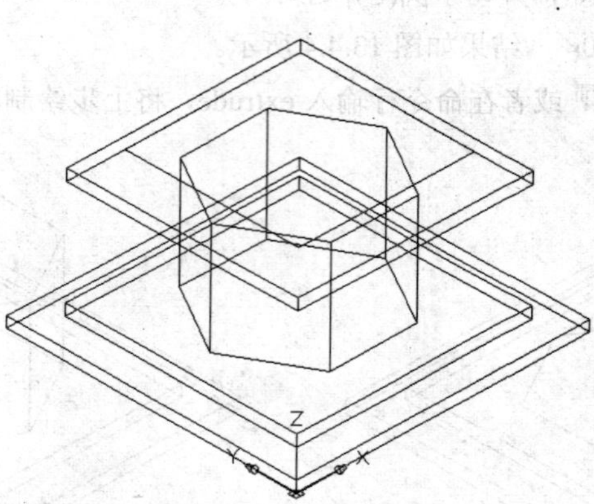

图 13.4.8

（8）单击“直线”按钮或者在命令行输入 line，连接如图 13.4.9 所示的端点，绘制两条直线。

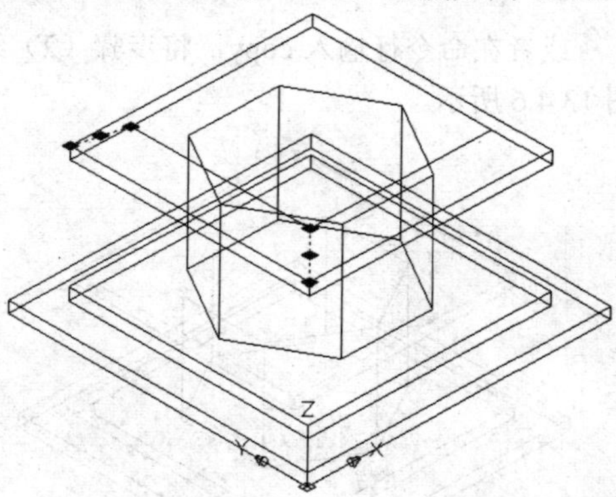

图 13.4.9

（9）单击“分解”按钮或者在命令行输入 explode，分解复制后的长方体和移动后的正方形，然后再单击“边界曲面”按钮或者在命令行输入 edgesurf，再单击如图 13.4.10 所示的 4 条直线，形成边界曲面，效果如图 13.4.11 所示。

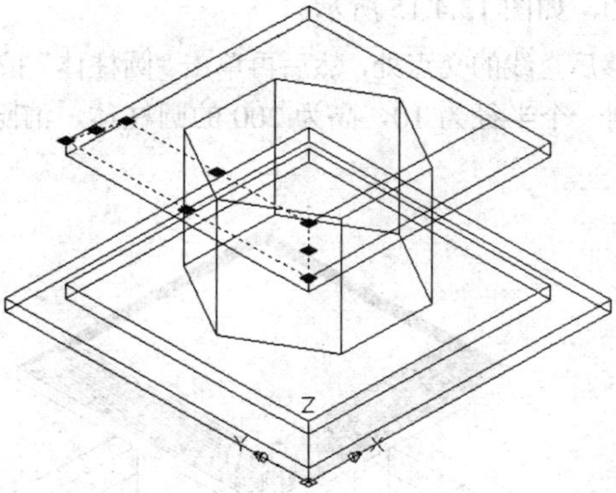

图 13.4.10

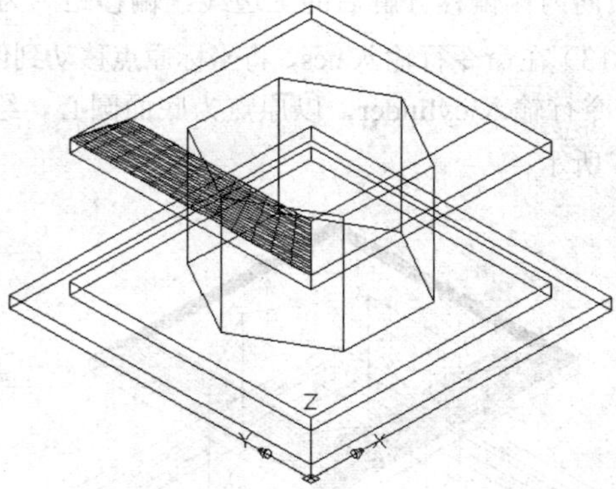

图 13.4.11

提示 在命令行输入 surftab1 和 surftab2 命令，改变线框的密度。

（10）在命令行输入 ucs，将坐标原点移动到如图 13.4.12 所示的中点处，然后单击“镜像”按钮或者在命令行输入 mirror，将上步绘制的曲面进行镜像复制，镜像点为（0,0）和（0,-300），如图 13.4.13 所示。

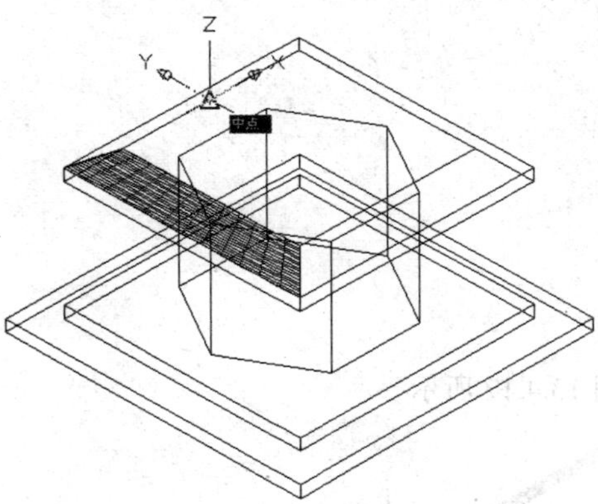

图 13.4.12

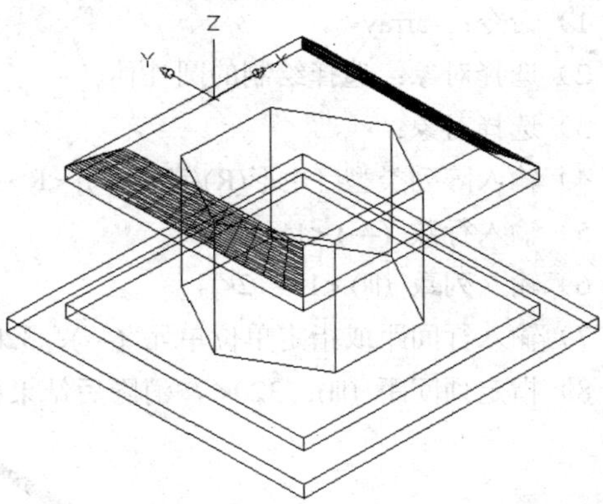

图 13.4.13

（11）重复步骤（9）和步骤（10）绘制其他曲面，消隐后如图 13.4.14 所示。

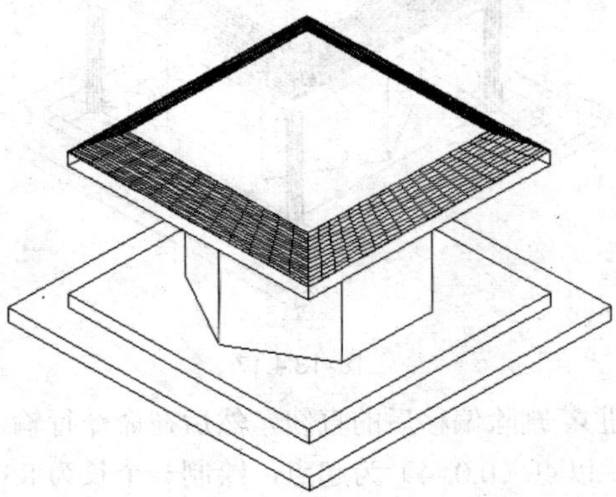

图 13.4.14

（12）利用分解命令分解步骤（2）绘制的长方体，然后单击“偏移”按钮或者在命令行输入offset，向内侧偏移分解后的上边线，偏移距离为40，如图13.4.15所示。

（13）在命令行输入ucs，将坐标原点移动到偏移后直线的交点处，然后再单击“圆柱体”按钮或者在命令行输入cylinder，以原点为底面圆心，绘制一个半径为10，高为200的圆柱体，消隐后如图13.4.16所示。

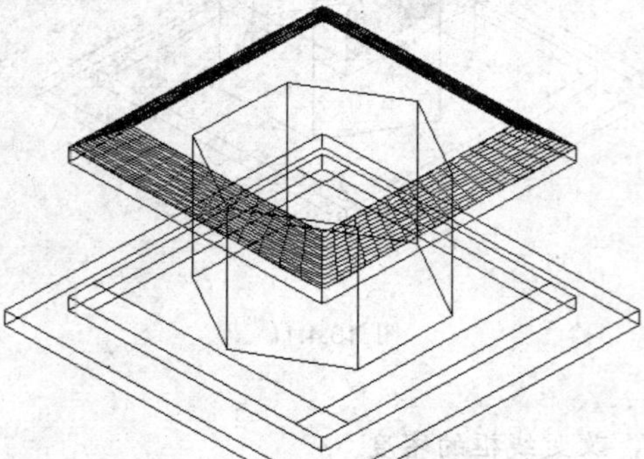

图 13.4.15

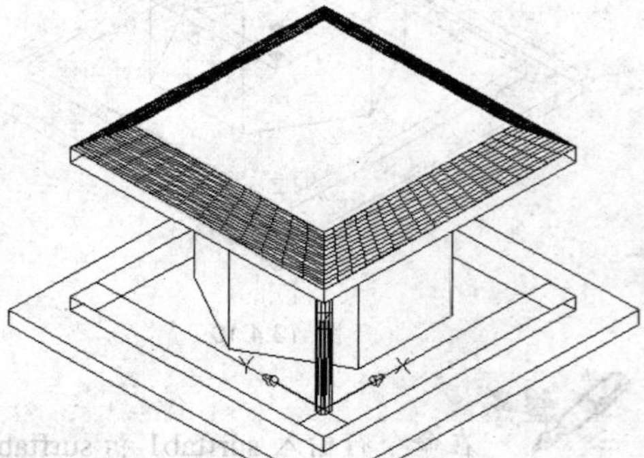

图 13.4.16

（14）单击“阵列”按钮或者在命令行输入-array，命令行提示如下：

1）命令：-array↙。

2）选择对象：选择绘制的圆柱体。

3）选择对象：↙。

4）输入阵列类型 [矩形(R)/环形(P)] <R>：↙。

5）输入行数 (---) <1>：2↙。

6）输入列数 (|||) <1>：2↙。

7）输入行间距或指定单位单元 (---)：320↙。

8）指定列间距 (|||)：320↙，消隐后结果如图13.4.17所示。

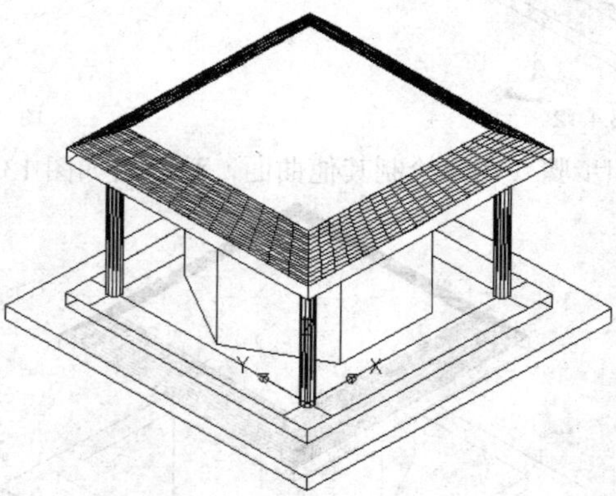

图 13.4.17

（15）单击“删除”按钮删除偏移后的直线，然后在命令行输入ucs，将X轴旋转90°。

（16）利用长方体命令，以点（0,0,-4）为起点，绘制一个长为85，宽为50，高为8的长方体，如图13.4.18所示。

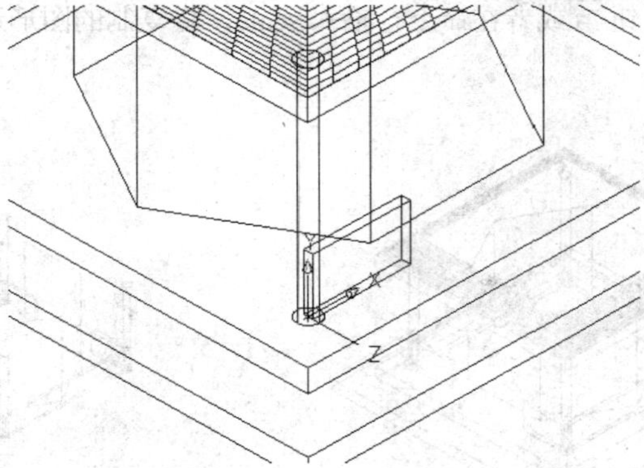

图 13.4.18

（17）重复利用镜像命令，将上步绘制的长方体进行镜像复制，如图 13.4.19 所示。

（18）利用长方体命令，以点（-4,0,0）为起点，绘制一个长为 8，宽为 50，高为-320 的长方体，消隐后如图 13.4.20 所示。

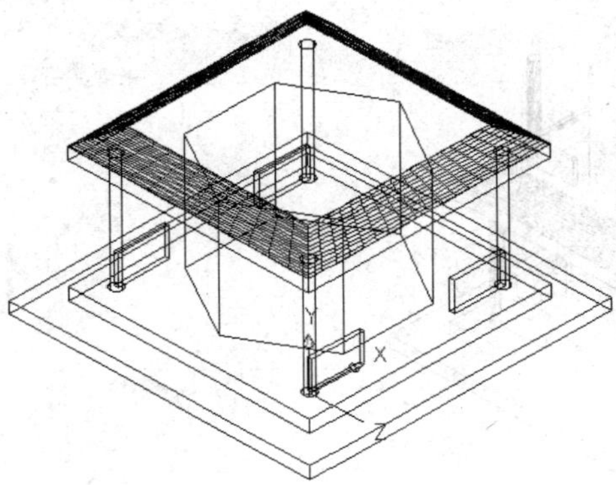

图 13.4.19

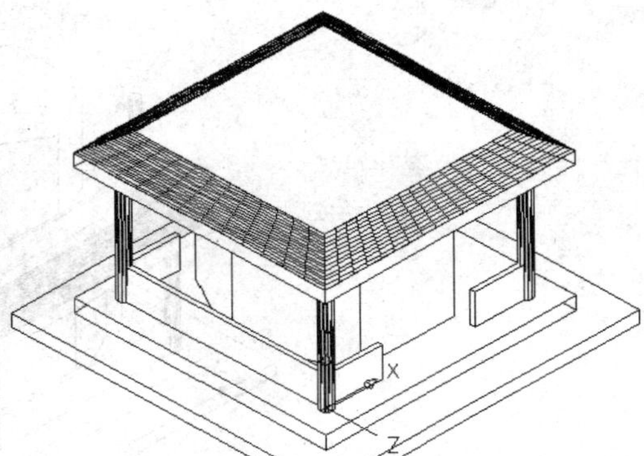

图 13.4.20

（19）再次利用镜像命令，镜像上步绘制的长方体，如图 13.4.21 所示。

（20）恢复坐标系为世界坐标系。单击“复制”按钮或者在命令行输入 copy，将如图 13.4.22 所示的图形复制一份。

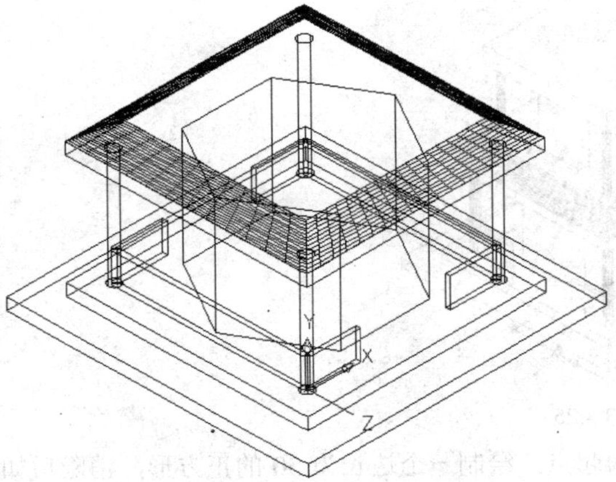

图 13.4.21

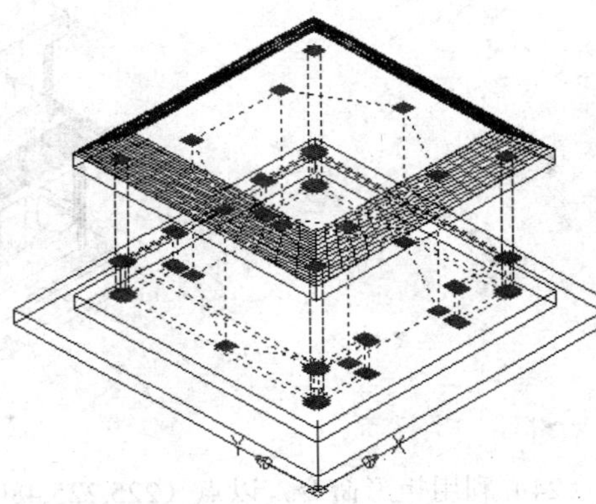

图 13.4.22

（21）单击“缩放”按钮或者在命令行输入 scale，将复制的图形进行缩放，缩放比例为 0.8，如图 13.4.23 所示。

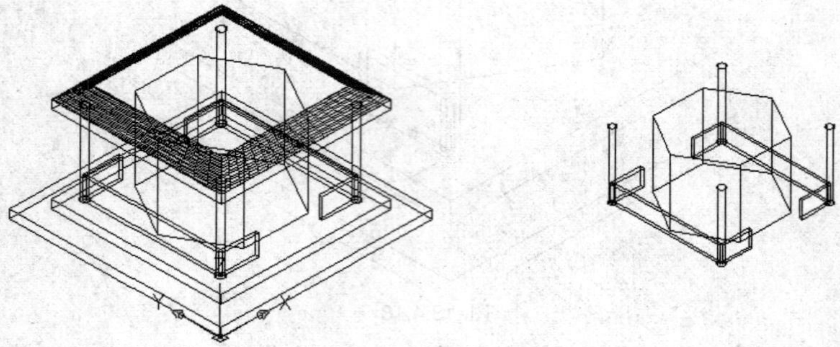

图 13.4.23

（22）利用移动命令，将上步缩放后的图形移动到如图 13.4.24 所示的位置。

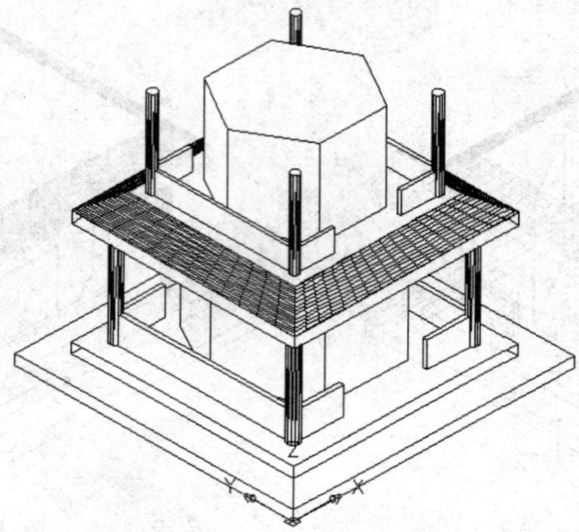

图 13.4.24

（23）单击“长方体”按钮或者在命令行输入 box，以点（100,100,440）为起点，绘制一个长为 300，宽为 300，高为 40 的长方体，消隐后如图 13.4.25 所示。

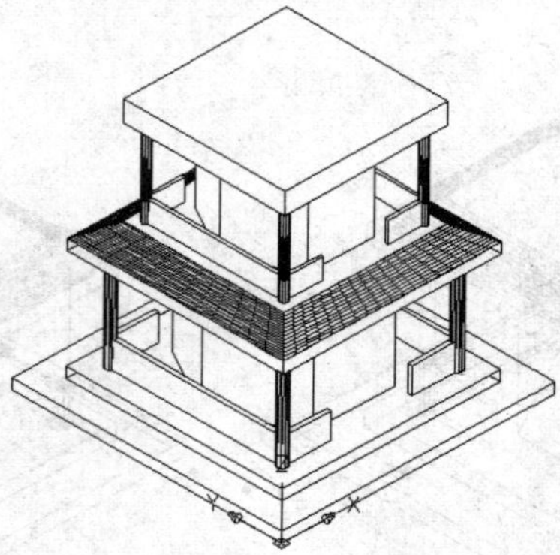

图 13.4.25

（24）利用矩形命令，以点（225,225,480）为起点，绘制一个边长为 50 的正方形，消隐后如图 13.4.26 所示。

（25）利用移动命令，将上步绘制的正方形沿 Z 轴向上移动 80 个单位，消隐后如图 13.4.27 所示。

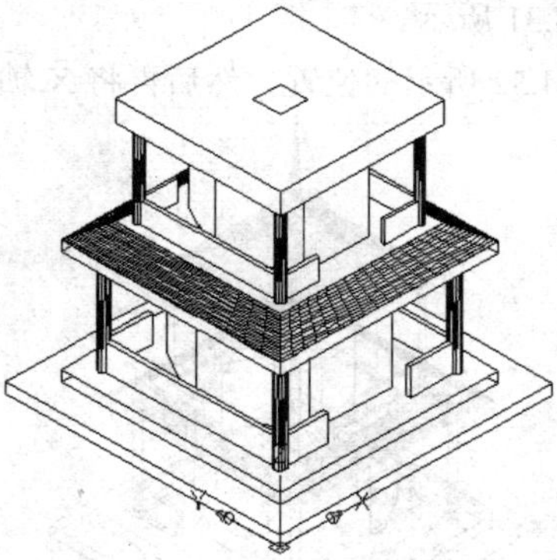

图 13.4.26

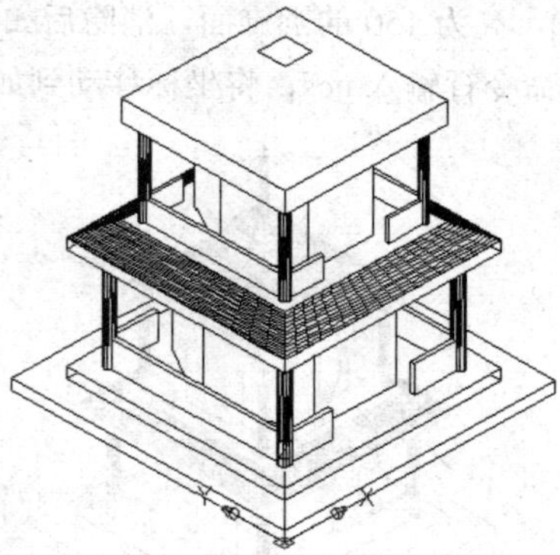

图 13.4.27

（26）单击“分解”按钮或者在命令行输入 explode，分解上步移动后的矩形和步骤（23）绘制的长方体。

（27）单击“边界曲面”按钮或者在命令行输入 edgesurf，参照前面绘制的边界曲面命令，绘制如图 13.4.28 所示的曲面。

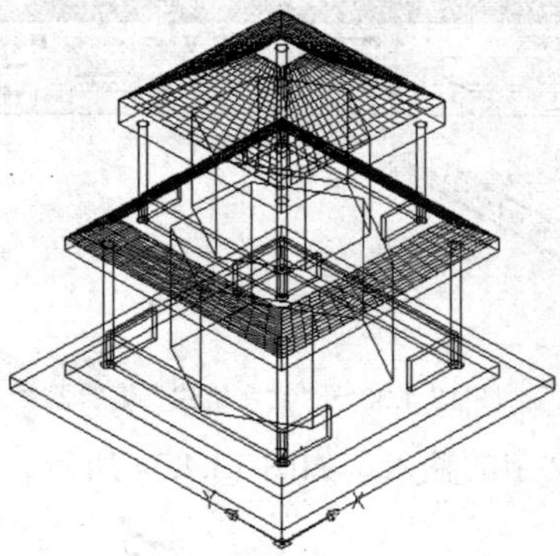

图 13.4.28

（28）在命令行输入 ucs，将坐标移动到如图 13.4.29 所示的中点处，然后单击“上半球面”按钮或者在命令行输入 ai_dome，以原点为球心，绘制一个半径为 60 的上半球面，消隐后如图 13.4.30 所示。

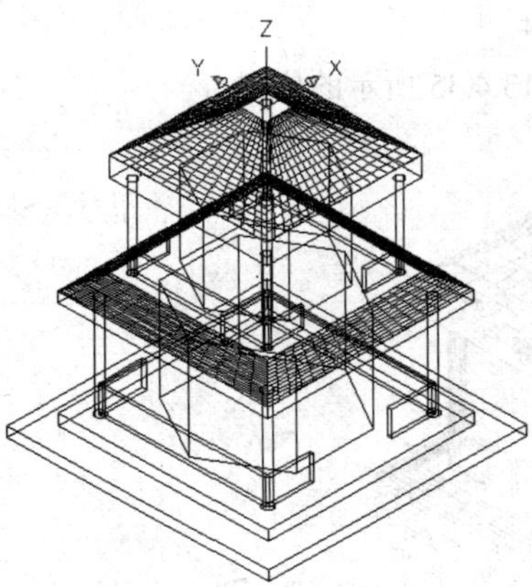

图 13.4.29

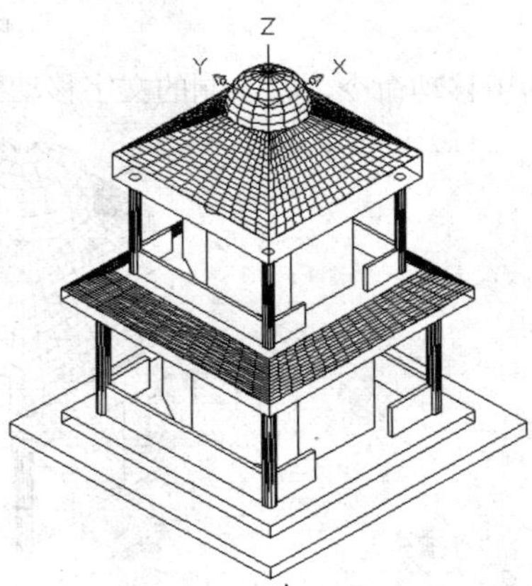

图 13.4.30

（29）单击“圆锥面”按钮 或者在命令行输入 ai_cone，以点（0,0,60）为底面中心点，绘制一个半径为 10，高为 150 的圆锥面，消隐后如图 13.4.31 所示。

（30）在命令行输入 ucs，将坐标移动到如图 13.4.32 所示的位置，然后再将 X 轴旋转 90°。

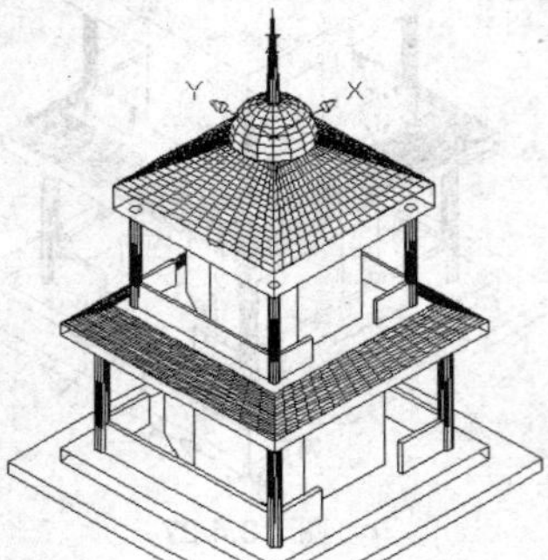

图 13.4.31

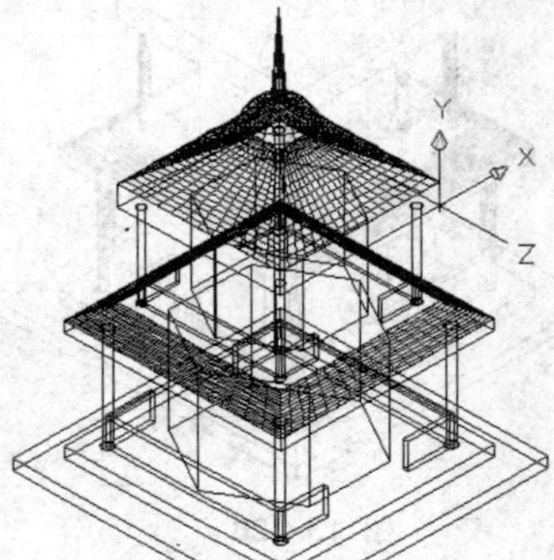

图 13.4.32

（31）在命令行输入 mtext，在弹出的“文字格式”编辑器中输入文字“云轩亭”，其中，字体为“华文彩云”，字高为 20，如图 13.4.33 所示。

图 13.4.33 “文字格式”编辑器

（32）单击确定按钮，完成文字的输入，如图 13.4.34 所示。

图 13.4.34

（33）利用移动命令，将绘制的文字移动到如图 13.4.35 所示的位置。

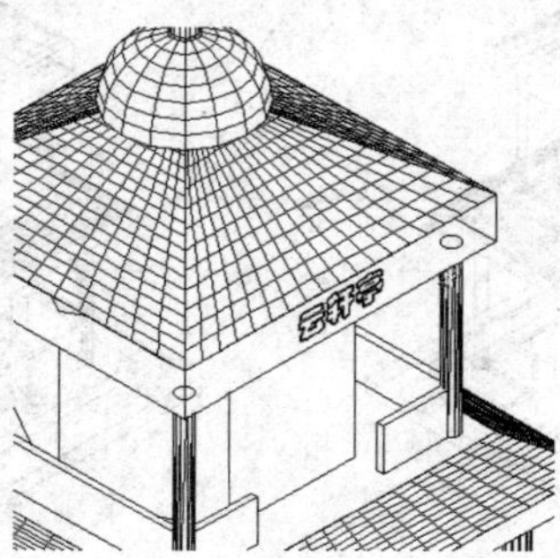

图 13.4.35

（34）单击“对象特征”工具栏中的“颜色”下拉列表框，在弹出的下拉列表中为图形选择合适的颜色，如图 13.4.36 所示。然后单击“消隐”按钮或者在命令行输入 hide，对图形进行消隐处理，如图 13.4.37 所示。

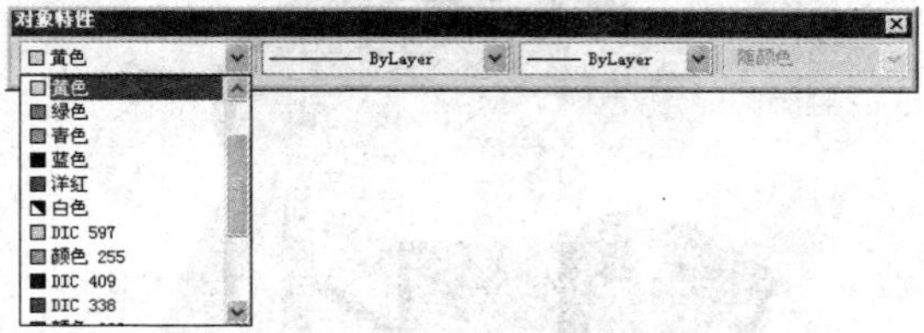

图 13.4.36 “对象特征”工具栏

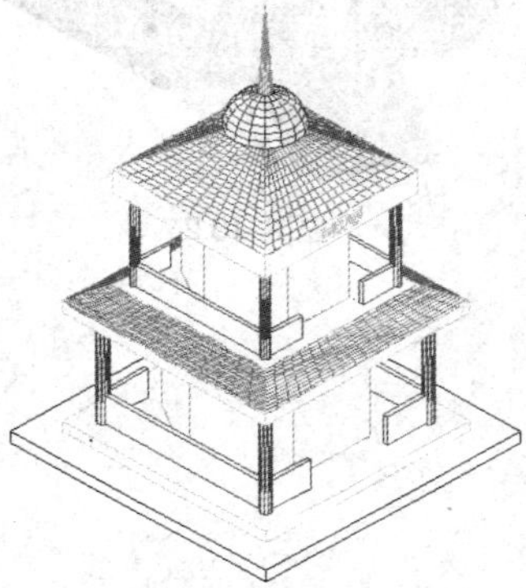

图 13.4.37

（35）为了使图形显得更为逼真，用户可以选择视图(V)→着色(S)→体着色(G)命令，对图形进行体着色，最终效果如图 13.4.1 所示。

习题十三

上机操作题

1．绘制如题图 13.1 所示的图形。

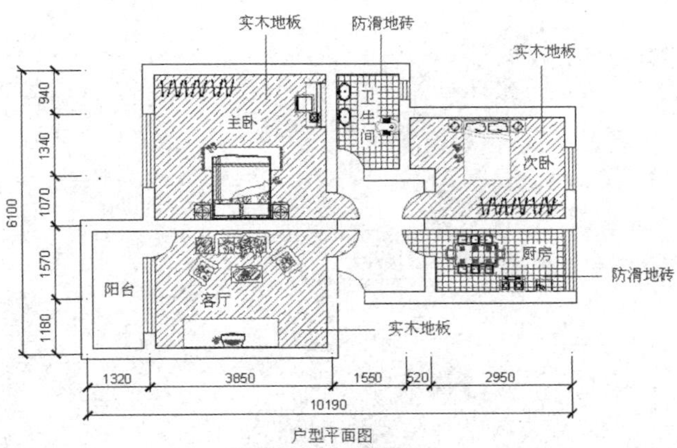

题图 13.1

2．绘制如题图 13.2 所示的图形。

题图 13.2